U0415343

空中自主系统室内导航策略

Indoor Navigation

Strategies for Aerial Autonomous Systems

[墨]佩德罗·卡斯蒂略·加西亚(Pedro Castillo García)
[墨]劳拉·埃琳娜·穆尼奥斯·埃尔南德斯
(Laura Elena Munoz Hernandez)　著
[西]佩德罗·加西亚·吉尔(Pedro García Gil)
王雷钢　何奎　周继航　译

国防工业出版社
·北京·

著作权合同登记　图字:01-2023-0342 号

图书在版编目(CIP)数据

空中自主系统室内导航策略/(墨西哥)佩德罗・卡斯蒂略・加西亚,(墨西哥)劳拉・埃琳娜・穆尼奥斯・埃尔南德斯,(西)佩德罗・加西亚・吉尔著;王雷钢,何奎,周继航译.—北京:国防工业出版社,2023.7

书名原文:Indoor Navigation Strategies for Aerial Autonomous Systems

ISBN 978-7-118-13035-5

Ⅰ.①空…　Ⅱ.①佩…　②劳…　③佩…　④王…　⑤何…　⑥周…　Ⅲ.①导航　Ⅳ.①TN96

中国国家版本馆 CIP 数据核字(2023)第 120393 号

Indoor Navigation Strategies for Aerial Autonomous Systems by Pedro Castillo García, Laura Elena Munoz Hernandez, Pedro García Gil

ISBN:978-0-12-805189-4

Authorized Chinese translation published by National Defense Industrpy Press.

《空中自主系统室内导航策略》(王雷钢　何奎　周继航　译)

ISBN:978-7-118-13035-5

※

国防工业出版社出版发行

(北京市海淀区紫竹院南路 23 号　邮政编码 100048)

北京龙世杰印刷有限公司印刷

新华书店经售

*

开本 710×1000　1/16　插页 6　印张 15　字数 266 千字

2023 年 7 月第 1 版第 1 次印刷　印数 1—2000 册　定价 118.00 元

(本书如有印装错误,我社负责调换)

国防书店:(010)88540777　书店传真:(010)88540776

发行业务:(010)88540717　发行传真:(010)88540762

译者序

近年来，人们不断地探索和挖掘无人机在室内场景下的应用潜力，如室内无人机安防巡逻、搜索救援、编队等。为加速促进无人机在室内应用的落地，信息融合、自主控制及室内导航等相关技术不断地发展和实践，其中，室内导航作为室内飞行的核心技术，其地位作用日益凸显。无人机在室内自主执行任务时，由于环境的相对封闭、空间有限、未知因素多等诸多特殊性，以及无人机平台自身的稳定性要求，这使得实现室内导航相比室外导航更具有挑战性。

本书既有对当前诸多无人机室内导航相关知识的梳理介绍，使读者对无人机室内导航问题有一个全局的概略性的认识，又提出了具体的技术解决方案并进行了实验验证，包括数学仿真、半实物测试以及实飞测试等。本书从工程实现的角度涵盖了室内飞行无人机所涉及的信号层、控制层、应用层等全流程、全要素，对工程实践具有很强的指导意义；将导航与控制进行了深度地融合性考虑，提出一些创新性的设计方法，这对开拓无人机研发者思路具有一定的借鉴意义；同时还给出了无人机室内飞行在导航、控制、路径规划等各个方面的仿真与实测结果，这对工程实践具有很强的参考价值。

本书能够直接有效地帮助读者搭建一个室内无人机飞行系统，而不需要读者过多地去关注其他各种无关的导航控制技术。另外，本书并不是对各种室内定位技术和飞行控制技术一种泛化的介绍，而是紧扣典型适用于室内自主飞行的导航定位策略进行深入的阐述，给读者提供直接且有效的操作指南。本书适合军事和民用相关领域的科研工作者、工程技术人员，以及无人机业余爱好者阅读和学习。

本书第 1~3 章，第 10~11 章由王雷钢翻译，第 4~5 章由周继航翻译，第 6~9 章由何奎翻译，王雷钢负责全书统稿。

由于译者水平有限，书中难免存在不足或疏漏，恳请专家、学者和广大读者批评指正。

译者

2023 年 1 月

前言

本书可以为对无人机(unmanned aerial vehicle,UAV)感兴趣的读者提供必要且丰富的基础理论知识。同时,本书的出版也希望能够为从事该领域工作相关人员提供有实质性帮助的理论和实践方面的补充。

当研究无人机的自主导航问题时,人们往往会基于几种理想的假定,即无人机的状态完全可知,传感器测量理想无误差,外部扰动没有或是已知。然而,在实际的飞行过程中情况却并非如此。本书首先梳理了无人机动力学数学建模的三种不同方法,其中详细介绍了用于解决无人机奇异性问题的四元数法;其次详细介绍了在姿态估计中有关惯性数据的融合方法,基于这些方法可以获得与昂贵的商业级惯性测量单元(IMU)相媲美的定位结果;最后针对测量信号强度下降或信号噪声等问题,本书也提出了有价值的理论解决方法,并给出了测实验证结果。当尝试动手使用一些货架级传感器产品来搭建一个无人机时,该部分内容尤为重要。在无人机上仅安装一些基本的传感器,利用本书所提出的观察-控制方案就可以解决无人机的导航定位问题。

对于专注于控制系统的人员来说,当前已经有大量的控制策略可供选用,既有经典的控制算法,也有现代控制算法。在编写本书时,作者的愿望是能为读者提供一些可供选择的适用无人机室内飞行的控制技术。当然,除了针对室内场景,本书在算法设计中也考虑了无人机在室外应用时所面临的一些问题,如对未知扰动(如风)的鲁棒性问题。最后,本书提供了三种有效的工具用以改进自主导航或协助手动飞行:第一个工具能针对指定条件(时间、速度等)下的特定任务要求,生成飞行轨迹并使无人机跟踪该轨迹;第二个工具可用于在当飞行轨迹上存在障碍物时,辅助无人机进行有效避障;第三个工具则是专门针对无人机在执行半自主任务时,操作人员突然丢失无人机的紧急情况,将无人机的飞行状态发送给操作人员以使其获得更多关于飞行的信息,然后通过触觉操纵杆,进一步改善遥操作模式下无人机的飞行性能。

目前,大部分研究人员都偏好使用四旋翼无人机开展相关研究,因此本书也以四旋翼无人机作为阐述对象。当然,本书所提出的算法适用性并不拘于此种结构的无人机,它也适用于其他不同类型的无人机。基于不同的无人机平台(如商业级无人机或手工制作的无人机模型),利用不同的传感器器件,本书通过仿真模拟、实时测试和实际飞行等手段对所提出的理论方法进行了实际的测试验证,这些工作无疑进一步提升了本书的价值。

致谢

首先感谢 CONACyT 基础研究资助的博士奖学金。这项工作由法国政府“未来计划投资”通过卓越 Robotex(ANR-10-EQPX-44)资助。感谢法国 Heudiasyc 实验室的 G. Sanahuja,在实验方面给予的大量帮助。

感谢 Ana Claudia A. Garcia,Sonnini R. Yura,Mohanambal Natarajan 和爱思唯尔编辑团队在本书出版过程中给予的耐心指导以及认真审查工作。

P. Castillo,L. E. Munoz&P. García

2016 年 7 月

作者简介

Pedro Castillo García 于 1997 年获得扎卡特佩克技术研究所(墨西哥,莫雷洛斯)机电工程学士学位,2000 年在墨西哥埃斯图迪亚研究中心获得电气工程理学硕士学位,2004 年在法国贡比涅技术大学获得自动控制博士学位。他曾先后在澳大利亚悉尼大学(2004)、美国麻省理工学院(2005)、西班牙巴仑西亚理工大学(2005)进行学术访问。2005 年,他获得了法国 EEA 俱乐部颁发的自动控制最佳博士论文奖。Pedro Castillo García 于 2014 年 1 月从法国贡比涅技术大学获得 HDR 学位。2012 年 12 月至 2014 年 11 月,他曾在墨西哥 LAFMIA UMI CNRS 3175 CINVESTAV-IPN 担任访问学者。目前,他是法国国家研究基金会(CNRS)的研究员,在法国贡比涅技术大学的 Heudiasyc 实验室工作。Pedro Castillo García 与其他人合作在斯普林格出版社出版专著一部,并与他人合著了 20 多篇论文。Pedro Castillo García 的研究领域主要涉及实时控制及应用、非线性动力学与控制、无人机、视觉和欠驱动机械系统。

Laura Elena Munoz Hernandez 出生于墨西哥的伊达尔戈,她于 2005 年获得了伊达尔戈州自治大学电子和电信工程学士学位,2007 年获得了自动化与控制硕士学位。2012 年,在法国贡比涅技术大学获得了自动控制博士学位。在博士研究期间,曾于 2012 年在西班牙巴伦西亚理工大学进行科研实习。目前,她在法国一家初创公司担任研发工程师。她的研究领域主要包括实时控制及应用、嵌入式控制系统、非线性鲁棒控制、最优控制以及自动驾驶车辆的视觉和控制。

Pedro García Gil 出生于西班牙的巴伦西亚,2007 年在西班牙巴伦西亚理工大学获得了控制系统和工业计算的博士学位,目前是巴伦西亚理工大学自动控制专业的助理教授。作为访问研究员,他曾先后于 2006 年在瑞典隆德大学的 Lund 技术研究所,2007 年在法国贡比涅技术大学,2010 在巴西弗洛里安诺波利斯大学,2014 年在英国谢菲尔德大学,2016 在中国杭州大学做访问学者。Prdro García Gil 与他人合著论文 20 多篇,他的研究领域主要涉及时滞系统、嵌入式控制系统和自动驾驶车辆控制等。

目录

第一篇　研究背景

第1章　绪论 …… 003

1.1　无人机运动模型 …… 004
1.2　基于惯性传感器的姿态估计 …… 005
1.3　时滞系统与预测器 …… 006
1.4　无人机定位中的数据融合 …… 006
1.5　控制与导航算法 …… 008
1.6　航迹产生与跟踪 …… 011
1.7　避障 …… 012
1.8　遥操作 …… 014
参考文献 …… 016

第2章　建模方法 …… 025

2.1　转子中的力与力矩 …… 025
2.2　欧拉-拉格朗日法 …… 026
2.3　牛顿-欧拉法 …… 029
2.4　四元数法 …… 032
2.4.1　四元数建模 …… 032
2.4.2　对偶四元数模型 …… 037
2.5　小结 …… 040
参考文献 …… 040

第二篇　面向控制的传感器信号改进

第3章　基于惯性传感器数据融合的方向估计 …… 043

3.1　姿态表示 …… 043

3.2 传感器特性…… 044
3.3 姿态估计算法…… 046
3.3.1 基于 DCM1 …… 046
3.3.2 基于 DCM2 …… 047
3.3.3 基于 DCM3 …… 047
3.3.4 欧拉 EKF …… 048
3.3.5 四元数 …… 048
3.3.6 基于 Quanser 平台的实时性比较与分析 …… 049
3.4 高效卡尔曼滤波器…… 053
3.4.1 简化算法 …… 054
3.4.2 数值验证 …… 056
3.4.3 飞行实验 …… 058
3.5 小结…… 060
参考文献 …… 061
第 4 章 延迟信号和预测器 …… 062
4.1 基于测量延迟补偿的观察预测算法…… 062
4.1.1 有限谱分配 …… 063
4.1.2 h 步提前预测器 …… 064
4.1.3 仿真 …… 066
4.1.4 实验 …… 068
4.1.5 飞行实验 …… 070
4.2 状态预测控制方案…… 071
4.2.1 无人机飞行验证 …… 076
4.2.2 仿真结果 …… 080
4.2.3 实验结果 …… 082
4.3 小结…… 087
参考文献 …… 087
第 5 章 无人机定位的数据融合 …… 089
5.1 传感器数据融合…… 089
5.1.1 惯性测量单元 …… 089
5.1.2 超声波测距仪 …… 090
5.1.3 光流 …… 091
5.1.4 扩展卡尔曼滤波器 …… 092
5.1.5 四旋翼无人机简化非线性模型 …… 093

5.2 原型机和数学仿真实验 …… 094
5.3 飞行实验和实验结果 …… 097
5.3.1 手动飞行实验 …… 097
5.3.2 自主飞行模式 …… 097
5.4 OptiTrack 测量与扩展卡尔曼滤波估计 …… 101
5.5 旋转光流补偿 …… 103
5.6 小结 …… 105
参考文献 …… 105

第三篇 导航方案及控制策略

第6章 具有积分作用的非线性控制算法 …… 109
6.1 从 PD 到 PID 控制器 …… 109
6.2 具有积分环节的饱和控制器 …… 111
6.2.1 具有积分环节的嵌套饱和控制器(NSIP) …… 113
6.2.2 具有积分环节的分离饱和控制器(SSIP) …… 114
6.2.3 具有积分环节的饱和状态反馈控制器(SSFIP) …… 114
6.2.4 在四旋翼无人机上进行验证 …… 116
6.3 积分自适应反演控制 …… 118
6.3.1 四旋翼的积分自适应反演算法 …… 119
6.3.2 包含扰动的仿真 …… 121
6.3.3 质量发生变化的仿真 …… 123
6.3.4 实验结果 …… 123
6.4 小结 …… 127
参考文献 …… 127
第7章 滑模控制 …… 128
7.1 从非线性姿态表示到线性多入多出表示 …… 128
7.2 积分滑模非线性最优控制器设计 …… 130
7.3 仿真验证 …… 135
7.4 实验验证 …… 142
7.5 小结 …… 145
参考文献 …… 146
第8章 鲁棒控制器 …… 147
8.1 基于饱和函数的非线性鲁棒算法 …… 147

8.1.1 非线性不确定性下的鲁棒性 …… 150
8.1.2 在四旋翼无人机进行验证 …… 152
8.1.3 模拟结果 …… 155
8.1.4 实验结果 …… 157
8.2 基于不确定性估计的鲁棒控制 …… 159
8.2.1 基于 UDE 的鲁棒控制策略 …… 160
8.2.2 一般情况 …… 160
8.2.3 SISO 系统案例 …… 161
8.2.4 匹配四旋翼无人机模型 …… 162
8.2.5 3D 悬停系统案例 …… 163
8.2.6 飞行实验 …… 165
8.3 小结 …… 173
参考文献 …… 173

第 9 章 轨迹生成、规划和跟踪 …… 175

9.1 四旋翼无人机的数学描述 …… 176
9.1.1 刚体模型 …… 176
9.1.2 点质量模型 …… 176
9.2 时间最优轨迹生成 …… 178
9.3 检查类任务的无人机路径问题 …… 180
9.3.1 问题描述 …… 181
9.3.2 有能力约束的无人机路径问题 …… 181
9.4 轨迹跟踪问题 …… 183
9.5 仿真结果 …… 183
9.5.1 参考轨迹的生成与规划 …… 184
9.5.2 轨迹跟踪 …… 192
9.6 小结 …… 198
参考文献 …… 199

第 10 章 避障 …… 200

10.1 人工势场法 …… 200
10.2 避障算法 …… 206
10.3 极限环避障 …… 212
10.4 小结 …… 215
参考文献 …… 215

第 11 章　触觉遥操作 …… 216
11.1　实验平台 …… 217
11.1.1　地面站 …… 217
11.1.2　单目视觉定位 …… 218
11.1.3　无人机 …… 219
11.1.4　触觉装置 …… 220
11.2　碰撞避免 …… 221
11.3　触觉遥操作 …… 222
11.4　实验 …… 223
11.5　小结 …… 225
参考文献 …… 226

第一篇 研究背景

近年来,无人机在民用和军事领域的应用显著增加。能够垂直起降无人机的悬停能力使其成为众多室内和室外应用的佼佼者。如何设计出具有姿态稳定、自主飞行、路径跟踪、避开障碍物等能力的控制器和估计器不仅是专业研究者的研究热点,也是一些业余爱好者需要关注的难点,当然在该领域也取得了一些重大且有趣的突破。本书的第一部分专门概述了本书所采用的数学定义和无人机模型,目的是为了引入介绍一些一般性的概念,以便使对该领域没有经验的人员也能够快速掌握一些基础知识,而对有经验的人员来说,则可以将其作为参考或知识的扩展。

此外,第一部分还介绍了各章主题所涵盖的最新研究进展和热点。我们将研究对象重点聚焦于四旋翼无人机,但文献综述并不仅局限于四旋翼,概述涵盖了不同的主题。

第1章 绪 论

自 1916 年自动控制飞机首次实现飞行之后，无人机在民用和军事领域的应用也陆续地不断增加。虽然“无人机”这一概念已经出现 20 余年，然而直到最近几年，得益于一些新技术的发展，无人机才蓬勃发展和大量应用[1]。固定翼无人机是一款最受欢迎的无人机，多年来一直大量被应用于一些监视任务。在无人机需要能保持准静止状态的场合，固定翼无人机垂直起降（vertical take-off and landing，VTOL）的悬停能力使其成为首选[2]。

在实际飞行中，操作人员往往需要通过遥控器控制无人机的位置，而无人机则通过机载控制器来自动地稳定自身姿态。设计一种支持自主飞行的位置控制器一直是无人机领域的一项重点工作。当然，在该领域也取得了一系列成果。

人们为无人机在室外/室内环境中的自主飞行构想出了各种应用场景，如监视、搜索和救援。对于所有这些应用来说，自我定位能力是无人机实现自主飞行的一种迫切能力需求。事实也一再证明，无人机精确的定位能力对于实现高性能飞行以及与环境之间的交互至关重要。

四旋翼无人机（也称为四轴无人机或四旋翼直升机）是目前最受欢迎的一款垂直起降型无人机，而且它也是学习理解空气动力学现象和无人机控制原理的一种入门级原型机。与传统的直升机不同，四旋翼无人机具有恒定的桨距叶片，并且仅通过改变每个转子的角速度就可以进行无人机的控制。当然，同样原理也适用于其他旋翼类的无人机。四旋翼无人机已成为实验室研究和/或执行飞行任务中使用最多的一种结构形态。

本书将以四旋翼无人机为对象，研究和解决在（半）自主模式下无人机所面临的迫切问题，从而应对无人机应用中面临的一些挑战。

本书的主要内容包括：①无人机运动模型；②基于低成本传感器的 VTOL 姿态测量与控制；③无人机状态测量时的经典问题，如噪声和延迟问题；④在全球定位系统（global positioning system，GPS）信号拒止环境下，无人机的定位问题以及可替代方案，或基于无人机标准传感器的位置测量改进；⑤基于组件集成的简单控制律设计和验证；⑥当前流行的非线性控制技术算法设计；⑦在控制律中引入鲁棒能力；⑧执行特殊空中任务时的轨迹生成；⑨飞行轨迹存在障碍物时的避障；⑩当无人机飞出飞行员可视范围时,为飞行员提供有关无人机的额外信息。

1.1 无人机运动模型

在无人机的非线性控制器设计中,数学建模是最重要的工作之一。然而,在某些情况下该工作往往会被简化甚至忽略,而是仅采用一些简化后的数学模型。无人机研究人员在控制方案设计中都会根据自己的兴趣爱好或出于研究方便,提出一些新的运动方程或对已有的运动方程进行调整。相关文献中介绍了以这种方式建立的典型模型,其中一些还包括空气动力学效应或无人机特性,也正因为此才使得无人机控制领域更加充满活力。

若采用线性模型设计控制器或观测器,可以很容易找到一些成熟的控制算法,实现起来也较为容易。线性模型(或简化模型)的另一个显著特点是,在某些情况下可以将无人机运动系统分解为多个子系统,这些子系统以线性级联积分链的形式表示。

经典的无人机数学建模方法有欧拉-拉格朗日法和牛顿-欧拉法,在这两种方法中无人机通常被视为三维空间中运动的刚体。欧拉-拉格朗日法的核心思想是利用势能和动能获得拉格朗日量,然而这对于初学者来说很难理解其中所包含的空气动力学效应。相比而言,在这方面牛顿-欧拉法更为直观,因此当前多采用牛顿-欧拉法对无人机建模,且基于牛顿-欧拉法还可以很容易地用于分析气动效应(如叶片-转子扑动或阻力现象)。然而,这两种方法在大机动情况下都会存在奇异点现象。

与上述方法相关的工作可以参考文献[1-12]。

四元数法是无人机建模的一个新趋势,该方法不存在奇异点问题,并且控制算法易于设计和实现。然而,四元数法理解起来并不直观,甚至还会给读者带来一定的困扰。因此,现在较少采用基于四元数法进行无人机建模,主要原因是相比于欧拉角法,四元数法在旋转表示方面不那么直观。

一些研究人员已经注意到四元数法的优点远超过它的缺点。例如,文献[13]提出了一种基于轴-角表示方向的状态反馈四元数全姿态控制。文献[14]介绍了一种使用欧拉-拉格朗日法表示的六旋翼无人机数学模型,文献[15]提出了一种稳定的四旋翼位置-偏航跟踪技术,虽然仍使用传统的欧拉角表示无人机的姿态,但采用了四元数法对 z 轴进行控制。文献[16-18]介绍了其他一些控制技术,如最优、线性二次型调节器和反馈线性化。

也有研究人员注意到,对偶四元数方法在稳定刚体的方向和位置方面具有很强的优势。文献[19]介绍了一种对偶四元数法,并采用拉格朗日的形式对四旋翼无人机进行建模,文献[20]提出了一种无线性和角速度反馈的对偶四元数反馈控制方法,文献[21]设计出了一种使用对偶四元数实现全驱动系统全局稳定的反馈调节器。

第1章以四旋翼机为对象,介绍了欧拉-拉格朗日法、牛顿-欧拉法和四元数法三种无人机运动建模方法。当然,这些方法也可用于其他结构类型的无人机。欧拉-拉格朗日法只适用于模型中既没有扰动也不存在不确定性的理想情况,牛顿-欧拉法中则考虑了空气动力学和扑翼效应,四元数法则解决了在其他方法中可能出现的奇异点问题。

1.2 基于惯性传感器的姿态估计

无人机要实现自主飞行需分为两个步骤:首先是稳定无人机的姿态,这对半自主飞行(也称为远程操作飞行)来说是前提条件;其次是信息处理,即获取姿态和位置,以支持完成自主飞行任务。

在不考虑控制策略的前提下,高性能的姿态跟踪是其他任何高级控制任务开发的先决条件[22],高级任务(如视野、防撞、着陆/起飞)控制的好坏完全依赖于对姿态控制的好坏程度。因此,角位置和角速率估计量是无人机姿态控制中的关键状态变量[23]。

惯性测量单元(IMU)是轻量型机器人的核心部件,经过多年的发展与改进,目前已经成为一种既便宜又精准的导航设备[24]。廉价 IMU 的出现使无人机在民用方面的大量应用成为可能,如地面交通监察[25]、森林火灾监测[26],或实时灌溉控制[27]等。但是低成本 IMU(价格低于 100 美元)在偏置稳定性、非线性和信噪比方面比工业级 IMU 普遍要差,文献[28]中对各种 IMU 性能进行了比较。

如何使用低成本传感器获得可靠的姿态估计是一项极具挑战性且又有趣的工作。其挑战性在于,若采用低性能传感器,无疑会影响位置估计精度。这无疑是一个有趣的问题,因为获得准确的姿态估计对无人机而言至关重要,其通常会占无人机总成本的很大部分[24]。

第2章证明了通过使用低成本传感器和适当的观测器也可以实现与昂贵的商用 IMU 相当的姿态估计性能。传感器信息融合问题包括利用多个传感器的直接测量值对无人机状态变量进行最佳估计。针对该问题已经提出了许多有效可行的解决方案,如卡尔曼滤波器(Kalman filter,KF)[29-30]或互补滤波器[31-33]。尽管扩展卡尔曼滤波器(extended kalman filter,EKF)难以保证收敛性和最优性,但其在相当长的一段时间内仍将是航天器姿态估计的主要工具[34]。这种滤波器最早的应用是由 Farrell 在 1970 年提出[35],随后又在其他几个项目相继被采用。

1982 年,Lefferts、Shuster 和 Markley 针对该话题发表了一篇综述性文章[36],此后,Markley、Crassidis 和其他几位学者也一直将卡尔曼滤波作为航天工业领域的一个研究热点[37-39]。卡尔曼滤波使用了几种不同的姿态表示方法，并都取得了不同程度的成功。因为不存奇异性问题，四元数法在太空领域得到了广泛地应用，但是它需要四个参数，文献[34]对四元数法进行了综述。欧拉角法虽然只需要三个参数，但其在 $\theta=90°$ 处会出现奇异点。当然，如果不是执行一些复杂的滚转动作，那么欧拉角法无疑是一种很好的选择，因为其表达形式看起来更为紧凑，并且可减少估计算法所造成的计算负担。

1.3 时滞系统与预测器

多年以来，时滞系统一直是控制领域的一个研究热点。延迟问题往往被描述为一个基于 Smith 预测器和有限谱分配（finite spectrum assignment ，FSA）[41]的预测器开发问题。近几年来，在无人机领域人们对无人机延迟问题的研究兴趣有增无减。

传感器采样周期不同，甚至由于计算控制的问题，都会造成无人机在控制上的延迟。例如，当使用惯性传感器估计无人机的角度位置时，IMU 传感器会存在延迟。对于位置测量，全球定位系统（GPS）位置采样周期与导航算法计算的采样周期之间存在差异。再如，当使用摄像机进行姿态或平移速度估计时，在整个闭环系统中也会存在相当大的延迟。

由于基于预测的方法在实际应用中难以实现，因此多年来对该方法的研究更多是只停留在理论层面，并没有得到实际的验证。然而，随着微处理器处理性能的不断提升和传感器的小型化发展趋势，直接推动了这些基于预测的方法在实验台或原型样机上进行验证，无人机控制领域也逐渐开始研究与延迟系统相关的一些新的技术挑战。

第 3 章主要是研究四旋翼无人机的延迟问题，提出了两种基于预测器的延时解决方法，并进行了实时验证。第一种方法改善了垂直起降飞机的姿态，第二种方法是在控制输入中进行延迟补偿。所提出的两种方法都经过了仿真和实时验证，相关文献可参见文献[41-51]。

1.4 无人机定位中的数据融合

目前，定位问题是无人机领域一个重要的研究方向。一些文献中已经介绍了一些基于定位系统（VICON、Optitrack）或同时定位与建图（simultaneous localization and mapping，SLAM）等无人机室内定位方法。然而，这些方法中的大部分要么需要手动部署一些精度高但价格昂贵的定位系统[52-53]，要么需要消耗大量的计算资源,且其中大部分是非板载的部件[54]。解决这一问题非常有效的方法是融合来自不同传感器的测量数据。通过融合来提高整个传感器系统的性能。例如,对于室外的空中导航,通过滤波技术将 GPS 测量值与惯性导航系统(inertial navigation system,INS)融合,可以修正航位推算中的固有误差累积,并提高无人机任务所需的定位精度。然而,如果信号中存有噪声、干扰或在室内环境时,基于 GPS 进行定位是不切实际的。因此,在不能依靠 GPS 的应用场景下(如室内),必须选择其他适当的替代方法进行自主导航。

目前,在一些相关文献中介绍了基于两种或两种以上传感器进行信息融合的方法。文献[55]采用一套低成本视频系统,提出了一种基于计算机视觉算法来保持四旋翼无人机的悬停。该系统基于卡尔曼滤波器的数据融合算法,融合了来自惯性传感器和视觉传感器的测量数据。文献[56]针对微型无人机(MAV),提出了一种基于实时视觉的 5 自由度姿态估计和设定点控制算法。该视觉系统仅使用机载摄像头和两个同心圆作为参照地标。此外,通过使用校准摄像机、圆锥截面,假定偏航独立控制,就可以确定微型无人机的 6 个自由度姿态和位置。

文献[57]提出了两种用于无人机控制的视觉算法:一是基于车载摄像机对平面结构进行检测和跟踪;二是基于外部摄像机系统对无人机进行位置检测和三维重建。这两种方法都在一架垂直起降无人机上进行了实验测试,结果表明视觉系统具有良好的性能。在实验中,由带路标的视觉算法计算无人机的位置,采用卡尔曼滤波器进行速度估计。以类似的方式,文献[58]提出了一种用于直升机姿态估计和稳定控制的视觉系统。该方法使用了地面和机载摄像机,视觉算法用于获取直升机相对于地面摄像机的相对位置和方向。

文献[59]介绍了一种基于模型视觉系统的四旋翼无人机位置控制方法。在该方法中,无人机配备一个朝下的摄像头和一个 IMU 部件。无人机通过视觉系统估计自己的位置,并使用卡尔曼滤波器估计无人机的移动速度。

文献[60]提出了一种面向四旋翼无人机的轨迹跟踪和航路导航方法。该方法需要一个基于视觉的摄像系统和 RTK 全球定位系统(real-time kinematic GPS,RTK-GPS)进行室外定位。Pliz 等的主要成果是设计了一种可用于四旋翼无人机室外定位的低成本差分全球定位系统(DGPS),并且改进了基于具有地标辅助视觉摄像机系统的轨迹跟踪控制算法。

文献[61]提出了一种基于点到线迭代最近/对应点(point-to-line iterative closest/corresponding point,PLICP)定位方法,为无人机提供准确的位置估计。通过机载传感器和处理器实现无人机的自主悬停和轨迹跟踪控制。研究人员在不同的场景下(包括室内悬停和在建筑物之间的轨迹跟踪)进行了实时的飞行实验。实验结果表明,即使在 GPS 信号很弱或不存在的环境中,四旋翼无人机仍可以安全地实现自主飞行。

文献[62]提出了一种无人机姿态估计算法,在该算法中一旦根据 IMU 测量值估计出无人机的角度信息,就可以通过观察单个摄像机图像中的三个特征点来计算无人机的姿态。该算法基于最小代价函数,利用仿真数据和真实数据进行了评估。该方法计算量小,特别适用于执行悬停、自主起降等任务中的无人机姿态控制。文献[63]研究并比较了非线性卡尔曼滤波和粒子滤波两种方法,通过传感器测量值融合进行无人机状态的估计。Rigatos 将估计出的状态矢量应用在无人机自主导航和轨迹跟踪控制回路中,同时,基于平面度控制理论设计出了一种非线性控制器,并通过仿真实验对提出的非线性控制算法性能进行了评价。

文献[64]提出了一种室内四旋翼无人机控制、导航、定位以及建图解决方案。四旋翼无人机主要采用 IMU、俯视摄像头和激光扫描测距仪三个传感器。为验证该导航解决方案的性能,进行了一套完整的飞行测试。文献[65]提出了一种用于验证 GPS 拒止环境下的无人机控制和自定位算法,并进行了可行性验证评估,该算法并没有基于 VICON 运动捕捉系统(其多用于为四旋翼位置控制提供真值测量)的数据,同时采用了两种四旋翼直升机对算法的可行性进行了实验验证。

文献[66]提出了一种仅基于距离测量的控制算法,该算法保证无人机在 GPS 拒止环境下也能以期望的距离绕未知目标飞行。该控制算法的设计分两步:首先提出了一种基于距离和距离变化率测量的控制算法来解决导航问题;其次采用滑模距离变化率估计器估计出距离变化率,并替换第一步控制算法中所需测量的实际距离率。该文作者对所提出的算法仅仅进行了仿真测试。

在当前存在的几种无人机定位系统中,其大多数主要基于位置传感器和惯性传感器的融合进行定位。融合技术主要用于估计缺失的难以直接观测的状态,如移动速度(所有研究报告均有提及)。这种估计方法是否有效很大程度上取决于所采用传感器的性能。另外,在采用的估计算法中,KF 是最主流的方法[36-67],目前它仍受到控制界的广泛关注。

第 5 章开发了一个三维室内定位系统,这是一项极富挑战性的工作,该系统可以视为一个低成本、高精度的无人机应用解决方案。其核心是让无人机使用最少数量且经典的传感器,如 IMU、摄像头和超声波传感器,就能自主地执行轨迹跟踪任务。该方法的创新性在于载机具有良好精度的三维位置估计。在飞行实验中,将基于 EKF 数据融合估计结果与来自 OptiTrack 系统的测量值进行了比较,结果表明,该室内定位系统能够为四旋翼无人机提供性能良好且精度高的 6 自由度位置和方向估计。

1.5 控制与导航算法

由人控制航模飞行是一项困难的工作,并且操作也不那么直观。因此,无人机控制领域的一个目标是通过增加一个包含传感器和算法的嵌入式系统,就能保证实验中手动飞行的稳定性。新型的传感器体积一般更小,价格也更便宜。然而,这类传感器易受到噪声或其他不良因素的影响,因此有时它测量精度会很低(该问题在第 3~5 章中得以解决)。

对于初级无人机开发者而言,设计出稳定的无人机控制算法是一项艰巨的任务。无人机控制对业余人员或工业无人机领域来说没有太大吸引力,其主要原因是所提出的那些复杂且困难的控制算法对系统的不确定性或测量噪声非常敏感。此外,控制器增益参数的调试也不容易。

线性控制器主要用于业余级别或工业无人机,也适用于初级研究人员。这类控制器的主要缺点在于:当存在非线性扰动或远离平衡条件时,控制器很容易发散。为此,需要对这些算法进行改进,如设计一些简单的非线性控制器。

在大量致力于四旋翼无人机飞行控制器设计的相关论文中已经讨论了许多种方法,从传统的比例微分(proportion differentiation,PD)控制到更先进,如反馈线性化、反步[68-72]等技术。

有界控制器能够限制控制的输入,起到保护系统的作用。基于饱和函数的非线性控制器已经成为一种流行的有界控制方法,并且最近也陆续发展出一些新的算法。自 20 世纪 60 年代后期,由于工程和科学问题中频繁出现了饱和系统,为此业界才逐渐开始了许多饱和系统稳定性分析和系统问题的研究[73-74]。1992 年,Steel 在文献[75]中提出了一个基于全局渐近稳定反馈的显式积分链,这在当时是一个开放性问题。这一关于线性系统的重要成果,在文献[76-77]中也得到了进一步发展,启发了许多研究人员[71,73,78-83]。基于有界输入控制器之所以能够成功,是因为它既解决了理论问题[73,76],也解决了实际应用问题[77],被认为是前向控制设计法的起源[84-85],也是文献中许多有价值结论的理论基础(参见文献[78,86-88])。

第 6 章介绍了基于饱和函数和反步技术的两类控制器。这两类控制器的特点是都包含一个积分项(与前面描述的主要区别),在一些情况下该积分项可有效应对模型中存在恒定扰动或不确定性问题,有效地改善闭环系统的性能。仿真和实际的实验表明,该类算法具有良好的性能。

气动效应的复杂性使得人们难以获得精确的动力学模型,如传感器误差和外部干扰情况(如风),因此,对于旋翼机来说,鲁棒性问题至关重要。这两个问题往往放在线性控制背景下进行研究。然而,针对四旋翼无人机受风影响的情况却鲜有研究。

通过在控制方案中添加观测器、预测器或非线性元件等方法,可以设计出一些鲁棒性强的控制器。其中滑模(sliding mode,SM)控制算法因好的鲁棒性,以及能在有限时间内快速收敛到期望值而备受青睐。

SM 控制主要是引入了“定制设计”的思想,也称为滑动变量。经过恰当设计的滑动变量一旦变为零,它就成为滑动流形或滑动面,其往往可以通过高频控制开关来实现。经过恰当设计的滑动变量可以使系统具备良好的闭环性能,而系统的轨迹就是滑动流形。SM 的目的是将系统轨迹引导到合适的滑向流形上,然后通过控制以保持在滑向流形上运动[89]。众所周知,高阶滑动模式(higher order SM,HOSM)是众多滑模技术中非常强大的技术之一,可用于相对阶数大于 1 的系统[90-92],滑模系统对匹配干扰和不确定性都具有鲁棒性。

各种基于传统(相对阶数 1)和高阶滑模控制算法已被成功应用,这些应用涉及导弹制导、水下航行器、机械手以及桥式起重机[93-94]。在这些工作中滑模可以为基于输出的控制[95-96]、微分器[97]、观测器、干扰抑制和估计等提供各种技术支持。

文献[98]介绍了一种针对四旋翼无人机的积分预测和非线性 H∞ 鲁棒控制策略,该控制策略综合考虑了作用于所有自由度的外部干扰(包括风)。文献[99]介绍了一种有限时间约束最优控制器(constrained finite time optimal controller,CFTOC),以在强风条件下使四旋翼无人机在设定的点机动。文献[100]针对四旋翼无人机提出了一种利用线性化输入-输出的双环非线性控制器;然而,仅进行了仿真实验,证实了在存在输入干扰时所提出控制律的有效性。Besnard 等[101]对由滑模干扰观测器(sliding mode disturbance observer,SMDO)驱动的 SM 控制性能进行了仿真验证,该 SM 控制可应用于那些受到外部干扰且模型不确定的四旋翼无人机。

尽管可以找到大量关于使用滑模控制技术的参考文献,但只有少数在飞行实验中得到了验证。在第 7 章中提出了一种新的滑模控制方法来稳定四旋翼无人机的姿态。该控制器通过李雅普诺夫分析进行设计实现[102-105]。此外,本章还介绍了一个理论算法,用以更好地调整增益参数。实验结果表明,该算法具有良好的性能。有关 SM 控制方法可参见文献[8,106-109]。

文献[110]介绍了一种鲁棒无人机飞行控制系统的设计与实现。鲁棒飞行控制系统采用三层控制结构:①内层使用 H∞ 控制技术保证飞机内部稳定,同时对外部干扰具有良好的鲁棒性;②中间层使用非线性外环控制器,有效控制无人机在整个飞行航线内的位置和偏航;③外层为用于协调飞行任务的飞行调度层。

文献[111]介绍了一种基于块控制技术和超扭转控制算法的控制器,以实现四旋翼无人机的轨迹跟踪。该算法对空气动力所产生的风参数进行估算,以确保控制器对这些不匹配扰动也具有鲁棒性。在考虑外部干扰的仿真研究中,进一步验证了该控制器的性能及有效性。

文献[112]介绍了一种基于有限时间的李雅普诺夫稳定性鲁棒控制器,并在有界不确定性和干扰条件下,采用反步技术对小型旋翼机无人机的位置和姿态进行了估计。该控制器结合了反步技术与有限时间收敛方法的优点,生成一个能保证状态变量快速收敛到期望值的控制律,并对有界干扰进行了补偿。仿真结果验证了该控制方法的有效性。

为稳健地实现 V/STOL 类无人机从悬停到水平飞行过渡，文献[113]提出了一种控制策略，该策略是通过路径跟踪来解决控制问题，所提出的飞行控制策略能够克服无人机飞行中存在风扰。另外，文献[114]介绍了一种总质量未知情况下的四旋翼无人机高度控制器，通过自适应鲁棒控制（adaptive robust control，ARC）来补偿无人机的参数不确定性问题。基于李雅普诺夫稳定性分析表明，所提出的控制方法保证了无人机飞行高度控制的渐近跟踪误差。数值仿真结果也表明，设计的控制律具有良好的跟踪性能。

尽管有许多现代控制技术可用于自动驾驶仪，但一些经典的设计仍然是自动驾驶仪设计中非常有活力且有效的方法。第 8 章通过设计一种对未知和有界干扰鲁棒的有界控制律，从理论和实践上解决了当存在侧风时四旋翼无人机的稳定性问题。该章所提出的非线性控制策略非常简单，并且用到了文献[75,78]中所介绍的思想；该章还提出了一种结合不确定干扰估计器（uncertainty disturbance estimator，UDE）的预测反馈控制器。即使存在未知的外部扰动，该控制器仍可以提高系统的闭环控制性能。在第 4 章进一步证明了即使测量中存在延迟，UDE 也可以改善闭环系统的性能。

第 8 章也指出，这两种控制策略的主要优点在于它们的线性控制器只有少量参数需要调整，所以在四旋翼无人机中很容易实现。这一特点也使它们能在四旋翼控制得以大量应用，且针对模型的不确定性和持续干扰问题具有很好的处理能力[115]。

1.6 航迹产生与跟踪

一旦无人机达到悬停稳定状态之后，就可以给它一组所需的轨迹点或任务点。如果对无人机的参数没有限制，它就可以归结为一个控制调节的问题。然而，在一些任务（如检查或监视等）中，要求无人机在特定条件下（速度、时间等）通过某些特定点，在这种情况下的轨迹生成中必须考虑无人机的运动参数。

第 9 章设计了一种四旋翼无人机的轨迹生成算法，该算法在考虑无人机物理约束的情况下，以其到达所需点的时间最短为优化目标。这些约束可分别视为对飞行轨迹角、速度及其变化率以及航向角变化率进行了限制。

最小时间轨迹问题与文献[116]中提出的最小路径问题等价。Dubins 证明了在二维平面上匀速飞行的无人机在两个指定点之间存在最短路径。此外，他还指出，最优路径以圆弧、直线的形式组成。基于 Dubins 的研究成果，文献[117-119]提出了一种可行路径的生成算法，该算法考虑了施加在无人机上的运动和机动约束。文献[120]提出了一种水平面上的动态轨迹平滑算法，其主要思想是对路径进行平滑，以便在明确运动约束条件下可以获得极值轨迹。文献[121]对[117-119]所提出的路径生成方法进行了更为一般化的数学表述，又进一步提出了一种基于初始修剪基本轨迹的三维轨迹规划器。文献[122-125]提出了基于样条曲线的解决方案来获得可行轨迹。

第9章的第2部分讨论了轨迹跟踪问题。事实上,许多关于四旋翼无人机控制和跟踪领域的工作,如标准的线性控制器、先进的非线性控制策略等都可以在先前的文献内找到。对于其中的轨迹跟踪问题,此处仅采用了第8章中所提出的简单非线性控制器。

1.7 避障

近年来,无人机不断地被应用于各种搜索和监视任务。这些任务中的一个主要目标就是生成无冲突的路径规划,以使无人机能够跟随飞行。通常路径表示无人机所必须依次到达的航路点,路径规划问题是在考虑无人机在各种环境和物理约束的前提下,根据航路点生成的非冲突"路径"。然而一些特殊应用场景下,如无人机必须要在障碍物密集的环境中飞行时,考虑到无人机的高速运动,此时复杂的路径规划是一个突出的问题。

路径规划是移动机器人研究的一个重要分支领域,是指机器人如何根据一定的评价标准,在不发生碰撞的情况下搜索出一条从原始位置到目标位置的最佳路径。人工势场(artificial potential field,APF)法具有高效的数学分析和应用简单等特点,被广泛用于解决自主移动机器人的路径规划问题。然而,该方法在应用中通常会受局部极小值问题的困扰,即机器人尚未达到其目标位置,但因为此时作用在机器人上的总力为零,此时就会出现局部极小值问题。已经有研究通过构造势能场来避开局部极小问题。

采用极限环策略避开静态障碍物是解决极小值问题的另一项新技术。该技术的主要优点是计算量小,特别适合计算能力有限的小型机器人。概括起来说,这种方法就是要创建一个圆形的极限环,该极限环能使机器人避开障碍物。

在许多服务场景中,移动机器人与障碍物共存于一个空间区域,避开方向变化不可预测的移动障碍物(如人)比避开运动可预测的移动障碍物更具有挑战性。导航算法无法获得和利用人可能移动方向的精确信息。另外,人在活动时多是不受限制的,不考虑周围的机器人。文献[126]提出了一种基于增强虚拟力场(enhanced virtual force field-based,EVFF)的移动机器人导航算法。该算法可用于避免方向变化不可预测的移动障碍物。该算法还可用于完整性约束机器人和非完整约束机器人,它结合了改进的虚拟力和迂回力传感器方法,因此能够较好地避开移动障碍物。

文献[127]介绍了一种基于快速探索随机树(rapidly exploring random trees,RRT)的路径规划算法。该算法针对存在静态、弹出和动态障碍物的情况,均能为多个无人机实时生成从给定起始位置到目标位置的一条路径。在给定的一个短时间内,为一组无人机在充满障碍物的环境中生成一组非冲突路径是一项具有挑战性的工作。因为无人机有限的转弯半径必须与预计的飞行轨迹兼容,这无疑增加了设计任务的难度。作者等综合考虑无人机的运动约束,通过 RRT 快速生成路径,并对算法性能进行了仿真验证。

通过分析人工势场法在机器人路径规划中的不足,文献[128]提出了一种基于重力链的避障方法。假设在障碍物势场空间内存在一条连接着起点和终点的弹性绳,通过势场功率对弹性绳进行模拟,并建立弹性绳的模型。然后,通过该算法生成一个与弹性绳相切的转向角。通过重力链将有效的避障信息引入位场中,解决了人工位场法易于收敛到局部极小值、难以到达终点以及运动振荡等问题。仿真结果表明了方法的正确有效性。

文献[129]介绍了一种动态环境中的机器人运动规划方法。该方法根据机器人与障碍物的当前位置和速度选择避障策略,避开空间中的静态和动态的障碍物。因为没有将速度进行时间积分来产生位置信息,所以该算法属于一阶方法。避障策略是通过选择动态障碍物之外机器人的速度,其速度来自于在未来某个时刻会与以给定速度与移动障碍物发生碰撞的机器人速度集。为了确保避让策略的动态可行,避让速度集是受机器人加速度约束定义的容许速度集的一个子集。

文献[130]介绍动态变化环境中的移动机器人无碰撞路径生成问题。基于确定的机器人运动模型,以闭环形式推导出可行的轨迹及其相应的转向控制。为避免发生碰撞,将它们表示为参数可调的形式。然后,该文献针对动态变化的环境提出了由时间准则和几何准则构成的新的碰撞避免条件,这些量在转换空间和原始工作空间中都具有明确的物理意义。在这些避障条件约束下,可以生成一条(或一类)封闭形式的无碰撞路径。该路径满足所有的边界条件且二阶可微,当机器人检测到环境变化后可以实时地进行更新。通过仿真证明了该算法的有效性。

文献[131]介绍了一种结合极限环和矢量场的新型导航方法,该方法可用于动态环境中的移动机器人导航,同时可避免与意外的障碍物发生碰撞。极限环法使机器人避开前方的障碍物,矢量场法则使机器人避开侧面的障碍物。Qu 等使用 Pioneer2-DX 移动机器人对所提出的方法进行了测试验证。通过仿真和实验,验证了所提出的方法对动态环境中移动机器人导航的有效性。

文献[132]介绍了一种将三维极限环与椭球极限环相结合的新算法以避开静态的障碍物。椭球极限环表示障碍物周围的安全区域,使用椭球极限环可以更好地表示障碍物的形状。针对存在应从指定方向避开障碍物的情形,椭球极限环也同样有用,如利用它可以防止机器人从障碍物的前面通过。此外,将极限环法与速度障碍法相结合,可以避免在二维和三维空间内移动的障碍物。在存在多个移动障碍物的情况下,为确保机器人能够选择出最佳的转动方向,将执行树搜索策略以生成针对所有障碍物的全局最佳转动方案。

文献[133]中也使用极限环解决区域监控时的飞行路径生成问题。该方法所生成的飞行轨迹能够覆盖整个区域，且具有理想的半径和所需的轨迹密度。无人机通过跟踪这些轨迹，能够获得精确的航拍照片或视频(或其他需要这些轨迹的任务)。实时飞行轨迹分为三个阶段：第一阶段，无人机从发射站起飞，飞行到期望圆形可视区域的中心附近，获取航拍照片或视频；第二阶段，无人机跟踪均匀的螺旋形轨迹，到达圆形极限环并完成对圆形区域的扫描；第三阶段，当完成对所想要区域的拍摄后，无人机按照与第一阶段类似的轨迹返回至发射站。仿真结果表明该方法具有良好的性能。

相关的工作可参见文献[134-137]。

第10章讨论了无人机的避障问题。本章介绍的避障算法是基于APF方法，本章还介绍了有关APF方法的一些背景知识。利用虚拟障碍物和极限环技术解决了APF中的极小值问题。仿真和实验结果表明，即使存在极小值问题，该控制器仍具有良好的性能。

1.8 遥操作

自动驾驶仪能够自动地调节无人机的姿态，以使其达到稳定位置，或到达任何其他预期的位置，这使实现无人机遥操作向前迈出了重要的一步。当使用嵌入式无人机姿态稳定控制器时，飞行员只需给出一个角度参考信息就能移动无人机，而不需要直接控制无人机电机的速度。

迄今为止，最常见的遥操作模式以及由此衍生的其他许多遥操作模式中，包括俯仰和侧倾角度、偏航变化率和高度速度的控制。这些模式通称稳定模式，其简化模式包括控制无人机相对于飞行员视角移动，而无须考虑无人机的机头方向。对于新用户而言，这比需要根据无人机自身的参考坐标来控制无人机更加简单直观。

另一种操作模式允许操作人员控制角速率而不是角度。这在执行攻击性飞行任务或有花样飞行时非常有用。这种操作模式需要用户具有更多的专业知识和操作技能，必须能够对系统的奇异问题做出处理。

其他常用的飞行模式往往是通过添加更多的传感器信息或基于行为来提高无人机系统的自主水平。例如，通过高度传感器(如超声波测距仪或压力传感器)来帮助操作人员控制飞行高度。例如，通过GPS位置估计提高系统的自主能力，允许采用其他操作模式来减少用户对飞行结果以及无人机的状态监测等工作，如游荡模式、返回发射点(return-to-launch，RTL)、路径跟踪和自主轨迹跟踪等。

在游荡模式下，无人机保持当前位置、航向和高度，但操作人员会随时通过手动控制来改变无人机的当前状态。在RTL模式下，无人机将自动返回其初始位置。自主轨迹跟踪可以预先编程，使用规划的路径点进行路径跟踪，或对时变的轨迹(如圆或柠檬形轨迹)进行跟踪。如果只对无人机的相对位置而不是在全局中的绝对位置感兴趣,则可以使用跟踪模式进行目标跟踪。

与该主题相关的工作如下。

文献[138]针对无人机避障任务提出了一种新颖的触觉排队算法。设计新型排队算法能让操作人员看起来更加"自然",可以改善人机交互界面而不是直接作用于实际飞机命令。同时对直接触觉辅助(direct hapticaid,DHA)和间接触觉辅助(indirect hapticaid,IHA)两类触觉辅助避障算法进行了实验评估。

文献[139]介绍了一种用于无人机遥操作的新型人工力场(artificial force field,AFF,即参数风险场)设计与评估。通过设置影响场灵敏度的参数来调整场的大小、形状和力梯度。通过计算机模拟评估了不同参数设置下避障场的有效性。结果表明,相比于那些文献中假定场已知的情况,新型 AFF 能更有效地避免碰撞。

文献[140]介绍了力-刚度反馈机制(力偏移和额外弹性载荷组合)在无人机延时遥操作触觉上的应用。基于施加力偏移量的力反馈,可帮助操作人员通过操纵控制杆来引导无人机远离障碍物。文献[141]采用了力反馈的方法解决了欠驱动无人机的双边遥控问题。基于李雅普诺夫分析,确立了关于有界或耗散虚拟环境力遥操作回路的稳定性。

文献[142]介绍了一种基于用户输入能量、估计势能和无人机动能的无人机控制器设定值调节方法。该方法通过与动态边界相结合,操作人员可以通过丰富的空间触觉而不是仅仅靠力来感知机器人周围的环境。

文献[143]介绍了一种直观的遥操作方案,该方案可以供未经培训的用户在复杂的环境中安全操作各种垂直起降无人机。该方案包括一个力反馈算法,其作用是让用户感觉到环境特征。此外,还引入了一种新的映射功能,以便在位置控制模式下使用工作空间内的有限操纵杆对无限工作空间内进行无人机遥控。同时还设计了一种独立于操作人员控制,通过自主地修改无人机位置设定点来进行避障。该算法在使用触觉操纵杆和配备二维激光测距仪的六旋翼无人机中得到了实验验证。

文献[144]介绍了一种新颖、简单且有效的基于触觉反馈的无人机遥操作方法。该方法从能量角度考虑,借鉴采用了网络理论和端口哈密顿系统概念。此外,还提供了一个用以解决如何将"主"操纵杆的有限行程映射到"从"无人机无限行程等问题的通用框架,当通信链路和有限传感器数据存在延迟时,保持闭环系统的被动性(可参见文献[145-147])。

第 11 章介绍了一种可用于四旋翼无人机控制的无碰撞触觉遥操作方案。为协助用户完成飞行任务,在无人机内运行控制算法,该方案能够更加直观地为四旋翼机提供无碰撞飞行。在该方案中,用户通过触觉操纵杆提供的角度参考来控制无人机,视觉算法则用于估计无人机的位置以及可能出现的障碍物。实验结果表明,该遥操作方案具有良好的性能。

参考文献

[1] G. M. Hoffmann, H. Huang, S. L. Waslander, C. J. Tomlin, Precision flight control for a multi-vehicle quadrotor helicopter testbed, Control Engineering Practice 19(9)(2011) 1023-1036.

[2] R. Lozano, Unmanned Aerial Vehicles Embedded Control, John Wiley-ISTE Ltd, 2010.

[3] R. W. Prouty, Helicopter Performance, Stability, and Control, Krieger Publishing Company, 2001.

[4] P. Pounds, R. Mahony, P. Corke, Modelling and control of a quad-rotor robot, in: Proceedings of the Australasian Conference on Robotics and Automation, Auckland, New Zealand, 2006.

[5] P. Pounds, J. Gresham, R. Mahony, J. Robert, P. Corke, Towards dynamically favourable quadrotor aerial robots, in: Proceedings of the Australasian Conference on Robotics and Automation, Canberra, Australia, 2004.

[6] G. Hoffmann, H. Huang, S. Waslander, C. Tomlin, Quadrotor helicopter flight dynamics and control: theory and experiment, in: Proceedings of the AIAA Guidance, Navigation, and Control Conference, USA, 2007.

[7] H. Goldstein, Classical Mechanics, AddisonWesley Series in Physics, Addison-Wesley, USA, 1980.

[8] P. Castillo, R. Lozano, A. E. Dzul, Modelling and Control of Mini-Flying Machines, Advances in Industrial Control, Springer-Verlag, London, UK, 2005.

[9] B. Etkin, L. Duff Reid, Dynamics of Flight, John Wiley and Sons, New York, USA, 1959.

[10] R. Lozano, B. Brogliato, O. Egeland, B. Maschke, Passivity-Based Control System Analysis and Design, 2nd edition, Communications and Control Engineering Series, Springer-Verlag, 2006.

[11] K. Nonami, F. Kendoul, S. Suzuki, W. Wang, D. Nakazawa, Autonomous Flying Robots: Unmanned Aerial Vehicles and Micro Aerial Vehicles, Springer, 2010.

[12] D. G. Hull, Fundamentals of Airplane Flight Mechanics, Springer, Berlin, 2007.

[13] E. Fresk, G. Nikolakopoulos, Full quaternion based attitude control for a quadrotor, in: European Control Conference(ECC), Zürich, 2013, pp. 3864-3869.

[14] A. Alaimo, V. Artale, C. Milazzo, A. Ricciardello, L. Trefiletti, Mathematical modeling and control of a hexacopter, in: International Conference on Unmanned Aircraft Systems(ICUAS), Atlanta, USA, IEEE, 2013, pp. 1043-1050.

[15] A. Sanchez-Orta, V. Parra-Vega, C. Izaguirre-Espinosa, O. Garcia-Salazar, Position- yaw tracking of quadrotors, Journal of Dynamic Systems, Measurement, and Control 137(2015) 061011.

[16] W. Jian, A. Honglei, L. Jie, W. Jianwen, M. Hongxu, Backstepping-based inverse optimal attitude control of quadrotor, International Journal of Advanced Robotic Systems 10(2013) 1-9.

[17] E. Reyes-Valeria, R. Enriquez-Caldera, S. Camacho-Lara, J. Guichard, LQR control for a quadrotor using unit quaternions: modeling and simulation, in: International Electronics Conference on Communications and Computing(CONIELECOMP), Cholula, Mexico, 2013, pp. 172-178.

[18] Y. Long, S. Lyttle, N. Pagano, D. J. Cappelleri, Design and quaternion-based attitude control of the omnicopter MAV using feedback linearization, in: Proceedings of the ASME 2012 Interna-

tional Design Engineering Technical Conferences and Computers and Information in Engineering Conference, Chicago, IL, USA, August 12-15, 2012.

[19] Y. Jing, C. ZhiHao, W. Yingxun, Modeling of the quadrotor UAV based on screw theory via dual quaternion, in: AIAA Modeling and Simulation Technologies (MST) Conference, Boston, MA, USA, 2013.

[20] F. Nuno, P. Tsiotras, Simultaneous position and attitude control without linear and angular velocity feedback using dual quaternions, in: American Control Conference, Washington, DC, USA, 2013.

[21] X. Wang, C. Yu, Feedback linearization regulator with coupled attitude and translation dynamics based on unit dual quaternion, in: IEEE International Symposium on Intelligent Control (ISIC), Yokohama, Japan, IEEE, 2010, pp. 2380-2384.

[22] S. Bouabdallah, R. Siegwart, Full control of a quadrotor, in: IEEE/RSJ International Conference on Intelligent Robots and Systems (IROS), San Diego, CA, USA, IEEE, 2007, pp. 153-158.

[23] R. Mahony, V. Kumar, P. Corke, Multirotor aerial vehicles: modeling, estimation, and control of quadrotor, IEEE Robotics & Automation Magazine 19 (2012) 20-32.

[24] H. Chao, Y. Cao, Y. Chen, Autopilots for small unmanned aerial vehicles: a survey, International Journal of Control, Automation, and Systems 8 (2010) 36-44.

[25] L. Mejias, J. F. Correa, I. Mondragón, P. Campoy, COLIBRI: a vision-guided UAV for surveillance and visual inspection, in: International Conference on Robotics and Automation, Roma, Italy, IEEE, 2007, pp. 2760-2761.

[26] D. W. Casbeer, R. Beard, T. McLain, S. -M. Li, R. K. Mehra, Forest fire monitoring with multiple small UAVs, in: Proceedings of the American Control Conference, Portland, Oregon, USA, 2005, pp. 3530-3535.

[27] H. Chao, M. Baumann, A. Jensen, Y. Chen, Y. Cao, W. Ren, M. McKee, Bandreconfigurable multi-UAV-based cooperative remote sensing for real-time water management and distributed irrigation control, in: IFAC World Congress, Seoul, Korea, 2008.

[28] H. Chao, C. Coopmans, L. Di, Y. Chen, A comparative evaluation of low-cost IMUs for unmanned autonomous systems, in: Conference on Multisensor Fusion and Integration for Intelligent Systems (MFI), Salt Lake, UT, USA, IEEE, 2010, pp. 211-216.

[29] D. Simon, Optimal State Estimation: Kalman, $H\infty$, and Nonlinear Approaches, Wiley, 2006.

[30] S. -G. Kim, J. L. Crassidis, Y. Cheng, A. M. Fosbury, J. L. Junkins, Kalman filtering for relative spacecraft attitude and position estimation, Journal of Guidance, Control, and Dynamics 30 (2007) 133-143.

[31] R. Mahony, T. Hamel, J. -M. Pflimlin, Nonlinear complementary filters on the special orthogonal group, IEEE Transactions on Automatic Control 53 (2008) 1203-1218.

[32] M. Euston, P. Coote, R. Mahony, J. Kim, T. Hamel, A complementary filter for attitude estimation of a fixed-wing UAV, in: IEEE/RSJ International Conference on Intelligent Robots and Systems (IROS), Nice, France, IEEE, 2008, pp. 340-345.

[33] L. Benziane, A. E. Hadri, A. Seba, A. Benallegue, Y. Chitour, Attitude estimation and control using linearlike complementary filters: theory and experiment, IEEE Transactions on Control Sys-

tems Technology PP(99)(2016) 1-8.

[34] J. L. Crassidis, F. L. Markley, Y. Cheng, Survey of nonlinear attitude estimation methods, Journal of Guidance, Control, and Dynamics 30(2007) 12-28.

[35] J. L. Farrell, Attitude determination by Kalman filtering, Automatica 6(1970) 419-430.

[36] E. J. Lefferts, F. L. Markley, M. D. Shuster, Kalman filtering for spacecraft attitude estimation, Journal of Guidance, Control, and Dynamics 5(1982) 417-429.

[37] J. L. Crassidis, F. L. Markley, Predictive filtering for nonlinear systems, Journal of Guidance, Control, and Dynamics 20(1997) 566-572.

[38] J. L. Crassidis, F. L. Markley, Unscented filtering for spacecraft attitude estimation, Journal of Guidance, Control, and Dynamics 26(2003) 536-542.

[39] F. L. Markley, J. L. Crassidis, Y. Cheng, Nonlinear attitude filtering methods, in: AIAA Guidance, Navigation, and Control Conference, San Francisco, CA, USA, 2005.

[40] O. J. Smith, Closer control of loops with dead time, Chemical Engineering Progress 53(1957) 217-219.

[41] A. Manitius, A. W. Olbrot, Finite spectrum assignment problem for systems with delays, IEEE Transactions on Automatic Control 24(1979) 541-552.

[42] V. K. D. Mellinger, N. Michael, Trajectory generation and control for precise aggressive maneuvers with quad-rotors, The International Journal of Robotics Research 31(5)(2010) 664-674.

[43] A. L. Chan, S. L. Tan, C. L. Kwek, Sensor data fusion for attitude stabilization in a low cost quadrotor system, in: International Symposium on Consumer Electronics, Singapore, Singapore, 2011.

[44] J. Normey-Rico, E. F. Camacho, Dead-time compensators: a survey, Control Engineering Practice 16(2008) 407-428.

[45] Z. Artstein, Linear systems with delayed controls: a reduction, IEEE Transactions on Automatic Control 27(1982) 869-879.

[46] J. Richard, Time-delay systems: an overview of some recent advances and open problems, Automatica 39(2003) 1667-1694.

[47] P. Garcia, P. Castillo, R. Lozano, P. Albertos, Robustness with respect to delay uncertainties of a predictor-observer based discrete-time controller, in: Proceedings of the 45th IEEE Conference on Decision and Control(CDC), San Diego, CA, USA, IEEE, 2006, pp. 199-204.

[48] A. Gonzalez, A. Sala, P. Garcia, P. Albertos, Robustness analysis of discrete predictorbased controllers for input-delay systems, International Journal of Systems Science 44(2)(2013) 232-239.

[49] P. Albertos, P. García, Predictor-observer-based control of systems with multiple input/ output delays, Journal of Process Control 22(2012) 1350-1357.

[50] A. Gonzalez, P. Garcia, P. Albertos, P. Castillo, R. Lozano, Robustness of a discretetime predictor-based controller for time-varying measurement delay, Control Engineering Practice 20 (2012) 102-110.

[51] J. E. Normey-Rico, E. Camacho, Control of Dead-Time Processes, Springer, 2007.

[52] G. Ducard, R. D'Andrea, Autonomous quadrotor flight using a vision system and accommodating frames misalignment, in: Proceedings of IEEE International Symposium on Industrial Embedded

Systems(SIES),Switzerland,IEEE,2009,pp. 261-264.

[53] R. Zhang,X. Wang,K. Y. Cai,Quadrotor aircraft control without velocity measurements,in: Proceedings of the 48th IEEE Conference on Decision and Control,2009 held jointly with the 2009 28th Chinese Control Conference,CDC/CCC,Shanghai,China,2009.

[54] J. Eckert,R. German,F. Dressler,On autonomous indoor flights: high-quality realtime localization using low-cost sensors,in: Proceedings of IEEE International Conference on Communications(ICC),Ottawa,Canada,2012.

[55] D. M. M. Bošnak,S. Blazic,Quadrocopter control using an on-board video system with off-board processing,Robotics and Autonomous Systems 60(2012) 657-667.

[56] D. Eberli,D. Scaramuzza,S. Weiss,R. Siegwart,Vision based position control for MAVs using one single circular landmark,Journal of Intelligent & Robotic Systems 61(2011) 495-512.

[57] C. Martínez,I. F. Mondragón,M. A. Olivares-Méndez,P. Campoy,On-board and ground visual pose estimation techniques for UAV control,Journal of Intelligent & Robotic Systems 61(2011) 301-320.

[58] E. Altug,C. Taylor,Vision-based pose estimation and control of a model helicopter,in: Proceedings of the International Conference on Mechatronics,Istanbul,Turkey,IEEE,2004,pp. 316-321.

[59] E. M. C. Teuliere,L. Eck,N. Guenard,3D model-based tracking for UAV position control,in: International Conference on Intelligent Robots and Systems(IROS),Taipei,Taiwan,IEEE/RSJ,2010,pp. 1084-1089.

[60] U. Pilz,W. Gropengießer,F. Walder,J. Witt,H. Wernner,Quadrocopter localization using RTK-GPS and vision-based trajectory tracking,in: International Conference on Intelligent Robotics and Applications(ICRA),Aachen,Germany,2011.

[61] Y. Song,B. Xian,Y. Zhang,X. Jiang,X. Zhang,Towards autonomous control of quadrotor unmanned aerial vehicles in a GPS-denied urban area via laser ranger finder,Optik 126(2015) 3877-3882.

[62] C. Troiani,A. Martinelli,C. Laugier,D. Scaramuzza,Low computational-complexity algorithms for vision-aided inertial navigation of micro aerial vehicles,Robotics and Autonomous Systems 69 (2015) 80-97.

[63] G. G. Rigatos,Nonlinear Kalman Filters and Particle Filters for integrated navigation of unmanned aerial vehicles,Robotics and Autonomous Systems 60(2012) 978-995.

[64] F. Wang,J. Cui,B. Chen,T. Lee,A comprehensive UAV indoor navigation system based on vision optical flow and laser FastSLAM,Acta Automatica Sinica 39(2013) 1889-1899.

[65] J. -Y. Baek,S. -H. Park,B. -S. Cho,M. -C. Lee,Position tracking system using single RGB-D camera for evaluation of multi-rotor UAV control and self-localization,in: International Conference on Advanced Intelligent Mechatronics,Busan,Korea,IEEE,2015,pp. 1283-1288.

[66] C. Yongcan,UAV circumnavigating an unknown target under a GPS-denied environment with range-only measurements,Automatica 55(2015) 150-158.

[67] S. -G. Kim,J. L. Crassidis,Y. Cheng,A. M. Fosbury,J. L. Junkins,Kalman filtering for relative spacecraft attitude and position estimation,Journal of Guidance,Control,and Dynamics 30(1)

(2007) 133-143.
[68] T. Dierks, S. Jagannathan, Output feedback control of a quadrotor UAV using neural networks, IEEE Transactions on Neural Networks 21(2010) 50-66.
[69] H. Voss, Nonlinear control of a quadrotor micro-UAV using feedback-linearization, in: Proceedings of IEEE International Conference on Mechatronics, Changchun, China, 2009, pp. 1-6.
[70] T. Madani, A. Benallegue, Control of a quadrotor mini-helicopter via full state back-stepping technique, in: Proceedings of the 45th IEEE Conference on Decision and Control, San Diego, CA, USA, 2006.
[71] P. Castillo, R. Lozano, A. Dzul, Stabilization of a mini rotorcraft with four rotors, IEEE Control Systems Magazine 25(2005) 45-55.
[72] A. Tayebi, S. McGilvray, Attitude stabilization of a VTOL quadrotor aircraft, IEEE Transactions on Control Systems Technology 14(2006) 562-571.
[73] H. J. Sussmann, E. D. Sontag, Y. Yang, A general result on the stabilization of linear systems using bounded controls, IEEE Transactions on Automatic Control 39(1994) 2411-2425.
[74] A. T. Fuller, In the large stability of relay and saturation control systems with linear controllers, International Journal of Control 10(1969) 457-480.
[75] A. R. Teel, Global stabilization and restricted tracking for multiple integrators with bounded controls, Systems & Control Letters 18(3)(1992) 165-171.
[76] A. R. Teel, Semi-global stabilization of minimum phase nonlinear systems in special normal forms, Systems & Control Letters 19(3)(1992) 187-192.
[77] A. J. Teel, R. Andrew, Semi-global stabilization of the "ball-and-beam" using "output" feedback, in: American Control Conference, San Francisco, CA, USA, 1993.
[78] P. C. G. Sanahuja, A. Sanchez, Stabilization of n integrators in cascade with bounded input with experimental application to a VTOL laboratory system, International Journal of Robust and Nonlinear Control 20(2010) 1129-1139.
[79] P. Castillo, A. Dzul, R. Lozano, Real-time stabilization and tracking of a four-rotor mini rotorcraft, IEEE Transactions on Control Systems Technology 12(4)(2004) 510-516.
[80] P. Castillo, P. Albertos, P. Garcia, R. Lozano, Simple real-time attitude stabilization of a quad-rotor aircraft with bounded signals, in: 45th IEEE Conference on Decision and Control, San Diego, CA, USA, IEEE, 2006, pp. 1533-1538.
[81] E. N. Johnson, S. K. Kannan, Nested saturation with guaranteed real pole, in: Proc. American Control Conference, Denver, Colorado, USA, 2003.
[82] Y. Yang, H. J. Sontag, E. D. Sussmann, Global stabilization of linear discrete-time systems with bounded feedback, Systems & Control Letters 30(1997) 273-281.
[83] N. Marchand, A. Hably, Global stabilization of multiple integrators with bounded controls, Automatica 41(2005) 2147-2152.
[84] M. Jankovic, R. Sepulchre, P. V. Kokotovic, Constructive Lyapunov stabilization of nonlinear cascade systems, IEEE Transactions on Automatic Control 41(1996) 1723-1735.
[85] F. Mazenc, L. Praly, Adding an integration and global asymptotic stabilization of feedforward systems, IEEE Transactions on Automatic Control 41(1996) 1559-1578.

[86] G. Kaliora, A. Astolfi, A simple design for the stabilization of a class of cascaded nonlinear systems with bounded control, in: IEEE Conference on Decision and Control, Orlando, Florida, USA, 2001.

[87] G. Kaliora, A. Astolfi, On the stabilization of feedforward systems with bounded control, Systems & Control Letters 54(2001) 263–270.

[88] L. Marconi, A. Isidori, Robust global stabilization of a class of uncertain feedforward nonlinear systems, Systems & Control Letters 41(4)(2000) 281–290.

[89] V. Utkin, Sliding Modes in Control and Optimization, Springer–Verlag, 1992.

[90] A. Levant, Sliding order and sliding accuracy in sliding mode control, International Journal of Control 58(1993) 1247–1263.

[91] A. Levant, Quasi–continuous high–order sliding–mode controllers, IEEE Transactions on Automatic Control 50(2006) 1812–1816.

[92] A. Levant, Robust exact differentiation via sliding modes technique, Automatica 34(3)(1998) 379–384.

[93] A. Pisano, S. Scodina, E. Usai, Load swing suppression in the 3–dimensional overhead crane via second–order sliding–modes, in: The 11th International Workshop on Variable Structure Systems, Mexico, 2010, pp. 452–457.

[94] G. Bartolini, A. Pisano, Global output–feedback tracking and load disturbance rejection for electrically–driven robotic manipulators with uncertain dynamics, International Journal of Control 76 (2003) 1201–1213.

[95] V. A. L. Freguela, L. Fridman, Output integral sliding mode control to stabilize position of a Stewart platform, Journal of the Franklin Institute 349(2012) 1526–1542.

[96] M. T. Angulo, L. Fridman, A. Levant, Output–feedback finite–time stabilization of disturbed LTI systems, Automatica 48(2012) 606–611.

[97] A. Levant, High–order sliding modes: differentiation and output feedback control, International Journal of Control 76(2003) 1924–1941.

[98] G. V. Raffo, M. G. Ortega, F. R. Rubio, An integral predictive/nonlinear $H\infty$ control structure for a quadrotor helicopter, Automatica 46(2010) 29–39.

[99] K. Alexis, G. Nikolakopoulos, A. Tzes, Constrained optimal attitude control of a quadrotor helicopter subject to wind–gusts: experimental studies, in: American Control Conference(ACC), Baltimore, MD, USA, 2010, pp. 4451–4455.

[100] A. Das, K. Subbarao, F. Lewis, Dynamic inversion with zero–dynamics stabilisation for quadrotor control, IET Control Theory & Applications 3(2009) 303–314.

[101] L. Besnard, Y. B. Shtesselb, B. Landruma, Quadrotor vehicle control via sliding mode controller driven by sliding mode disturbance observer, Journal of the Franklin Institute 349(2012) 658–684.

[102] P. Khalil, Nonlinear Systems, Prentice Hall, 1996.

[103] A. Polyakov, A. Poznyak, Method of Lyapunov functions for systems with higher–order sliding modes, Automation and Remote Control 72(2011) 944–963.

[104] A. Polyakov, A. Poznyak, Lyapunov function design for finite–time convergence analysis: twis-

ting controller for second-order sliding mode realization, Automatica 49(2009) 444-448.

[105] J. Moreno, M. Osorio, Strict Lyapunov functions for the super-twisting algorithm, IEEE Transactions on Automatic Control 57(4)(2012) 1035-1040.

[106] T. Ledgerwood, E. Misawa, Controllability and nonlinear control of rotational inverted pendulum, in: Advances in Robust and Nonlinear Control Systems, ASME Journal on Dynamic Systems and Control 43(1992) 81-88.

[107] A. Lukyanov, Optimal nonlinear block-control method, in: Proceedings of the 2th European Control Conference, Groningen, Netherlands, 1993, pp. 1853-1855.

[108] A. Lukyanov, S. J. Dodds, Sliding mode block control of uncertain nonlinear plants, in: Proceedings of the IFAC World Congress, San Francisco, CA, USA, 1996, pp. 241-246.

[109] V. Utkin, J. Guldner, J. Shi, Sliding Mode Control in Electromechanical Systems, Taylor and Francis, 1999.

[110] G. Cai, B. M. Chen, X. Dong, T. H. Lee, Design and implementation of a robust and nonlinear flight control system for an unmanned helicopter, Mechatronics 21(2011) 803-820.

[111] L. Luque-Vegan, B. Castillo-Toledo, A. G. Loukianov, Robust block second order sliding mode control for a quadrotor, Journal of the Franklin Institute 349(2012) 719-739.

[112] M. R. Mokhtari, B. Cherki, A new robust control for mini rotorcraft unmanned aerial vehicles, ISA Transactions 56(2015) 86-101.

[113] R. Naldi, L. Marconi, Robust control of transition maneuvers for a class of V/STOL aircraft, Automatica 49(2013) 1693-1704.

[114] B. -C. Min, J. -H. Hong, E. T. Matson, Adaptive robust control(ARC) for an altitude control of a quadrotor type UAV carrying an unknown payloads, in: 11th International Conference on Control, Automation and Systems, Gyeonggi-do, Korea(South), IEEE, 2011, pp. 1147-1151.

[115] R. Sanz, P. Garcia, Q. Zhong, P. Albertos, Robust control of quadrotors based on an uncertainty and disturbance estimator, Journal of Dynamic Systems, Measurement, and Control 138(2016) 071006-071013.

[116] L. E. Dubins, On curves of minimal length with a constraint on average curvature and with prescribed initial and terminal positions and tangents, American Journal of Mathematics 79(1957) 497-517.

[117] G. Ambrosino, M. Ariola, U. Ciniglio, F. Corraro, E. De Lellis, A. Pironti, Path generation and tracking in 3-D for UAVs, IEEE Transactions on Control Systems Technology 17 (2009) 980-988.

[118] H. Wong, V. Kapila, R. Vaidyanathan, UAV optimal path planning using C-C-C class paths for target touring, in: The 43rd IEEE Conference on Decision and Control, Nassau, Bahamas, 2004, pp. 1105-1110.

[119] G. Yang, V. Kapila, Optimal path planning for unmanned air vehicles with kinematic and tactical constraints, in: The 41st IEEE Conference on Decision and Control, Las Vegas, Nevada, USA, 2002, pp. 1301-1306.

[120] E. P. Anderson, R. W. Beard, T. W. McLain, Real-time dynamic trajectory smoothing for unmanned air vehicles, IEEE Transactions on Control Systems Technology 13(2005) 471-477.

[121] D. Boukraa, Y. Bestaoui, N. Azouz, Three dimensional trajectory generation for an autonomous plane, International Review of Aerospace Engineering 1(2008) 355-365.

[122] T. Berglund, H. Jonsson, I. Söderkvist, An obstacle avoiding minimum variation B-spline problem, in: Proceedings of International Conference on Geometric Modeling and Graphics, London, UK, 2003, pp. 156-161.

[123] E. Dyllong, A. Visioli, Planning and real-time modifications of a trajectory using spline techniques, Robotica 21(2003) 475-482.

[124] K. B. Judd, T. W. McLain, Spline based path planning for unmanned air vehicles, in: AIAA Guidance, Navigation and Control Conference and Exhibit, Montreal, Canada, 2001.

[125] B. Vazquez G., H. Sossa A., J. L. Díaz-de León S., Auto guided vehicle control using expanded time B-splines, in: IEEE International Conference on Systems, Man, and Cybernetics, San Antonio, TX, 1994, pp. 2786-2791.

[126] L. Zeng, G. Bone, Mobile robot navigation for moving obstacles with unpredictable direction changes, including humans, Advanced Robotics 26(2012) 1841-1862.

[127] M. Kothari, I. Postlethwaite, D. -W. Gu, Multi-UAV path planning in obstacle rich environments using Rapidly-exploring Random Trees, in: Proceedings of the 48th IEEE Conference on Decision and Control, 2009 held jointly with the 2009 28th Chinese Control Conference, CDC/CCC, Shanghai, China, 2009.

[128] L. Tang, S. Dian, G. Gu, K. Zhou, S. Wang, X. Feng, A novel potential field method for obstacle avoidance and path planning of mobile robot, in: 3rd IEEE International Conference on Computer Science and Information Technology(ICCSIT), vol. 9, Chengdu, China, 2010, pp. 633-637.

[129] P. Fiorini, Z. Shiller, Motion planning in dynamic environments using velocity obstacles, The International Journal of Robotics Research 17(2012) 760-772.

[130] Z. Qu, J. Wang, C. E. Plaisted, A new analytical solution to mobile robot trajectory generation in the presence of moving obstacles, IEEE Transactions on Robotics 20(2004) 978-993.

[131] M. S. Jie, J. H. Baek, Y. S. Hong, K. W. Lee, Real time obstacle avoidance for mobile robot using limit-cycle and vector field method, in: Knowledge-Based Intelligent Information and Engineering Systems, Springer Berlin Heidelberg, Berlin, Heidelberg, 2006, pp. 866-873.

[132] A. Aalbers, Obstacle avoidance using limit cycles, Master thesis, Faculty of Mechanical, Maritime and Materials Engineering, Department Delft Center for Systems and Control, 2013.

[133] A. Hakimi, T. Binazadeh, Application of circular limit cycles for generation of uniform flight paths to surveillance of a region by UAV, Open Science Journal of Electrical and Electronic Engineering 2(2015) 36-42.

[134] S. S. Ge, Y. J. Cui, New potential functions for mobile robot path planning, IEEE Transactions on Robotics and Automation 16(2000) 615-620.

[135] Y. Chen, G. Luo, Y. Mei, J. Yu, X. Su, UAV path planning using artificial potential field method updated by optimal control theory, International Journal of Systems Science 47(6)(2016) 1407-1420.

[136] J. O. Kim, P. K. Khosla, Real-time obstacle avoidance using harmonic potential functions, IEEE Transactions on Robotics and Automation 8(1992) 338-349.

[137] O. Khatib, Real-time obstacle avoidance for manipulators and mobile robots, in: Proceedings of the IEEE International Conference on Robotics and Automation, vol. 2, St Louis, Missouri, USA, 1985, pp. 500-505.

[138] S. M. C. Alaimo, L. Pollini, J. P. Bresciani, H. H. Bülthoff, Evaluation of direct and indirect haptic aiding in an obstacle avoidance task for tele-operated systems, in: Proceedings of the 18th World Congress of The International Federation of Automatic Control, Milano, Italy, 2011.

[139] T. Lam, M. Mulder, M. van Paasen, Haptic feedback for UAV tele-operation-force offset and spring load modification, in: IEEE International Conference on Systems, Man, and Cybernetics, Taipei, Taiwan, 2006.

[140] T. Lam, M. Mulder, M. M. van Paassen, J. A. Mulder, F. C. T. van der Helm, Forcestiffness feedback in UAV tele-operation with time delay, in: AIAA Guidance, Navigation, and Control Conference, Chicago, Illinois, USA, 2009.

[141] H. Rifa, M. Hua, T. Hamel, P. Morin, Haptic-based bilateral teleoperation of underactuated Unmanned Aerial Vehicles, in: Proceedings of the 18th IFAC World Congress, Milano, Italy, 2011.

[142] X. Hou, C. Yu, F. Linag, Z. Lin, Energy based set point modulation for obstacle avoidance in haptic teleoperation of aerial robots, in: Proceedings of the 19th IFAC World Congress, 47(3), Cape Town, South Africa, 2014, pp. 11030-11035.

[143] S. Omari, M. -D. Hua, G. Ducard, T. Hamel, Bilateral haptic teleoperation of VTOL UAVs, in: Proc. IEEE International Conference on Robotics and Automation (ICRA), Karlsruhe, Germany, 2013, pp. 2393-2399.

[144] S. Stramigioli, R. Mahony, P. Corke, A novel approach to haptic teleoperation of aerial robot vehicles, in: Proc. IEEE Int. Conf. Robot. and Autom., Singapore, Singapore, 2010.

[145] H. W. Boschloo, T. M. Lam, M. Mulder, M. M. van Paassen, Collision avoidance for a remotely-operated helicopter using haptic feedback, in: Proc. 2004 IEEE Int. Conf. Syst. Man Cybern., The Hague, Netherlands, 2004, pp. 229-235.

[146] A. Brandt, M. Colton, Haptic collision avoidance for a remotely operated quadrotor UAV in indoor environments, in: IEEE International Conference on Systems, Man, and Cybernetics, Istanbul, Turkey, 2010.

[147] A. Y. Mersha, A. Rüesch, S. Stramigioli, R. Carloni, A contribution to haptic teleoperation of aerial vehicles, in: Proc. IEEE/RSJ Int. Conf. Intell. Robots Syst. (IROS), Vilamora, Portugal, 2012, pp. 3041-3042.

第2章 建模方法

四旋翼无人机是研究理解悬停类无人机空气动力学现象的一个很好的对象。传统的直升机通过调整总桨距来改变升力，即通过使用斜盘机械装置，以循环的方式改变转子叶片的俯仰角，进而获得无人机俯仰和侧倾控制扭矩。斜盘将伺服机构和叶片的俯仰杆连接在一起。相比之下，四旋翼无人机没有斜盘并且叶片间距恒定。四旋翼无人机只能改变四个旋翼的角速度。因为四旋翼无人机有 4 个输入和 6 个自由度，所以它是一个欠驱动的机械系统。四旋翼无人机通过 4 个电动机赋予它不同的特性。在经典配置中，前后电动机逆时针旋转，而另外两个电动机顺时针旋转，从而使陀螺效应和空气动力扭矩在悬停状态时趋于抵消。本章介绍了 3 种四旋翼无人机的动力学建模方法，当然，这些方法也可用于其他结构类型的无人机。

2.1 转子中的力与力矩

从理论上讲，叶片是研究翼型和转子性能的一个特别好的切入点。可以以升力、阻力和俯仰力矩等为变量对均匀机翼上产生的力和力矩进行建模[1]。角速度为 ω 的转子，沿转子各点的线速度与距转子轴的径向距离成正比。因此，对于整个转子 i 可以表示为[2]

$$f_{M_{iz}}=C_{T_i}\rho A_{\mathrm{p}}r^2\omega_i^2 \tag{2.1}$$

$$\tau_{M_i}=C_{Q_i}\rho A_{\mathrm{p}}r^3\omega_i^2 \tag{2.2}$$

式中：$f_{M_{iz}}$ 为转子 i 产生的总推力，沿 z_i 轴垂直作用于转子平面且无叶片拍动效应；τ_{M_i} 为转子扭矩；r 为转子半径；ρ 为空气密度；A_{p} 为螺旋桨盘面积；C_{T_i}、C_{Q_i} 分别为无量纲推力和转子扭矩系数，该系数可以由叶片理论确定[2-4]。

在实际应用中，通常将式(2.1)简化为与角速度 ω 平方成正比的形式，即 $f_{M_{iz}}\approx k_f\omega_i^2$，$\tau_{M_i}\approx k_\tau\omega_i^2$，其中 k_{f_i} 和 k_{τ_i} 为螺旋桨的空气动力学系数。注意，由于转子只能沿固定方向转动，所以其产生的力 $f_{M_{iz}}$ 始终为正。

下面介绍在无人机控制领域中常用的三种建模方法。欧拉-拉格朗日法是针对模型中不存在扰动和/或不确定性的理想情况。牛顿-欧拉法是针对在模型中加入了存在不确定性和空气动力学效应等外部扰动的情况。四元数法是在无人机和控制领域中越来越流行的一种方法,其针对无人机飞行中奇异点问题采用了一种新颖的解决方案,并在不失一般性的情况下,其数学表达也更为简洁。

2.2 欧拉-拉格朗日法

本节介绍基于欧拉-拉格朗日法的四旋翼无人机动力学模型描述。该模型将无人机表示为一个在三维空间受主推力和三个扭矩力的运动实体。

在欧拉-拉格朗日法中,无人机广义坐标定义为 $\boldsymbol{x}_{\text{quad}}=(\boldsymbol{\xi},\boldsymbol{\eta})\in\mathbb{R}^6$,其中 ξ 为质心相对于固定的惯性系 E 的坐标,$\boldsymbol{\xi}=(x,y,z)\in\mathbb{R}^3$。$\boldsymbol{\eta}$ 为偏航角、俯仰角和横滚角三个欧拉角,分别表示四旋翼无人机的姿态,$\boldsymbol{\eta}=(\psi,\theta,\phi)$。拉格朗日法定义为

$$L(q,\dot{q})=T_{\text{trans}}+T_{\text{rot}}-U$$

式中:T_{trans} 为平移动能;$T_{\text{trans}}=\dfrac{m}{2}\dot{\boldsymbol{\xi}}^{\text{T}}\dot{\boldsymbol{\xi}}$;$T_{\text{rot}}$ 为旋转动能,$T_{\text{rot}}=\dfrac{1}{2}\boldsymbol{\Omega}^{\text{T}}\boldsymbol{I}\boldsymbol{\Omega}$,$\boldsymbol{\Omega}$ 为角速度矢量,$\boldsymbol{I}$ 为惯性矩阵;$U=mgzU$ 为势能,z 为高度,m 为质量,g 为重力加速度。

载体坐标系 B 中的角速度矢量 $\boldsymbol{\Omega}$ 与广义速度 $\dot{\boldsymbol{\eta}}$(欧拉角有效区域)通过标准运动关系 $\boldsymbol{\Omega}=\boldsymbol{W}_\eta\dot{\boldsymbol{\eta}}$ 进行关联[5]。因此

$$T_{\text{rot}}=\frac{1}{2}\dot{\boldsymbol{\eta}}^{\text{T}}\mathbb{J}\dot{\boldsymbol{\eta}}$$

无人机整体旋转动能惯性矩阵为

$$\mathbb{J}=\mathbb{J}(\eta)=\boldsymbol{W}_{\boldsymbol{\eta}}^{\text{T}}\boldsymbol{I}\boldsymbol{W}_{\boldsymbol{\eta}}$$

式中

$$\boldsymbol{W}_\eta=\begin{bmatrix}-\sin\theta & 0 & 1\\ \cos\theta\sin\phi & \cos\phi & 0\\ \cos\theta\cos\phi & -\sin\phi & 0\end{bmatrix},\quad \boldsymbol{I}=\begin{bmatrix}I_{xx} & 0 & 0\\ 0 & I_{yy} & 0\\ 0 & 0 & I_{zz}\end{bmatrix}$$

其中:I_{ii} 为相对于第 i 轴的转动惯量。

综上所述,可得到无人机动力学的数学方程:

$$\frac{\mathrm{d}}{\mathrm{d}t}\frac{\partial L}{\partial\dot{\boldsymbol{x}}_{\text{quad}}}-\frac{\partial L}{\partial\boldsymbol{x}_{\text{quad}}}=\begin{bmatrix}\boldsymbol{F}_\xi\\ \boldsymbol{\tau}\end{bmatrix}\tag{2.3}$$

式中:$\boldsymbol{F}_\xi$ 为施加在无人机上的平移外力;$\boldsymbol{\tau}$ 为外力矩,$\boldsymbol{\tau}\in\mathbb{R}^3$。

惯性系中的四旋翼无人机如图 2.1 所示。由图可以看出,由于仅考虑作用在 z 轴上的转子力,因此可以写为 $\hat{\boldsymbol{F}}=u_z\boldsymbol{E}_z$,其中 $\boldsymbol{E}_z=[0\quad 0\quad 1]^{\text{T}}$,$u_z$ 为指向无人机顶部的主推力,$u_z=\sum_{i=1}^{4}f_{M_{iz}}$。如果在惯性系中使用旋转矩阵表示该矢量力,则 $\boldsymbol{F}_\xi=$

$\boldsymbol{R}\hat{\boldsymbol{F}}$,其中,$\boldsymbol{R}$ 为无人机相对于固定惯性系的旋转矩阵,可以根据旋转进行变化。

在四旋翼无人机中,通过增加后电动机 M_2 的转速,同时,降低前电动机 M_4 的转速可获得前向俯仰运动(图 2.1)。同样,通过使用横向电动机获得侧倾运动,通过增加前后电动机的扭矩同时减少横向电动机的扭矩获得偏航运动。这些偏转运动可以在总推力保持不变的情况下完成。因此,广义旋转矩阵可表示为

$$\boldsymbol{\tau}=\begin{bmatrix}\boldsymbol{\tau}_{\psi}\\ \boldsymbol{\tau}_{\theta}\\ \boldsymbol{\tau}_{\phi}\end{bmatrix}\triangleq\begin{bmatrix}\sum_{i=1}^{4}\boldsymbol{\tau}_{M_i}\\ (f_{M_{3_z}}-f_{M_{1_z}})\,l\\ (f_{M_{2_z}}-f_{M_{4_z}})\,l\end{bmatrix}$$

式中:l 为电动机和质心之间的距离。

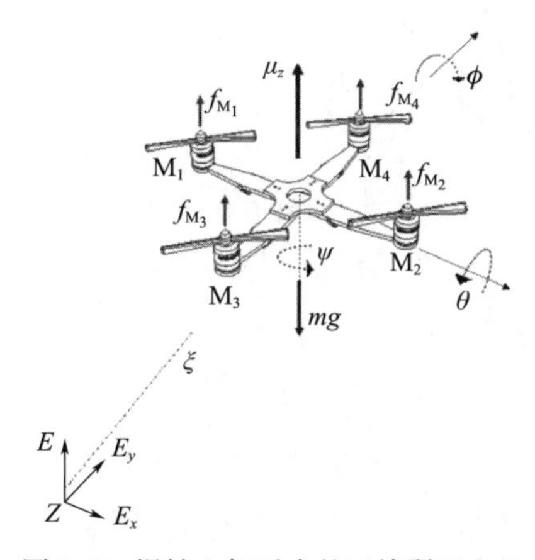

图 2.1　惯性坐标系中的四旋翼无人机

进一步推导式(2.3),平移运动的欧拉-拉格朗日形式可写为

$$m\ddot{\boldsymbol{\xi}}+mg\boldsymbol{E}_z=\boldsymbol{F}_{\xi}$$

对于 $\boldsymbol{\eta}$,有

$$\mathbb{J}\ddot{\boldsymbol{\eta}}+\left(\dot{\mathbb{J}}-\frac{1}{2}\frac{\partial}{\partial\boldsymbol{\eta}}(\dot{\boldsymbol{\eta}}^{\mathrm{T}}\mathbb{J})\right)\dot{\boldsymbol{\eta}}=\boldsymbol{\tau}$$

以上两式可改写为

$$m\ddot{\xi}=F_{\xi}-mgE_z \tag{2.4}$$

$$\mathbb{J}\ddot{\boldsymbol{\eta}}=\boldsymbol{\tau}-\boldsymbol{C}(\boldsymbol{\eta},\dot{\boldsymbol{\eta}})\,\dot{\boldsymbol{\eta}} \tag{2.5}$$

式中:$\boldsymbol{C}(\boldsymbol{\eta},\dot{\boldsymbol{\eta}})$ 为科里奥利项,$\boldsymbol{C}(\boldsymbol{\eta},\dot{\boldsymbol{\eta}})=\dot{\mathbb{J}}-\frac{1}{2}\frac{\partial}{\partial\eta}(\dot{\boldsymbol{\eta}}^{\mathrm{T}}\mathbb{J})$,其中包含陀螺和离心项。将式(2.5)展开是一项困难的工作,其中,完整的惯性矩阵 $\mathbb{J}$ 是一个对角矩阵,而科

里奥利矩阵通常被忽略。可以从式(2.3)中获得科里奥利矩阵和惯性矩阵。因此,姿态动力学方程可以重写为

$$\frac{\mathrm{d}}{\mathrm{d}t}\left[\boldsymbol{\Omega}^{\mathrm{T}}\boldsymbol{I}\frac{\partial\boldsymbol{\Omega}}{\partial\dot{\boldsymbol{\eta}}}\right]-\boldsymbol{\Omega}^{\mathrm{T}}\boldsymbol{I}\frac{\partial\boldsymbol{\Omega}}{\partial\boldsymbol{\eta}}=\boldsymbol{\tau}$$

令

$$\frac{\partial\boldsymbol{\Omega}}{\partial\dot{\boldsymbol{\eta}}}=\boldsymbol{W}_{\boldsymbol{\eta}},\boldsymbol{\Omega}^{\mathrm{T}}\boldsymbol{I}\frac{\partial\boldsymbol{\Omega}}{\partial\dot{\boldsymbol{\eta}}}=[b_1\quad b_2\quad b_3]$$

其中

$$\begin{cases}b_1=-I_{xx}(\dot{\phi}s_\theta-\dot{\psi}s_\theta^2)+I_{yy}(\dot{\theta}c_\theta s_\phi c_\phi+\dot{\psi}c_\theta^2s_\phi^2)+I_{zz}(\dot{\psi}c_\theta^2c_\phi^2-\dot{\theta}c_\theta s_\phi c_\phi)\\ b_2=I_{yy}(\dot{\theta}c_\phi^2+\dot{\psi}c_\theta s_\phi c_\phi)-I_{zz}(\dot{\psi}c_\theta s_\phi c_\phi-\dot{\theta}s_\phi^2)\\ b_3=I_{xx}(\dot{\phi}-\dot{\psi}s_\theta)\end{cases}$$

其中:s_θ、c_θ 分别代表 $\sin\theta$ 和 $\cos\theta$。

将 b_1、b_2、b_3 对时间微分$\left(\boldsymbol{\Omega}^{\mathrm{T}}\boldsymbol{I}\frac{\partial\boldsymbol{\Omega}}{\partial\dot{\boldsymbol{\eta}}}\right)$,可得

$$\begin{aligned}\dot{b}_1=&-I_{xx}(\ddot{\phi}s_\theta+\dot{\phi}\dot{\theta}c_\theta-\ddot{\psi}s_\theta^2-2\dot{\psi}\dot{\theta}s_\theta c_\theta)+I_{yy}(\ddot{\theta}c_\theta s_\phi c_\phi-\dot{\theta}^2s_\theta s_\phi c_\phi-\dot{\theta}\dot{\phi}c_\theta s_\phi^2+\\&\dot{\theta}\dot{\phi}c_\theta c_\phi^2+\ddot{\psi}c_\theta^2s_\phi^2-2\dot{\psi}\dot{\theta}s_\theta c_\theta s_\phi^2+2\dot{\psi}\dot{\phi}c_\theta^2s_\phi c_\phi)+\\&I_{zz}(\ddot{\psi}c_\theta^2c_\phi^2-2\dot{\psi}\dot{\theta}s_\theta c_\theta c_\phi^2-2\dot{\psi}\dot{\phi}c_\theta^2s_\phi c_\phi-\\&\ddot{\theta}c_\theta s\phi c_\phi+\dot{\theta}^2s_\theta s_\phi c_\phi+\dot{\theta}\dot{\phi}c_\theta c_\phi^2-\dot{\theta}\dot{\phi}c_\theta c_\phi^2)\\ \dot{b}_2=&I_{yy}(\ddot{\theta}c_\phi^2-2\dot{\theta}\dot{\phi}s_\phi c_\phi+\ddot{\psi}c_\theta s_\phi c_\phi-\dot{\psi}\dot{\theta}s_\theta s_\phi c_\phi+\dot{\psi}\dot{\phi}c_\theta c_\phi^2-\dot{\psi}\dot{\phi}c_\theta s_\phi^2)-\\&I_{zz}(\ddot{\psi}c_\theta s_\phi c_\phi-\dot{\psi}\dot{\theta}s_\theta s_\phi c_\phi-\dot{\psi}\dot{\phi}c_\theta s_\phi^2+\dot{\psi}\dot{\phi}c_\theta c_\phi^2-\ddot{\theta}s_\phi^2-2\dot{\theta}\dot{\phi}s_\phi c_\phi)\\ \dot{b}_3=&I_{xx}(\ddot{\phi}-\ddot{\psi}s_\theta-\dot{\psi}\dot{\theta}c_\theta)\end{aligned}$$

同样,可得

$$\frac{\partial\boldsymbol{\Omega}}{\partial\boldsymbol{\eta}}=\begin{bmatrix}0&-\dot{\psi}c_\theta&0\\0&-\dot{\psi}s_\theta s_\phi&-\dot{\theta}s_\phi+\dot{\psi}c_\theta c_\phi\\0&-\dot{\psi}s_\theta c_\phi&-\dot{\psi}c_\theta s_\phi-\dot{\theta}c_\phi\end{bmatrix}$$

令

$$\boldsymbol{\Omega}^{\mathrm{T}}\boldsymbol{I}\frac{\partial\boldsymbol{\Omega}}{\partial\boldsymbol{\eta}}=[h_1\quad h_2\quad h_3]$$

式中

$$h_1=0$$

$$h_2=-I_{xx}(\dot{\psi}\dot{\phi}c_\theta-\dot{\psi}^2s_\theta c_\theta)-I_{yy}(\dot{\psi}\dot{\theta}s_\theta s_\phi c_\phi+\dot{\psi}^2s_\theta c_\theta s_\phi^2)-I_{zz}(\dot{\psi}^2s_\theta c_\theta c_\phi^2-\dot{\psi}\dot{\theta}s_\theta s_\phi c_\phi)$$

$$h_3=I_{yy}(-\dot{\theta}^2s_\phi c_\phi-\dot{\psi}\dot{\theta}c_\theta s_\phi^2+\dot{\psi}\dot{\theta}c_\theta c_\phi^2+\dot{\psi}^2c_\theta^2s_\phi c_\phi)+I_{zz}(-\dot{\psi}^2c_\theta^2s_\phi c_\phi+\dot{\psi}\dot{\theta}c_\theta s_\phi^2-\dot{\psi}\dot{\theta}c_\theta c_\phi^2+\dot{\theta}^2s_\phi c_\phi)$$

注意

$$\boldsymbol{\tau}=\begin{bmatrix}\tau_{\psi}\\ \tau_{\theta}\\ \tau_{\phi}\end{bmatrix}=\begin{bmatrix}\dot{b}_1-h_1\\ \dot{b}_2-h_2\\ \dot{b}_3-h_3\end{bmatrix}$$

合并各项,并结合式(2.5),可得

$$\mathbb{J}(\boldsymbol{\eta})=\begin{bmatrix}I_{xx}s_{\theta}^2+I_{yy}c_{\theta}^2s_{\phi}^2+I_{zz}c_{\theta}^2c_{\phi}^2 & c_{\theta}c_{\phi}s_{\phi}(I_{yy}-I_{zz}) & -I_{xx}s_{\theta}\\ c_{\theta}c_{\phi}s_{\phi}(I_{yy}-I_{zz}) & I_{yy}c_{\phi}^2+I_{zz}s_{\phi}^2 & 0\\ -I_{xx}s_{\theta} & 0 & I_{xx}\end{bmatrix} \tag{2.6}$$

以及

$$\boldsymbol{C}(\boldsymbol{\eta},\dot{\boldsymbol{\eta}})=\begin{bmatrix}c_{11} & c_{12} & c_{13}\\ c_{21} & c_{22} & c_{23}\\ c_{31} & c_{32} & c_{33}\end{bmatrix}$$

式中

$$c_{11}=I_{xx}\dot{\theta}_{s_{\theta}c_{\theta}}+I_{yy}(-\dot{\theta}s_{\theta}c_{\theta}s_{\phi}^2+\dot{\phi}c_{\theta}^2s_{\phi}c_{\phi})-I_{zz}(\dot{\theta}s_{\theta}c_{\theta}c_{\phi}^2+\dot{\phi}c_{\theta}^2s_{\phi}c_{\phi})$$

$$c_{12}=I_{xx}\dot{\psi}_{s_{\theta}c_{\theta}}-I_{yy}(\dot{\theta}_{s_{\theta}s_{\phi}c_{\phi}}+\dot{\phi}c_{\theta}s_{\phi}^2-\dot{\phi}c_{\theta}c_{\phi}^2+\dot{\psi}s_{\theta}c_{\theta}s_{\phi}^2)+I_{zz}(\dot{\phi}_{c_{\theta}s_{\phi}^2}-\dot{\phi}c_{\theta}c_{\phi}^2-\dot{\psi}s_{\theta}c_{\theta}c_{\phi}^2+\dot{\theta}s_{\theta}s_{\phi}c_{\phi})$$

$$c_{13}=-I_{xx}\dot{\theta}c_{\theta}+I_{yy}\dot{\psi}c_{\theta}^2s_{\phi}c_{\phi}-I_{zz}\dot{\psi}c_{\theta}^2s_{\phi}c_{\phi}$$

$$c_{21}=-I_{xx}\dot{\psi}_{s_{\theta}c_{\theta}}+I_{yy}\dot{\psi}s_{\theta}c_{\theta}s_{\phi}^2+I_{zz}\dot{\psi}s_{\theta}c_{\theta}c_{\phi}^2$$

$$c_{22}=-I_{yy}\dot{\phi}_{s_{\phi}c_{\phi}}+I_{zz}\dot{\phi}_{s_{\phi}c_{\phi}}$$

$$c_{23}=I_{xx}\dot{\psi}c_{\theta}+I_{yy}(-\dot{\theta}s_{\phi}c_{\phi}+\dot{\psi}c_{\theta}c_{\phi}^2-\dot{\psi}c_{\theta}s_{\phi}^2)+I_{zz}(\dot{\psi}c_{\theta}s_{\phi}^2-\dot{\psi}c_{\theta}c_{\phi}^2+\dot{\theta}s_{\phi}c_{\phi})$$

$$c_{31}=-I_{yy}\dot{\psi}c_{\theta}^2s_{\phi}c_{\phi}+I_{zz}\dot{\psi}c_{\theta}^2s_{\phi}c_{\phi}$$

$$c_{32}=-I_{xx}\dot{\psi}c_{\theta}+I_{yy}(\dot{\theta}s_{\phi}c_{\phi}+\dot{\psi}c_{\theta}s_{\phi}^2-\dot{\psi}c_{\theta}c_{\phi}^2)-I_{zz}(\dot{\psi}c_{\theta}s_{\phi}^2-\dot{\psi}c_{\theta}c_{\phi}^2+\dot{\theta}s_{\phi}c_{\phi})$$

$$c_{33}=0$$

注意,式(2.4)和式(2.5)为四旋翼无人机的数学模型。通过调整改写外力和扭矩,这些模型也可应用于其他类型的无人机。注意,在这种方法中没有考虑空气动力学影响,而在 2.3 节中将包括这些影响。

2.3 牛顿–欧拉法

在三维空间中描述飞机运动时,其一般数学模型往往是将飞机视为一个刚体,它受到惯性坐标系 ε 中作用于其质心的非保守力 $\boldsymbol{F}_{\xi}\in\mathbb{R}^3$ 和扭矩 $\boldsymbol{\tau}\in\mathbb{R}^3$,相对于机

体系 B,使用牛顿-欧拉法方法[6-8],有

$$\dot{\boldsymbol{\xi}}=\boldsymbol{V},\quad m\dot{\boldsymbol{V}}=\boldsymbol{F}_{\xi} \tag{2.7}$$

$$\dot{\boldsymbol{R}}=\boldsymbol{R}\hat{\boldsymbol{\Omega}},\quad \boldsymbol{I}\dot{\boldsymbol{\Omega}}=-\boldsymbol{\Omega}\times\boldsymbol{I}\boldsymbol{\Omega}+\boldsymbol{\tau} \tag{2.8}$$

式中:$\boldsymbol{V}$ 为刚体的线速度;$\hat{\boldsymbol{\Omega}}$ 为 $\boldsymbol{\Omega}$ 的反对称矩阵;$\boldsymbol{I}$ 为绕质心的恒定惯性矩阵。

在该方法的模型中考虑了外部扰动(如风)和不确定性(如叶片扑动)等。该模型包含空气动力学效应,特别适合用于研究。

考虑存在侧向风的四旋翼无人机,如图 2.2 所示,可以得出

$$\boldsymbol{F}_{\xi}=\boldsymbol{R}(\hat{\boldsymbol{F}}+\boldsymbol{f}_{d})+\boldsymbol{f}_{g} \tag{2.9}$$

式中:f_g 为无人机受到的重力,$f_g=-mg\,\boldsymbol{E}_z$,$g$ 为重力加速度;f_d 为 B 中无人机受到的阻力。转子产生的主要矢量力 $\hat{\boldsymbol{F}}=[u_x\quad u_y\quad u_z]^{\mathrm{T}}$。在理想情况下:$u_x=0$,$u_y=0$,$u_z=\sum f_{M_i}$。

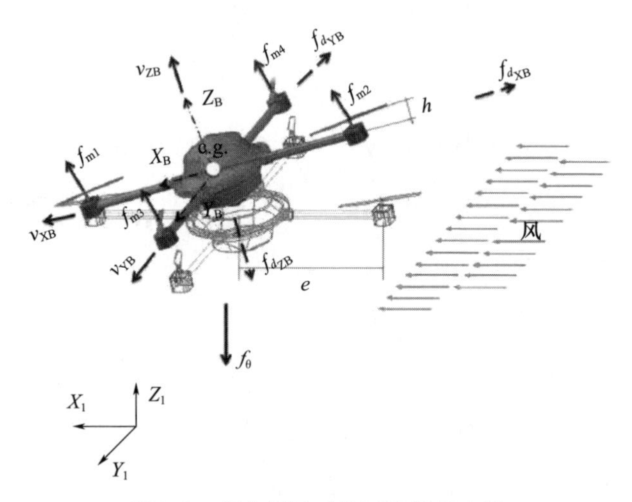

图 2.2　存在侧风时的四旋翼无人机

1. 模型叶片扑动的不确定性

在平飞过程中,旋翼会产生叶片扑动效应。该空气动力学效应会导致升力的不平衡,引起转子叶片的上下振荡。因此,转子平面与平移的 X_B-Y_B 平面有时会出现对不齐,如图 2.3 所示。此时,式(2.1)变为

$$\boldsymbol{f}_{\mathrm{M}_i}=k_{f_i}\boldsymbol{\omega}_i^2\begin{pmatrix}-\sin a_{s_i}\\ \cos a_{s_i}\sin b_{s_i}\\ \cos b_{s_i}\cos a_{s_i}\end{pmatrix} \tag{2.10}$$

式中:a_{si}、b_{si} 分别为转子 i 的纵向和横向谐波摆动角。

式(2.10)意味着两个外力分别在 x 轴和 y 轴上,产生矢量外力 $\hat{\boldsymbol{F}}=$

$[u_x \quad u_y \quad u_z]^T$;更多有关详细信息参见文献[2,4]。

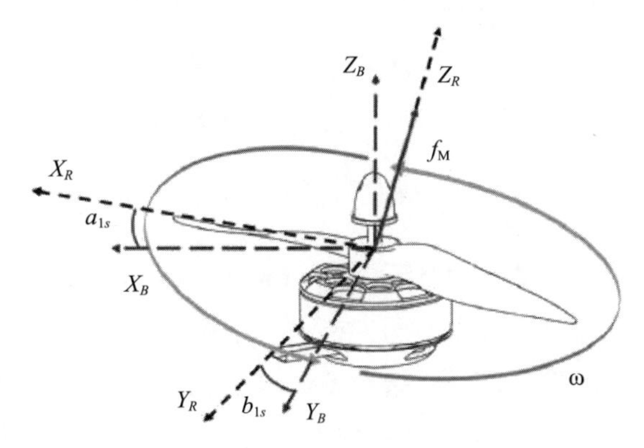

图 2.3　叶片转子摆动

2. 空气动力效应

作用在无人机上阻力的方向总是与无人机瞬时运动方向相反,因此,不失一般性,该阻力可以近似表示为

$$f_{d_k} \approx C_{d_k} \rho A_k v_k (v_{w_k} - v_k) \tag{2.11}$$

式中:C_{d_k} 为四旋翼无人机阻力系数;A_k 为 k 轴上的接触面积;v_{w_k} 为 B 中风速的分量;v_k 为四旋翼无人机质心沿轴 k 轴的速度;k 代表 X_B, Y_B, Z_B。

对于给定的空气条件、无人机外形和倾斜度的情况,需要确定 C_{d_k} 的值,以确定阻力的大小。由于阻力来源有多个,确定阻力系数比确定升力系数更为困难。本书将阻力视为一种未知的扰动。

3. 扭矩

旋翼产生的力矩包括两个分量,即旋翼轮毂刚度和作用在距无人机重心(CG)周围的推力矢量,有

$$\boldsymbol{\tau}_{r_i} = k_\beta a_{s_i} + \boldsymbol{r}_i \times f_i \tag{2.12}$$

式中:k_β 为转子叶片刚度;$\boldsymbol{r}_i$ 为从 CG 到转子 i 的矢量,且有

$$\boldsymbol{r}_1 = (0 \quad l \quad h), \quad \boldsymbol{r}_3 = (l \quad 0 \quad h) \tag{2.13}$$

$$\boldsymbol{r}_2 = (0 \quad -l \quad h), \quad \boldsymbol{r}_4 = (-l \quad 0 \quad h) \tag{2.14}$$

式中:h 为 CG 与转子施力点之间的距离。

由于四旋翼无人机的双边对称性,转子平面横向偏转产生的力矩相互抵消,所以此时唯一的扑动力矩是由转子平面通过偏转角 a_S 与纵向推力向后倾斜产生的。此外,在飞行分析中通常忽略转子的物理刚度,并且转子刚度仅作为离心项进行建模。当前四旋翼无人机及结构不包含轮毂的弹性,因此式(2.12)可以大大地简化,总扭矩为

$$\boldsymbol{\tau} = \sum_{i=1}^{4} (\boldsymbol{\tau}_{M_i} + \boldsymbol{\tau}_{r_i}) + \boldsymbol{\tau}_d \tag{2.15}$$

式中：$\boldsymbol{\tau}_d$ 为阻力力矩矢量。

为保留反向旋转转子的旋转符号，$\boldsymbol{\tau}_{M_i}$ 可表示为

$$\boldsymbol{\tau}_{M_i}=C_{Q_i}\rho A_p r^3 \omega_i |\omega_i| \hat{\boldsymbol{k}} \tag{2.16}$$

将式(2.9)代入式(2.7)，式(2.15)代入式(2.8)，可得

$$m\ddot{\boldsymbol{\xi}}=\boldsymbol{R}\left(\sum_{i=1}^{4}\boldsymbol{f}_i+\boldsymbol{f}_d\right)+\boldsymbol{f}_g \tag{2.17}$$

$$\boldsymbol{I}\dot{\boldsymbol{\Omega}}=-\boldsymbol{\Omega}\times\boldsymbol{I}\boldsymbol{\Omega}+\sum_{i=1}^{4}(\boldsymbol{\tau}_{M_i}+\boldsymbol{\tau}_{r_i})+\boldsymbol{\tau}_d \tag{2.18}$$

式(2.17)表示无人机的平移运动，式(2.18)表示引入旋转的运动。

基于此模型设计的控制器需要指定系统参数，其中的大多数参数值由系统飞行性能所决定，重要的是 h 可以自由选择。与每个参数（螺旋桨的灵活性、h 等）相关的误差决定设备模型的动态响应范围[3,9]。然而，在线性或简单非线性模型中，通过引入一些鲁棒控制法就能够减少这些误差并控制或稳定系统。事实上，当模型被简化处理时，通常认为这些参数是模型中的非线性不确定量。

2.4 四元数法

四元数法是表示刚体旋转运动的一种非常有用的数学工具，由于不存在奇点和不连续性，且数学表示简单，因此相比于常用的欧拉角表示法，四元数法具有很大的优势。如果将位置旋转到惯性坐标系，则可以使用单位四元数法来同时描述旋转和平移运动。对偶四元数是另一种用于描述刚体变换的数学工具，它也提供了数学上的简单表达。本节介绍了如何使用单位四元数法和对偶四元数法来建立无人机的数学模型。两种模型都可用于无人机的任务，如攻击性机动、盘旋等。但四元数这种方法不直观，甚至难以理解，因此为了便于理解，下面首先介绍其主要背景以及数学运算。

2.4.1 四元数建模

四元数是“超复”数，与一般复数相比，其具有 $\hat{\imath}$、$\hat{\jmath}$ 和 $\hat{k}$ 三个虚数单位。它们可以非常简单的数学和计算方式来描述三维空间中的旋转运动。尽管在许多方法中经常采用非线性且存在不准确性的三角函数，但四元数旋转简单，只需要乘法、除法和求和即可实现。

1. 符号与四元数运算

在本节中，加画线的字母表示三维空间中的矢量。四元数 $\boldsymbol{q}$ 是属于四元数空间$\mathbb{H}$的四元组。它包含一个实部和三个乘以相应的虚数单位 $\hat{\imath}$、$\hat{\jmath}$、$\hat{k}\in\mathbb{I}$的虚部数。即 $\boldsymbol{q}:=q_0+q_1\hat{\imath}+q_2\hat{\jmath}+q_3\hat{k}$，其中 $q_0,q_1,q_2,q_3\in\mathbb{R}$。由于存在三个不同的虚部，它们通

常被视为$\mathbb{R}^3$空间中的矢量。因此,$\mathbb{R}^3$可以看作是$\mathbb{H}$的一个子空间,一个$\mathbb{R}^3$矢量可以看作是一个纯虚四元数:

$$\boldsymbol{q}=q_0+\begin{bmatrix} q_1 \\ q_2 \\ q_3 \end{bmatrix}=q_0+\bar{\boldsymbol{q}}, \quad \bar{\boldsymbol{q}} \in \mathbb{R}^3 \tag{2.19}$$

1)乘积

四元数$\boldsymbol{q},\boldsymbol{p} \in \mathbb{H}$之间的四元数乘积,表示为实部标量和虚矢量之间的和,$\boldsymbol{q}=q_0+\bar{\boldsymbol{q}}$,$\boldsymbol{p}=p_0+\bar{\boldsymbol{p}}$,定义:

$$\boldsymbol{q} \otimes \boldsymbol{p}:(q_0+p_0-\bar{\boldsymbol{q}} \cdot \bar{\boldsymbol{p}})+(q_0\bar{\boldsymbol{p}}+p_0\bar{\boldsymbol{q}}+\bar{\boldsymbol{q}} \times \bar{\boldsymbol{p}})$$

由此也可以看出一些性质,其中最重要的一点是四元数积的不可交换性,即$\boldsymbol{q} \otimes \boldsymbol{p} \neq \boldsymbol{p} \otimes \boldsymbol{q}$。这是因为定义中用到的叉积具有非交换性。

2)求和

四元数$\boldsymbol{q}$和$\boldsymbol{p}$的和是其每个元素的相加,即

$$\boldsymbol{q}+\boldsymbol{p}:=q_0+p_0+\bar{\boldsymbol{q}}+\bar{\boldsymbol{p}}$$

具有加法和乘法运算的所有四元数的集合定义了一个非交换除法环[10]。

3)共轭

四元数$\boldsymbol{q}$的共轭表示为$\boldsymbol{q}^*:=q_0-\bar{\boldsymbol{q}}$。四元数乘积的共轭为$(\boldsymbol{q} \otimes \boldsymbol{r})^*=\boldsymbol{r}^* \otimes \boldsymbol{q}^*$,可以通过展开相应的乘积进行证明。

4)范数

四元数的范数为

$$\|\boldsymbol{q}\|^2:=\boldsymbol{q} \otimes \boldsymbol{q}^*=q_0^2+q_1^2+q_2^2+q_3^2$$

5)求逆

四元数积构成一个闭环群,即两个非零四元数的积是另一个四元数。这意味着对于任何非零四元数,它都存在逆四元数$\boldsymbol{q}^{-1}:=\dfrac{\boldsymbol{q}^*}{\|\boldsymbol{q}\|}$,其满足$\boldsymbol{q} \otimes \boldsymbol{q}^{-1}=\boldsymbol{q}^{-1} \otimes \boldsymbol{q}=1$。

6)衍生

令$\boldsymbol{r}$为固定在初始参考系中的任何给定矢量(标量部分为零的四元数)。令$\boldsymbol{r}'$是相同的矢量,但是旋转到另一个参考系,满足

$$\boldsymbol{r}'=\boldsymbol{q}^{-1} \otimes \boldsymbol{r} \otimes \boldsymbol{q} \tag{2.20}$$

对式(2.20)进行微分运算,则有

$$\dot{\boldsymbol{r}}'=\dot{\boldsymbol{q}}^{-1} \otimes \boldsymbol{r} \otimes \boldsymbol{q}+\boldsymbol{q}^{-1} \otimes \boldsymbol{r} \otimes \dot{\boldsymbol{q}}$$

然后根据前面的方程,其可以进一步写为

$$\dot{\boldsymbol{r}}'=\dot{\boldsymbol{q}}^{-1} \otimes \boldsymbol{q} \otimes \boldsymbol{r}'+\boldsymbol{r}' \otimes \boldsymbol{q}^{-1} \otimes \dot{\boldsymbol{q}}$$

由于$\boldsymbol{q}$是单位四元数,则有

$$\boldsymbol{q}^{-1} \otimes \boldsymbol{q}=1,\dot{\boldsymbol{q}}^{-1} \otimes \boldsymbol{q}+\boldsymbol{q}^{-1} \otimes \dot{\boldsymbol{q}}=0$$

因此,可进一步写为

$$\dot{\boldsymbol{r}}'=\boldsymbol{r}'\otimes\boldsymbol{q}^{-1}\otimes\dot{\boldsymbol{q}}-\boldsymbol{q}^{-1}\otimes\dot{\boldsymbol{q}}\otimes\boldsymbol{r}'$$

式中：$\boldsymbol{q}^{-1}\otimes\dot{\boldsymbol{q}}$ 的标量部分（实部）为

$$\mathrm{Re}\ (\boldsymbol{q}^{-1}\otimes\dot{\boldsymbol{q}})=\dot{q}_0q_0+\dot{q}_1q_1+\dot{q}_2q_2+\dot{q}_3q_3=0$$

因此，$\boldsymbol{q}^{-1}\otimes\dot{\boldsymbol{q}}$ 是一个矢量（实部为零的四元数），所以

$$\dot{\boldsymbol{r}}'=\boldsymbol{r}'\otimes\boldsymbol{q}^{-1}\otimes\dot{\boldsymbol{q}}-\boldsymbol{q}^{-1}\otimes\dot{\boldsymbol{q}}\otimes\boldsymbol{r}'=2(\boldsymbol{q}^{-1}\otimes\dot{\boldsymbol{q}})\times\boldsymbol{r}' \tag{2.21}$$

式中，$\dot{\boldsymbol{r}}'$是矢量的平移速度，所以根据定义，$\dot{\boldsymbol{r}}'=\boldsymbol{\Omega}\times\boldsymbol{r}'$，其中 $\boldsymbol{\Omega}$ 是 $\boldsymbol{r}'$的旋转速度，且有

$$\boldsymbol{\Omega}\times\boldsymbol{r}'=2(\boldsymbol{q}^{-1}\otimes\dot{\boldsymbol{q}})\times\boldsymbol{r}'$$

由于 $\boldsymbol{r}'$可以是任何矢量，因此式（2.21）可简化为

$$\begin{gathered}\boldsymbol{\Omega}=2(\boldsymbol{q}^{-1}\otimes\dot{\boldsymbol{q}})\\ \dot{\boldsymbol{q}}=\frac{1}{2}\boldsymbol{q}\otimes\boldsymbol{\Omega}\end{gathered} \tag{2.22}$$

7）单位四元数

若 $\boldsymbol{q}$ 的单位范数 $\|\boldsymbol{q}\|=1$，则称其为单位四元数。单位四元数通常用于表示三维空间中的旋转，因为它们比其他表示方法具有一些优势，例如，它们不存在奇点，没有万向节锁效应，并且因为所有操作只需要乘法和求和，所以它们的数学表示简洁，且计算简单。欧拉在刚体旋转定理中指出，刚体的任何旋转都可以表示为相对于固定轴一定角度的旋转。在三维空间中的这种旋转可以用单位四元数表示为

$$\bar{\boldsymbol{p}}'=\boldsymbol{q}^{-1}\otimes\bar{\boldsymbol{p}}\otimes\boldsymbol{q}=\boldsymbol{q}^{*}\otimes\bar{\boldsymbol{p}}\otimes\boldsymbol{q} \tag{2.23}$$

$$\boldsymbol{q}=\cos\frac{\alpha}{2}+\bar{\boldsymbol{u}}\sin\frac{\alpha}{2} \tag{2.24}$$

式中：$\bar{\boldsymbol{p}}$ 为原始参考系中的三维矢量，$\bar{\boldsymbol{p}}\in\mathbb{R}^3$，$\bar{\boldsymbol{p}}'$为新的参考系中与 $\bar{\boldsymbol{p}}$ 相同的矢量；$\bar{\boldsymbol{u}}$ 为旋转轴的方向，$\bar{\boldsymbol{u}}\in\mathbb{R}^3$；$\alpha$ 为绕旋转轴的旋转角度。

由式（2.24）可以看出，通过对偶四元数乘积运算可以将任何矢量从一个参考系旋转到另一个参考系，并且这种旋转不会影响矢量的大小。

可以看出，四元数 $\boldsymbol{q}$ 与四元数$-\boldsymbol{q}$ 旋转相同。显而易见，针对固定轴 $\bar{\boldsymbol{u}}$，相对于该轴的两个旋转可以转化为同一个方向，即 α 和$-2\pi+\alpha$，因为

$$\boldsymbol{q}=\cos\frac{\alpha}{2}+\bar{\boldsymbol{u}}\sin\frac{\alpha}{2}$$

$$-\boldsymbol{q}=\cos\left(\frac{-2\pi+\alpha}{2}\right)+\bar{\boldsymbol{u}}\sin\left(\frac{-2\pi+\alpha}{2}\right)$$

这种二元性确保了以尽可能小的幅度进行旋转。

8）轴角

由式（2.24）可以看出，“轴角”表示特定旋转与单位四元数之间的关系，以便将旋转表示为单个矢量 $\bar{\boldsymbol{\alpha}}\in\mathbb{R}^3$，$\|\bar{\boldsymbol{\alpha}}\|=\alpha$ 表示旋转幅度，$\bar{\boldsymbol{u}}=\dfrac{\dot{\boldsymbol{\alpha}}}{\|\boldsymbol{\alpha}\|}$。这种表示为理解刚体旋转提供了一种更直观的方式，如图 2.4 所示。

这种关系可以用四元数对数表示，即

$$\ln \boldsymbol{q}:=\begin{cases}\ln\|\boldsymbol{q}\|, & \|\bar{\boldsymbol{q}}\|=0\\ \ln\|\boldsymbol{q}\|+\dfrac{\bar{\boldsymbol{q}}}{\|\boldsymbol{q}\|}\arccos\dfrac{\boldsymbol{q}_0}{\|\boldsymbol{q}\|}, & \|\bar{\boldsymbol{q}}\|\neq 0\end{cases}$$

可以看出，如果仅针对单位四元数（$\|\boldsymbol{q}\|=1$），则式（2.24）可简化为

$$\ln \boldsymbol{q}:=\begin{cases}0, & \|\bar{\boldsymbol{q}}\|=0\\ \dfrac{\bar{\boldsymbol{q}}}{\|\bar{\boldsymbol{q}}\|}\arccos \boldsymbol{q}_0, & \|\bar{\boldsymbol{q}}\|\neq 0\end{cases}$$

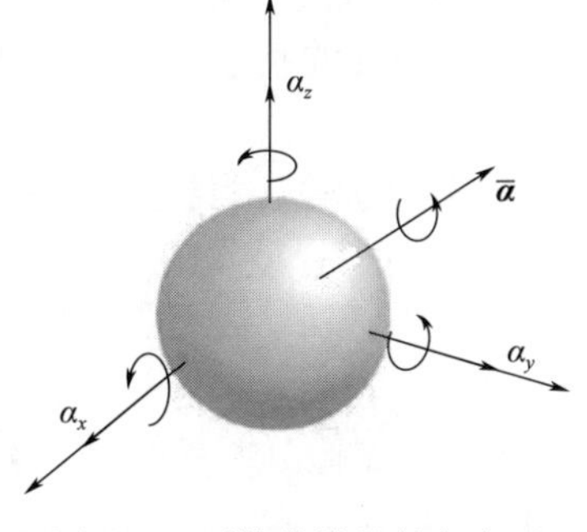

图 2.4　刚体旋转的轴角表示

此时，四元数与其轴角之间的关系为

$$\bar{\boldsymbol{\alpha}}=2\ln\boldsymbol{q} \tag{2.25}$$

该对数方程式（2.25）满足

$$\begin{gathered}\frac{\mathrm{d}}{\mathrm{d}t}\bar{\boldsymbol{\alpha}}=2\frac{\mathrm{d}}{\mathrm{d}t}\ln\boldsymbol{q}=2\boldsymbol{q}^{-1}\otimes\dot{\boldsymbol{q}}\\ \dot{\boldsymbol{q}}=\frac{1}{2}\boldsymbol{q}\otimes\dot{\bar{\boldsymbol{\alpha}}}\end{gathered} \tag{2.26}$$

在不失一般性的情况下，根据式（2.22）和式（2.26），轴角与角速度之间的关系可表示为

$$\dot{\bar{\alpha}}=\boldsymbol{\Omega}=2\frac{\mathrm{d}}{\mathrm{d}t}\ln\boldsymbol{q} \tag{2.27}$$

轴角四元数的逆定义为四元数指数，表示为

$$\boldsymbol{e}^{q}:\begin{cases}\boldsymbol{e}^{q_0}, & \|\bar{\boldsymbol{q}}\|=0\\ \boldsymbol{e}^{\|q\|}\left(\cos\dfrac{\|\boldsymbol{q}\|}{2}+\dfrac{\bar{q}}{\|\bar{\boldsymbol{q}}\|}\sin\dfrac{\|\boldsymbol{q}\|}{2}\right), & \|\bar{\boldsymbol{q}}\|\neq 0\end{cases} \tag{2.28}$$

2. 基于四元数的四旋翼无人机动态模型

可认为四旋翼无人机是具有 6 个自由度的刚体，但其中只有 4 个稳定，这是因为平台不能在不影响其位置的情况下进行定向移动。电动机相对于刚体参考系内施加到无人机上的力被认为仅作用于 z 轴（不考虑叶片扑动效应），但可以通过控制平台的朝向来改变其在惯性坐标系中的方向。对于任何刚体，四旋翼无人机的状态矢量都可以表示为

$$\boldsymbol{x}_{\text{quad}}:=[\boldsymbol{\xi}\quad \dot{\boldsymbol{\xi}}\quad \boldsymbol{q}\quad \boldsymbol{\Omega}]^{\mathrm{T}}$$

式中：$\boldsymbol{q}$ 为无人机相对于惯性坐标系的方向，以单位四元数表示，$\boldsymbol{q}=q_0+[q_1\quad q_2\quad q_3]^{\mathrm{T}}$；$\boldsymbol{\Omega}$ 为体坐标系中的旋转速度，$\boldsymbol{\Omega}=[\omega_x\quad \omega_y\quad \omega_z]^{\mathrm{T}}$。

如前所述，运动模型可以分为两个子系统，一个对应于旋转运动，另一个对应于平移运动。

3. 四元数旋转模型

旋转运动的状态矢量定义为

$$\boldsymbol{x}_{\text{rot}}:=[\boldsymbol{q}^{\text{T}} \quad \boldsymbol{\Omega}^{\text{T}}]^{\text{T}} \tag{2.29}$$

对式(2.29)进行微分,并结合式(2.22)和式(2.8)可得

$$\dot{\boldsymbol{x}}_{\text{rot}}=\begin{bmatrix}\dot{\boldsymbol{q}}\\ \dot{\boldsymbol{\Omega}}\end{bmatrix}=\begin{bmatrix}\dfrac{1}{2}\boldsymbol{q}\otimes\boldsymbol{\Omega}\\ \boldsymbol{I}^{-1}(\boldsymbol{\tau}-\boldsymbol{\Omega}\times\boldsymbol{I\Omega})\end{bmatrix} \tag{2.30}$$

平衡点是微分方程的常数解。为了找到平衡点,需要找出状态和控制输入$\boldsymbol{x}^*$和$\boldsymbol{\tau}^*$,其中$\dot{\boldsymbol{x}}=0$。基于此,当$\dot{\boldsymbol{x}}_{\text{rot}}=\bar{0}$时,可以计算得到姿态方程式(2.30)的平衡点,即

$$\boldsymbol{x}_{\text{rot}}^*=\begin{bmatrix}\boldsymbol{q}^*\\ \bar{0}\end{bmatrix},\boldsymbol{\tau}^*=\bar{0} \tag{2.31}$$

这也佐证了确定平衡点的直观方法:当无人机飞行方向恒定时,扭矩和角速度必须为零。

4. 四旋翼无人机平移运动

平移模型的状态变量定义为

$$\boldsymbol{x}_{\text{pos}}=[\boldsymbol{\xi}^{\text{T}} \quad \dot{\boldsymbol{\xi}}^{\text{T}}]^{\text{T}} \tag{2.32}$$

由牛顿方程可知,惯性坐标系中作用在物体上的合力等于加速度和质量的积。由于$\boldsymbol{F}_t$是在机体坐标系中的表达,因此,在惯性坐标系中其应表达为

$$\boldsymbol{q}\otimes\boldsymbol{F}_t\otimes\boldsymbol{q}^*=m\ddot{\boldsymbol{\xi}}$$

因此,作用在无人机上的合力是控制力$\hat{\boldsymbol{F}}$和外力$\boldsymbol{F}_{\text{ext}}$的合成,$\boldsymbol{F}_t=\hat{\boldsymbol{F}}+\boldsymbol{F}_{\text{ext}}$。在机体坐标系中唯一可用于平台控制的力是沿$z$轴的矢量$\boldsymbol{u}_z$,所以四旋翼无人机是一个欠驱动系统。$\boldsymbol{F}_{\text{ext}}$是作用于惯性坐标系的重力(如果需要进一步研究,可以添加其他外部干扰),因此

$$\dot{\boldsymbol{x}}_{\text{pos}}=\begin{bmatrix}\dot{\boldsymbol{\xi}}\\ \ddot{\boldsymbol{\xi}}\end{bmatrix}=\begin{bmatrix}\dot{\boldsymbol{\xi}}\\ \boldsymbol{q}\otimes\dfrac{\boldsymbol{F}_u}{m}\otimes\boldsymbol{q}^*+\bar{\boldsymbol{g}}\end{bmatrix} \tag{2.33}$$

式中:$\bar{\boldsymbol{g}}$为重力矢量,$\bar{\boldsymbol{g}}=[0 \quad 0 \quad g]^{\text{T}}$。

综上所述,四旋翼无人机的完整模型为

$$\dot{\boldsymbol{x}}_{\text{quad}}=\frac{\mathrm{d}}{\mathrm{d}t}\begin{bmatrix}\boldsymbol{\xi}\\ \dot{\boldsymbol{\xi}}\\ \boldsymbol{q}\\ \boldsymbol{\Omega}\end{bmatrix}=\begin{bmatrix}\dot{\boldsymbol{\xi}}\\ \boldsymbol{q}\otimes\dfrac{\boldsymbol{F}_u}{\boldsymbol{m}}\otimes\boldsymbol{q}^*+\bar{\boldsymbol{g}}\\ \dfrac{1}{2}\boldsymbol{q}\otimes\boldsymbol{\Omega}\\ \boldsymbol{I}^{-1}(\boldsymbol{\tau}-\boldsymbol{\Omega}\times\boldsymbol{I\Omega})\end{bmatrix} \tag{2.34}$$

由于在机体坐标系中推力矢量固定而姿态可变,因此可以使用姿态子系统(式(2.30))控制机体的位置,从而达到全局稳定。

2.4.2 对偶四元数模型

对偶数定义为$\hat{a}=a+\epsilon b$,其中$a,b\in\mathbb{R},\epsilon\neq 0,\epsilon^2=0$,$\hat{a}$是一个对偶数,包括实部$a$和一个对偶部分$b$。

对偶矢量是对偶数的泛化,其实部和对偶部分均为n维矢量。在本书中提到的对偶矢量均指三维矢量。

令$\hat{\boldsymbol{v}}=\bar{\boldsymbol{v}}_r+\bar{\boldsymbol{v}}_d\epsilon$和$\hat{\bar{\boldsymbol{k}}}=\bar{\boldsymbol{k}}_r+\bar{\boldsymbol{k}}_d\in$是对偶矢量,其中$\bar{\boldsymbol{v}}_r,\bar{\boldsymbol{v}}_d,\bar{\boldsymbol{k}}_r,\boldsymbol{k}_d\in\mathbb{R}^3$。它们的点积为

$$\hat{\boldsymbol{k}}\cdot\hat{\boldsymbol{v}}=\boldsymbol{K}_r\bar{v}_r+\boldsymbol{K}_d v_d\epsilon$$

式中:$\boldsymbol{K}_r$和$\boldsymbol{K}_d$分别是对角线项为k_{r1}、k_{r2}、k_{r3}和k_{d1}、k_{d2}、k_{d3}的3×3对角矩阵。

对偶四元数是由四元数给出实部和对偶部分的对偶数,即$\hat{\boldsymbol{q}}=q_r+q_d\in$,其中$q_r,q_d\in\mathbb{H}$。

1. 对偶四元数的运算

设$\hat{\boldsymbol{q}}_1$和$\hat{\boldsymbol{q}}_2$为对偶四元数。

(1)对偶四元数的和:

$$\hat{\boldsymbol{q}}_1+\hat{\boldsymbol{q}}_2=q_{1r}+q_{2r}+[q_{1d}+q_{2d}]\epsilon$$

(2)对偶四元数的乘法:

$$\hat{\boldsymbol{q}}_1\otimes\hat{\boldsymbol{q}}_2=q_{1r}\otimes q_{2r}+[q_{1r}\otimes q_{2d}+q_{1d}\otimes q_{2r}]\epsilon$$

(3)对偶四元数的范数:

$$\|\hat{\boldsymbol{q}}\|^2=\hat{\boldsymbol{q}}\otimes\hat{\boldsymbol{q}}^*$$

注意,如果$\|\hat{\boldsymbol{g}}\|^2=1+0\epsilon$,则$\hat{\boldsymbol{q}}$称为单位对偶四元数。

(4)对偶四元数的共轭:

$$\hat{\boldsymbol{q}}^*=\boldsymbol{q}_t^*+\boldsymbol{q}_i^*\epsilon$$

此处只处理单位对偶四元数,定义$\hat{\boldsymbol{q}}^*=\hat{\boldsymbol{q}}^{-1}$。

(5)对偶四元数的对数映射:

对偶四元数可以通过$\ln\hat{\boldsymbol{q}}=\dfrac{1}{2}(\bar{\boldsymbol{\alpha}}+\boldsymbol{x}_{\mathrm{B}}\epsilon)$进行变换,其中$\bar{\boldsymbol{\alpha}}=2\ln\boldsymbol{q}$表示由单位四元数对数映射的机体旋转,$\boldsymbol{x}_{\mathrm{B}}$表示机体坐标系中的位置矢量。对偶四元数与旋转和平移之间的关系(图2.5):

$$\bar{\boldsymbol{\alpha}}+\boldsymbol{x}_{\mathrm{B}}=2\ln\hat{\boldsymbol{q}}\tag{2.35}$$

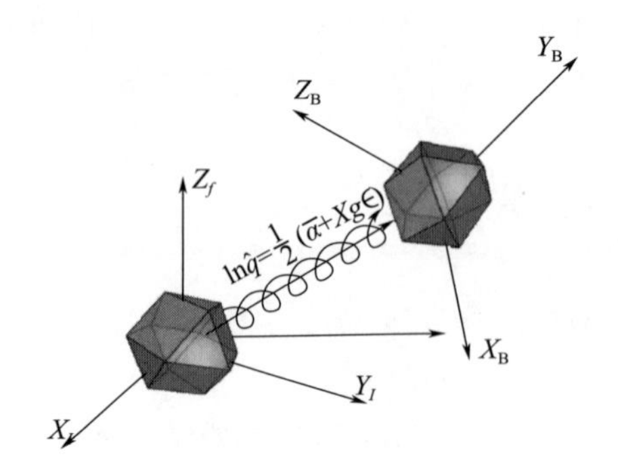

图 2.5　刚体变换的对数表示

(6)对偶四元数的导数:

当对偶四元数同时表示旋转和平移时,定义为

$$\hat{\boldsymbol{q}} \triangleq \boldsymbol{q}+\frac{\boldsymbol{q}\otimes\boldsymbol{x}_{\mathrm{B}}}{2}\epsilon$$

式中:$\boldsymbol{q}$ 为机体方向。

$\hat{\boldsymbol{q}}$ 的导数为

$$\begin{aligned}\dot{\hat{\boldsymbol{q}}} &=\dot{\boldsymbol{q}}+\frac{1}{2}[\dot{\boldsymbol{q}}\otimes\boldsymbol{x}_{\mathrm{B}}+\boldsymbol{q}\otimes\dot{\boldsymbol{x}}_{\mathrm{B}}]\epsilon \\ &=\frac{1}{2}\boldsymbol{q}\otimes\boldsymbol{\Omega}+\left[\frac{1}{4}\boldsymbol{q}\otimes\boldsymbol{\Omega}\otimes\boldsymbol{x}_{\mathrm{B}}+\frac{1}{2}\boldsymbol{q}\otimes\dot{\boldsymbol{x}}_{\mathrm{B}}\right]\epsilon \\ &=\frac{1}{2}\boldsymbol{q}\otimes\boldsymbol{\Omega}+\left[\frac{1}{2}\boldsymbol{q}\otimes(\boldsymbol{\Omega}\times\boldsymbol{x}_{\mathrm{B}})+\frac{1}{4}\boldsymbol{q}\otimes\boldsymbol{x}_{\mathrm{B}}\otimes\boldsymbol{\Omega}+\frac{1}{2}\boldsymbol{q}\otimes\dot{\boldsymbol{x}}_{\mathrm{B}}\right]\epsilon \\ &=\frac{1}{2}\left(\boldsymbol{q}+\frac{\boldsymbol{q}\otimes\boldsymbol{x}_{\mathrm{B}}}{2}\epsilon\right)\otimes(\boldsymbol{\Omega}+[\boldsymbol{\Omega}\times\boldsymbol{x}_{\mathrm{B}}+\dot{\boldsymbol{x}}_{\mathrm{B}}]\epsilon)\end{aligned}$$

令扭转对偶矢量(角速度和平移速度的组合)为

$$\hat{\boldsymbol{\zeta}} \triangleq \boldsymbol{\Omega}+[\boldsymbol{\Omega}\times\boldsymbol{x}_{\mathrm{B}}+\dot{\boldsymbol{x}}_{\mathrm{B}}]\epsilon \tag{2.36}$$

根据上面的分析可得对偶四元数的导数为

$$\dot{\hat{\boldsymbol{q}}}=\frac{1}{2}\hat{\boldsymbol{q}}\otimes\hat{\boldsymbol{\zeta}} \tag{2.37}$$

(7)单位对偶四元数:

令

$$\hat{\boldsymbol{q}}=\boldsymbol{q}+\frac{\boldsymbol{q}\otimes\boldsymbol{x}_{\mathrm{B}}}{2}\epsilon$$

其中:$\boldsymbol{q}$ 为机体姿态的单位四元数;$\epsilon^2=0,\epsilon\neq0$。

如果$\hat{\boldsymbol{q}}$ 是一个单位对偶四元数,那么它可以用来同时描述物体相对于惯性系的旋转和平移。

与分开的旋转和平移模型相反,这种表示的一个优点是它可以仅使用对偶四元数乘积即可描述各种旋转和平移,从而为模型和控制算法提供计算和数学上的简单性。

2. 四旋翼无人机对偶四元数运动

正如在对具有单位四元数的无人机进行建模时所做的那样,可认为四旋翼无人机是具有 6 自由度的欠驱动刚体。因此,四旋翼无人机的状态矢量可以用它的方向、位置和扭转表示为

$$\boldsymbol{x}_{\text{quad}}:\begin{bmatrix}\hat{\boldsymbol{q}}\\ \hat{\boldsymbol{\zeta}}\end{bmatrix}=\begin{bmatrix}\boldsymbol{q}+\dfrac{\boldsymbol{q}\otimes\boldsymbol{x}_{\text{B}}}{2}\epsilon\\ \boldsymbol{\Omega}+[\boldsymbol{\Omega}\times\boldsymbol{x}_{\text{B}}+\dot{\boldsymbol{x}}_{\text{B}}]\epsilon\end{bmatrix}\tag{2.38}$$

3. 四旋翼无人机对偶四元数动态模型

使用具有对偶四元数的牛顿-欧拉法建立四旋翼无人机的动力学模型[11],通过对式(2.36)微分,可得

$$\dot{\hat{\boldsymbol{\zeta}}}=\dot{\boldsymbol{\Omega}}+[\dot{\boldsymbol{\Omega}}\times\boldsymbol{x}_{\text{B}}+\boldsymbol{\Omega}\times\dot{\boldsymbol{x}}_{\text{B}}+\ddot{\boldsymbol{x}}_{\text{B}}]\epsilon\tag{2.39}$$

因此,使用式(2.7)、式(2.8)和式(2.39),可得到动态模型为

$$\dot{\boldsymbol{x}}_{\text{quad}}=\begin{bmatrix}\dot{\hat{\boldsymbol{q}}}\\ \dot{\hat{\boldsymbol{\zeta}}}\end{bmatrix}=\begin{bmatrix}\dfrac{1}{2}\hat{\boldsymbol{q}}\otimes\hat{\boldsymbol{\zeta}}\\ \hat{\boldsymbol{F}}+\hat{\boldsymbol{u}}\end{bmatrix}\tag{2.40}$$

式中

$$\begin{cases}\hat{\boldsymbol{F}}=\boldsymbol{a}+(\boldsymbol{a}\times\boldsymbol{x}_{\text{B}}+\boldsymbol{\Omega}\times\dot{\boldsymbol{x}}_{\text{B}})\epsilon\\ \hat{\boldsymbol{u}}=I^{-1}\boldsymbol{\tau}+[I^{-1}\boldsymbol{\tau}\times\boldsymbol{x}_{\text{B}}+m^{-1}\boldsymbol{F}_{\xi}]\epsilon\\ \boldsymbol{a}=-I^{-1}(\boldsymbol{\Omega}\times\boldsymbol{I\Omega})\end{cases}\tag{2.41}$$

为了找到平衡点,需要找到状态和控制输入$\boldsymbol{x}^{*}_{\text{quad}}$、$\hat{\boldsymbol{u}}^{*}$,其中$\dot{\boldsymbol{x}}_{\text{quad}}=0$。基于该考虑,平衡点为

$$\boldsymbol{x}^{*}_{\text{quad}}=\begin{bmatrix}\hat{\boldsymbol{q}}^{*}\\ \hat{0}\end{bmatrix}=\begin{bmatrix}\boldsymbol{q}^{*}+\dfrac{\boldsymbol{q}^{*}\otimes\boldsymbol{x}^{*}_{\text{B}}\epsilon^{2}}{\hat{0}}\end{bmatrix}\tag{2.42a}$$

$$\hat{\boldsymbol{u}}^{*}=\hat{0}\begin{cases}\Rightarrow\boldsymbol{F}_{\xi}=0\Rightarrow\hat{\boldsymbol{F}}=-\boldsymbol{F}_{\text{ext}}\\ \Rightarrow\boldsymbol{\tau}=0\Rightarrow\boldsymbol{\tau}_{u}=-\boldsymbol{\tau}_{\text{ext}}\end{cases}\tag{2.42b}$$

这也证实了寻找平衡点的直观方法,只要其角速度和平移速度为零,并且只要控制力和扭矩能够抵消外部的控制力和扭矩,平台就会保持静止在空间中的任何位置和方向。

2.5 小结

欧拉-拉格朗日法和牛顿-欧拉法是两种经典的无人机建模方法。四元数法是无人机建模的一个新趋势,这种方法没有奇异点,并且控制算法的设计和实现很容易;然而它理解起来不那么直观,甚至会造成读者的困惑。本章通过对这三种方法的介绍,阐述了无人机(尤其是四旋翼无人机)运动的数学表示。欧拉-拉格朗日模型的设计是基于无扰动的,目的是让初学者能初步了解无人机运动。接着介绍了包括空气动力学和阻力效应的牛顿-欧拉法,目的是为无人机领域中非线性控制设计的读者或专家提供更多基本理论。最后介绍了四元数方法,目的是供设计大机动(无奇点)轨迹的无人机专家领域作为参考。

参考文献

[1] P. Pounds, R. Mahony, P. Corke, Modelling and control of a quad-rotor robot, in: Proceedings of the Australasian Conference on Robotics and Automation, Auckland, New Zealand, 2006

[2] R. W. Prouty, Helicopter Performance, Stability, and Control, Krieger Publishing Company, 2001 .

[3] P. Pounds, J. Gresham, R. Mahony, J. Robert, P. Corke, Towards dynamically favourable quadrotor aerial robots, in: Proceedings of the Australasian Conference on Robotics and Automation, Canberra, Australia, 2004.

[4] G. Hoffmann, H. Huang, S. Waslander, C. Tomlin, Quadrotor helicopter flight dynamics and control: Theory and Experiment, in: Proceedings of the AIAA Guidance, Navigation, and Control Conference, USA, 2007.

[5] H. Goldstein, Classical Mechanics, Addison Wesley Series in Physics, Addison-Wesley, USA, 1980.

[6] P. Castillo, R. Lozano, A. E. Dzul, Modelling and Control of Mini-Flying Machines, Advances in Industrial Control, Springer-Verlag, London, UK, 2005 .

[7] B. Etkin, L. Duff Reid, Dynamics of Flight, John Wiley and Sons, New York, USA, 1959.

[8] R. Lozano, B. Brogliato, O. Egeland, B. Maschke, Passivity-Based Control System Analysis and Design, 2nd edition, Communications and Control Engineering Series, Springer-Verlag, 2006.

[9] G. M. Hoffmann, H. Huang, S. L. Waslander, C. J. Tomlin, Precision flight control for a multi-vehicle quadrotor helicopter testbed, Control Engineering Practice 19(9)(2011) 1023-1036.

[10] J. B. Kuipers, Quaternions and Rotation Sequences, vol. 66, Princeton University Press, 1999.

[11] X. Wang, C. Yu, Feedback linearization regulator with coupled attitude and translation dynamics based on unit dual quaternion, in: International Symposium on Intelligent Control(ISIC), Yokohama, Japan, IEEE, 2010, pp. 2380-2384.

第二篇
面向控制的传感器信号改进

远程控制无人机时,在半自主模式下需要知道无人机精确的姿态估计结果,而在自主飞行模式下则需要知道无人机在三维空间的姿态和位置精确估计。目前市场上有许多用于无人机方向和位置估计的传感器。惯性测量单元是常用的一种方向和速率测量传感器,而全球定位系统(GPS)是常用的定位方法。然而,这些高精度商用传感器通常很昂贵,而且当无人机在室内飞行时,无法获取导航卫星信号进行GPS定位。

接下来的章节将要介绍在半自主飞行或自主飞行中,用以提高基于传感器位置估计精度的方法。第3章比较评估了使用低成本陀螺仪和加速度计的姿态估计算法。第4章介绍了一种提高姿态估计算法精度的预测方案,还包括一种基于补偿输入控制延迟的方案。测量或控制律采用不同的采样周期都会造成无人机延迟,因此,需要考虑延迟以避免其所造成的系统不稳定。第5章解决了无人机定位问题,无人机定位是目前一个尚未完全解决的问题,本章提出了一种使用常规传感器进行无人机定位的有效解决方案,所用到的传感器有惯性传感器、超声波传感器和照相机等。对这些传感器的测量结果,采用扩展卡尔曼滤波器进行融合以获得四旋翼无人机的位置估计。

第3章 基于惯性传感器数据融合的方向估计

姿态估计是解决如何利用陀螺仪和加速度计提供的测量信息获取无人机姿态的问题。陀螺仪测量物体的角速度,可以将多个陀螺仪输出的数据进行融合以获得物体的姿态。由于陀螺仪会引入常值漂移和噪声,所以这种方法很快会产生漂移[1]。加速度计可以感应重力加速度的方向,因此也可以用来直接获得物体姿态。然而,加速度计信号会被振动噪声严重破坏,若噪声太大,则该方法的估计结果无法在实际中应用。互补滤波是一种使用广泛且能提供良好性能的简单方法,在该方法中加速度计数据经过低通滤波处理,陀螺仪则经过高通滤波处理[2]。

本章旨在对利用低成本传感器(陀螺仪和加速度计)进行姿态估计的算法进行比较和评估。在为指定的应用选择方法时,必须考虑奇异性、收敛性、计算时间、估计偏差等。卡尔曼滤波是应用比较多的一种方法,它提供了一个比较合适的框架结构,能够很容易地集成基于激光测距仪、相机或 GPS[3] 等更高级别的定位技术。结果表明,通过这种方法业余级 IMU 也可以获得与工业级 IMU 相似的性能。本章最后详细解释了简化后的卡尔曼滤波算法,结果表明所提出的算法非常易于编程、计算效率高且性能良好。

3.1 姿态表示

令$\{\hat{\boldsymbol{e}}_1,\hat{\boldsymbol{e}}_2,\hat{\boldsymbol{e}}_3\}$表示地心地球固定坐标系(ECEF)$\varepsilon$ 中的单位基矢量,此处假定 ε 为惯性坐标系。令$\boldsymbol{\Omega}_{B/\varepsilon}^{B}=[\omega_x,\omega_y,\omega_z]^{\mathrm{T}}$,以下简化为 $\boldsymbol{\Omega}$,它是飞机相对于 ε 在机身坐标系 B 中的角速度。根据旋转运动,可以建立该角速度与欧拉角之间的关系:

$$\dot{\boldsymbol{\eta}}(t)=\begin{bmatrix}1 & \sin\phi\tan\theta & \cos\phi\tan\theta\\ 0 & \cos\phi & -\sin\phi\\ 0 & \dfrac{\sin\phi}{\cos\theta} & \dfrac{\cos\phi}{\cos\theta}\end{bmatrix}\boldsymbol{\Omega}(t) \tag{3.1}$$

一般地,基矢量的变化率表示为

$$\frac{\mathrm{d}\hat{\boldsymbol{e}}_i}{\mathrm{d}t}=\boldsymbol{\Omega}_{\varepsilon/\mathrm{B}}\times\hat{\boldsymbol{e}}_i=-\boldsymbol{\Omega}\times\hat{\boldsymbol{e}}_i=[\boldsymbol{\Omega}]_\times^{\mathrm{T}}\hat{\boldsymbol{e}}_i \tag{3.2}$$

其中,偏斜对称算子定义为

$$[\boldsymbol{\Omega}]_\times=\begin{bmatrix}0 & -\omega_z & \omega_y\\ \omega_z & 0 & -\omega_x\\ -\omega_y & \omega_x & 0\end{bmatrix} \tag{3.3}$$

欧拉角法按照横滚角-俯仰角-偏航角顺序,旋转矩阵可表示为

$${}^B\boldsymbol{R}_\varepsilon=\begin{bmatrix}c_\theta c_\psi & c_\theta s_\psi & -s_\theta\\ s_\phi s_\theta c_\psi-c_\phi s_\psi & s_\phi s_\theta s_\psi+c_\phi c_\psi & s_\phi c_\theta\\ c_\phi s_\theta c_\psi+s_\phi s_\psi & c_\phi s_\theta s_\psi-c_\phi c_\psi & c_\phi c_\theta\end{bmatrix} \tag{3.4}$$

式中,${}^B\boldsymbol{R}_\varepsilon$ 将矢量从 ε 系映射到 B 系。

注意,$\boldsymbol{R}_\varepsilon=[\hat{\boldsymbol{e}}_1\hat{\boldsymbol{e}}_2\hat{\boldsymbol{e}}_3]$,该旋转矩阵的时间导数可由式(3.2)导出,称为直接余弦矩阵(direct cosin ematrix,DCM),其导数形式为

$${}^B\dot{\boldsymbol{R}}_\varepsilon(t)=[\boldsymbol{\Omega}]_\times^{\mathrm{T}B}\boldsymbol{R}_\varepsilon(t) \tag{3.5}$$

旋转也用四元数来表示,四元数是复数的扩展形式。使用四元数的原因主要是因为它们不存在奇点,同时四元数在计算效率上也是高效的(见2.4节)。单位四元数也可以用 $\boldsymbol{q}=[\bar{q}\quad \boldsymbol{q}_0]^{\mathrm{T}}$ 表示,其中 $\bar{q}$ 表示四元数的标量部分,$\boldsymbol{q}_0=[q_1\quad q_2\quad q_3]^{\mathrm{T}}$ 表示矢量部分。根据式(2.30),刚体的角运动可以用四元数表示为

$$\frac{\mathrm{d}\boldsymbol{q}(t)}{\mathrm{d}t}=\check{\boldsymbol{\Omega}}\boldsymbol{q}(t) \tag{3.6}$$

其中

$$\check{\boldsymbol{\Omega}}=\frac{1}{2}\begin{bmatrix}[\boldsymbol{\Omega}]_\times & \boldsymbol{\Omega}\\ -\boldsymbol{\Omega}^{\mathrm{T}} & 0\end{bmatrix} \tag{3.7}$$

式(3.4)可用四元数分量表示为

$${}^B\boldsymbol{R}_\varepsilon=\begin{bmatrix}q_1^2-q_2^2-q_3^2+q_4^2 & 2(q_1q_2-q_3q_4) & 2(q_1q_3+q_2q_4)\\ 2(q_1q_2+q_3q_4) & q_1^2+q_2^2-q_3^2+q_4^2 & 2(q_2q_3-q_1q_4)\\ 2(q_1q_3-q_2q_4) & 2(q_2q_3-q_1q_4) & q_1^2-q_2^2+q_3^2+q_4^2\end{bmatrix} \tag{3.8}$$

3.2 传感器特性

微机电系统(micro-electro-mechanical system,MEMS)传感器的输出受到噪声和偏移等不利因素的影响,通常称为偏置[4],在每次飞行之前都需要进行校准。

然而,温度会导致偏置变化。电子元件在使用时也存在内部热现象,这种影响在运行的最初几分钟内尤为明显[5]。

对于姿态估计问题,陀螺仪的偏差比其他组件的偏差大很多,因为它们要进行积分,因此所产生的误差会随时间线性增长。即使在理想情况(没有偏差)下,对含白噪声的陀螺输出进行积分也会导致误差随着时间的平方增长。因此,需要修正由偏置和白噪声引入的积分误差。因为经过校准后加速度计的偏差影响不大,它们只会导致相对实际水平面(垂直于重力矢量)的小偏移量。

假定传感器误差模型为

$$\begin{cases}\bar{\boldsymbol{\Omega}}=\widetilde{\boldsymbol{\Omega}}+\boldsymbol{\beta}_{\Omega}+\boldsymbol{\lambda}_{\Omega}\\ \bar{\boldsymbol{a}}=\tilde{\boldsymbol{a}}+\boldsymbol{\lambda}_{a}\end{cases} \tag{3.9}$$

角速度测量值$\bar{\boldsymbol{\Omega}}$包括实际值$\widetilde{\boldsymbol{\Omega}}$、偏置$\boldsymbol{\beta}_{\Omega}$和噪声$\boldsymbol{\lambda}_{\Omega}$,该模型同样也适用于加速度测量,但不存在偏置项。如前所述,这些误差造成的影响并不严重,因为它们本身不会随着时间进行积分。假定测量噪声服从高斯分布:

$$\mathbb{E}[\boldsymbol{\lambda}_{\Omega}]=0,\quad \mathbb{E}[\boldsymbol{\lambda}_{\Omega}\boldsymbol{\lambda}_{\Omega}^{\mathrm{T}}]=\sigma_{\Omega}^{2}\boldsymbol{I}_{3}$$
$$\mathbb{E}[\boldsymbol{\lambda}_{a}]=0,\quad \mathbb{E}[\boldsymbol{\lambda}_{a}\boldsymbol{\lambda}_{a}^{\mathrm{T}}]=\sigma_{a}^{2}\boldsymbol{I}_{3}$$

式中:σ_i^2为方差;$\boldsymbol{I}_3$为3×3单位矩阵。

随机游走过程表示为

$$\dot{\boldsymbol{\beta}}_{\Omega}=\boldsymbol{\lambda}_{\beta} \tag{3.10a}$$

$$\mathbb{E}[\boldsymbol{\lambda}_{\beta}]=0,\mathbb{E}[\boldsymbol{\lambda}_{\beta}\boldsymbol{\lambda}_{\beta}^{\mathrm{T}}]=\boldsymbol{\Sigma}_{\beta}=\sigma_{\beta}^{2}\boldsymbol{I}_{3} \tag{3.10b}$$

式中:$\boldsymbol{\Sigma}_{\beta}$为对角协方差矩阵。它用于模拟陀螺仪的“缓慢变化”的偏差,其中方差σ_{β}^{2}表示偏差的漂移程度。

现在有必要了解测量值与待估计变量之间的关系。式(3.1)~式(3.8)已经给出了陀螺仪测量值与无人机运动模型之间的关系。加速度计测量作用在无人机(用B表示)上的特定力,其与机体固定参考系关系固定,所以加速度测量可以表示为

$$\tilde{\boldsymbol{a}}^{B}=\frac{1}{m}(\boldsymbol{f}^{B}-{}^{B}\boldsymbol{R}_{\varepsilon}(mg)\hat{\boldsymbol{e}}_{3})=\dot{\boldsymbol{v}}^{B}-{}^{B}\boldsymbol{R}_{\varepsilon(g\hat{e}_{3})} \tag{3.11}$$

式中:$\dot{\boldsymbol{v}}^{B}$为外力矢量$\boldsymbol{f}^{B}$引起的加速度矢量,均在B坐标系表示。

如果无人机存在大的机动,则此时线性加速度($\dot{\boldsymbol{v}}^{B}\approx0$)可以忽略不计。将加速度测量矢量归一化处理,其与横滚角和俯仰角的关系可表示为

$$\tilde{\boldsymbol{a}}=\frac{\tilde{\boldsymbol{a}}^{B}}{|\tilde{\boldsymbol{a}}^{B}|}\approx-{}^{B}\boldsymbol{R}_{\varepsilon}\hat{\boldsymbol{e}}_{3}=\begin{bmatrix}\sin\theta\\-\sin\phi\cos\theta\\-\cos\phi\cos\theta\end{bmatrix} \tag{3.12}$$

3.3 姿态估计算法

下面介绍并比较几种姿态估计算法。卡尔曼滤波法适用于任何系统模型。针对非线性系统,可采用扩展卡尔曼滤波器。卡尔曼滤波器的推导基于系统和测量误差模型服从高斯分布这一假设。因此,可以在待估计的状态变量中加入偏差量,因为它在滤波过程中不会被滤除。一般非线性系统的离散 EKF 模型[6]为

$$\begin{cases}\dot{\boldsymbol{x}}(t)=f(\boldsymbol{x},\boldsymbol{u})+\boldsymbol{\lambda}_{\xi}, & \mathbb{E}[\boldsymbol{\lambda}_{\xi}\boldsymbol{\lambda}_{\xi}^{\mathrm{T}}]=\boldsymbol{Q}\\ \boldsymbol{y}(t)=\boldsymbol{h}(\boldsymbol{x})+\boldsymbol{\lambda}_{v}, & \mathbb{E}[\boldsymbol{\lambda}_{v}\boldsymbol{\lambda}_{v}^{\mathrm{T}}]=\boldsymbol{R}\end{cases}$$

则有

$$\begin{cases}\hat{\boldsymbol{x}}_k^-=\hat{\boldsymbol{x}}_{k-1}+T_s\boldsymbol{f}(\boldsymbol{x}_k,\boldsymbol{u}_k)\\ \boldsymbol{P}_k^-=\boldsymbol{A}_{k-1}\boldsymbol{P}_{k-1}\boldsymbol{A}_{k-1}^{\mathrm{T}}+\boldsymbol{Q}_k\end{cases}\tag{3.13}$$

$$\begin{cases}\boldsymbol{S}_k=\boldsymbol{H}_k\boldsymbol{P}_k^-\boldsymbol{H}_k^{\mathrm{T}}+\boldsymbol{R}_k\\ \boldsymbol{K}_k=\boldsymbol{P}_k^-\boldsymbol{H}_k^{\mathrm{T}}\boldsymbol{S}_k^{-1}\\ \hat{\boldsymbol{x}}_k^+=\hat{\boldsymbol{x}}_k^-+\boldsymbol{K}_k(\boldsymbol{y}_k-\boldsymbol{h}(\hat{\boldsymbol{x}}_k^-))\\ \boldsymbol{P}_k^+=(\boldsymbol{I}-\boldsymbol{K}_k\boldsymbol{H}_k)\boldsymbol{P}_k^-\end{cases}\tag{3.14}$$

其中

$$\boldsymbol{A}_k=e^{AT_s}\approx\boldsymbol{I}+T_s\left.\frac{\partial\boldsymbol{f}}{\partial\boldsymbol{x}}\right|_{\hat{x}^-},\quad \boldsymbol{H}_k=\left.\frac{\partial\boldsymbol{h}}{\partial\boldsymbol{x}}\right|_{\hat{x}^-}$$

将式(3.13)和式(3.14)应用于简单的线性系统,即可获得 KF 方程。

除了本节,下面介绍的所有算法都会采用非线性化模型。其中一些称为基于 DCM,其元素被直接操作。此外,还将探索基于欧拉角和四元数的模型。

3.3.1 基于 DCM1

DCM 算法直接更新矩阵的元素,它避免了采用欧拉角表示所存在的缺点。式(3.5)给出 DCM 元素随时间的变化。虽然可以更新整个矩阵,但如式(3.4)所示,矩阵的最后一列($\boldsymbol{r}_3$)已经能够提供有关 ϕ 和 θ 的信息。统一使用控制论中的常用符号,令状态矢量 $\boldsymbol{x}=\boldsymbol{r}_3$,则系统可以描述为

$$\begin{cases}\dot{\boldsymbol{x}}=[\overline{\boldsymbol{\Omega}}]_{\times}\boldsymbol{x}+\boldsymbol{\lambda}_{\xi}, & \mathbb{E}[\boldsymbol{\lambda}_{\xi}\boldsymbol{\lambda}_{\xi}^{\mathrm{T}}]=\boldsymbol{Q}=q_r\boldsymbol{I}\\ \boldsymbol{y}=-\boldsymbol{I}_3\boldsymbol{x}+\boldsymbol{\lambda}_{v}, & \mathbb{E}[\boldsymbol{\lambda}_{v}\boldsymbol{\lambda}_{v}^{\mathrm{T}}]=\boldsymbol{R}=\sigma_a^2\boldsymbol{I}_3\end{cases}\tag{3.15}$$

假设可以通过分析加速度计的静态输出来识别 σ_a^2,那么此时只有一个可调整

参数 q_r,它决定了状态转移与加速度计测量信息之间的相对比重。注意,这是一个非常简单的滤波器,但因为陀螺仪偏差没有被明确估计,所以其暗含着需要零速度更新。有关式(3.15)的更多详细信息参见文献[7]。

3.3.2 基于 DCM2

通过添加偏差估计对上述滤波器进行修改[8]。根据式(3.9)中的测量模型,无偏置角速度由 $\widetilde{\boldsymbol{\Omega}}=\overline{\boldsymbol{\Omega}}-\boldsymbol{\beta}_{\Omega}$ 给出。$\boldsymbol{x}=[\boldsymbol{r}_3^{\mathrm{T}},\boldsymbol{\beta}_{\Omega}^{\mathrm{T}}]^{\mathrm{T}}$ 表示状态矢量,此时系统可以表示为

$$
\begin{cases}\dot{\boldsymbol{x}}=\boldsymbol{A}(\boldsymbol{x})\boldsymbol{x}+\boldsymbol{\lambda}_{\xi}, & \mathbb{E}[\boldsymbol{\lambda}_{\xi}\boldsymbol{\lambda}_{\xi}^{\mathrm{T}}]=\boldsymbol{Q}\\ \boldsymbol{y}=\boldsymbol{C}\boldsymbol{x}+\boldsymbol{\lambda}_{v}, & \mathbb{E}[\boldsymbol{\lambda}_{v}\boldsymbol{\lambda}_{v}^{\mathrm{T}}]=\boldsymbol{R}\end{cases}
$$

式中

$$
\boldsymbol{A}(\boldsymbol{x})=\begin{bmatrix}[\overline{\boldsymbol{\Omega}}-\boldsymbol{\beta}_{\Omega}]_{\times} & \boldsymbol{0}\\ \boldsymbol{0} & \boldsymbol{0}\end{bmatrix},\boldsymbol{C}=[-\boldsymbol{I}_3 \quad \boldsymbol{0}],
$$

$$
\boldsymbol{Q}=\begin{bmatrix}q_r\boldsymbol{I}_3 & \boldsymbol{0}\\ \boldsymbol{0} & q_{\beta}\boldsymbol{I}_3\end{bmatrix},\boldsymbol{R}=\sigma_a^2\boldsymbol{I}_3
$$

注意,为了表示偏置噪声,此处引入一个额外的参数 q_{β}。它描述了偏置的随机游走模型,具有实际的物理意义。作为一个调整参数,它必须足够的小以保证偏差缓慢变化。

3.3.3 基于 DCM3

为改进角速度估计,可以通过在状态矢量中添加角速度变量来扩展上述算法,令 $\boldsymbol{x}=[\boldsymbol{r}_3^{\mathrm{T}},\boldsymbol{\beta}_{\Omega}^{\mathrm{T}},\boldsymbol{\Omega}^{\mathrm{T}}]^{\mathrm{T}}$。因为角速度的过程模型仅在卡尔曼滤波器的更新阶段进行修改,所以假定其为常数。实际上,它是一个由参数 q_{Ω} 控制的低通滤波器。此时,系统矩阵可描述为

$$
\boldsymbol{A}(\boldsymbol{x})=\begin{bmatrix}\boldsymbol{0} & \boldsymbol{0} & [\boldsymbol{r}_3]_{\times}\\ \boldsymbol{0} & \boldsymbol{0} & \boldsymbol{0}\\ \boldsymbol{0} & \boldsymbol{0} & \boldsymbol{0}\end{bmatrix},\quad \boldsymbol{C}=\begin{bmatrix}-\boldsymbol{I}_3 & \boldsymbol{0} & \boldsymbol{0}\\ \boldsymbol{0} & -\boldsymbol{I}_3 & \boldsymbol{I}_3\end{bmatrix}
$$

$$
\boldsymbol{Q}=\begin{bmatrix}q_r\boldsymbol{I}_3 & \boldsymbol{0} & \boldsymbol{0}\\ \boldsymbol{0} & q_{\beta}\boldsymbol{I}_3 & \boldsymbol{0}\\ \boldsymbol{0} & \boldsymbol{0} & q_{\Omega}\boldsymbol{I}_3\end{bmatrix},\quad \boldsymbol{R}=\begin{bmatrix}\sigma_a^2\boldsymbol{I}_3 & \boldsymbol{0}\\ \boldsymbol{0} & \sigma_{\Omega}^2\boldsymbol{I}_3\end{bmatrix}
$$

3.3.4 欧拉 EKF

在该算法中存在估计 6 个变量,即 3 个欧拉角和 3 个陀螺仪偏差。状态矢量 $\boldsymbol{x}=[\boldsymbol{\eta}^{\mathrm{T}},\boldsymbol{\beta}^{\mathrm{T}}]^{\mathrm{T}}$。非线性方程以状态空间形式描述为

$$\begin{cases}\dot{\boldsymbol{x}}=f(\boldsymbol{x})+\boldsymbol{\lambda}_{\xi}, & \mathbb{E}[\boldsymbol{\lambda}_{\xi}\boldsymbol{\lambda}_{\xi}^{\mathrm{T}}]=\boldsymbol{Q}\\ \boldsymbol{y}=h(\boldsymbol{x})+\boldsymbol{\lambda}_{v}, & \mathbb{E}[\boldsymbol{\lambda}_{v}\boldsymbol{\lambda}_{v}^{\mathrm{T}}]=\boldsymbol{R}\end{cases}$$

式中

$$\boldsymbol{Q}=\begin{bmatrix} q_{\eta}\boldsymbol{I}_3 & \boldsymbol{0}\\ \boldsymbol{0} & q_{\beta}\boldsymbol{I}_3\end{bmatrix},\boldsymbol{R}=\sigma_a^2\boldsymbol{I}_3$$

通过直接融合陀螺仪的测量结果,由式(3.1)可导出如下方程:

$$f(\boldsymbol{x})=\begin{bmatrix}(\overline{\omega}_x-\beta_{\omega_x})+(\overline{\omega}_y-\beta_{\omega_y})\sin\phi+(\overline{\omega}_z-\beta_{\omega_z})\tan\theta\\ (\overline{\omega}_y-\beta_{\omega_y})\cos\phi-(\overline{\omega}_z-\beta_{\omega_z})-\sin\phi\\ (\overline{\omega}_y-\beta_{\omega_y})\dfrac{\sin\phi}{\cos\theta}+(\overline{\omega}_z-\beta_{\omega_z})\dfrac{\cos\phi}{\cos\theta}\\ 0\\ 0\\ 0\end{bmatrix} \tag{3.16}$$

而测量模型则可由式(3.12)给出,即

$$\boldsymbol{h}(\boldsymbol{x})=\begin{bmatrix}\sin\theta\\ -\sin\phi\cos\theta\\ -\cos\phi\cos\theta\end{bmatrix} \tag{3.17}$$

在这种情况下,参数 q_n 决定了基于陀螺仪测量的状态转移相对于基于加速度测量的可靠性。

3.3.5 四元数

该算法估计陀螺变量的 4 个四元数和 2 个偏差量。此时,状态矢量 $\boldsymbol{x}=[\boldsymbol{q}^{\mathrm{T}}\boldsymbol{\beta}^{\mathrm{T}}]^{\mathrm{T}}$,非线性方程可描述为

$$\begin{cases}\dot{\boldsymbol{x}}=\boldsymbol{A}(\boldsymbol{x})\boldsymbol{x}+\boldsymbol{\lambda}_{\xi}, & \mathbb{E}[\boldsymbol{\lambda}_{\xi}\boldsymbol{\lambda}_{\xi}^{\mathrm{T}}]=\boldsymbol{Q}\\ \boldsymbol{y}=\boldsymbol{h}(\boldsymbol{x})+\boldsymbol{\lambda}_{v}, & \mathbb{E}[\boldsymbol{\lambda}_{v}\boldsymbol{\lambda}_{v}^{\mathrm{T}}]=\boldsymbol{R}\end{cases} \tag{3.18}$$

式中

$$A(x)=\begin{bmatrix}\Omega & 0\\ 0 & 0\end{bmatrix},\quad C=[-I_3 \quad 0]$$

$$Q=\begin{bmatrix}q_q I_4 & 0\\ 0 & q_\beta I_3\end{bmatrix},\quad R=\sigma_a^2 I_3$$

测量模型由式(3.8)的第三列给出,即

$$h(x)=\begin{bmatrix}2(q_1q_3+q_2q_4)\\ 2(q_2q_3-q_1q_4)\\ q_1^2-q_2^2+q_3^2+q_4^2\end{bmatrix} \tag{3.19}$$

3.3.6 基于 Quanser 平台的实时性比较与分析

以上介绍的各种算法具有不同程度的复杂性,要么表示方法不同,要么被估计的变量不同。下面将比较这些不同的算法,以观察其是否对估计精度存在显著的影响。

1. 实验平台和设备

图 3.1 为用于对比分析的实验平台和设备。它是由 Quanser 公司制造的 3DHOVER,是一款验证垂直起降无人机控制算法实验平台。为方便使用,其平移自由度被锁紧[9]。欧拉角可通过三个光学编码器测量,测量精度为 0.04°,以 1000Hz 的频率进行采样。编码器为算法的评估和比较提供了可靠数据。

图 3.1 实验平台和设备

为了进行比较，使用 MicroStrain 3DM-GX2 和 Sparkfun Sensor Stick 两个惯性测量单元。3DM-GX2 是一个具有内部处理功能的典型惯性传感器组[10]。欧拉角或旋转矩阵以 250Hz 的频率提供角度估计。Sensor Stick 是一个业余级别的惯性单元，它仅有一个普通电路板，该电路板将惯性传感器集成到一个独特的总线上[11]。这些设备的相关信息如表 3.1 所列。

表 3.1　IMU 性能指标

参数	3DM-GX2	Sensor/Stick	MPU-6050
尺寸/(mm×mm×mm)	41×63×32	35×10×2	21×17×2
质量/g	50	1.2	6
陀螺仪范围/((°)/s)	±(75~1200)	±2000	±(250~2000)
陀螺误差/((°)/s)	±0.2	—	±20
陀螺非线性度/%	0.2	0.2	0.2
陀螺噪声性能(RMSE)/((°)/s)	0.17①	0.38	0.025
加速度误差 *mg*	±5(±5g)	—	±50
加速度非线性/%	0.2	0.5	0.5
加速度噪声性能(RMSE)*mg*	0.6①	2.9	1.3

注：①传感器的静态输出测量。

2. 结果

为了评估不同算法的性能，采用上面描述的平台跟随交替阶跃的参考信号。利用 PD 控制器跟踪这些参考。编码器和 3DM-GX2 的角度估计值以及 Sensor Stick 陀螺仪和加速度计的信息都被存储下来。整个采样过程以 100Hz 频率在一个实时运行的 C++程序中进行。选择该频率是因为它允许低成本微控制器在一定的时间内运行算法。估计算法基于 Matlab 和采样数据离线进行。

表 3.1 列出了 IMU 性能指标。

图 3.2 展示了一个实验结果，对比了 3DM-GX2 编码器测量的姿态和利用欧拉 EKF 算法估计的姿态，实验采用±2°的阶跃参考。从表面看来，使用 Sensor Stick 进行角度估计速度快且没有噪声，这与 3DM-GX2 给出的估计结果非常相似。

由于肉眼观察很难得出任何结论，因此对不同的阶跃幅度进行了五次一组的实验，结果如图 3.2 所示。以编码器测量作为理想值，选取均方根误差(root mean square error, RMSE)为性能指标,其为整个实验集中每一步幅和每一算法的平均值。对于每一种算法,都通过了反复地实验优化,调整出能达到最佳性能的一组参数。

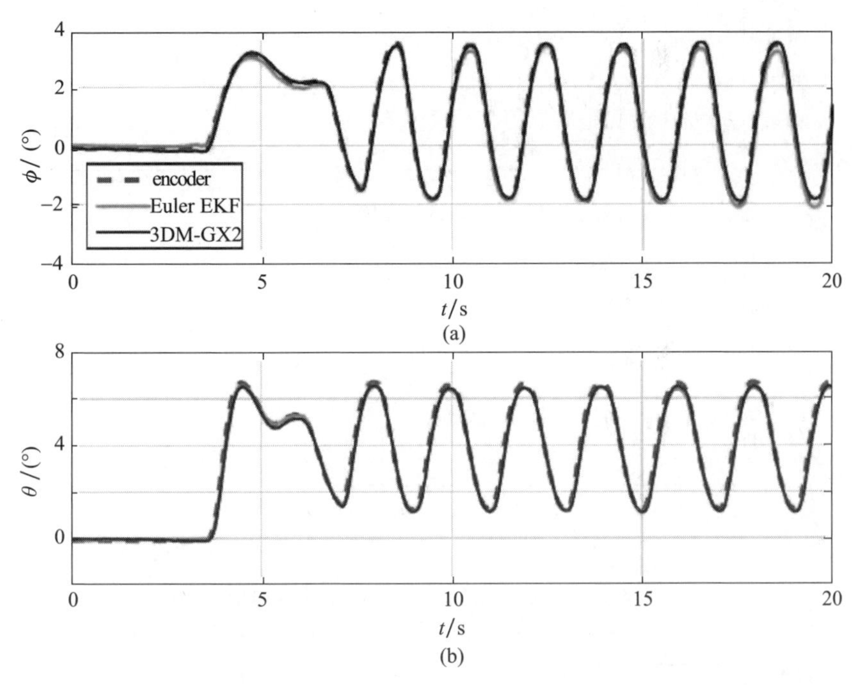

图 3.2 (见彩图)在跟踪±2°输入命令的实验期间,编码器测量的角度与3DM-GX2 给出的角度的比较以及欧拉 EKF 算法的估计

实验结果如图 3.3 所示,给出了均方根值的平均值和标准偏差。可以看出,估计精度会随着阶跃幅度的增加而变差,但对于低角度振荡所有算法表现出的性能都良好。

然而,对于稍高点的角度,3DM-GX2 表现出的更好。这是因为传感器较高的输出会暴露出它们的一些缺点,如比例因子不准确、非线性或交叉轴灵敏度。比较结果表明,在任何情况下针对小角度的情况,即使如 Sensor Stick 这样的廉价板和简单的线性 KF 也可以提供足够的精度。

图 3.4 展示了算法表现不佳的一些情况。由图可看出,远离水平静态位置的偏差是主要误差源。其原因之一是加速度计使用的线性模型是经过校准的,其非线性度很小。还有一个不明显的效果,即因为陀螺仪存在交叉敏感性,当一个轴中存在速度时,另一个轴的估计结果会稍差一些。

在上述评估的算法中,基于 DMC3 的算法是唯一将角速度作为待估计变量的算法。图 3.5 展示比较了其从 3DM-GX2 提取信息进行角速度估计的情况。该估计噪声更小,并且没有延迟。

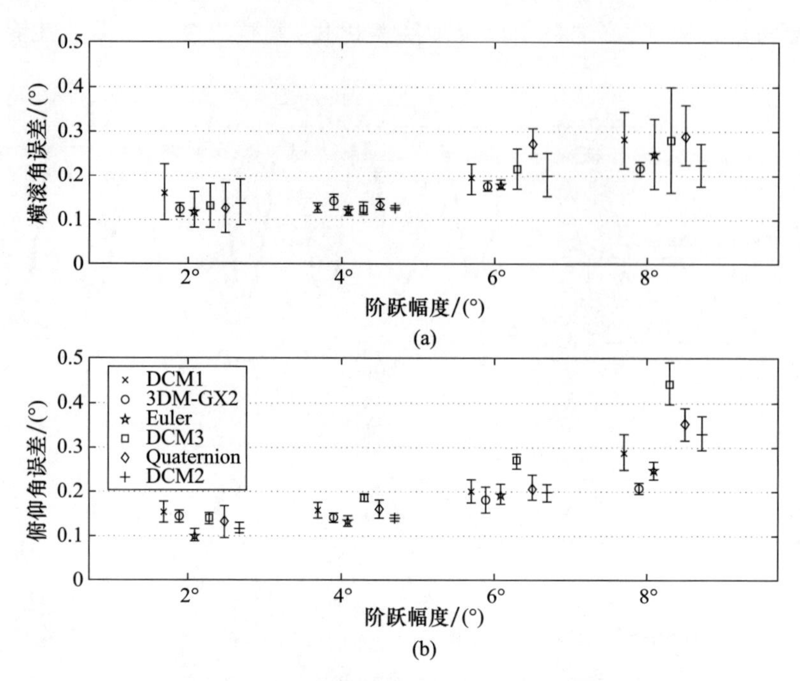

图 3.3 （见彩图）均方根误差和标准偏差

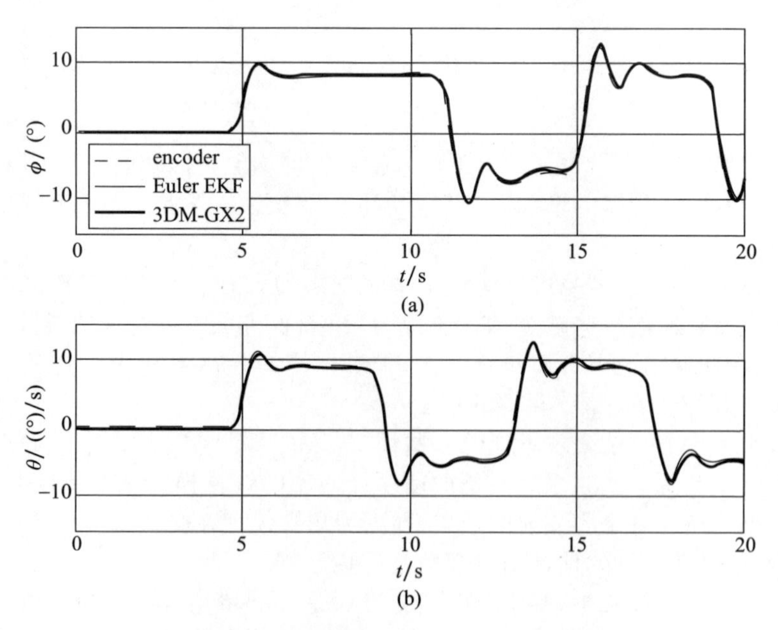

图 3.4 （见彩图）±8°的角度估计比较

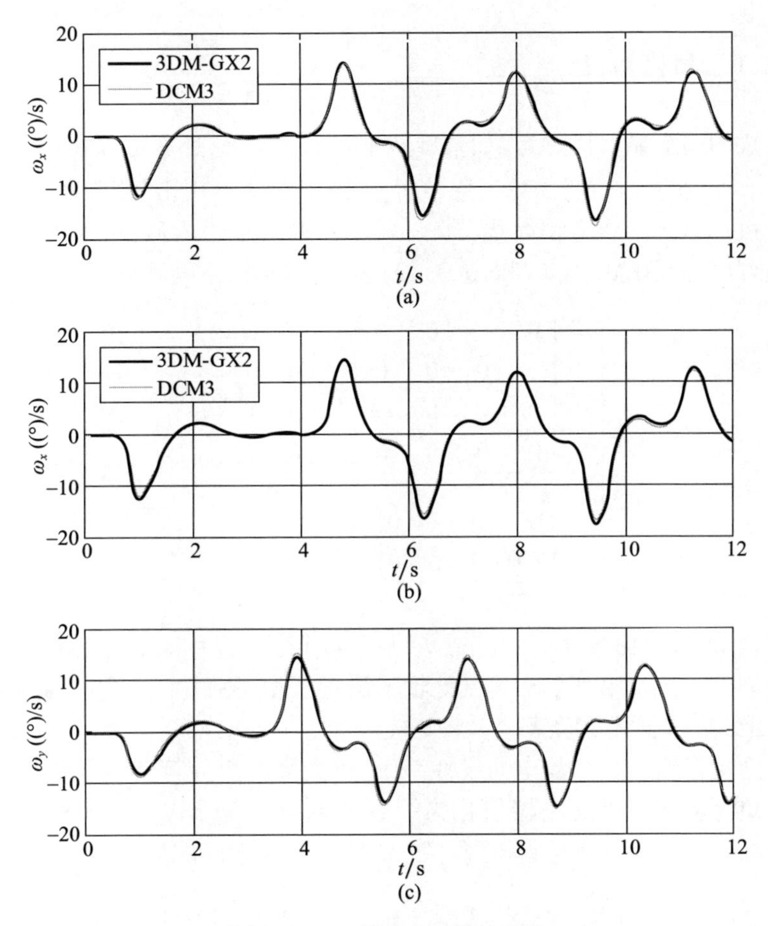

图 3.5　±4°的角速度估计比较

3.4　高效卡尔曼滤波器

上述的一些算法可能需要大量的计算资源。然而高效计算对算法而言至关重要,原因在于:首先,机载计算资源有限,对小型无人机而言尤其明显;其次,无人机的快速旋转需要采用高频控制器,进而需要更高更新率的测量值。

经过多次测试,提出了一种计算效率高的四旋翼无人机姿态估计算法。该算法所采用的卡尔曼滤波器适用于欧拉表示的无人机,该算法也将陀螺仪的偏差包含在被估计矢量之中。通过飞行测试对算法进行了验证,并将实验结果与来自商业 IMU 的数据进行了比较,结果表明所提出的估计算法性能良好。有关更多详细信息见参考文献[12]。

3.4.1 简化算法

欧拉法的一个显著优点是：如果旋转矩阵定义明确，那么可以在模型中去除偏航角。令 $\boldsymbol{x}=[\phi,\beta_x,\theta,\beta_y]$，表示待估计变量。假设非攻击性机动，则可以利用 $\sin\alpha\approx\alpha$ 和 $\cos\alpha\approx 1$ 将方程简化，其中 $\alpha=\{\phi,\theta\}$。基于该假设，无人机的运动和测量模型可以分别用式(3.1)和式(3.12)表示，得到以下线性方程：

$$\begin{cases}\dot{\boldsymbol{x}}=\underbrace{\begin{bmatrix}0 & -1 & 0 & 0\\0 & 0 & 0 & 0\\0 & 0 & 0 & -1\\0 & 0 & 0 & 0\end{bmatrix}}_{A}\boldsymbol{x}+\underbrace{\begin{bmatrix}1 & 0\\0 & 0\\0 & 1\\0 & 0\end{bmatrix}}_{B}\boldsymbol{u}+\boldsymbol{\lambda}_w\\ \hat{\boldsymbol{y}}=\underbrace{\begin{bmatrix}0 & 0 & 1 & 0\\-1 & 0 & 0 & 0\end{bmatrix}}_{H}\boldsymbol{x}+\boldsymbol{\lambda}_v\end{cases}\tag{3.20}$$

其中，输入矢量由角速度测量值 $\boldsymbol{u}=[\bar{\omega}_x,\bar{\omega}_y]$ 组成，$\boldsymbol{y}=[\bar{a}_x,\bar{a}_y]$ 包含加速度测量值。此外删除了涉及第三个加速度计轴的测量模型(第三个方程)，因为它对于小角度的横滚-俯仰非常不敏感。

这一简化得到了一个紧凑的线性系统，可大大减少计算负荷。接下来将介绍如何利用矩阵将卡尔曼滤波器简化为一组简单的方程形式。假设输入为零阶保持，以采样时间 T_s 将连续时间系统(式(3.20))离散化，可得

$$\begin{cases}\hat{\boldsymbol{x}}_{k+1}=\boldsymbol{A}_k\hat{\boldsymbol{x}}_k+\boldsymbol{B}_k\boldsymbol{u}_k+\boldsymbol{\lambda}_{wk}, & \mathbb{E}[\boldsymbol{\lambda}_{wk}\boldsymbol{\lambda}_{wk}^{\mathrm{T}}]=\boldsymbol{Q}_k\\ \boldsymbol{y}_k=\boldsymbol{H}_k\hat{\boldsymbol{x}}_k+\boldsymbol{\lambda}_{vk}, & \mathbb{E}[\boldsymbol{\lambda}_{vk}\boldsymbol{\lambda}_{vk}^{\mathrm{T}}]=\boldsymbol{R}_k\end{cases}\tag{3.21}$$

其中

$$\boldsymbol{A}_k=\mathrm{e}^{AT_s}=\begin{bmatrix}1 & -T_s & 0 & 0\\0 & 1 & 0 & 0\\0 & 0 & 1 & -T_s\\0 & 0 & 0 & 1\end{bmatrix},\quad \boldsymbol{B}_k=\left(\int_0^{T_s}\mathrm{e}^{A_s}\mathrm{d}s\right)\boldsymbol{B}=\begin{bmatrix}T_s & 0\\0 & 0\\0 & T_s\\0 & 0\end{bmatrix}$$

$$\boldsymbol{H}_k=\begin{bmatrix}0 & 0 & 1 & 0\\-1 & 0 & 0 & 0\end{bmatrix}$$

注意，简化后的模型是一个解耦系统。因此，针对滚转和俯仰可以分别运行两个不同的卡尔曼滤波器。此外，基于矩阵 $\boldsymbol{P}$ 对称这一事实，只需要将其三块元素存储在存储器中。利用式(3.13)和式(3.14)，可以推导出针对横滚角估计的卡尔曼滤波器：

$$
\begin{cases}
\hat{\phi}_k^- = \hat{\phi}_{k-1} + T_s(\overline{\omega}_x - \beta_{x_k}) \\
\beta_{x_k}^- = \beta_{x_{k-1}} \\
p_{11_k}^- = p_{11_{k-1}} - 2T_s p_{12_{k-1}} + T_s^2 p_{22_{k-1}} + q_{11_k} \\
p_{12_k}^- = p_{12_{k-1}} - T_s p_{22_{k-1}} \\
p_{22_k}^- = p_{22_{k-1}} + q_{22_k}
\end{cases}
\tag{3.22}
$$

$$
\begin{cases}
\hat{\phi}_k^+ = (1-\alpha_\phi)\hat{\phi}_k^- - \alpha_\phi \overline{a}_y \\
\beta_{x_k}^+ = \beta_{x_k}^- - \gamma_\phi(\overline{a}_y + \hat{\phi}_k^-) \\
p_{11_k}^+ = (1-\alpha_\phi) p_{11_k}^- \\
p_{12_k}^+ = (1-\alpha_\phi) p_{12_k}^- \\
p_{22_k}^+ = -\gamma_\phi p_{12_k}^- + p_{22_k}^-
\end{cases}
\tag{3.23}
$$

其中

$$
\alpha_\phi = \frac{p_{11_k}^+}{p_{11_k}^+ + r_{11}}, \quad \gamma_\phi = \frac{p_{12_k}^+}{p_{11_k}^+ + r_{11_k}}
$$

以此类推,针对俯仰角可以推导出以下卡尔曼滤波器的方程:

$$
\begin{cases}
\hat{\theta}_k^- = \hat{\theta}_{k-1} + T_s(\overline{\omega}_x - \beta_{x_k}) \\
\beta_{y_k}^- = \beta_{y_{k-1}} \\
p_{11_k}^- = p_{11_{k-1}} - 2T_s p_{12_{k-1}} + T_s^2 p_{22_{k-1}} + q_{33_k} \\
p_{12_k}^- = p_{12_{k-1}} - T_s p_{22_{k-1}} \\
p_{22_k}^- = p_{22_{k-1}} + q_{44_k}
\end{cases}
\tag{3.24}
$$

$$
\begin{cases}
\hat{\theta}_k^+ = (1-\alpha_\phi)\hat{\theta}_k^- + \alpha_\phi \overline{a}_y \\
\beta_{y_k}^+ = \beta_{y_k}^- + \gamma_\phi(\overline{a}_x - \hat{\theta}_k^-) \\
p_{11_k}^+ = (1-\alpha_\theta) p_{11_k}^- \\
p_{12_k}^+ = (1-\alpha_\theta) p_{12_k}^- \\
p_{22_k}^+ = -\gamma_\theta p_{12_k}^- + p_{22_k}^-
\end{cases}
\tag{3.25}
$$

其中

$$
\alpha_\theta = \frac{p_{11_k}^+}{p_{11_k}^+ + r_{22_k}}, \quad \gamma_\theta = \frac{p_{12_k}^+}{p_{11_k}^+ + r_{22_k}}
$$

3.4.2 数值验证

通过 Quanser 平台的编码器分别验证用于估计滚转角和俯仰角的卡尔曼滤波器算法(式(3.22)~式(3.25))。平台中还包含一个商用 IMU(3DM-GX2)和一个低成本惯性传感器(MPU-6050),可以用来验证和比较测量结果。MPU-6050 由一个 3 轴陀螺仪和一个三轴加速度计组成。它不提供刚体的角度信息,只提供传感器的原始测量值。表 3.1 给出了这两种设备的性能指标。

鉴于实验平台的角度存在不稳定性,此处采用一个简单的 PD 控制器将其稳定到恒定的俯仰和滚转参考角度,然后通过手动施加一个干扰来扰动系统。所有数据均以 333Hz 的频率采集,并使用 Matlab 进行离线计算。

经过反复的实验调整过程,产生以下协方差矩阵:

$$\boldsymbol{Q}_k = \begin{bmatrix} 0.94\times10^{-6} & 0 & 0 & 0 \\ 0 & 0.91\times10^{-6} & 0 & 0 \\ 0 & 0 & 0 & 0 \\ 0 & 0 & 0 & 0 \end{bmatrix}, \boldsymbol{R}_k = \begin{bmatrix} 0.37 & 0 \\ 0 & 0.39 \end{bmatrix}$$

图 3.6 展示了该估计算法的运行结果。从图中可以粗略看出所提出的算法性能相当好,这证明了其在推导过程中所做的简化处理是可行的。

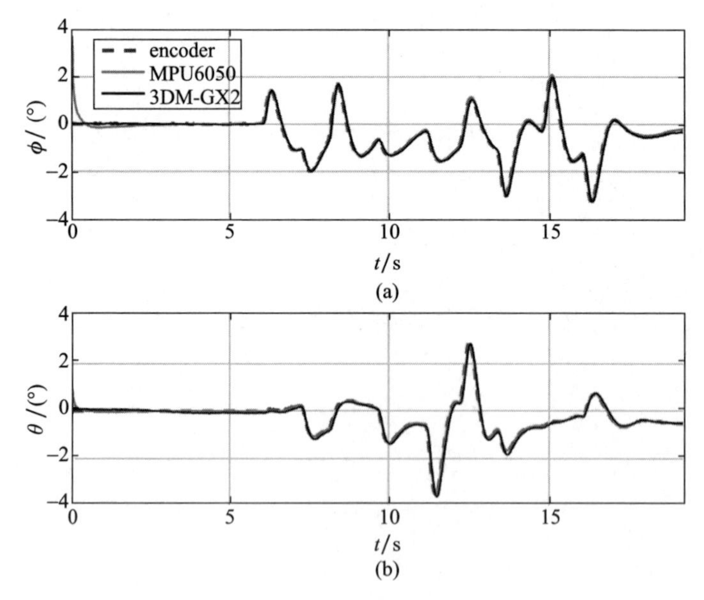

图 3.6 (见彩图)姿态估计

由于很难直观地评估两种估计算法的质量,这里选择均方根误差、最大绝对误差和延迟三个性能指标进行对比,它们都是由编码器(假设其提供“真实”测量)给出值算出。表 3.2 为在几分钟实验中采集的性能指标数据,在实验中系统稳定在零值附近,并手动增加扰动。注意所提出算法的性能甚至比 3DM-GX2 还要好。

表 3.2 实验中采集的性能指标数据

分类		均方根误差/(°)	最大绝对误差/(°)	延迟/ms
3DM-GX2	横滚	0.3	1.56	25
	俯仰角	0.27	1.46	
MPU-6050	横滚	0.14	0.72	15
	俯仰角	0.19	0.91	

偏置估计随时间的变化如图 3.7 所示,通过对系统保持稳定的前几秒数据取平均来计算陀螺仪的实际偏置量。从图中可以看出,偏置估计如何在几秒内收敛到实际值的。

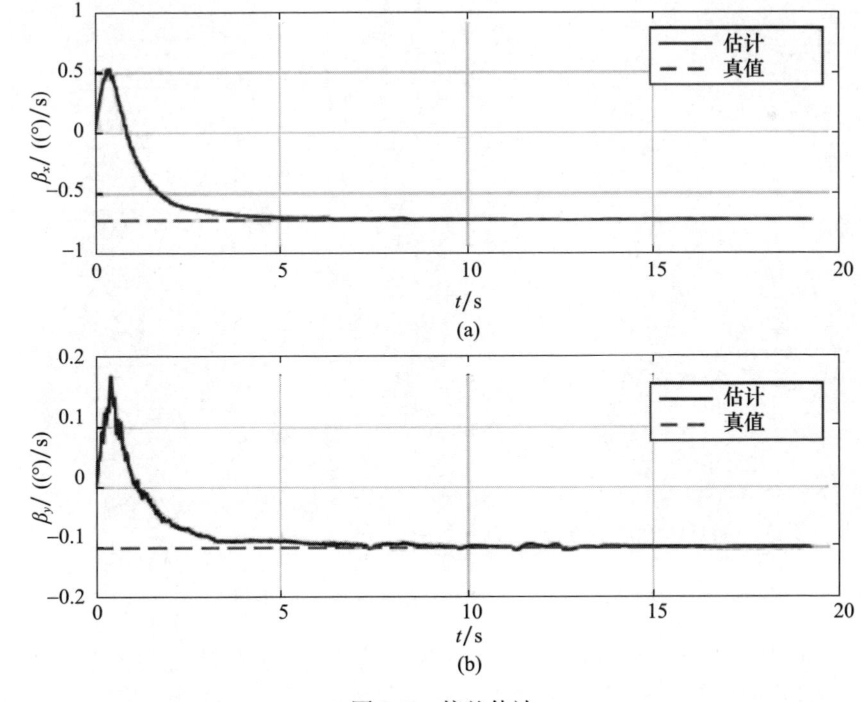

图 3.7 偏差估计

3.4.3 飞行实验

尽管上述实验平台特别适合进行数值比较,但在实际飞行中仍需要克服一些问题,如振动和线性加速度问题。本书将估计算法进行了在线和机载测试,以计算滚转角和俯仰角并稳定四旋翼无人机。

1. UPV 四旋翼原型机

图 3.8 所示为西班牙巴伦西亚理工大学(Universidad Politécnica deValencia, UPV)开发的一款四旋翼无人机原型机。它的转子间的距离为 41cm,质量为 1.3kg(不含电池),配备 IMU3DM-GX2 和 MPU-6050 等传感器。基本硬件包括 MikroKopter 机架、YGE 25i 电子速度控制器、Robbe Roxxy 2827-35 无刷电机和 10×4.5cm 塑料螺旋桨。所有计算都是在 Atmel SAM3X8 EARM Cortex-M3 微控制器的 Arduino Due 板上进行,该微控制器工作频率为 84MHz,Igep v2 板为工作频率 1GHz 的 Xenomai 实时操作系统。

图 3.8 UPV 开发的四旋翼无人机原型机

Arduino Due 负责读取所有的传感器数据,执行卡尔曼滤波器和姿态控制算法,控制电机的速度,并将数据发送到 Igep 板。控制算法由具有嵌入饱和度的 PD 控制器组成。Igep 板不仅用于数据存储,也可用作 WiFi 桥接器。尽管卡尔曼滤波器运行只需要 2ms,但由于受 3DM-GX2 和 Igep 板的通信能力限制,微控制器中的主运行频率采用 333Hz。

2. 实验

四旋翼无人机的滚转角和俯仰角通过 PD 控制器进行控制调整,该控制器使用 $\hat{\phi}$、$\hat{\theta}$、$\dot{\hat{\phi}}$、$\dot{\hat{\theta}}$。此外,使用操纵杆将角度指令发送到无人机。偏航角通过 Microstrain 传感器的测量和利用 PD 控制器单独进行稳定。

由于缺乏运动捕捉系统,仅将所提出算法在飞行中的姿态估计与 3DM-GX2 进行了对比。图 3.9 展示了 1min 内飞行的姿态估计。由图可以看到,两个估计值非常相似(俯仰轴和横滚轴的均方根误差分别为 2.7°和 1.6°)。尽管 3DM-GX2 不是完全可靠的模式,但可以看出,所提出的算法提供了快速、无噪声和无漂移的估计。此外,还应该注意控制是基于估计的姿态结果,在平衡点周围存在的小振荡证明好的姿态和速度估计结果会带来非常好的控制性能。

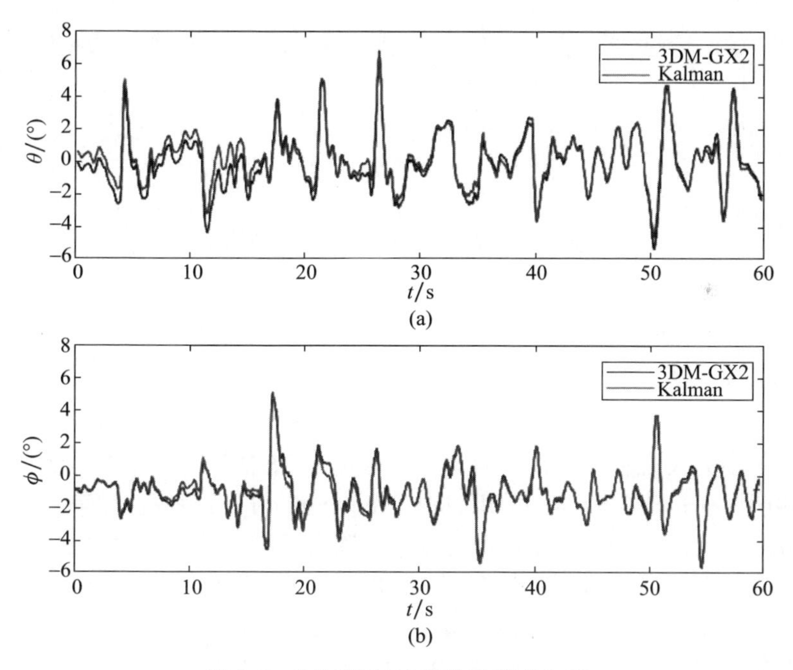

图 3.9 (见彩图)飞行估计姿态比较

飞行角速度估计结果如图 3.10 所示,角速度估计中用到了进行估计偏置校正的原始陀螺仪测量值。偏置估计避免了在每次飞行之前都需要校正陀螺仪偏移,并允许长时间飞行。比较结果表明,虽然所提出的方法进行了简化,但与商业设备相比,至少对于非攻击性飞行而言,估计的准确度仍然相当不错。由于算法的计算成本低,且角度估计延迟小,这也有助于提高控制性能。

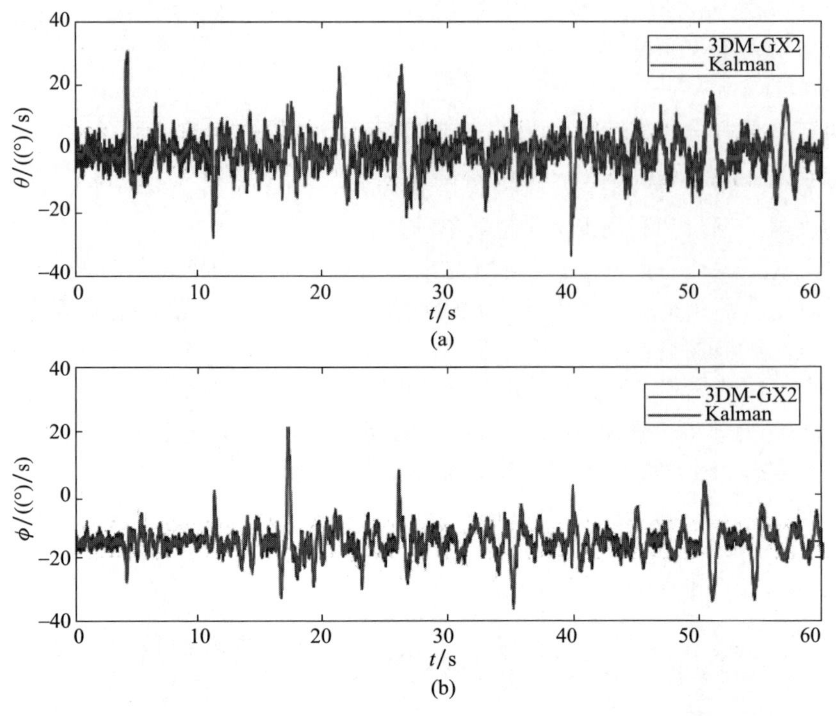

图 3.10 （见彩图）飞行角速度估计结果

3.5 小结

对于从事无人机工作的许多研究团队来说，姿态估计是一个非常重要的问题。对此一些团队通过购买经典的 IMU，例如 MicroStrain 进行解决。然而，其昂贵的价格（约 2000 美元）让小型研究小组（也包括特定的研究人员）难以接受。市场上可以找到低价的 MEMS 组件（加速度计和陀螺仪）；然而，在某些情况下它们需要特殊的估计算法支持。本章描述和分析了一些常见的估计算法。在性能评估时，因为控制器要以非常高的频率运行，所以计算负载需求和板载可用资源之间的矛盾是首先要考虑的因素。实验结果表明，卡尔曼滤波器可以获得与商业级 IMU Microstrain 3DM-GX2 相媲美的性能。另外，这些算法的性能还可通过使用其他技术进一步地提高。接下来的章节将介绍一种基于预测器方案来估计所有状态并提高算法的估计精度。

参考文献

[1] K. Nonami, F. Kendoul, S. Suzuki, W. Wang, D. Nakazawa, Autonomous Flying Robots: Unmanned Aerial Vehicles and Micro Aerial Vehicles, Springer, 2010.

[2] A. Tayebi, S. McGilvray, Attitude stabilization of a VTOL quadrotor aircraft, IEEE Transactions on Control Systems Technology 14(2006)562-571.

[3] S. Bouabdallah, R. Siegwart, Full control of a quadrotor, in: International Conference on Intelligent Robots and Systems, IROS, IEEE/RSJ, San Diego, CA, USA, 2007, pp. 153-158.

[4] J. Thienel, R. M. Sanner, A coupled nonlinear spacecraft attitude controller and observer with an unknown constant gyro bias and gyro noise, IEEE Transactions on Automatic Control 48(2003) 2011-2015.

[5] S. Bonnet, C. Bassompierre, C. Godin, S. Lesecq, A. Barraud, Calibration methods for inertial and magnetic sensors, Sensors and Actuators A, Physical 156(2009)302-311.

[6] J. L. Crassidis, J. L. Junkins, Optimal Estimation of Dynamic Systems, vol. 24, CRC Press, 2011.

[7] H. Rehbinder, X. Hu, Drift-free attitude estimation for accelerated rigid bodies, Automatica 40 (2004)653-659.

[8] C. Liu, Z. Zhou, X. Fu, Attitude determination for MAVs using a Kalman filter, Tsinghua Science and Technology 13(2008)593-597.

[9] http://www.quanser.com/products/3dof_hover.

[10] http://www.microstrain.com/inertial/3dm-gx2.

[11] https://www.sparkfun.com/products/10724.

[12] R. Sanz, L. Rodenas, P. Garcia, P. Castillo, Improving attitude estimation using inertial sensors for quadrotor control systems, in: International Conference on Unmanned Aircraft Systems, ICUAS, Orlando, FL, USA, 2014.

第4章 延迟信号和预测器

无人机的稳定控制算法可以参见文献[1-2],这些文献中采用的控制/导航策略都是基于一些高效但价格昂贵的实时传感器系统[3],当然也有一些研究团队通过结合观测器/预测器来对商业级传感器测量结果进行改进[4]。测量延迟是无人机实时控制中的一个常见问题,其表现为输入延迟,当该延迟很大时,闭环系统的性能就会受到影响,甚至发生系统崩溃问题。

针对具有时延的线性过程控制问题,过去是在输入或输出中通过史密斯预测器(Smith predictor,SP)[5]和有限谱分配[6]之类的策略进行解决。SP 被视为是第一个基于预测器的单输入单输出(single-input single-output,SISO)开环稳定系统[7]。后来通过引入提前 h 个单位时间状态预测器[6,8],同样的概念又被扩展到多输入多输出(multiple-input multiple-output,MIMO)的开环不稳定系统中。在处理时延系统的原始假设中,存在鲁棒性问题以及如何实现问题(一个很好的例子可参见文献[9])。文献[10]提出了一种具有时滞的连续时间离散预测器,并证明了其闭环稳定性。文献[11]从延迟失配或模型不确定性方面证明了所设计预测器的鲁棒性[12],且在与状态观察器[13]一起使用时也表现出良好的性能。文献[14]中也提到了随时间变化的延迟问题。现在几乎所有控制系统都是基于计算机实现,因此离散时间控制方案在实际应用中更为广泛[15]。

本章介绍了一种观测器-预测器算法(observer-predictor algorithm,OP-A),该算法用于抵消姿态估计中的固有延迟。通过商用 IMU 测量值与来自光学编码器的测量值比较,讨论和说明了此类延迟的来源。OP-A 算法基于卡尔曼滤波器,通过离散时间预测器融合陀螺仪和加速度计的测量值,该算法改进了俯仰角和滚转角的估计。在介绍离散时间预测器、基于基本微积分定理、反步法的状态预测器之前,本章首先回顾了时间延迟系统,同时通过数学仿真和飞行实验证明了进行预测测量的优势。

4.1 基于测量延迟补偿的观察预测算法

如前所述,IMU 提供了姿态和角速度测量估计,它是轻量型无人机的核心。

在实际应用中,当使用低成本传感器时,观测出由 IMU 估计的姿态相对于其实际情况的延迟非常重要。低成本设备的性能通常较差,它们的信号需要经过低通滤波,这将会引入更大的延迟。在任何情况下,即使是由高性能 IMU 提供的测量也有延迟。为了说明该事实,采用图 3.1 中描述的实验平台,将针对商业 IMU(Microstrain 3DM-GX2)的角度测量值与来自一套比任何 IMU 更快、更准确的编码器的角度测量值进行了比较。图 4.1 为比较结果的放大,可以看出其中存在大约 40ms 的延迟。

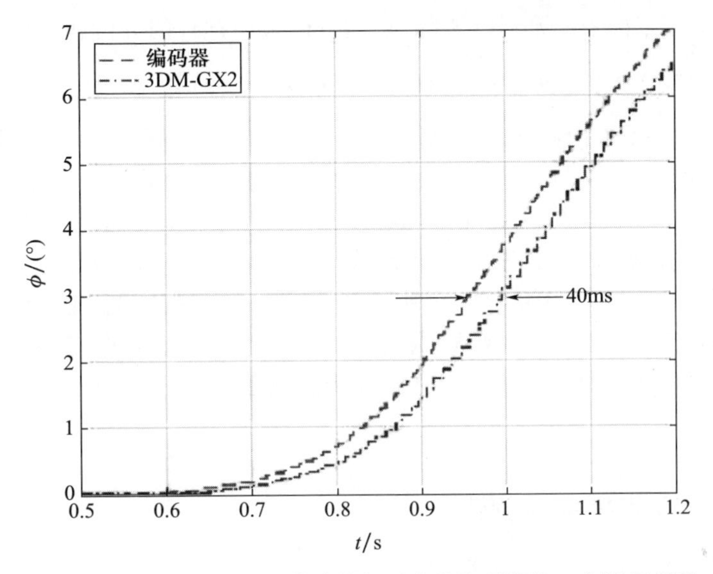

图 4.1 由 3DM-GX2IMU 估计的相对光学编码器的 ϕ 角测量延迟

采样前的低通滤波是延迟产生的原因之一。在 IMU 数据采样过程中,信号需经过低通滤波以去除噪声并避免产生混叠效应。延迟产生的另一个原因是,在板载微控制器中运行估计算法时,也需要消耗一定会使计算时间。在保持性能最优的同时将延迟测量纳入卡尔曼滤波框架之下并不容易。当仅延迟几个采样周期时,通过增加状态矢量[16]不失为一种最佳的处理方案。然而,对于更大的延迟,这种方法会使计算负担会变得更重,该问题已经在文献[17]中进行了研究。文献[18]中对此进一步研究,其中的一项工作就是针对线性时不变系统,推导出了一个通用的延迟卡尔曼滤波框架。

4.1.1 有限谱分配

考虑以下两个延时系统:

$$\begin{cases}\dot{\boldsymbol{x}}(t)=\boldsymbol{A}\boldsymbol{x}(t)+\boldsymbol{B}\boldsymbol{u}(t-\tau), \\ \boldsymbol{y}(t)=\boldsymbol{x}(t),\end{cases} \quad \begin{matrix}\dot{\boldsymbol{x}}(t)=\boldsymbol{A}\boldsymbol{x}(t)+\boldsymbol{B}\boldsymbol{u}(t) \\ \boldsymbol{y}(t)=\boldsymbol{x}(t-\tau)\end{matrix} \tag{4.1}$$

其中,时间延迟 τ 影响系统的输入(或输出)。注意,在反馈控制律 $\boldsymbol{u}(t)=\boldsymbol{K}\boldsymbol{y}(t)$ 作用下,两个系统在稳定性方面等效。更具体地说,这种作用于式(4.1)系统的控制律可表示为

$$\dot{\boldsymbol{x}}(t)=\boldsymbol{A}\boldsymbol{x}(t)+\boldsymbol{B}\boldsymbol{K}\boldsymbol{x}(t-\tau) \tag{4.2}$$

具有无限维特征方程 $|s\boldsymbol{I}-\boldsymbol{A}-\boldsymbol{B}\boldsymbol{K}\mathrm{e}^{-\tau s}|=0$。该特征方程为超越方程,很难求解。此外,如果系统还存在不确定性,解决方案就会变得更加复杂。因此,为方便研究,会将特征方程中的延迟 τ 去除,从而可以采用常规的分析和设计方法,即

$$\boldsymbol{u}(t)=\mathrm{e}^{A\tau}\boldsymbol{x}(t)+\int_0^{\tau}\mathrm{e}^{A\theta}\boldsymbol{B}\boldsymbol{u}(t-\tau)\,\mathrm{d}\theta \tag{4.3}$$

对于式(4.1),反馈控制律产生闭环特征方程 $|s\boldsymbol{I}-(\boldsymbol{A}+\boldsymbol{B}\boldsymbol{K})|=0$,可参见文献[6]。从设计的角度看,有限频谱分配特性是该控制律的一个显著优势。然而,分布式控制律(式(4.3))在实施中存在几个问题,一种合理的解决方法是采用数值求积来近似积分项。文献[19]已表明,若控制律(式(4.3))的离散步长过大,那么将可能无法使系统(式(4.1))稳定。文献[20]中通过在控制回路中引入一个低通滤波器,采用控制器(式(4.3))实现了控制。4.1.2 节介绍了离散时间预测器[10],且证明了其适用于开环不稳定时延系统,在延迟失配[11]或模型不确定性[12]情况下都具有鲁棒性。

4.1.2 h 步提前预测器

在四旋翼无人机的状态估计中,不可避免地会受到小时间延迟的影响,这可以通过使用预测反馈来进行抵消。由式(4.3)可以看出,为预测控制律,首先需要建立一个系统运动模型。式(2.8)给出了使用牛顿-欧拉法建立的四旋翼无人机旋转运动模型。现有研究工作已经表明(并在飞行测试中得到证实),在某些情况下,四旋翼无人机的旋转运动可以简化为每个轴上的双积分器,即

$$\ddot{\boldsymbol{\eta}}=\tilde{\boldsymbol{\tau}} \tag{4.4}$$

式中:$\boldsymbol{\eta}$ 为无人机的方向,$\boldsymbol{\eta}=[\phi,\theta,\psi]^{\mathrm{T}}$;$\tilde{\boldsymbol{\tau}}$ 为控制变换,$\tilde{\boldsymbol{\tau}}=\mathbb{J}^{-1}\boldsymbol{\tau}=[\tilde{\tau}_{\phi},\tilde{\tau}_{\theta},\tilde{\tau}_{\psi}]^{\mathrm{T}}$,$\boldsymbol{\tau}$ 为外力矩矢量,$\mathbb{J}$ 为惯性矩阵。

在简化模型(4.4)中,轴之间解耦,每个轴都可以用离散时间的状态空间表示:

$$\boldsymbol{x}_{k+1}=\underbrace{\begin{bmatrix}1 & T_{\mathrm{s}}\\ 0 & 1\end{bmatrix}}_{\boldsymbol{A}_k}\boldsymbol{x}_k+\underbrace{\begin{bmatrix}\dfrac{T_{\mathrm{s}}^2}{2}\\ T_{\mathrm{s}}\end{bmatrix}}_{\boldsymbol{B}_k}u_k \tag{4.5}$$

式中:$\boldsymbol{x}_k=[\boldsymbol{S}_k,\dot{\boldsymbol{S}}_k]^{\mathrm{T}}$,$\boldsymbol{S}=\{\phi,\theta,\psi\}$;$T_{\mathrm{s}}$ 为采样周期。

离散矩阵表示为

$$\boldsymbol{A}_k=\mathrm{e}^{\boldsymbol{A}T_s}=\boldsymbol{I}+T_s\boldsymbol{A},\boldsymbol{B}_k=\left(\int_0^{T_s}\mathrm{e}^{\boldsymbol{A}s}\mathrm{d}s\right)\boldsymbol{B} \tag{4.6}$$

注意,针对简化后的模型(4.4),对于任何 $j\geqslant 2,\boldsymbol{A}^j=0,\boldsymbol{A}=\begin{bmatrix}0&1\\0&0\end{bmatrix}$ 为幂零矩阵,因此不存在离散化误差问题,指数矩阵是精确的。

假设无人机的状态完全可以获取,但是它有一个已知的恒定延迟 τ,延时近似等于采样周期 T_s 的整数倍,即 $\tau=T_s d(d\in\mathbb{Z}^+)$。延迟状态表示为

$$\bar{\boldsymbol{x}}_k\hat{=}\boldsymbol{x}_{k-d} \tag{4.7}$$

测量值$\bar{\boldsymbol{x}}_k$ 可以是第 3 章中介绍的一些状态估计算法的输出。如果使用常规状态反馈$\boldsymbol{u}_k=\boldsymbol{K}\ \bar{\boldsymbol{x}}_k$ 来稳定系统(式(4.5)),那么所得闭环系统为

$$\boldsymbol{x}_{k+1}=\boldsymbol{A}_k\boldsymbol{x}_k+\boldsymbol{B}_k\boldsymbol{K}\boldsymbol{x}_{k-d}$$

如果 d 足够大,那么系统将会变得不稳定。这一点对于开环不稳定系统(如四旋翼无人机)尤其重要。

为了消除测量延迟的影响,通过对式(4.5)的递归运算来推算系统状态,以获得一个 h 步提前的预测状态:

$$\begin{cases}\boldsymbol{x}_{(k-d)+1}=\boldsymbol{A}_k\boldsymbol{x}_{k-d}+\boldsymbol{B}_k u_{k-d}\\ \boldsymbol{x}_{(k-d)+2}=\boldsymbol{A}_k\boldsymbol{x}_{(k-d)+1}+\boldsymbol{B}_k u_{(k-d)+1}\\ \qquad\qquad=\boldsymbol{A}_k^2\boldsymbol{x}_{k-d}+\boldsymbol{A}_k\boldsymbol{B}_k u_{k-d}+\boldsymbol{B}_k u_{(k-d)+1}\\ \qquad\qquad\vdots\\ \boldsymbol{x}_{(k-d)+h}=\boldsymbol{A}_k^h\boldsymbol{x}_{k-d}+\sum\limits_{i=0}^{h-1}\boldsymbol{A}_k^{h-1-i}\boldsymbol{B}_k u_{k-d+i}\end{cases}$$

考虑式(4.7)中延迟测量的定义,此处将预测状态定义为

$$\tilde{\boldsymbol{x}}_{k+h}\hat{=}\boldsymbol{A}_k^h\bar{x}_k+\sum_{i=0}^{h-1}\boldsymbol{A}_k^{h-1-i}\boldsymbol{B}_k u_{k-d+i} \tag{4.8}$$

预测范围 $h\in\mathbb{Z}^+$是一个设计参数。注意,若选择 $h=d$(假设模型完全匹配),则式(4.8)的预测将是准确的,且$\tilde{\boldsymbol{x}}_{k+h}\equiv\boldsymbol{x}_{(k-d)+d}=\boldsymbol{x}_k$。因此,利用预测反馈$\boldsymbol{u}_k=\boldsymbol{K}\ \tilde{\boldsymbol{x}}_{k+h}$,可以恢复无延迟的闭环系统$\boldsymbol{x}_{k+1}=(\boldsymbol{A}_k+\boldsymbol{B}_k\boldsymbol{K})\ \boldsymbol{x}_k$。

式(4.8)中的数字实现简单,使用 z 变换,预测状态可写为

$$\tilde{\boldsymbol{x}}(z)=\boldsymbol{F}_1(z)\boldsymbol{x}(z)+\boldsymbol{F}_2(z)\boldsymbol{u}(z) \tag{4.9}$$

其中

$$\boldsymbol{F}_1(z)=\boldsymbol{A}_k^h,\boldsymbol{F}_1(z)=\sum_{i=0}^{h-1}\boldsymbol{H}_i z^{-(d-i)} \tag{4.10}$$

需要一个 $h-1$ 的缓冲区来存储控制输入的历史数据。可以预先计算出系数$\boldsymbol{H}_i=\boldsymbol{A}_k^{h-1-i}\ \boldsymbol{B}_k$ 和矩阵$\boldsymbol{A}_k^h$,以在微控制器中节省计算时间。

注意,$\boldsymbol{F}_1(z)$表示静态增益,而 $\boldsymbol{F}_2(z)$表示有限脉冲响应滤波器,这意味着它是

BIBO 稳定的。通过这种方法可以避免开环不稳定平台预测状态的不稳定性,如果 $|z\boldsymbol{I}-(\boldsymbol{A}_k+\boldsymbol{B}_k\boldsymbol{K})|=0$ 的根落在单位圆内,则闭环系统内部稳定。

该算法将卡尔曼滤波器的输出作为预测器的输入,即取 $\boldsymbol{x}_k \leftarrow \hat{\boldsymbol{x}}_k$。在随后的数学仿真实验和实飞测试中,根据式(3.13)和式(3.14)或式(3.22)和式(3.23)计算测量值 $\hat{\boldsymbol{x}}_k$。由此该算法可以被认为基于预测器的观察器,如图 4.2 所示。

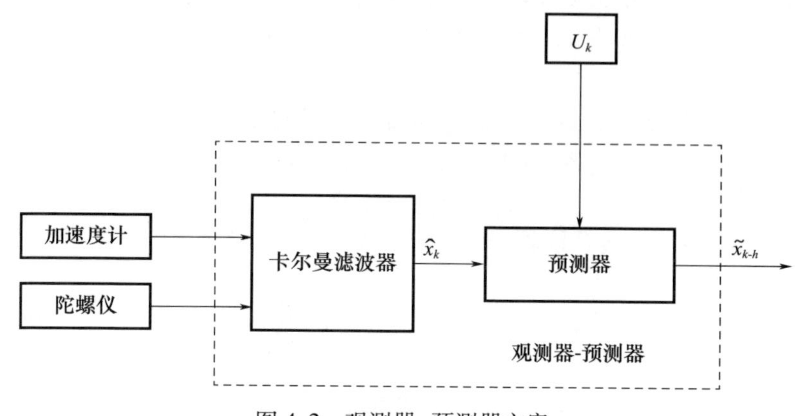

图 4.2　观测器-预测器方案

4.1.3　仿真

以下仅考虑四旋翼无人机的横滚轴运动。此时,无人机的状态可表示为 $\boldsymbol{x}_k=[\phi_k,\dot{\phi}_k]^{\mathrm{T}}$,动态模型如式(4.5),采用图 4.3 所描绘的 Simulink 模型进行仿真。以式(3.16)中的非线性四旋翼模型作为被控对象,并人为地在卡尔曼滤波器输出中加入 40ms 的延迟。使用简单的状态反馈控制器跟踪参考滚转角:

$$\boldsymbol{u}_k=\boldsymbol{K}([\phi_k^{\mathrm{ref}},0]^{\mathrm{T}}-\boldsymbol{x}_k)=k_p(\phi_k^{\mathrm{ref}}-\phi_k)-k_d\dot{\phi}_k \tag{4.11}$$

使用相同的方法将俯仰和偏航驱动置为零。预测器采用卡尔曼滤波器输出的延迟测量,参数 h 等于延迟采样周期 d。在仿真中 d 为已知量,而在实验中则需要测量。

在首次仿真中使用理想(非延迟)测量值控制回路闭合,卡尔曼滤波器和预测器同步运行,不影响系统的响应,结果如图 4.4 所示。由图可以看到,卡尔曼估计被延迟,预测状态与理想状态匹配。

如上所述,延迟测量会降低控制器的性能,图 4.5 显示了闭环系统的输出,以及当不同的状态测量值被反馈至控制器时的控制动作,可以观察到当系统被卡尔曼滤波器的延迟测量控制时,系统如何产生振荡。可以看出,预测器的使用显著提高了系统的性能,系统响应与使用非延迟测量进行控制时非常接近。

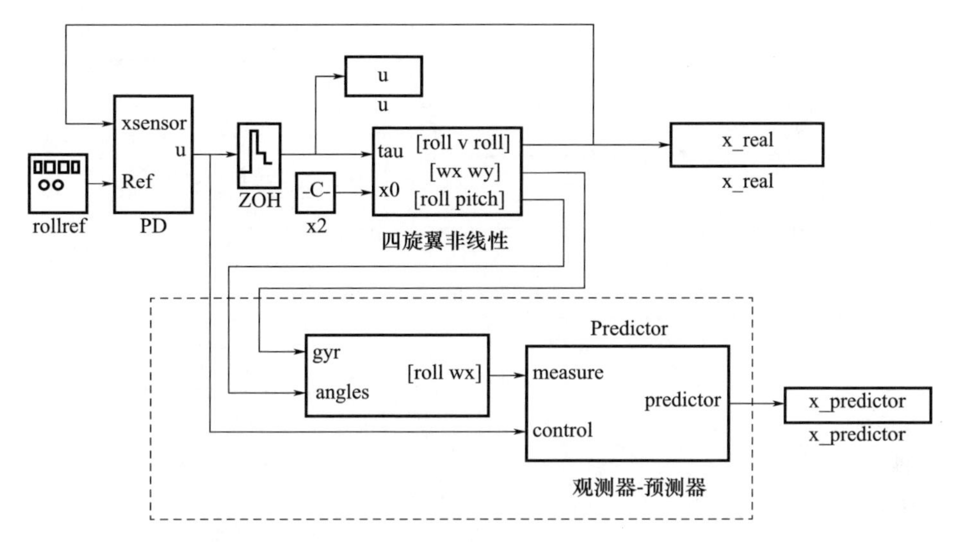

图 4.3　开环观察器预测算法的 Simulink 模型

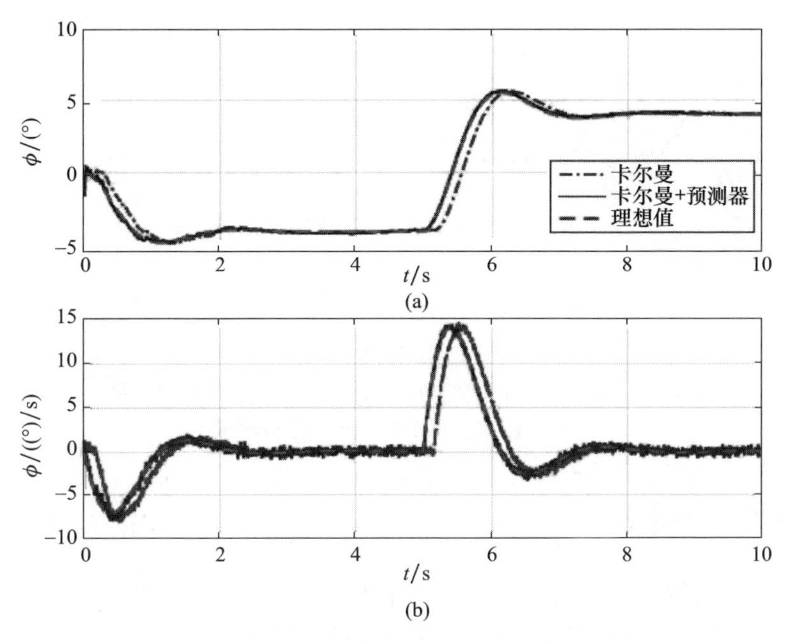

图 4.4　(见彩图)无延迟闭环演化(虚线)和并行运行的估计算法:
卡尔曼输出(点画线)和预测状态(实线)

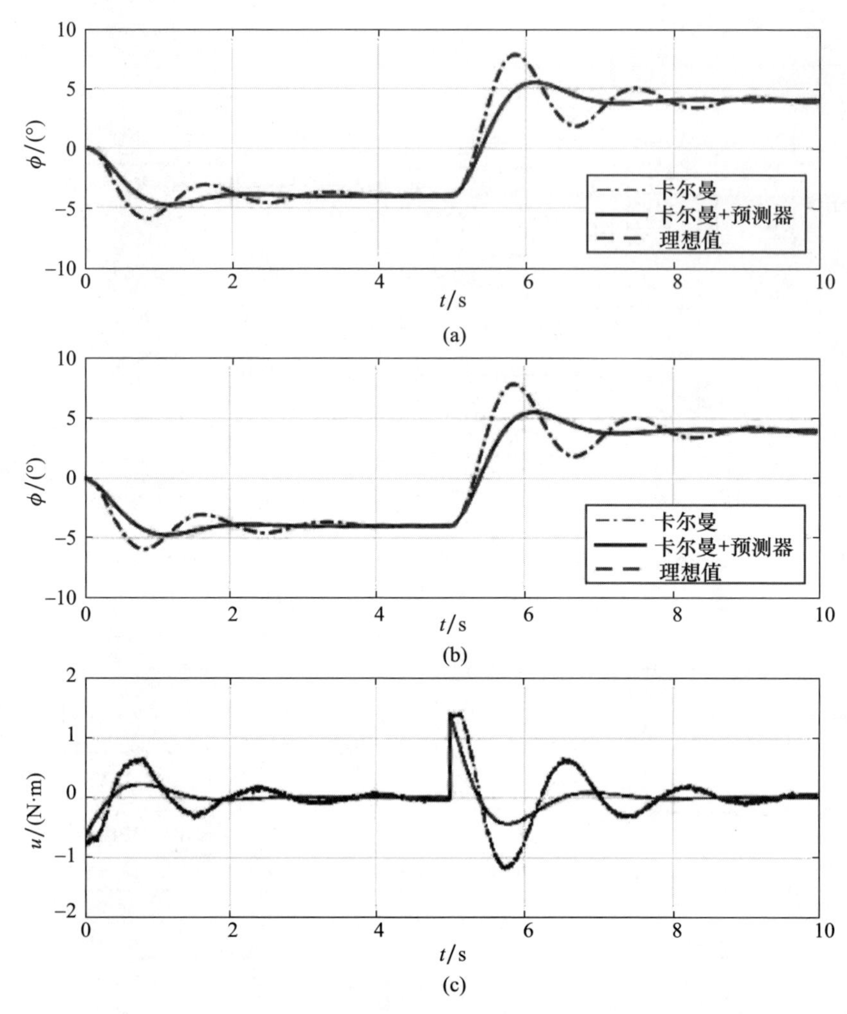

图 4.5 （见彩图）系统控制时闭环响应的比较—理想（虚线）、卡尔曼（点画线）和预测（实线）测量

4.1.4 实验

实验有两方面的目的：一方面，进行开环实验以展示预测器如何对实验数据起作用，即预测器的输出应该看起来与实际的状态测量相同，只是在时间轴上向后移动了；另一方面，通过闭环实验来说明预测器能够提高系统的稳定性。

使用 Quanser 平台进行了一些实验。来自光学编码器的测量被认为是不存在延迟的理想值，这些值仅用来评估其他状态估计的延迟，而不用于系统的控制。利用编码器测量值，通过中心差分近似和离线滤波计算非延迟角速率。

在第一个实验中，根据式(4.11)，使用来自通过状态反馈控制系统的 3DM-GX2 的测量值，采用提出的算法进行离线计算。离散化周期 $T_s = 4\text{ms}$，$h = 5$，即 20ms 的预测范围，状态估计结果如图 4.6 所示。由图可以看出，针对响应上升阶段的详细信息，预测状态的延迟几乎可以忽略不计，而 3DM-GX2 的延迟约为 40ms。

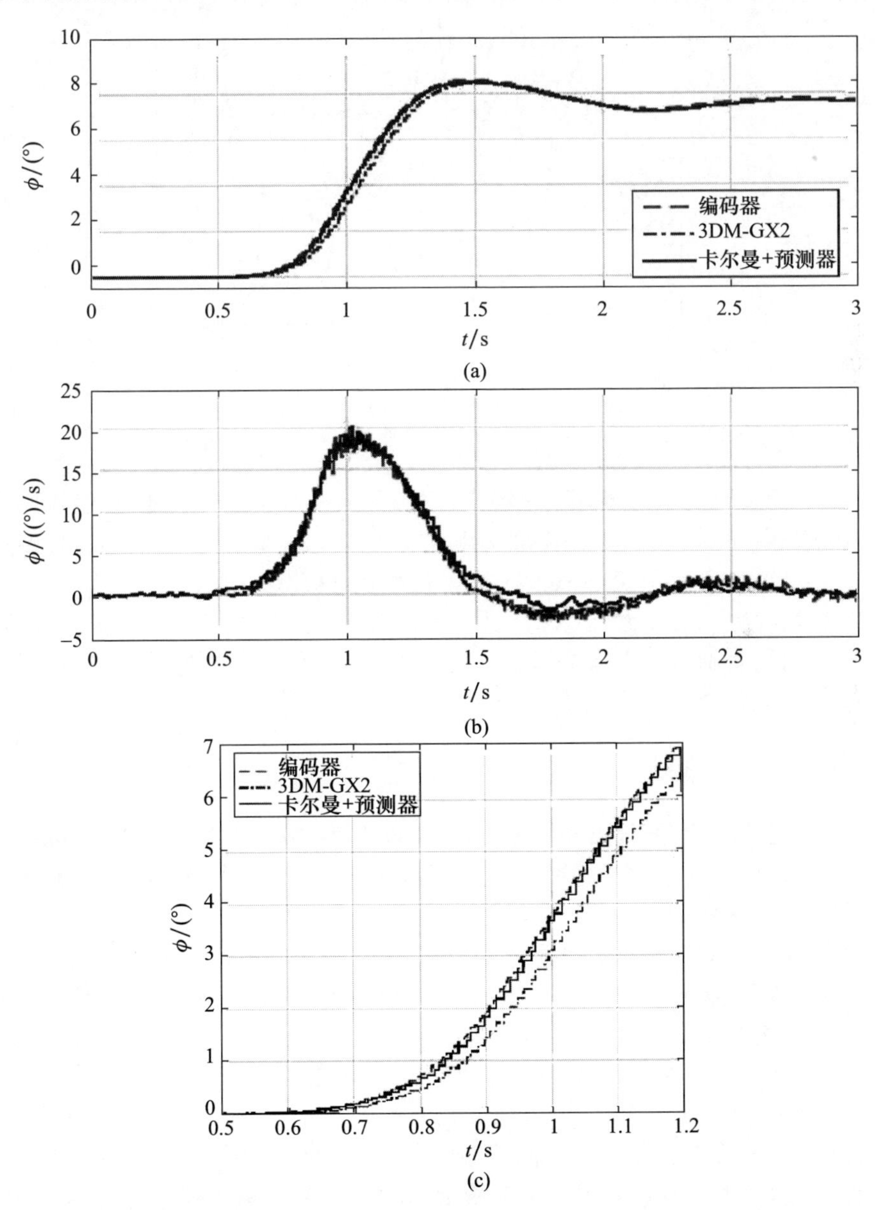

图 4.6 （见彩图）比较 ϕ 角估计的开环实验—3DM-GX2(点画线)、提出的 OP 算法(实线)和光学编码器(虚线)

图 4.7 所示为图 4.6 的局部放大。

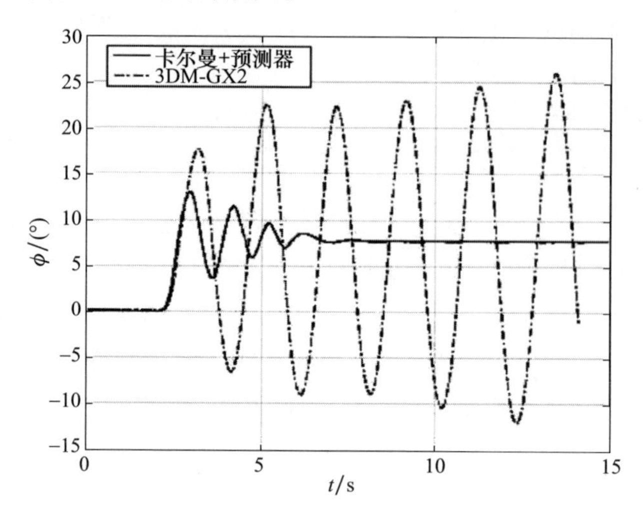

图 4.7　当系统由 3DM-GX2 给出的测量值(点画线)或假设算法给出的测量值(实线)控制时,ϕ 角的闭环阶跃响应

为了分析延迟测量对闭环系统稳定性的影响,实施了以下预测方案:不断增加控制器的增益,直到采用 3DM-GX2 控制的系统变得不稳定。图 4.7 同时展示了两个实验结果:一个使用 3DM-GX2;另一个为预测状态。两个实验中都采取了 8°的步进参考。注意,对于给定的控制器,系统在使用 3DM-GX2 测量时变得不稳定,而在使用预测测量时则保持稳定。该实验表明,在存在测量延迟的情况下,观测器-预测器算法能够提高系统的稳定性。

4.1.5　飞行实验

为验证该算法的可行性,利用 Heudiasyc 实验室的商用 Parrot AR Drone2.0 无人机进行了飞行测试。对于这些实验来说,IMU 测量延迟量太小,因此无法清楚地展现预测算法的效果。

AR Drone 无人机的操作系统采用板载 Linux 2.6.32,嵌入式处理器为 1GHz ARM CortexA8 和 1GB DDR2 RAM 200MHz,采样频率为 200Hz,导航传感器为一个三轴陀螺仪,速度为 2000(°)/s,加速度计精度为±50mg。尽管采用 Parrot 无人机硬件,但对软件进行一些修改以获得的所有状态和变量。

在悬停实验中,来自 IMU 的测量被人为地延迟了 50ms(或 10 个采样周期)。预测器起初处于禁用状态,然后通过将预测范围 0~50ms(或 0~10 个采样周期)依次增加来激活。人为延迟和预测两个变量的演变如图 4.8 所示,实验结果(变量 ϕ 和 $\dot{\phi}$)如图 4.9 所示。可以观察到系统引入延迟时如何开始产生振荡,而在预测器启动时性能又逐步恢复正常(振荡消失,预测范围为 25ms)。

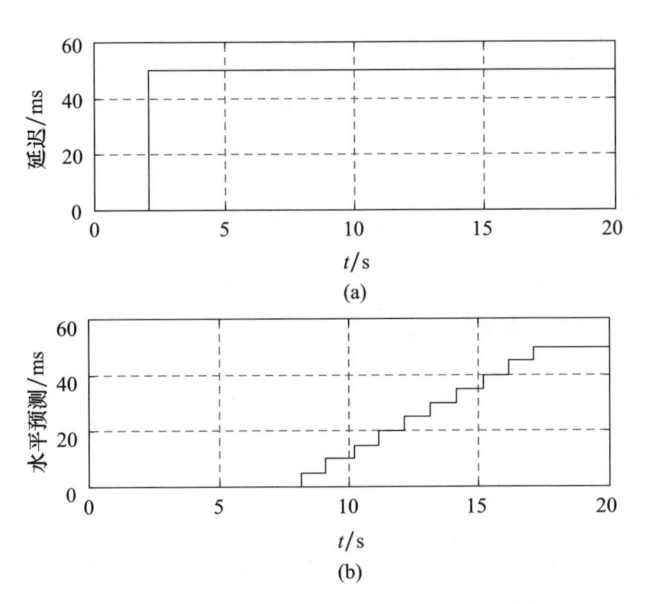

图 4.8　试飞过程中的人为延迟和预测演变

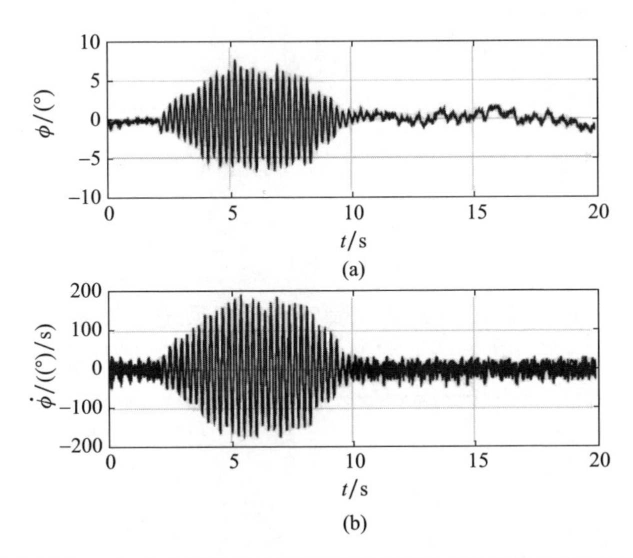

图 4.9　记录飞行中 ϕ 和 $\dot{\phi}$ 变量数据(展示了测量延迟对稳定性和预测器对此的抵消)

4.2　状态预测控制方案

对于高动态的无人机或机器人系统而言,良好的闭环性能是保证其能快速地测量自身状态的重要前提。通常,无人机(地面、空中或水下)都采用低速传感器进行自动定位,这对于它们执行快速任务或在非结构化环境(有障碍物)移动至关重要。如何提高闭环系统的性能一直是研究人员面临的一个挑战。在相关文献中可以找到一些构想案例,然而只有少数结果被实际应用。本节介绍了一种应用于四旋翼无人机的状态预测控制方案,用以改善其控制输入中存在延迟的问题。所提出的方案是基于基本微积分定理,并采用 Krstic[21]进行了演示。当然,对证明也进行一些修改,以更好地说明所提出的预测控制方案。

定理 4.1(微积分基本定理) 设 f 为闭区间 $[a,b]$ 内的连续函数,设 g 满足

$$g'(x)=f(x),\ \forall x\in[a,b] \tag{4.12}$$

则

$$\int_a^b f(t)\,\mathrm{d}t = g(b) - g(a) \tag{4.13}$$

注意:如果 $x=a$,则式(4.12)中的导数是右侧导数;如果 $x=b$,则式(4.12)中的导数是左侧导数。

结果可以用下面定理证明。

定理 4.2 考虑一个积分器延迟链,即:

$$\dot{\boldsymbol{x}}(t)=\boldsymbol{A}\boldsymbol{x}(t)+\boldsymbol{B}\boldsymbol{u}(t-\tau) \tag{4.14}$$

式中:$\boldsymbol{u}(t-\tau)$ 表示延迟了 τ 个时间单位的控制输入。

采用控制器

$$\boldsymbol{u}(t)=\boldsymbol{K}\hat{\boldsymbol{x}}(t) \tag{4.15}$$

来稳定系统(式(4.14))。其中 $\boldsymbol{K}$ 表示稳定无延迟系统的矢量增益,$\hat{\boldsymbol{x}}(t)$ 表示预测状态,且有

$$\hat{\boldsymbol{x}}(t)=\mathrm{e}^{\tau\boldsymbol{A}}\boldsymbol{x}(t-\tau)+\varphi(\boldsymbol{u}(t)) \tag{4.16}$$

其中

$$\mathrm{e}^{\tau\boldsymbol{A}}=\begin{bmatrix} 1 & \tau & \frac{\tau^2}{2} & \cdots & \frac{\tau^{n-1}}{(n-1)!} \\ 0 & 1 & \tau & \cdots & \frac{\tau^{n-2}}{(n-2)!} \\ 0 & 0 & 1 & \cdots & \frac{\tau^{n-3}}{(n-3)!} \\ \vdots & \vdots & \vdots & & \vdots \\ 0 & 0 & 0 & \cdots & \tau \\ 0 & 0 & 0 & \cdots & 1 \end{bmatrix}$$

$$\varphi(\boldsymbol{u}(t))=\begin{bmatrix}\int_{t-\tau}^{t}\int_{t-\tau}^{t_1}\cdots\int_{t-\tau}^{t_{n-1}}u(t_n)\ \mathrm{d}t_n\mathrm{d}t_{n-1}\cdots\mathrm{d}t_1\\ \int_{t-\tau}^{t}\int_{t-\tau}^{t_1}\cdots\int_{t-\tau}^{t_{n-2}}u(t_{n-1})\ \mathrm{d}t_{n-1}\mathrm{d}t_{n-2}\cdots\mathrm{d}t_1\\ \vdots\\ \int_{t-\tau}^{t}\int_{t-\tau}^{t_1}u(t_2)\ \mathrm{d}t_2\mathrm{d}t_1\\ \int_{t-\tau}^{t}u(t_1)\ \mathrm{d}t_1\end{bmatrix}$$

证明:考虑系统

$$\dot{\boldsymbol{x}}(t)=\boldsymbol{A}\boldsymbol{x}(t)+\boldsymbol{B}\boldsymbol{u}(t-\tau) \tag{4.17}$$

式中:$\boldsymbol{x}(t)\in\mathbb{R}^n,\boldsymbol{A}\in\mathbb{R}^{n\times n},\boldsymbol{B}\in\mathbb{R}^{n\times p},\boldsymbol{u}(t-\tau)\in\mathbb{R}^p$。

基于文献[21]中的结果,可以通过一阶双曲偏微分方程对控制输入中的延迟进行建模:

$$\begin{cases}\boldsymbol{u}_t(s,t)=\boldsymbol{u}_s(s,t)\\ \boldsymbol{u}(\tau,t)=\boldsymbol{U}(t)\end{cases} \tag{4.18}$$

式(4.18)的解满足

$$\boldsymbol{u}(s,t)=\boldsymbol{u}(t+s-\tau) \tag{4.19}$$

因此,输出 $\boldsymbol{u}(0,t)=\boldsymbol{u}(t-\tau)$ 产生了延迟输入。此时式(4.17)可以写为

$$\dot{\boldsymbol{x}}(t)=\boldsymbol{A}\boldsymbol{x}(t)+\boldsymbol{B}\boldsymbol{u}(0,t) \tag{4.20}$$

式(4.20)通过反步转化为

$$\boldsymbol{w}(s,t)=\boldsymbol{u}(s,t)-\varphi(\boldsymbol{u}(s,t))-\boldsymbol{\Gamma}(\boldsymbol{x}(t)) \tag{4.21}$$

将式(4.18)~式(4.20)映射到目标系统,可得

$$\begin{aligned}\dot{\boldsymbol{x}}(t)&=(\boldsymbol{A}+\boldsymbol{B}\boldsymbol{K})\boldsymbol{x}(t)+\boldsymbol{B}\boldsymbol{w}(0,t)\\ \boldsymbol{w}_t(s,t)&=\boldsymbol{w}_s(s,t)\\ \boldsymbol{w}(\tau,t)&=0\end{aligned} \tag{4.22}$$

该定义为$(\boldsymbol{x},\boldsymbol{u})\rightarrow(\boldsymbol{x},\boldsymbol{w})$的变换具有以下三角形式:

$$\begin{bmatrix}\boldsymbol{x}\\ \boldsymbol{w}\end{bmatrix}=\begin{bmatrix}\boldsymbol{I}_{n\times n} & \boldsymbol{0}_{n\times(0,\tau)}\\ \boldsymbol{\Gamma} & \varphi+\boldsymbol{I}_{(0,\tau)\times(0,\tau)}\end{bmatrix}\begin{bmatrix}\boldsymbol{x}\\ \boldsymbol{u}\end{bmatrix} \tag{4.23}$$

式中:$\boldsymbol{\Gamma}$ 表示算子,$\boldsymbol{\Gamma}:\boldsymbol{x}(t)\rightarrow\boldsymbol{\Theta}(s)\boldsymbol{x}(t)$,其中 $\boldsymbol{\Theta}(s)$ 定义为

$$\boldsymbol{\Theta}(s)=\begin{bmatrix}1 & s & s^2 & \cdots & s^{n-1}\\ 0 & 1 & s & \cdots & s^{n-2}\\ 0 & 0 & 1 & \cdots & s^{n-3}\\ \vdots & \vdots & \vdots & & \vdots\\ 0 & 0 & 0 & \cdots & s\\ 0 & 0 & 0 & \cdots & 1\end{bmatrix}$$

φ 表示算子：

$$
\varphi:\boldsymbol{u}(s,t)\rightarrow\begin{bmatrix}\Lambda\int_0^s\int_0^{s_1}\cdots\int_0^{s_{n-1}}u(s_{n,t})\ \mathrm{d}s_n\mathrm{d}s_{n-1}\cdots\mathrm{d}s_1\\ \Lambda\int_0^s\int_0^{s_1}\cdots\int_0^{s_{n-2}}u(s_{n-1},t)\ \mathrm{d}s_{n-1}\mathrm{d}s_{n-2}\cdots\mathrm{d}s_1\\ \vdots\\ \Lambda\int_0^s\int_0^{s_1}u(s_2,t)\ \mathrm{d}s_2\mathrm{d}s_1\\ \Lambda\int_0^s u(s_1,t)\ \mathrm{d}s_1\end{bmatrix}
$$

Λ 表示稍后将定义的一个标量。

分别计算反步变换式(4.21)的时间和空间导数，可得

$$
\begin{cases}\boldsymbol{w}_s(s,t)=\boldsymbol{u}_s(s,t)-\boldsymbol{\Theta}'(s)\boldsymbol{x}(t)-\Lambda\int_0^s\boldsymbol{u}(s_n,t)\ \mathrm{d}s_n\\ \boldsymbol{w}_t(s,t)=\boldsymbol{u}_s(s,t)-\boldsymbol{\Theta}(s)\boldsymbol{A}\boldsymbol{x}(t)-\boldsymbol{\Theta}(s)\boldsymbol{B}\boldsymbol{u}(0,t)-\boldsymbol{\Lambda}\int_0^s\boldsymbol{u}(s_n,t)\ \mathrm{d}s_n+\boldsymbol{u}(0,t)\boldsymbol{\zeta}(s)\end{cases}
$$

其中

$$
\boldsymbol{\zeta}(s):=\begin{pmatrix}\dfrac{s^{n-1}}{(n-1)!}\\ \dfrac{s^{n-2}}{(n-2)!}\\ \vdots\\ s\\ 1\end{pmatrix}\tag{4.24}
$$

根据 $\boldsymbol{w}_t(s,t)-\boldsymbol{w}_s(s,t)=0$，可得

$$
0=\boldsymbol{\Theta}(s)\boldsymbol{\zeta}(s)\boldsymbol{u}(0,t)-\boldsymbol{\Theta}(s)\boldsymbol{A}\boldsymbol{x}(t)-\boldsymbol{\Theta}(s)\boldsymbol{B}\boldsymbol{u}(0,t)+\boldsymbol{\Theta}'(s)\boldsymbol{x}(t)
$$

$$
0=(\Lambda\boldsymbol{\zeta}(s)-\boldsymbol{\Theta}(s)\boldsymbol{B})\boldsymbol{u}(0,t)+(\boldsymbol{\Theta}'(s)-\boldsymbol{\Theta}(s)\boldsymbol{A})\boldsymbol{x}(t)
$$

$$
0=\Lambda\boldsymbol{\zeta}(s)-\boldsymbol{\Theta}(s)\boldsymbol{B}\tag{4.25}
$$

$$
0=\boldsymbol{\Theta}'(s)-\boldsymbol{\Theta}(s)\boldsymbol{A}\tag{4.26}
$$

式(4.25)为一个常微分方程。为找出其初始条件，在式(4.21)中，令 $s=0$，因此

$$
\boldsymbol{w}(0,t)=\boldsymbol{u}(0,t)-\boldsymbol{\Theta}(0)\boldsymbol{x}(t)\tag{4.27}
$$

将式(4.27)代入式(4.22)可得

$$
\dot{\boldsymbol{x}}(t)=\boldsymbol{A}\boldsymbol{x}(t)+\boldsymbol{B}\boldsymbol{u}(0,t)+\boldsymbol{B}(\boldsymbol{K}-\boldsymbol{\Theta}(0))\boldsymbol{x}(t)
$$

将上式与式(4.20)进行比较，可知 $\boldsymbol{\Theta}(0)=\boldsymbol{K}$。因此，式(4.25)的解为

$$
\boldsymbol{\Theta}(s)=\boldsymbol{K}e^{\boldsymbol{A}s}\tag{4.28}
$$

由式(4.26)可知

$$
\Lambda=\boldsymbol{\Theta}(s),\boldsymbol{B}\boldsymbol{\zeta}^{-1}(s)=\boldsymbol{K}e^{\boldsymbol{A}s}\boldsymbol{B}\boldsymbol{\zeta}^{-1}(s)
$$

式中：$\boldsymbol{\zeta}^{-1}(s)$ 为逆算子。

因此有

$$e^{As}\boldsymbol{B}=\boldsymbol{\zeta}(s)$$

令 $\Lambda=\boldsymbol{K}$,将增益 Λ 和 $\boldsymbol{\Theta}(s)$ 代入式(4.21),令 $s=\tau$,则控制器表达式为

$$\boldsymbol{u}(\tau,t)=\boldsymbol{K}\mathrm{e}^{\tau A}+\boldsymbol{K}\varphi(\boldsymbol{u}(\tau,t)) \tag{4.29}$$

现在证明由系统(4.20)和控制器(4.29)组成的闭环系统在原点处从范数意义上看呈指数稳定:

$$\left(\|\boldsymbol{x}(t)^2\|+\int_0^\tau \boldsymbol{u}(s,t)^2\mathrm{d}s\right)^{1/2}$$

首先证明式(4.22)在起点处指数稳定。考虑以下 Lyapunov-Krasovskii 泛函:

$$V(t)=\boldsymbol{x}(t)^{\mathrm{T}}\boldsymbol{P}\boldsymbol{x}(t)+\frac{a}{2}\int_0^\tau(1+s)\boldsymbol{w}(s,t)^2\mathrm{d}s \tag{4.30}$$

式中:$\boldsymbol{P}=\boldsymbol{P}^{\mathrm{T}}>0$ 为李雅普诺夫方程对于某些$\boldsymbol{Q}=\boldsymbol{Q}^{\mathrm{T}}>0$ 和 $a>0$ 情况下的解。

式(4.30)对时间导数为

$$\dot{V}(t)\leqslant-\boldsymbol{x}(t)^{\mathrm{T}}\boldsymbol{Q}\boldsymbol{x}(t)+\frac{2}{a}\|\boldsymbol{x}(t)^{\mathrm{T}}\boldsymbol{P}\boldsymbol{B}\|^2-\frac{a}{2}\int_0^\tau \boldsymbol{w}(s,t)^2\mathrm{d}s$$

令

$$a=\frac{4\lambda_{\max}(\boldsymbol{P}\boldsymbol{B}\boldsymbol{B}^{\mathrm{T}}\boldsymbol{P})}{\lambda_{\min}(\boldsymbol{Q})},$$

式中:$\lambda_{\max}$ 和 $\lambda_{\min}$ 分别对应矩阵的最大和最小特征值。式(4.31)满足

$$\dot{V}(x)\leqslant-\frac{\lambda_{\min}(\boldsymbol{Q})}{2}\|\boldsymbol{x}(t)\|^2-\frac{a}{2(1+\tau)}\int_0^\tau(1+s)\boldsymbol{w}(s,t)^2\mathrm{d}s$$

则

$$\dot{V}(t)\leqslant-\mu V(t) \tag{4.31}$$

其中

$$\mu:=-\min\left\{\frac{\lambda_{\min}(\boldsymbol{Q})}{2\lambda_{\max}(\boldsymbol{P})},\frac{1}{1+\tau}\right\} \tag{4.32}$$

使用反步变换及其逆形式,可得

$$\boldsymbol{w}(s,t)=\boldsymbol{u}(s,t)-\Lambda\int_0^s \boldsymbol{u}(v,t)\mathrm{d}v-\boldsymbol{\Theta}(s)\boldsymbol{x}(t) \tag{4.33}$$

$$\boldsymbol{u}(s,t)=\boldsymbol{w}(s,t)+\boldsymbol{\Omega}\int_0^s \boldsymbol{w}(v,t)\mathrm{d}v+\boldsymbol{\Phi}(s)\boldsymbol{x}(t) \tag{4.34}$$

式(4.30)意味着

$$\omega_1\left(\|\boldsymbol{x}(t)\|^2+\int_0^\tau \boldsymbol{w}(s,t)^2\mathrm{d}s\right)\leqslant V(t)$$

$$\omega_2\left(\|\boldsymbol{x}(t)\|^2+\int_0^\tau \boldsymbol{w}(s,t)^2\mathrm{d}s\right)\geqslant V(t)$$

其中

$$\omega_1=\min\left\{\lambda_{\min}(\boldsymbol{P}),\frac{a}{2}\right\}$$

$$\omega_2=\max\left\{\lambda_{\max}(\boldsymbol{P}),\frac{a(1+\tau)}{2}\right\}$$

此外,根据式(4.33)和式(4.34)可得

$$\int_0^{\tau}\boldsymbol{w}(s,t)^2\mathrm{d}s\leqslant\alpha_1\int_0^{\tau}\boldsymbol{u}(s,t)^2\mathrm{d}s+\alpha_2\|\boldsymbol{x}(t)\|^2 \tag{4.35}$$

$$\int_0^{\tau}\boldsymbol{u}(s,t)^2\mathrm{d}s\leqslant\beta_1\int_0^{\tau}\boldsymbol{w}(s,t)^2\mathrm{d}s+\beta_2\|\boldsymbol{x}(t)\|^2 \tag{4.36}$$

其中

$$\alpha_1:=3(1+\tau\|\boldsymbol{\Lambda}\|),\quad \beta_1:=3(1+\tau\|\boldsymbol{\Omega}\|)$$

$$\alpha_2:=3\|\boldsymbol{K\Theta}\|^2,\quad \beta_2:=3\|\boldsymbol{K\Phi}\|^2$$

因此,可得

$$\rho_1\left(\|\boldsymbol{x}(t)\|^2+\int_0^{\tau}\boldsymbol{u}(s,t)^2\mathrm{d}s\right)\leqslant\|\boldsymbol{x}(t)\|^2+\int_0^{\tau}\boldsymbol{w}(s,t)^2\mathrm{d}s \tag{4.37}$$

$$\rho_2\left(\|\boldsymbol{x}(t)\|^2+\int_0^{\tau}\boldsymbol{u}(s,t)^2\mathrm{d}s\right)\geqslant\|\boldsymbol{x}(t)\|^2+\int_0^{\tau}\boldsymbol{w}(s,t)^2\mathrm{d}s \tag{4.38}$$

其中

$$\rho_1:=\frac{1}{\max\{\beta_1,\beta_2+1\}},\rho_2:=\max\{\alpha_1,\alpha_2+1\}$$

组合ρ_i、$\omega_i(i=1,2)$,可得

$$\rho_1\omega_1\left(\|\boldsymbol{x}(t)\|^2+\int_0^{\tau}\boldsymbol{u}(x,t)^2\mathrm{d}x\right)\leqslant V(t)$$

$$\rho_2\omega_2\left(\|\boldsymbol{x}(t)\|^2+\int_0^{\tau}\boldsymbol{u}(x,t)^2\mathrm{d}x\right)\geqslant V(t)$$

将上述公式与式(4.31)结合,可得

$$\|\boldsymbol{x}(t)\|^2+\int_0^{\tau}\boldsymbol{u}(x,t)^2\mathrm{d}x\leqslant\xi(t)\left(\|\boldsymbol{x}(0)\|^2+\int_0^{\tau}\boldsymbol{w}(x,0)^2\mathrm{d}x\right)$$

式中

$$\boldsymbol{\xi}(t)=\frac{\rho_2\omega_2}{\rho_1\omega_1}\mathrm{e}^{-\mu t}$$

至此,完成指数稳定性的证明。

4.2.1 无人机飞行验证

定理4.2中的预测器算法是针对线性系统和延迟线性控制器的,接下来将展示该算法也可以与延迟的非线性算法一起使用,使非线性动力学也具有线性行为,从而

保证闭环的稳定性。为了更好地说明问题，本书将这种方法应用于四旋翼无人机。

1. 具有延迟输入的四旋翼建模

无人机通常在±10grad 的角度范围内平移飞行（或经典机动），这在航空控制领域和稳定性分析中一般被认为是一个小角度，这将可以忽略 Coriolis 效应的影响，大大地简化非线性方程式（2.4）和式（2.5），从而可得

$$\boldsymbol{\xi}=f_1(\theta,\phi,u_z) \tag{4.39}$$

$$\ddot{\boldsymbol{\eta}}=f_2(u_\psi,u_\theta,u_\phi) \tag{4.40}$$

式中：$\boldsymbol{\xi}^{\mathrm{T}}=(x \quad y \quad z)$ 和 $\boldsymbol{\eta}^{\mathrm{T}}=(\psi \quad \theta \quad \phi)$ 分别表示无人机的位置和方向。

众所周知，变量 τ 表示控制中的延迟量。为避免混淆，自此将扭矩 τ_ψ、τ_ϕ、τ_θ 分别表示为 u_ψ、u_ϕ、u_θ。

现在考虑控制输入 u_i 被延迟，那么函数 $f_1(\cdot)$、$f_2(\cdot)$ 可以定义为

$$f_1(\theta,\phi,u_z) := \begin{pmatrix} -u_{z(t,d_1)}\sin\theta \\ u_{z(t,d_1)}\cos\theta\sin\phi \\ u_{z(t,d_1,)}\cos\theta\cos\phi-mg \end{pmatrix}$$

$$f_2(u_{\psi,},u_\theta,u_\phi) := \begin{pmatrix} u_{\psi(t,d_1)} \\ u_{\theta(t,d_1,d_2)} \\ u_{\phi(t,d_1,d_2)} \end{pmatrix}$$

式中：θ，ϕ 和 ψ 分别为俯仰角、横滚角和偏航角。在此前的系统中，认为控制输入延迟了 d_i 个采样周期。

2. 高度和偏航控制

从式（4.40）中可以看出，偏航角是一个线性系统，且认为它与其他系统解耦，即 $\ddot{\psi}\approx u_{\psi(t-\tau)}$。因此，根据定理 4.2 可得

$$u_\psi(t) := K_\psi\hat{\psi}=k_{d_\psi}\dot{\hat{\psi}}+k_{p_\psi}(\hat{\psi}-\psi_d)$$

对于高度方向的运动，$\ddot{z}=\cos\theta\cos\phi u_{z(t-\tau)}-g$，控制器为

$$u_z(t-\tau) := \frac{u_{y(t-\tau)}+g}{\cos\hat{\theta}\cos\hat{\phi}} \tag{4.41}$$

闭环系统为

$$\ddot{z} := \epsilon_{e_{\hat{\theta},\hat{\phi}}} u_y(t-\tau) \tag{4.42}$$

式中：$u_y(t-\tau)$ 为虚拟延迟输入；$\epsilon_{e_{\hat{\theta},\hat{\phi}}}$ 为预测误差。

如果 $(\hat{\theta},\hat{\phi})\rightarrow(\theta,\phi)$，则 $\epsilon_{e_{\hat{\theta},\hat{\phi}}}=1$。将预测控制方案应用于式（4.42），可得

$$u_y(t)=K_z\hat{z}=k_{d_z}\dot{\hat{z}}+k_{p_z}(\hat{z}-z_d)$$

ψ 和 z 的预测状态具有以下形式：

$$\dot{\hat{\beta}}(t)=\dot{\beta}(t-d_i)+\int_{t-d_i}^{t}u_\beta(l)\,\mathrm{d}l$$

$$\hat{\beta}(t)=\beta(t-d_i)+d_i\dot{\beta}(t-d_i)+\int_{t-d_i}^{t}\int_{t-d_i}^{s}u_\beta(l)\,\mathrm{d}l\mathrm{d}s$$

式中：β 表示 z 或 ψ。

关于 $\hat{\theta}$ 和 $\hat{\phi}$ 的方程将在后面定义。将式(4.41)代入式(4.39)，可得

$$\ddot{x}\approx -g\epsilon_{e_{\hat{\theta},\hat{\phi}}}\frac{\tan\theta}{\cos\hat{\phi}}$$

$$\ddot{y}\approx g\epsilon_{e_{\hat{\theta},\hat{\phi}}}\tan\phi$$

3. 平移运动的改进嵌套饱和算法

滚转和俯仰动力学方程分别对应四旋翼无人机的横向和纵向运动，它们是无人机的主要运动，决定了无人机的稳定性。根据文献[22]中提出的方法，本章将证明基于嵌套饱和的非线性控制器可以与预测器算法一起使用，这样即使存在延迟输入，也能稳定四旋翼无人机。

多项工作还表明，当主要限制角度位置时，基于饱和函数的控制器会在非线性系统中产生线性行为。因此，在分析中将考虑这一事实，这意味着四旋翼无人机将以小角度移动，即 $\cos\phi\approx 1$ 和 $\sin\phi\approx\phi$，这也意味着横向和纵向运动可以由四个级联积分器表示。下面将描述纵向动力学控制器设计过程，类似的过程也可用于横向运动控制器的设计。

定义四旋翼无人机的线性纵向运动为

$$\ddot{\boldsymbol{x}}(t)\approx -g_\epsilon\theta_1(t)$$

$$\ddot{\theta}(t)=u_\theta(t,d_1,d_2)$$

式中：$g_\epsilon=g\epsilon_{e_{\hat{\theta},\hat{\phi}}}$，$u_{\theta(t,d_1,d_2)}=u_\theta(x_{(t,d_1)},\dot{x}_{(t,d_1)},\theta_{(t,d_2)},\dot{\theta}_{(t,d_2)})$ 为延迟输入。

观测误差定义为 $e_{\hat{\theta}_i}=\hat{\theta}_i-\theta_i$。由定理 4.1 可知，若 $e_{\hat{\theta}_i}\to 0$，则 $\hat{\theta}_i\to\theta_i$。因此可以认为，在经过一段时间 $T_{\hat{\theta}_i}$ 后，$e_{\hat{\theta}_i}\ll 1$，这将使 $|e_{\hat{\theta}_i}|\leqslant\delta_{\hat{\theta}_i}$，$\delta_{\hat{\theta}_i}>0$。

使用预测状态进行以下控制：

$$u_\theta(t,d_1,d_2):=-\sigma_1(\hat{\theta}_2+\varepsilon_1)\tag{4.43}$$

式中：$\sigma_i(s)$ 表示一个饱和函数，满足 $|\sigma_i(s)|\leqslant M_i$；$\varepsilon_i$ 是一个有界函数，$|\varepsilon_i|\leqslant M_{\varepsilon_i}$，稍后将定义该函数以证明其收敛性。

此处采用正定函数 $V_1(t)=\dfrac{1}{2}\theta_2^2(t)$，那么 $\dot{V}_1(t)=-\theta_2\sigma_1(\hat{\theta}_2+\varepsilon_1)$。

如果 $e_{\hat{\theta}_2}\to 0$，那么 $\mathrm{sgn}(\hat{\theta}_2)=\mathrm{sgn}(\theta_2)$；如果 $|\hat{\theta}_2(t)|>M_{\varepsilon_1}$，则 $\dot{V}_1(t)\leqslant 0$。在时间

T_1 后，$|\hat{\theta}_2|\leqslant M_{\varepsilon_1}$。令 $M_1\geqslant 2M_{\varepsilon_1}$，则

$$u_\theta(t,d_1,d_2) := -\hat{\theta}_2-\varepsilon_1,\ \forall t>T_1 \tag{4.44}$$

定义 $z_1(t) := \theta_1(t)+\theta_2(t)$，则有

$$\dot{z}_1(t)=\theta_2-\hat{\theta}_2-\varepsilon_1\leqslant\delta_{\hat{\theta}_2}-\varepsilon_1$$

定义 $\varepsilon_1 := \sigma_2(z_1(t)+\varepsilon_2)$，则 $M_{\varepsilon_1}=M_2$。假设 $V_2(t)=\dfrac{1}{2}z_1^2(t)$，则

$$\dot{V}_2(t)\leqslant -z_1(\sigma_2(z_1(t)+\varepsilon_2)-\delta_{\hat{\theta}_2})$$

注意，由于 $\delta_{\hat{\theta}_2}$ 任意小，且 $M_2\gg\delta_{\hat{\theta}_2}$，若 $|z_1|>M_{\varepsilon_2}$，则 $\dot{V}_2(t)\leqslant 0$，在经历时间 T_2 后，$|z_1|\leqslant M_{\varepsilon_2}$。令 $M_2\geqslant 2M_{\varepsilon 2}$，则

$$u_\theta(t,d_1,d_2) := -2\hat{\theta}_2-\hat{\theta}_1+e_{\hat{\theta}_2}+e_{\hat{\theta}_1}-\varepsilon_2,\ \forall t>T_2 \tag{4.45}$$

定义 $z_2(t) := z_1(t)+\theta_1(t)-\dfrac{x_2(t)}{g_\varepsilon}$，则

$$\dot{z}_2(t)=-e_{\hat{\theta}_2}-\varepsilon_2\leqslant\delta_{\hat{\theta}_2}-\varepsilon_2$$

令 $\varepsilon_2 := \sigma_3(z_2(t)+\varepsilon_3)$，则 $M_{\varepsilon_2}=M_3$。假设 $V_3(t)=\dfrac{1}{2}z_2^2(t)$，则

$$\dot{V}_3(t)\leqslant -z_2(\sigma_3(z_2(t)\varepsilon_3)-\delta_{\hat{\theta}_2})$$

可以看出，$\delta_{\hat{\theta}_2}$ 为任意小，且 $M_3\gg\delta_{\hat{\theta}_2}$，因此，若 $|z_2|>M_{\varepsilon_2}$，则 $\dot{V}_2(t)\leqslant 0$，在经历时间 T_3 后，$|z_2|\leqslant M_{\varepsilon 3}$。令 $M_3\geqslant 2M_{\varepsilon_3}$，则

$$u_\theta(t,h_1,h_2)=-3\hat{\theta}_2-3\hat{\theta}_1+2e_{\hat{\theta}_2}+3e_{\hat{\theta}_1}+\frac{\hat{x}_2}{g_\varepsilon}-\frac{e_{\hat{x}_2}}{g_\varepsilon}-\varepsilon_3,\ \forall t>T_3$$

定义 $z_3(t) := z_2(t)-2\dfrac{x_2(t)}{g_\varepsilon}+\theta_1-\dfrac{x_1(t)}{g_\varepsilon}$，则

$$\dot{z}_3(t)=-e_{\hat{\theta}_2}-\varepsilon_3\leqslant\delta_{\hat{\theta}_2}-\varepsilon_3$$

令 $\varepsilon_3 := \sigma_4(z_3(t))$，则 $M_{\varepsilon_3}=M_4$。假设 $V_4=\dfrac{1}{2}z_3^2$，则

$$\dot{V}_4=-z_3(\sigma_4(z_3(t))+\delta_{\hat{\theta}_2})$$

注意，$M_4\gg\delta_{\hat{\theta}_2}$。这意味着，$z_3$ 有界并且减小。所以在经过时间 T_4 后，控制器可以重写为

$$u_\theta(t,d_1,d_2)=-4\hat{\theta}_2-6\hat{\theta}_1+\frac{4\hat{x}_2}{g_\varepsilon}+\frac{\hat{x}_1}{g_\varepsilon}+3e_{\hat{\theta}_2}+6e_{\hat{\theta}_1}-\frac{4e_{\hat{x}_2}}{g_\varepsilon}-\frac{e_{\hat{x}_1}}{g_\varepsilon}$$

根据定理 4.2，$u_\theta(t,d_1,d_2)$ 可以表示为 $u_\theta(t,\hat{\boldsymbol{x}})$。此外，$\hat{x}_i\to\boldsymbol{x}_i$，这意味着 $\delta_{(\hat{\theta}_i,\hat{x}_i)}\to 0$。因此，之前的控制器可重新写为

$$u_\theta(t,\hat{\boldsymbol{x}})=-4\hat{\theta}_2-6\hat{\theta}_1+\frac{4\hat{x}_2}{g_\varepsilon}+\frac{\hat{x}_1}{g_\varepsilon}=\boldsymbol{K}\hat{\boldsymbol{x}}(t)$$

其中

$$\boldsymbol{K}=[1/g \quad 4/g \quad -6 \quad -4],\hat{\boldsymbol{x}}^{\mathrm{T}}=\left[\hat{x}_1 \quad \hat{x}_2 \quad \hat{\theta}_1 \quad \hat{\theta}_2\right]$$

根据定理4.2可以证明状态的收敛性。预测状态定义为

$$\dot{\hat{\beta}}_1(t)=\dot{\beta}_1(t-d_2)+\int_{t-d_2}^{t}u_{\beta_1}(l)\mathrm{d}l$$

$$\hat{\beta}_1(t)=\beta_1(t-d_2)+d_2\dot{\beta}_1(t-d_2)+\int_{t-d_2}^{t}\int_{t-d_2}^{s}u_{\beta_1}(l)\mathrm{d}l\mathrm{d}s$$

$$\dot{\hat{\beta}}_2(t)=\dot{\beta}_2(t-d_1)+\int_{i}^{t}\hat{\beta}_1(s)\mathrm{d}s$$

$$\hat{\beta}_2(t)=\beta_2(t-d_1)+d_1\dot{\beta}_2(t-d_1)+\int_{t-d_1}^{t}\int_{t-d_1}^{s}\hat{\beta}_1(l)\mathrm{d}l\mathrm{d}s$$

式中：β_1 代表 θ 和 ϕ；β_2 代表 x 或 y。

4.2.2 仿真结果

为验证所提出预测控制方案的可行性，基于四旋翼无人机模型（式(4.39)）和式(4.40)，进行了多次仿真实验。在实验中引入 d_1、d_2 两个延迟来进行性能测试，其中 d_1 用于平移运动（x,y,z），d_2 用于姿态运动（ψ,θ,ϕ）。仿真采样周期 $T_s=0.001$，期望值为 $x_d=10,y_d=5,z_d=1$。除 $z_1(0)=10$ 外，所有状态的初始条件均设置为零。首先，为说明式(4.39)和式(4.40)表示的闭环系统具有良好性能，在控制输入不考虑延迟($d_1=d_2=0$)的情况下进行仿真，结果如图4.10所示。为清楚起见，该图中仅给出了位置（x,y,z）。

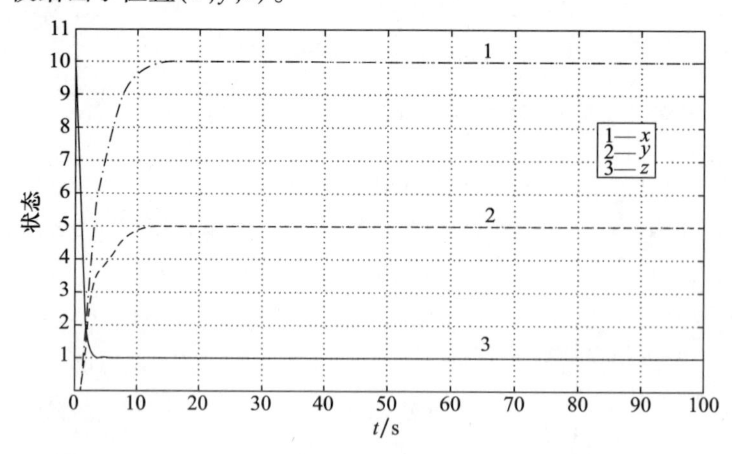

图4.10 输入中无延迟的状态响应（$d_1=d_2=0$）

在仿真中增加延迟(d_1,d_2),直到系统出现不稳定现象。导致系统不稳定的临界延迟值(critical delay values,CDV)为 $d_1^*=90T_s,d_2^*=240T_s$。增加临界值直到观察到状态发散。为说明问题,图 4.11 展示了 $d_1=100T_s$ 情况下的位置输出,可以看出位置 x 在时间 $t=5$s 时刻开始发散;在图 4.12 中,d_2 增加到 $250T_s$,系统在短短 4s 内就发散。

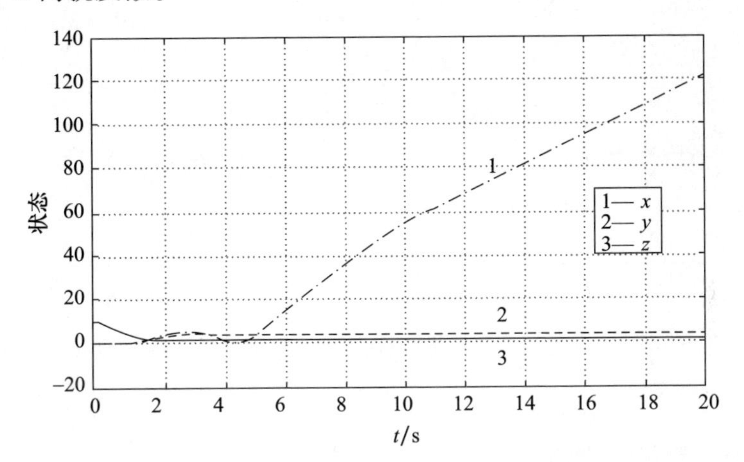

图 4.11　延迟 $d_1=0.1$s 时的位置响应

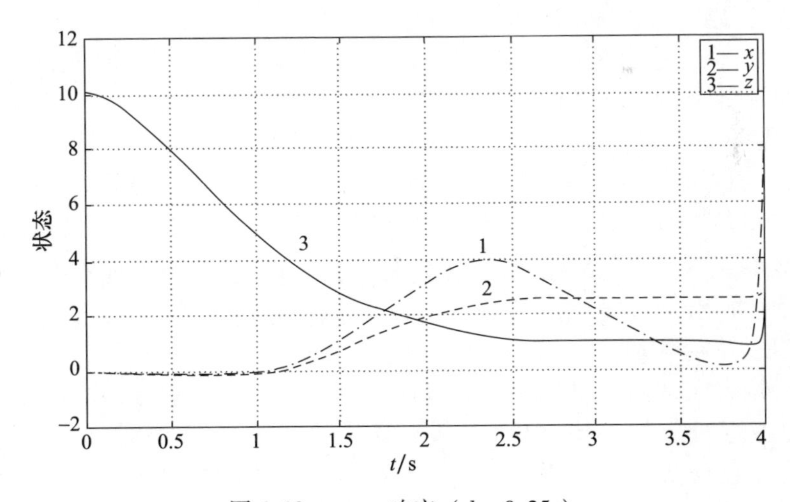

图 4.12　x,y,z 响应,($d_2=0.25$s)

采用预测器控制方案,$d_1=100T_s,d_2=250T_s$,恢复闭环系统。本书仍继续增加延迟以观察预测器的稳健性。临界值再次增加,直到 $d_1=900T_s$ 和 $d_2=300T_s$ 系统才发散。图 4.13 为加入这些延迟和 PC-S 时的输出。可以看出,即使延迟大于 CDV,所有状态也会收敛到期望值。

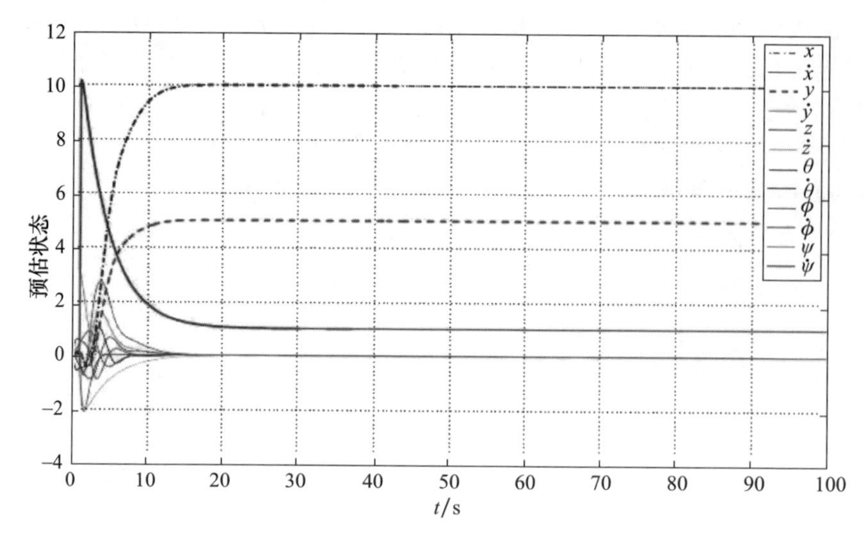

图 4.13 （见彩图）应用预测器控制方案且延迟值 $d_1 = 900T_s$，$d_2 = 300T_s$ 时的系统响应

4.2.3 实验结果

本书利用实时数据和实时实验来验证所提出的方案。此处仅介绍三种使用不同传感器的情况。首先通过手动测试收集的数据进行预测算法的离线和开环测试;然后将数据集内引入虚拟延迟,再将预测算法应用于延迟数据;最后将得到的结果数据与原始数据进行比较,从而验证预测方案的性能。

在第二种情况下,飞行测试采用方形轨迹且不加任何输入延迟。将采集到的数据中引入虚拟延迟以验证预测算法,并通过四旋翼无人机的飞行验证其行为。最后,在实际飞行无人机的偏航运动(ψ,$\dot{\psi}$)中加入延迟,直到出现不稳定现象,然后在闭环中使用预测器控制方案来进行延迟补偿。

1. GPS 开环测量

在手动模式下,利用 ublox 公司的 LEA-6s GPS 接收机规划一个矩形轨迹,在飞行过程中进行数据采集,以用于预测算法的离线测试。GPS 的采样周期为 200ms,位置数据实际上延迟了 $9T_s = 1.8$s,而速度数据仅延迟了 $3T_s = 0.6$s。图 4.14 和图 4.15 展示了实验结果,分别包含延迟测量(红色虚线)、实际状态(蓝色实线)和预测状态(黑色虚线)。数据统一在 ECEF 坐标系中,受篇幅限制,此处仅展示了 x 轴的结果。在图 4.14 中展示了 x 方向位移,为了更好地说明该结果,将该图进行了一定的缩放。

图 4.15 展示速度响应,同样该图在 x 轴上进行了缩放。对于无人机而言,其需要非常快的速度响应才能够达到稳定。1.8s 的状态延迟对传感器来说太大不

现实,因此,仅延迟三个采样周期以改进预测。采样周期为 200ms,速度延迟为 600ms。

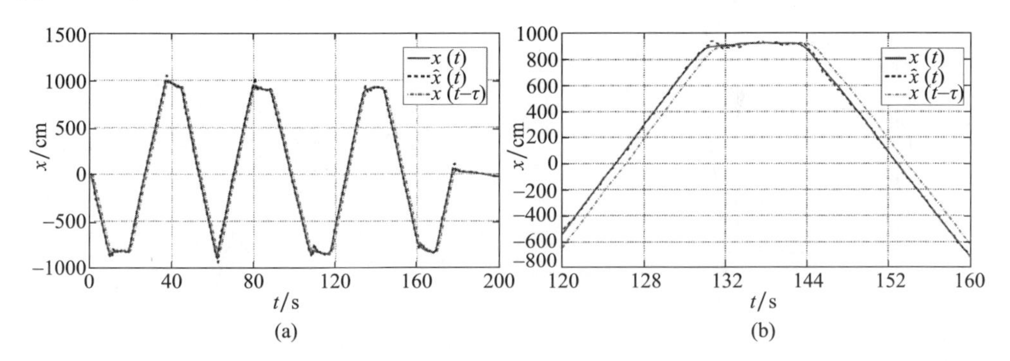

图 4.14 (见彩图)ECEF 坐标系中 x 轴(及其放大)的状态响应

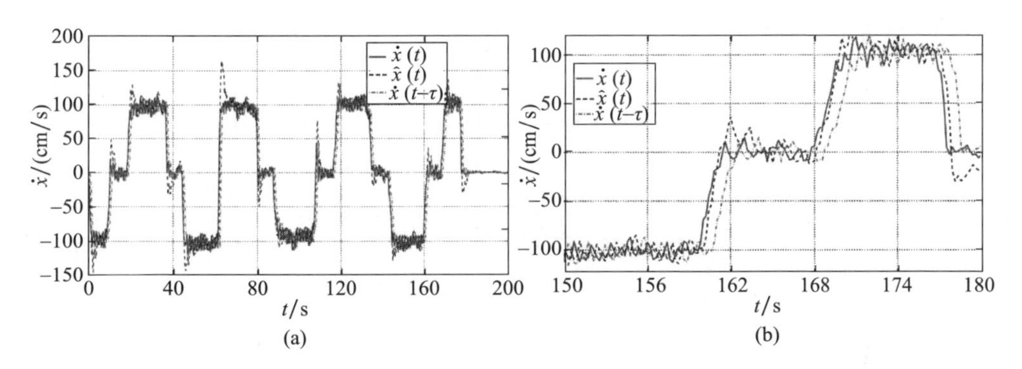

图 4.15 (见彩图)ECEF 坐标系 x 方向(及其放大)的速度响应

2. OptiTrack 开环测量

在自动模式下,无人机沿着矩形轨迹又进行了无延迟飞行。为了能够应用本书提出的预测器控制方案,将采集到的数据进行延迟,在高度 z 中引入一个常数。如图 4.16 和图 4.17 所示,仅显示了水平面中的位置(纵向和横向运动)。

首先,将延迟值 d_1 和 d_2 均设置为 $15T_s$,预测器响应表明:状态的真实值和预测值相似,两者差异几乎为零(图 4.16)。接下来将延迟值 d_1 和 d_2 增加到 $40T_s$,水平位置响应如图 4.17 所示。

注意,即使延迟很大,预测器方案也能够正确地预测出状态值。根据所获得的结论,本书也进行了实飞实验,在八旋翼无人机的闭环系统中验证预测器算法。

3. CoQua 无人机

多旋翼无人机是一种非常受欢迎的可悬停飞行器。为验证闭环系统中偏航运动预测器控制方案,本书测试采用 CoQua 同轴四旋翼无人机或八旋翼无人机,如

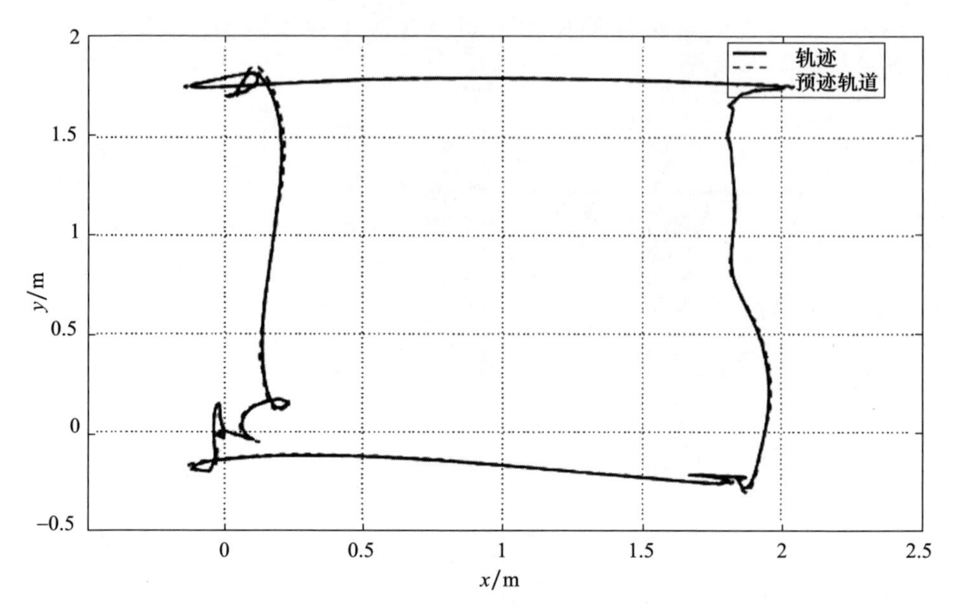

图 4.16　$x-y$ 平面轨迹和 $\hat{x}-\hat{y}$ 平面轨迹（延迟 $d_1=d_2=15T_s$）

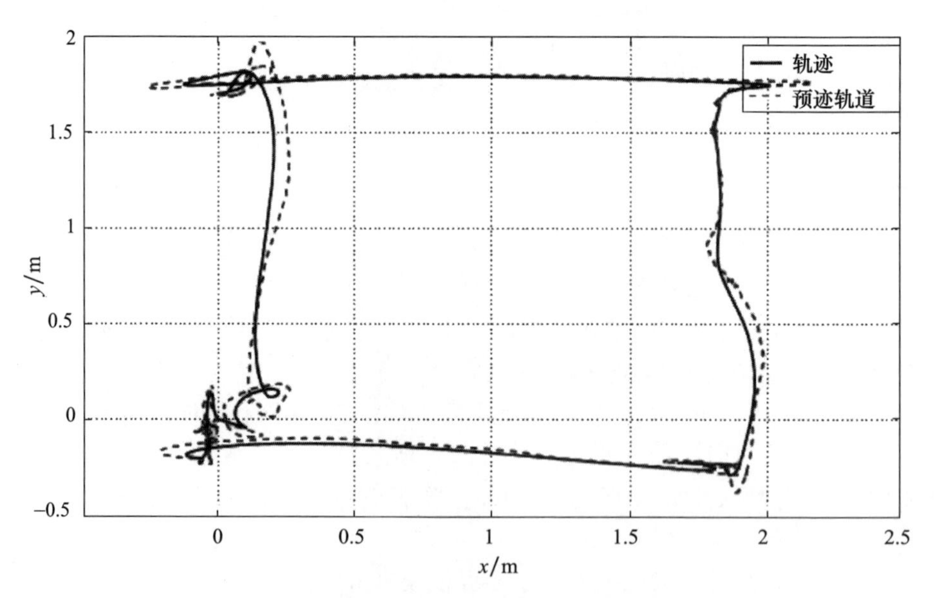

图 4.17　$x-y$ 平面轨迹和 $\hat{x}-\hat{y}$ 平面轨迹（延迟 $d_1=d_2=40T_s$）

图 4.18 所示。无人机由 IGEP 控制 8 个 mikrokopter blctrlv2 驱动器，8 个 roxxy bl 2827-35 电机为无人机提供推力和扭矩。为进行姿态（ψ,θ,ϕ）测量，实验采用 Microstrain 的惯性测量单元 3dmgx3-25，无人机总质量为 1.6kg。

在实验中,通过引入虚拟延迟使偏航运动出现不平衡。首先,使用没有预测算法的控制方案,找到临界延迟值(系统出现不稳定的延迟值)。该值为 15 个采样周期,如图 4.19 所示。当延迟控制器没有引入预测器时,注意图中 ψ 的不稳定响应,类似于图 4.20 所示的 $\dot{\psi}$ 状态。

图 4.18　CoQua 无人机

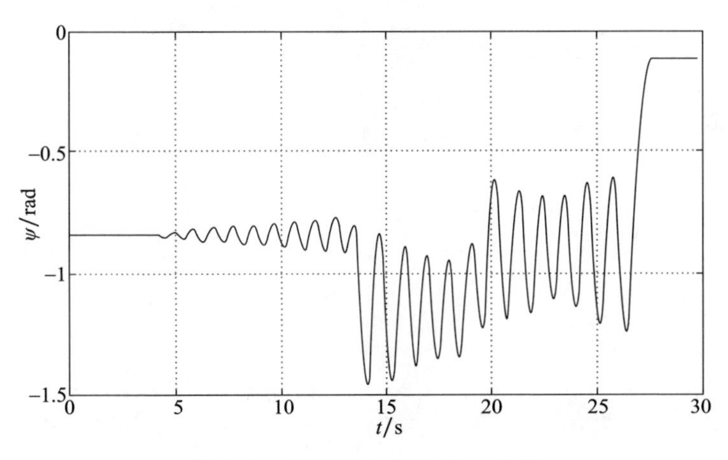

图 4.19　延迟输入 $15T_s$ 的 ψ 响应

对 CDV 和闭环预测算法进行了多次实验,当将预测器应用于不稳定系统时,闭环系统将会变得稳定,如图 4.21 和图 4.22 所示。同样,在该实验中,可以进行手动参数的调整以分析系统的性能。图 4.21 为放大了的偏航响应。图 4.22 展示了横滚率响应,注意状态的稳定性得到了恢复。

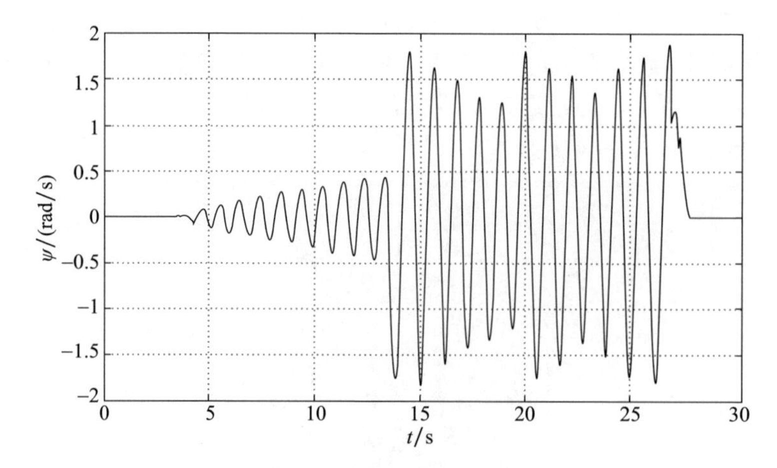

图 4.20　延迟输入 $15T_s$ 的 $\dot{\psi}$ 响应

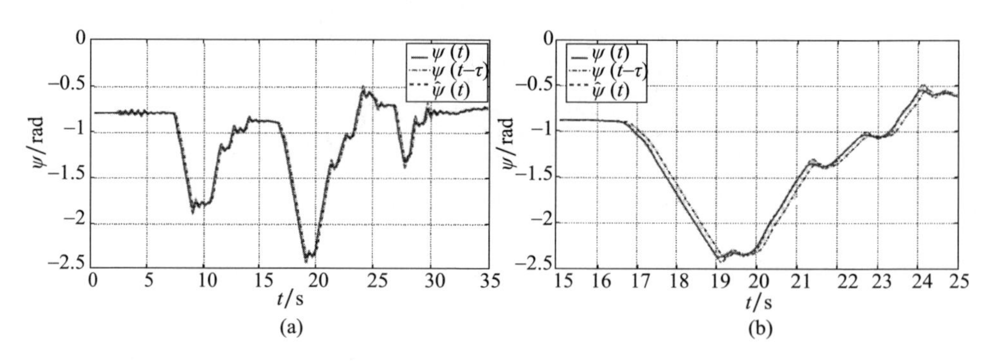

图 4.21　(见彩图)ψ 响应(及其放大图)具有 $15T_s$ 延迟的预测器控制方案

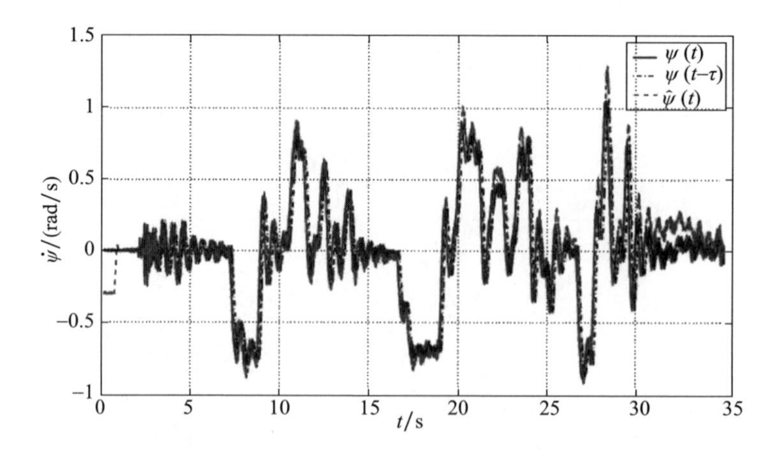

图 4.22　(见彩图)延迟为 $15T_s$ 的预测器控制方案的 $\dot{\psi}$ 响应

4.3 小结

如何改善系统的行为对许多研究人员来说是一个挑战,已经有团队致力于设计出可以去除不确定性、扰动或有时延的稳健控制器。本章中提出了两种预测器方案,可以在输入中存在延迟的情况下改善系统的闭环行为。这些算法将传感器的延迟视为实际测量情况,并且证明使用这些预测器可以恢复系统状态稳定性。

第一种算法是基于观察预测,对控制输入中的延迟进行补偿,其包括一个 h 步提前预测器来估计延迟状态。即使该算法性能有所退化但仿真和实验结果依然证明了其良好的闭环稳定性。第二种算法是基于微积分基本定理来设计预测器以补偿系统(传感器等)中的延迟。使用文献[21]中的思想证明所提出算法的稳定性,仿真和实验结果证实了所提出算法的良好性能。

参考文献

[1] K. U. Lee, H. S. Kim, J. B. Park, Y. H. Choi, Hovering control of a quadrotor, in: International Conference on Control, Automation and Systems-ICCAS, Jeju Island, Korea, 2012, pp. 162-167.

[2] T. Madani, A. Benallegue, backstepping control for a quadrotor helicopter, in: International Conference on Intelligent Robots and Systems, Beijing, China, 2006.

[3] D. Mellinger, N. Michael, V. Kumar, Trajectory generation and control for precise aggressive maneuvers with quadrotors, The International Journal of Robotics Research 31(5)(2012)664-674.

[4] A. Chan, S. Tan, C. Kwek, Sensor data fusion for attitude stabilization in a low cost quadrotor system, in: International Symposium on Consumer Electronics, Singapore, Singapore, 2011.

[5] O. J. Smith, Closer control of loops with dead time, Chemical Engineering Progress 53(1957)217-219.

[6] A. Manitius, A. W. Olbrot, Finite spectrum assignment problem for systems with delays, IEEE Transactions on Automatic Control 24(1979)541-552.

[7] J. Normey-Rico, E. F. Camacho, Dead-time compensators: a survey, Control Engineering Practice 16(2008)407-428.

[8] Z. Artstein, Linear systems with delayed controls: a reduction, IEEE Transactions on Automatic Control 27(1982)869-879.

[9] J. Richard, Time-delay systems: an overview of some recent advances and open problems, Automatica 39(2003)1667-1694.

[10] R. Lozano, P. Castillo, P. Garcia, A. Dzul, Robust prediction-based control for unstable delay systems: application to the yaw control of a mini-helicopter, Automatica 40(2004)603-612.

[11] P. Garcia, P. Castillo, R. Lozano, P. Albertos, Robustness with respect to delay uncertainties of a

predictor-observer based discrete-time controller, in: Proceedings of the 45th Conference on Decision and Control (CDC), San Diego, CA, USA, IEEE, 2006, pp. 199-204.

[12] A. Gonzalez, A. Sala, P. Garcia, P. Albertos, Robustness analysis of discrete predictorbased controllers for input-delay systems, International Journal of Systems Science 44(2) (2013) 232-239.

[13] P. Albertos, P. García, Predictor-observer-based control of systems with multiple input/output delays, Journal of Process Control 22(2012) 1350-1357.

[14] A. Gonzalez, P. Garcia, P. Albertos, P. Castillo, R. Lozano, Robustness of a discrete-time predictor-based controller for time-varying measurement delay, Control Engineering Practice 20 (2012) 102-110.

[15] J. E. Normey-Rico, E. Camacho, Control of Dead-Time Processes, Springer, 2007.

[16] E. Kaszkurewicz, A. Bhaya, Discrete-time state estimation with two counters and measurement delay, in: Proceedings of the 35 th Conference on Decision and Control, vol. 2, Kobe, Japan, IEEE, 1996, pp. 1472-1476.

[17] T. D. Larsen, N. A. Andersen, O. Ravn, N. K. Poulsen, Incorporation of time delayed measurements in a discrete-time Kalman filter, in: Proceedings of the 37 th Conference on Decision and Control, vol. 4, Tampa, Florida, USA, IEEE, 1998, pp. 3972-3977.

[18] Q. Ge, T. Xu, X. Feng, C. Wen, Universal delayed Kalman filter with measurement weighted summation for the linear time invariant system, Chinese Journal of Electronics 20(2011) 67-72.

[19] V. Van Assche, M. Dambrine, J. Lafay, J. Richard, Some problems arising in the implementation of distributed-delay control laws, in: Proceedings of the 38 th Conference on Decision and Control, vol. 5, Phoenix, Arizona, USA, IEEE, 1999, pp. 4668-4672

[20] S. Mondié, W. Michiels, Finite spectrum assignment of unstable time-delay systems with a safe implementation, IEEE Transactions on Automatic Control 48(2003) 2207-2212.

[21] M. Krstic, Delay Compensation for Nonlinear Adaptive and PDE Systems, Birkhäuser, 2009.

[22] P. Castillo, R. Lozano, A. E. Dzul, Modelling and Control of Mini-Flying Machines, Advances in Industrial Control, Springer-Verlag, London, UK, 2005.

第5章 无人机定位的数据融合

近年来,人们对无人机在民用领域的应用越来越感兴趣。无人机在民用领域具有多种潜在的应用前景,如执行搜索和救援、监视、环境探索、维护检查、灾害监测等任务。为了自主完成这些任务,无人机必须首先要能精确地掌控其自身位置,这样才能保持按照期望的路径飞行。

在室外环境下,无人机可以从安装的 GPS 接收机获取其自身的位置信息。然而,在室内环境和城市环境中,GPS 信号可能较弱、不精确甚至不可用,因此希望能找出一种能获取无人机位置的替代方案。当前这些替代方案的设计大多数是利用激光测距仪、超声波、红外或视觉传感器等[1-4]。

本章介绍了一种使用经典传感器执行自主轨迹跟踪任务的低成本定位系统。无人机仅配备用于测量方向、角速度和加速度的惯性测量单元,用于测量高度的超声波传感器,以及用于获取水平面平移速度的相机。

为了验证所提出位置估计算法的性能,进行了多次开环和闭环飞行实验。针对闭环系统,采用了控制律,目的是证明定位系统在闭环中表现良好,且与控制律的输入无关。

5.1 传感器数据融合

本节提出的估计算法基于扩展卡尔曼滤波器。估计算法融合可以来自 IMU、超声波传感器和相机的测量值。首先利用相机通过光流(optical flow,OF)计算物体在平面上的平移速度,利用超声波传感器提供高度信息,利用 IMU 提供角位置和速率信息。然后,基于无人机的非线性模型,采用扩展卡尔曼滤波器估计无人机在水平面上的位置$(\hat{x},\hat{y})$,如图 5.1 所示。接下来将简要描述不同的传感器部件。

5.1.1 惯性测量单元

姿态确定系统通常由陀螺仪、加速度计和磁力计组成,如图 5.2 所示,其中包含陀螺仪和加速度计等设备,通常称为惯性测量单元[5]。一般情况下,一个 IMU 使用三个陀螺仪来检测偏航、俯仰和横滚等旋转变化,并使用三个正交安装的加速度计来测量加速度。

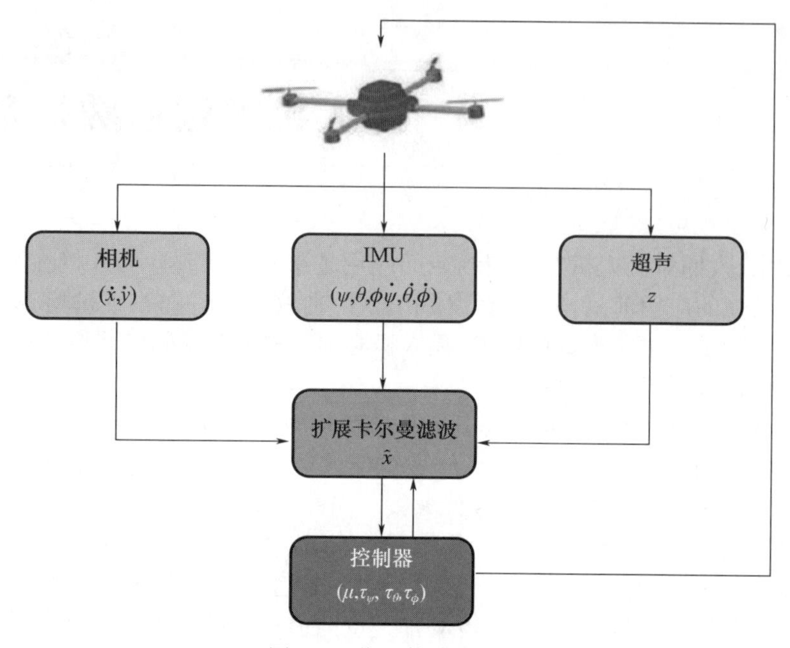

图 5.1　位置估计原理图

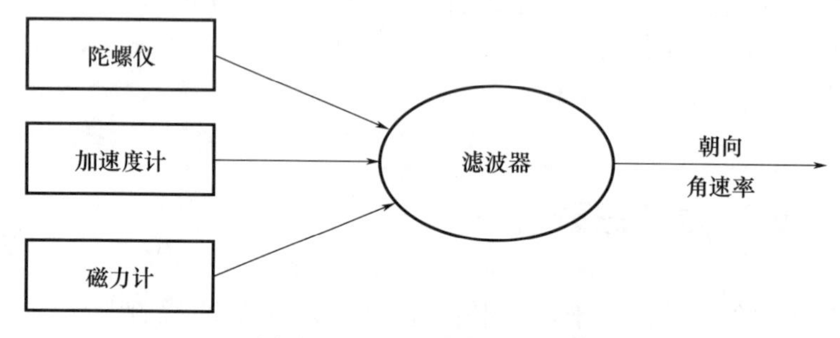

图 5.2　惯性测量单元示意图

5.1.2　超声波测距仪

超声波测距仪是一种用声波测量距离的传感器,它由一个发射器和一个接收器组成,发射器可以视为发出声波的扬声器,接收器可以视为麦克风。通过发射超声波脉冲并计算听到回声所需的时间,可以估计传感器与物体之间的距离。超声波传感器具有定向性强、能耗低、测量数据易处理、成本低等优点。

5.1.3 光流

光流用于计算物体在水平面上的平移速度。光流也用于计算两个图像帧之间的运动,利用时间和空间的信息梯度来近似运动矢量。通常,光流使用梯度计算,并假设场景中某个点的强度恒定。确定光流的技术可分为基于差分、相关、能量和频率等方法。

本章提出的定位方法是基于 Lucas 和 Kanade 的研究成果[6]。该算法是一种利用图像序列[7]时空导数的微分方法。

物体的灰度密度定义为

$$\boldsymbol{I}(x_{\mathrm{im}},y_{\mathrm{im}},t)=\boldsymbol{I}(x_{\mathrm{im}}+\partial x_{\mathrm{im}},y_{\mathrm{im}}+\partial y_{\mathrm{im}},t+\partial t)$$

式中:$\boldsymbol{I}$ 为强度;$(x_{\mathrm{im}},y_{\mathrm{im}})$ 为图像中某个点的位置。

定义

$$\boldsymbol{I}=\boldsymbol{I}(x_{\mathrm{im}},y_{\mathrm{im}},t),I_x=\frac{\partial I(x_{\mathrm{im}},y_{\mathrm{im}},t)}{\partial x_{\mathrm{im}}},I_y=\frac{\partial I(x_{\mathrm{im}},y_{\mathrm{im}},t)}{\partial \gamma_{\mathrm{im}}},I_t=\frac{\partial I(x_{\mathrm{im}},\gamma_{\mathrm{im}},t)}{\partial t}$$

使用泰勒级数可得

$$I_x v_{x_{\mathrm{im}}}+I_y v_{y_{\mathrm{im}}}+I_t=0$$

式中:$v_{x_{\mathrm{im}}}$ 和 $v_{y_{\mathrm{im}}}$ 分别对应光流的 x_{im} 和 y_{im} 分量。

定义 $\boldsymbol{\Delta I}=[I_x,I_y]^{\mathrm{T}}$ 和$\boldsymbol{V}_{\mathrm{OF}}=[v_{x_{\mathrm{im}}},v_{y_{\mathrm{im}}}]^{\mathrm{T}}$,其满足

$$\boldsymbol{\Delta I}\cdot\boldsymbol{V}_{\mathrm{OF}}+I_t=0 \tag{5.1}$$

由式(5.1)可以看出,它是含有两个未知数的欠定方程,因此还需要一个条件才能有确定解。Lucas 和 Kanade 的算法也假定在待计算位移像素为中心的邻域($p\times p$ 的区域,其中$p>1$)内光流$(v_{x_{\mathrm{im}}},v_{y_{\mathrm{im}}})$恒定,因此可得

$$\boldsymbol{V}=(\boldsymbol{A}^{\mathrm{T}}\boldsymbol{A})^{-1}\boldsymbol{A}^{\mathrm{T}}\boldsymbol{b} \tag{5.2}$$

式中

$$\boldsymbol{A}=\begin{bmatrix} I_{x_1} & I_{y_1} \\ I_{x_2} & I_{y_2} \\ \vdots & \vdots \\ I_{x_n} & I_{y_n} \end{bmatrix},\boldsymbol{b}=\begin{bmatrix} -I_{t_1} \\ -I_{t_2} \\ \vdots \\ -I_{t_n} \end{bmatrix}$$

且 $n=p^2$。最后,利用式(5.1)和式(5.2),可以计算光流$\boldsymbol{V}_{\mathrm{OF}}$,如图 5.3 所示。

首先,利用光流估计相对于速度和线速度方向的深度信息,以及三维空间中每个轴的旋转速度[8],然后,通过相机参考系中点 $P(X_{\mathrm{c}},Y_{\mathrm{c}},Z_{\mathrm{c}})$ 的平移和旋转运动创建光流。考虑到相机成像可以建模为透视投影[9],场景中的点 $P(X_{\mathrm{c}},Y_{\mathrm{c}},Z_{\mathrm{c}})$ 被投影到图像平面中的$(x_{\mathrm{im}},y_{\mathrm{im}})$点,投影关系为

$$x_{im} = F\frac{X_c}{Z_c},\quad y_{im} = F\frac{Y_c}{Z_c}$$

式中:F 为相机焦距。

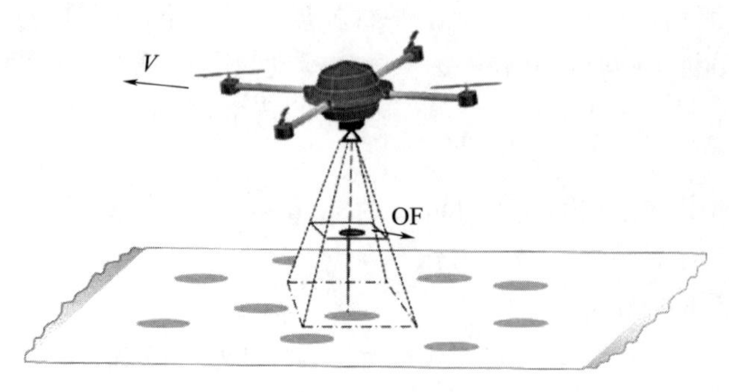

图 5.3 光流示意图

瞬时或微分运动的模型方程为[8]

$$\begin{bmatrix}\dot{x}_{im}\\ \dot{y}_{im}\end{bmatrix} = \frac{1}{Z_c}\begin{bmatrix}-F & 0 & x_{im}\\ 0 & -F & y_{im}\end{bmatrix}\begin{bmatrix}V_{c_x}\\ V_{c_y}\\ V_{c_z}\end{bmatrix} + \frac{1}{F}\begin{bmatrix}x_{im}y_{im} & -(F^2+x_{im}^2) & Fy_{im}\\ F^2+y_{im}^2 & -x_{im}y_{im} & -Fx_{im}\end{bmatrix}\begin{bmatrix}\omega_{c_x}\\ \omega_{c_y}\\ \omega_{c_z}\end{bmatrix} \tag{5.3}$$

式中:V_{c_i} 为相机的线速度;ω_{c_i} 为旋转速度。

式(5.3)关联了点运动参数与可测量的光流矢量。由式(5.3)可以看出,只有平移量取决于线速度,旋转分量不依赖于点的深度。

在实际应用中,为了能利用光流确定无人机的线速度,一般将相机固定在无人机上,这样相机与无人机的运动同步,相机的线速度相当于无人机的线速度。此外,无人机的角速度非常小,因此可以忽略光流的旋转分量。尽管如此,还是对旋转对光流的影响进行了多次测试,这在 5.5 节中进行了描述。

5.1.4 扩展卡尔曼滤波器

卡尔曼滤波器算法易于实现、计算效率高、性能非常好。然而,当系统状态模型或观测模型为非线性时,由于条件概率密度函数不再是高斯函数,卡尔曼滤波器将不能保证估计的准确性。解决该问题的一种方法是采用 EKF。在 EKF 中,将系统状态模型的非线性近似为在最近估计状态处的线性化。如果线性化与状态估计整个不确定域中非线性模型非常接近,则该近似有效[10]。EKF 算法包括两部分:一是状态预测,进行状态推算,并根据当前估计和系统运动模型,估计下一时间的状态协方差;二是观测更新,进行新的测量处理,并使用新信息计算预测更新。

考虑以下具有外部输入的非线性运动模型:

$$\begin{cases}\bar{\boldsymbol{x}}_{k+1}=\boldsymbol{f}(\bar{\boldsymbol{x}}_k,\boldsymbol{u}_k)+\boldsymbol{\lambda}_{\xi k}\\ \boldsymbol{y}_k=\boldsymbol{h}(\bar{\boldsymbol{x}}_k)+\boldsymbol{\lambda}_{vk}\end{cases} \tag{5.4}$$

式中:$\bar{\boldsymbol{x}}_{k+1}$ 为状态矢量;$\boldsymbol{f}(\bar{\boldsymbol{x}}_k,\boldsymbol{u}_k)$ 为非线性系统运动;$\boldsymbol{y}_k$ 为输出;$\boldsymbol{h}(\bar{\boldsymbol{x}}_k)$ 为期望输出。

假设 $\boldsymbol{\lambda}_{\xi k}$ 和 $\boldsymbol{\lambda}_{vk}$ 分别为具有协方差矩阵$\boldsymbol{Q}_k$ 和 $\boldsymbol{R}_k$ 的高斯噪声,那么 EKF 方程表示为

$$\hat{\bar{\boldsymbol{x}}}_{k+1|k}=\boldsymbol{f}(\hat{\bar{\boldsymbol{x}}}_{k|k},\boldsymbol{u}_{k|k}) \tag{5.5a}$$

$$\hat{\boldsymbol{y}}_{k+1|k}=\boldsymbol{h}(\bar{\boldsymbol{x}}_{k+1|k}) \tag{5.5b}$$

$$\boldsymbol{P}_{k+1|k}=\boldsymbol{A}\boldsymbol{P}_{k|k}\boldsymbol{A}^{\mathrm{T}}+\boldsymbol{Q}_k \tag{5.5c}$$

$$\boldsymbol{K}_{k+1|k}=\boldsymbol{P}_{k+1|k}\boldsymbol{H}^{\mathrm{T}}(\boldsymbol{H}\boldsymbol{P}_{k+1|k}\boldsymbol{H}^{\mathrm{T}}+\boldsymbol{R}_{k+1})^{-1} \tag{5.5d}$$

$$\hat{\bar{\boldsymbol{x}}}_{k+1|k+1}=\hat{\bar{\boldsymbol{x}}}_{k+1|k}+\boldsymbol{K}_{k+1}(\boldsymbol{y}_{k+1}-\hat{\boldsymbol{y}}_{k+1|k}) \tag{5.5e}$$

$$\boldsymbol{P}_{k+1|k+1}=\boldsymbol{P}_{k+1|k}-\boldsymbol{K}_{k+1|k}\boldsymbol{H}_{k+1}\boldsymbol{P}_{k+1|k} \tag{5.5f}$$

式中:$\boldsymbol{A}=\left[\dfrac{\partial\boldsymbol{f}(\hat{\bar{x}},\boldsymbol{u})}{\partial\bar{\boldsymbol{x}}}\right]$;$\boldsymbol{H}=\left[\dfrac{\partial\boldsymbol{h}(\hat{\bar{x}})}{\partial\bar{\boldsymbol{x}}}\right]$;$\boldsymbol{K}_{k+1|k}$ 为滤波增益。

假设初始状态 $\hat{\boldsymbol{x}}(0)$ 与初始协方差 $\boldsymbol{P}(0)$ 已知。

注意,与卡尔曼滤波器相反,如果连续线性化与整个不确定域中线性模型不接近,那么 EKF 可能会发散,该现象与系统的常量参数有关。

当以仿真方式实现 EKF 滤波器时,常见问题是选择合适的协方差矩阵。如果这些矩阵在某些情况下不佳,则会导致滤器发散。据经验可知,为提高预测器的性能,需要离线或在线对系统矩阵 $\boldsymbol{A}$ 和 $\boldsymbol{H}$ 进行调整。

5.1.5 四旋翼无人机简化非线性模型

由第 2 章可知,有风条件下四旋翼无人机的平移运动可表示为

$$m\ddot{\boldsymbol{\xi}}=\boldsymbol{R}\left(\sum_{i=1}^{4}\boldsymbol{f}_i+\boldsymbol{f}_{\mathrm{d}}\right)+\boldsymbol{f}_{\mathrm{g}}$$

式中:m 为质量;$\boldsymbol{\xi}$ 为位置;$\boldsymbol{R}$ 为旋转矩阵;$\boldsymbol{f}_i$、$\boldsymbol{f}_{\mathrm{d}}$、$\boldsymbol{f}_{\mathrm{g}}$ 分别为旋转力、拉力和重力。

旋转运动可表示为

$$\boldsymbol{I}\dot{\boldsymbol{\Omega}} = -\boldsymbol{\Omega} \times \boldsymbol{I}\boldsymbol{\Omega} + \sum_{i=1}^{4} (\boldsymbol{\tau}_{M_i} + \boldsymbol{\tau}_{r_i}) + \boldsymbol{\tau}_{\mathrm{d}}$$

式中:$\boldsymbol{I}$ 为惯性量;$\boldsymbol{\tau}_{M_i}$ 为主扭矩;$\boldsymbol{\tau}_{r_i}$ 为拉力扭矩;$\boldsymbol{\Omega}$ 为角速度矢量,可以通过标准运动关系 $\boldsymbol{\Omega}=\boldsymbol{W}_{\boldsymbol{\eta}}\dot{\boldsymbol{\eta}}$ 与欧拉速度 $\dot{\boldsymbol{\eta}}$ 进行关联[11]。

因此,根据 $\dot{\boldsymbol{\Omega}}=\boldsymbol{W}_{\boldsymbol{\eta}}\ddot{\boldsymbol{\eta}}+\dot{\boldsymbol{W}}_{\boldsymbol{\eta}}\boldsymbol{W}_{\boldsymbol{\eta}}^{-1}\boldsymbol{\Omega}$($\boldsymbol{W}_{\boldsymbol{\eta}}$ 为将自身角速率与欧拉速度相关联的矩阵)和式(2.18),可得

$$\boldsymbol{M}(\boldsymbol{\eta})\ddot{\boldsymbol{\eta}} = -\boldsymbol{C}(\boldsymbol{\eta},\dot{\boldsymbol{\eta}})\dot{\boldsymbol{\eta}} + \sum_{i=1}^{4} (\boldsymbol{\tau}_{M_i} + \boldsymbol{\tau}_{r_i}) + \boldsymbol{\tau}_{\mathrm{d}} \tag{5.6}$$

式中:$\boldsymbol{M}(\boldsymbol{\eta})$ 为完整的惯性矩阵;$\boldsymbol{C}(\boldsymbol{\eta},\dot{\boldsymbol{\eta}})\dot{\boldsymbol{\eta}}$ 为科里奥利矩阵。

当四旋翼无人机处于悬停状态时,假设旋翼推力与螺旋桨转速的平方成正比,并且旋翼和机身面对齐。因此,四旋翼无人机的摆动角非常小,满足 $\sin a_{1_{si}} \approx a_{1_{si}}$,$\sin b_{1_{si}} \approx b_{1_{si}}$,$\cos a_{1_{si}} \approx$,$\cos b_{1_{si}} \approx 1$,更多细节可参见第 2 章。此时,纵向和横向转子推力可以忽略不计。实际上,在悬停状态附近(四旋翼无人机通常在±30°的姿态范围内运行),垂直起降无人机每个轴上运动解耦,所以科里奥利矩阵非常小并且可以忽略。

总之,用于四旋翼无人机姿态估计的运动模型基于假设准平稳机动和小扑翼角。通过按照 z 轴、x 轴和 y 轴进行旋转,即 ${}^{B}\boldsymbol{R}_{\varepsilon}(\psi,\theta,\phi)$,四旋翼无人机的简化非线性模型:

$$m\ddot{x} = -(u+w_x)\sin\theta \tag{5.7a}$$

$$m\ddot{y} = (u+w_y)\cos\theta\sin\phi \tag{5.7b}$$

$$m\ddot{z} = (u+w_z)\cos\theta\cos\phi - mg \tag{5.7c}$$

$$I_x\ddot{\theta} = \tau_\theta + w_\theta \tag{5.7d}$$

$$I_y\ddot{\phi} = \tau_\phi + w_\phi \tag{5.7e}$$

$$I_z\ddot{\psi} = \tau_\psi + w_\psi \tag{5.7f}$$

式中:x、y 和 z 为无人机位置;ψ、θ 和 ϕ 分别为偏航角、俯仰角和横滚角;$\boldsymbol{I}_j$ 为 j 轴的惯性矩阵;g 为重力加速度;u 为主推力;τ_ψ、τ_θ 和 τ_ϕ 分别为偏航力矩、俯仰力矩和横滚力矩;w_k(k 取值 x、y、z、θ、ϕ 或 ψ)为由风引起的未知扰动。

5.2 原型机和数学仿真实验

本书涉及的实验平台由四旋翼无人机、嵌入式导航系统和地面站组成,如图 5.4 所示。该无人机采用 Mikrokopter 结构,4 个由 i2c BlCtrl 驱动器控制的无刷

电动机。控制板基于德州仪器系统芯片 OMAP3530 的 IGEPv2,载有 750MHz 处理频率的 ARM Cortex A8 处理器和处理频率 520MHz 的数字信号处理器(DSP)C64x+。使用的传感器包括超声波测距仪 SRF10、IMU 3DMGX3-25、PS3eye 相机。原型机的总质量为 1.1kg,一块 LiPO 11.1V 和 6000mA·h 电池为所有电子系统供电。电子板、传感器和控制算法组成嵌入式导航系统。

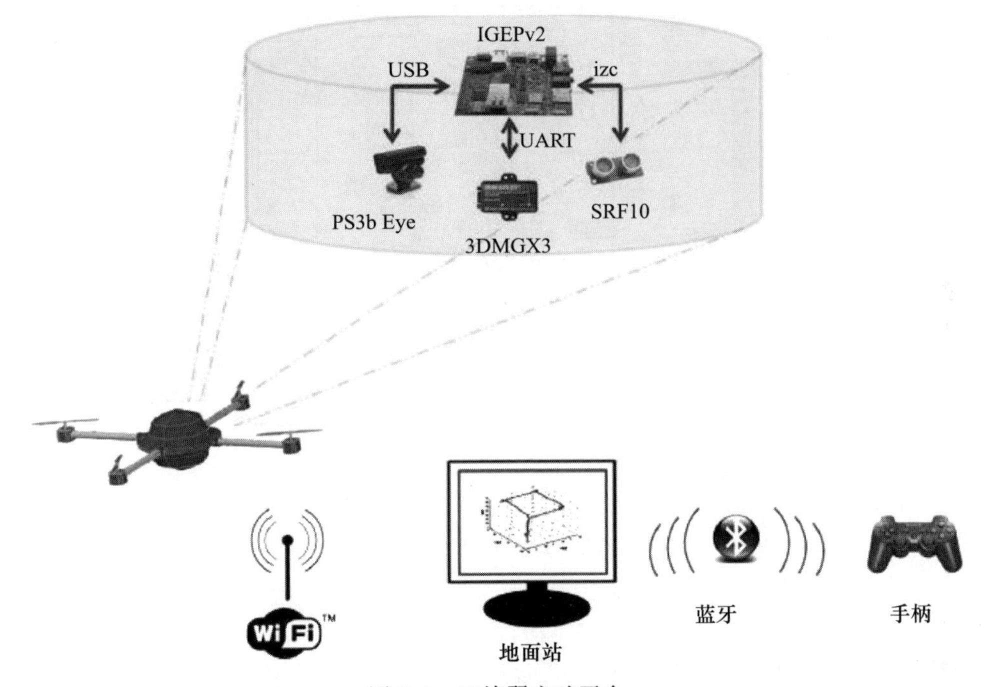

图 5.4 四旋翼实验平台

IGEPv2 收集的所有信息都通过 WiFi 发送至地面站,用以绘制无人机状态图,实时监控系统响应、调整控制参数以及重新定义任务等。基站采用 QT 库编写,这使其适应于多种平台。在手动控制飞行阶段,使用 Playstation 3 操纵杆进行控制,其与地面站通过蓝牙通信。

令 $w_k=0$,以标准形式 $\dot{\boldsymbol{x}}=f(\bar{\boldsymbol{x}},\boldsymbol{u})$ 重写式(5.7),可得

$$\dot{\boldsymbol{x}}=\begin{bmatrix}\dot{x} & -\frac{u}{m}\sin\theta & \dot{y} & \frac{u}{m}\cos\theta\sin\phi & \dot{z} & \frac{u}{m}\cos\theta\cos\phi-g & \dot{\theta} & \frac{\tau_\theta}{T_x} & \dot{\phi} & \frac{\tau_\phi}{I_y} & \frac{\tau_\psi}{I_z}\end{bmatrix}^{\mathrm{T}} \tag{5.8}$$

式中:$\bar{\boldsymbol{x}}=[x \quad \dot{x} \quad y \quad \dot{y} \quad z \quad \dot{z} \quad \theta \quad \dot{\theta} \quad \phi \quad \dot{\phi} \quad \psi \quad \dot{\psi}]$。

注意,由于 EKF 应用对象是离散系统,因此若采样周期 T_s 足够小,则可以使用欧拉近似来重写式(5.8)中离散变量[12]。不失一般性,式(5.8)可重写为

$$
\bar{\boldsymbol{x}}_{k+1}=\begin{bmatrix}
\dot{x}_k T_s+x_k \\
-\left(\frac{u_k}{m}\sin\theta_k\right) T_s+\dot{x}_k \\
\dot{y}_k T_s+y_k \\
\left(\frac{u_k}{m}\cos\theta_k\sin\phi_k\right) T_s+\dot{y}_k \\
\dot{z}_k T_s+z_k \\
\left(\frac{u_k}{m}\cos\theta_k\cos\phi_k-g\right) T_s+\dot{z}_k \\
\dot{\theta}_k T_s+\theta_k \\
\frac{\tau_{\theta_k}}{I_x}T_s+\dot{\theta}_k \\
\dot{\phi}_k T_s+\phi_k \\
\frac{\tau_{\phi_k}}{I_y}T_s+\dot{\phi}_k \\
\dot{\psi}_k T_s+\psi_k \\
\frac{\tau_{\psi_k}}{I_z}T_s+\dot{\psi}_k
\end{bmatrix} \tag{5.9}
$$

式中：$T_s=t_{k+1}-t_k$ 且 t_k 是时刻 k 的时间 t。

状态估计变换和测量噪声服从高斯分布，其协方差矩阵满足

$$
\mathbb{E}[\boldsymbol{\lambda}_{\xi_k}\boldsymbol{\lambda}_{\xi_k}^{\mathrm{T}}]=\boldsymbol{Q}_k,\quad \mathbb{E}[\boldsymbol{\lambda}_{v_k}\boldsymbol{\lambda}_{v_k}^{\mathrm{T}}]=\boldsymbol{R}_k
$$

式中：$\boldsymbol{\lambda}_{\xi k}$ 为状态估计的随机过程噪声；$\boldsymbol{\lambda}_{vk}$ 为传感器测量噪声。

数学仿真分为以下三个步骤。

(1)对四旋翼无人机的高度常量参数进行辨识后，在无人机板卡上进行 EKF 算法的实现。该部分的目标是在机载、在线和开环系统中对算法进行验证。在该方式下也手动进行了几次飞行测试，以进行算法验证。四旋翼无人机的响应在地面站完成在线分析。此外，为提高 EKF 的收敛性，还对协方差矩阵 $\boldsymbol{Q}_k$ 和 $\boldsymbol{R}_k$ 进行了微调。

(2)将 EKF 算法在闭环、在线和机载方面进行了验证，以确保无人机能够自主地跟踪所需的轨迹。

(3)使用 OptiTrack 系统进行了一些飞行测试，以证实所提出算法的良好准确性。

数学仿真结果将在 5.3 节展示。

5.3 飞行实验和实验结果

在进行四旋翼无人机的自主控制之前，首先以手动开环方式进行了多次飞行测试以验证 EKF 方法，并启发性地验证了状态估计结果的准确性。

5.3.1 手动飞行实验

在最具代表性的飞行实验中，飞行员计划飞出一条矩形飞行轨迹，x 轴上 $\ell_1 = 5\text{m}$，y 轴上 $\ell_2 = 6\text{m}$，如图 5.5 所示。受飞行员个人飞行技能的影响，在飞行轨迹中会存在小的振荡。尽管如此，也可以观察到对$(\hat{x},\hat{y})$良好的估计结果。

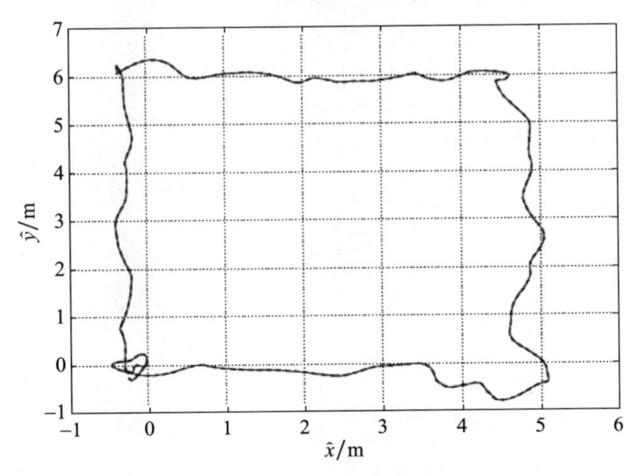

图 5.5 $\hat{x}$ 和 $\hat{y}$ 手动飞行模式下矩形轨迹的位置估计

5.3.2 自主飞行模式

在自主飞行模式下，常用 PID 控制器和饱和函数方法来控制闭合回路。稳定四旋翼的 PID 控制输入为

$$u = -K_{3_z}\dot{z} - K_{2_z}(z - z_d) - \int K_{1_z}(z - z_d)\,d\tau + g \tag{5.10a}$$

$$\tau_\psi = -K_{3_\psi}\dot{\psi} - K_{2_\psi}(\psi - \psi_d) - \int K_{1_\psi}(\psi - \psi_d)\,d\tau \tag{5.10b}$$

$$\begin{aligned}\tau_\theta = & -K_{6_\theta}\dot{\theta} - K_{5\theta}(\theta - \theta_d) - \int K_{4_\theta}(\theta - \theta_d)\,d\tau + \\ & K_{3_\theta}\dot{x} + K_{2_\theta}(x - x_d) + \int K_{1_\theta}(x - x_d)\,d\tau\end{aligned} \tag{5.10c}$$

$$\tau_{\phi} = -K_{6_{\phi}}\dot{\phi} - K_{5_{\phi}}(\phi - \phi_{d}) - \int K_{4_{\phi}}(\phi - \phi_{d})\,d\tau - K_{3_{\phi}}\dot{y} - K_{2_{\phi}}(y - y_{d}) - \int K_{1_{\phi}}(y - y_{d})\,d\tau \tag{5.10d}$$

式中:K_{ij} 为常数;z_{d}、ψ_{d}、θ_{d}、ϕ_{d}、x_{d} 和 y_{d} 为期望值;g 为重力加速度。

有关 PID 控制器的更多详细信息,参见第 6 章。

图 5.6 和图 5.7 展示了 PID 控制律的性能。首先调整控制增益以实现无人机悬停。结果与仿真一致,然而当四旋翼无人机沿着 y 轴飞行时,无人机的响应出现了差异,需要重新调整控制增益。无人机飞行任务的起始点$(x(0),y(0),z(0))=(0,0,0.5)$m,飞行至$(x_{d},y_{d},z_{d})=(0,3,0.5)$m,最后返回至初始位置并着陆。由图 5.6(b)可以看出,当无人机沿 y 轴飞行时,只有横滚角发生改变,俯仰角始终在 0° 附近变化。图 5.7 进一步验证了这种现象,其中沿 x 轴的平移速度 $\dot{x}$ 几乎为零,而沿 y 轴的平移速度 $\dot{y}$ 会随横滚角而增加或减少。

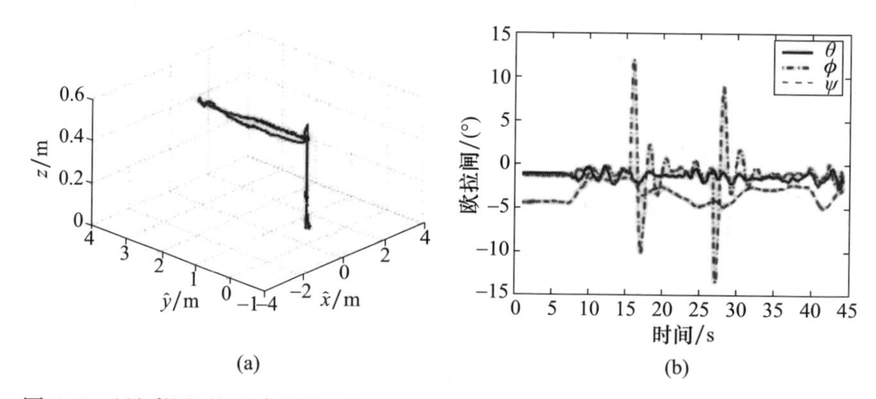

图 5.6 (见彩图)按照直线轨迹的自主飞行中 $\hat{x}$、$\hat{y}$ 和 z 的响应,以及 θ、ϕ 和 ψ 响应

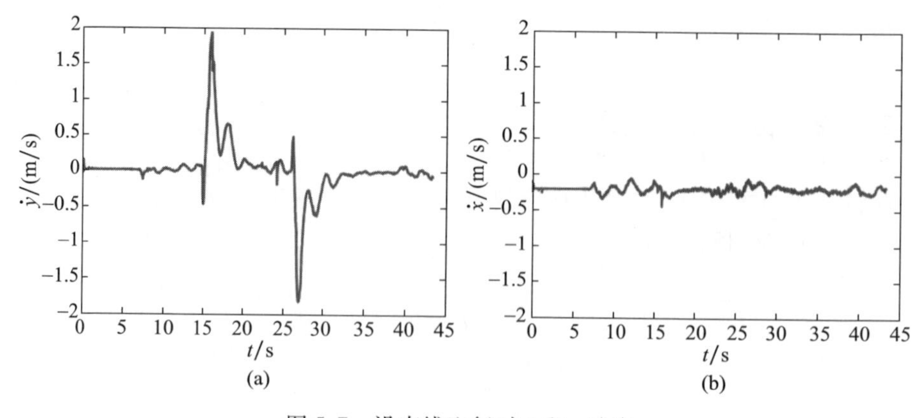

图 5.7 沿直线飞行时 $\dot{x}$ 和 $\dot{y}$ 响应

飞行实验采用了基于饱和函数的控制方法,这种类型的控制律实施简单且计

算高效。考虑以下系统形式：

$$\begin{cases}\dot{r}_1 = r_2 \\ \vdots \\ \dot{r}_n = u_r\end{cases} \tag{5.11}$$

饱和函数取$|\sigma_{b_i}(s)| \leqslant b_i$,其中 $b_i>0$ 为常数,利用控制律

$$u_r = -\sum_{i=1}^{n} \sigma_{b_i}(k_i r_i) \tag{5.12}$$

来稳定系统(式(5.11),对于所有常数 $k_i>0$),并使用非线性 σ_{b_i} 限制每个状态 r_i。文献[13-14]已经证明,该控制律可用于稳定式(5.7)所描述的这类非线性系统。式(5.12)可进一步写为

$$\bar{u} = -\sigma_{b_{2z}}(K_{2z}\dot{z}) - \sigma_{b_{1z}}(K_{1z}(z-z_{\mathrm{d}})) \tag{5.13a}$$

$$\tau_\psi = -\sigma_{b_{2_\psi}}(K_{2_\psi}\dot{\psi}) - \sigma_{b_{1_\psi}}(K_{1_\psi}(\psi-\psi_{\mathrm{d}})) \tag{5.13b}$$

$$\tau_\theta = -\sigma_{b_{4_\theta}}(K_{4_\theta}\dot{\theta}) - \sigma_{b_{3_\theta}}(K_{3_\theta}(\theta-\theta_{\mathrm{d}})) + \sigma_{b_{2_\theta}}(K_{2_\theta}\dot{x}) + \sigma_{b_{1_\theta}}(K_{1_\theta}(x-x_{\mathrm{d}})) \tag{5.13c}$$

$$\tau_\phi = -\sigma_{b_{4_\phi}}(K_{4_\phi}\dot{\phi}) - \sigma_{b_{3_\phi}}(K_{3_\phi}(\phi-\phi_{\mathrm{d}})) - \sigma_{b_{2_\phi}}(K_{2_\phi}\dot{y}) - \sigma_{b_{1_\phi}}(K_{1_\phi}(y-y_{\mathrm{d}})) \tag{5.13d}$$

式中:$\bar{u}=u-g$(控制律的设计和稳定性分析可参见文献[13])。

图 5.8 展示了当四旋翼无人机采用先前控制律自主实时沿边长为 2m 的正方形飞行时的飞行轨迹。

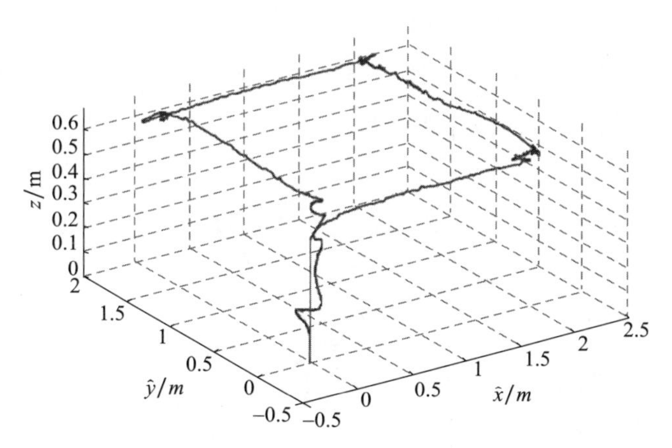

图 5.8　无人机自主实现方形轨迹时 $\hat{x}$、$\hat{y}$ 和 z 的响应

本次飞行任务的轨迹坐标设为$(x_0,y_0,z_0)=(0,0,0.6)$,$(x_1,y_1,z_1)=(2,0,0.6)$,$(x_2,y_2,z_2)=(2,2,0.6)$和$(x_3,y_3,z_3)=(0,2,0.6)$,均以 m 为单位。注意,即使无人机没有配备位置传感器,EKF 也能够使用 $x-y$ 平面内的平移速度以及无人机姿态,以较高的精度估计 $\hat{x}$ 和 $\hat{y}$。

为说明无人机在更为复杂轨迹中的表现，且同时为了验证估计算法不存在累积误差，本书设计了一些无人路径。如图 5.9 所示，为了说明问题，放置 4 个柱状障碍物。注意，无人机没有配备其他传感器来避开障碍物，因此错误的位置估计和不准确的控制参数调整都将使四旋翼无人机撞到障碍物上。飞行任务的目标是让无人机跟踪一条坐标给定的轨迹，在该任务中无人机将穿越 4 个支柱，绕过其中一个到达支柱的中心并降落，这些工作都在自主模式下完成。设置的坐标为 $(x_0,y_0,z_0)=(0,0,0)$，$(x_1,y_1,z_1)=(0,0,0.6)$，$(x_2,y_2,z_2)=(2,0,0.6)$，$(x_3,y_3,z_3)=(2,4,0.6)$，$(x_4,y_4,z_4)=(4,4,0.6)$，$(x_5,y_5,z_5)=(4,2,0.6)$，$(x_6,y_6,z_6)=(2,2,0)$，$(x_f,y_f,z_f)=(2,2,0)$。

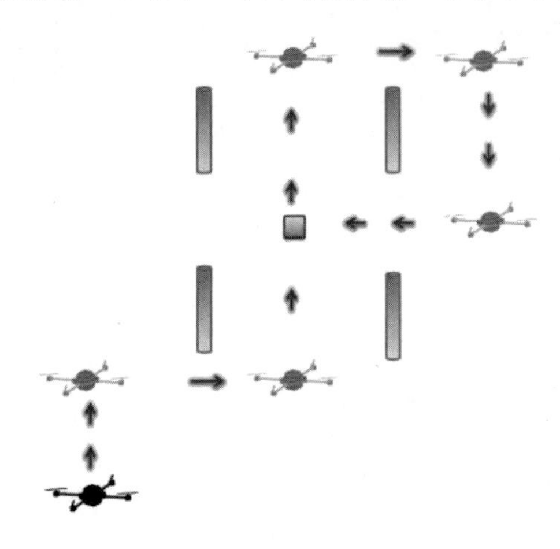

图 5.9　存在障碍物时的期望任务

图 5.10 展示了 $\hat{x}$、$\hat{y}$ 和 z 响应的三维视图。从图可以看出，四旋翼无人机很好地完成了所期望的任务。$\dot{\hat{z}}$ 估计如图 5.11 所示。

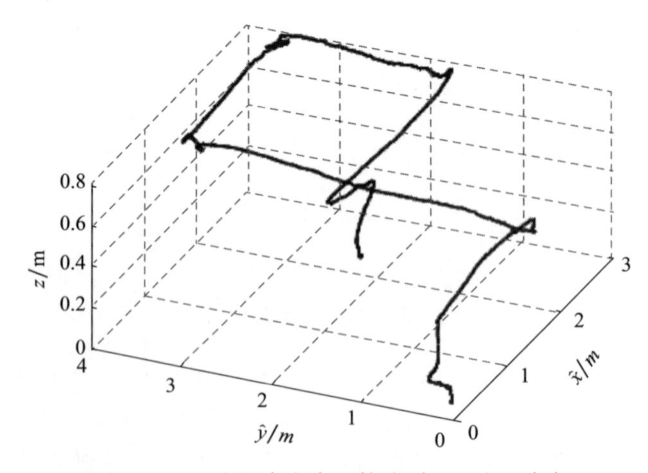

图 5.10　无人机自主实现轨迹时 $\hat{x}$、$\hat{y}$ 和 z 响应

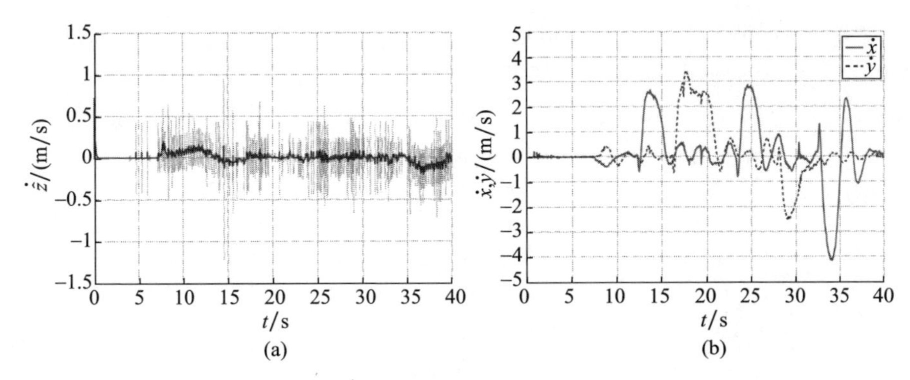

图 5.11 平移速度响应

(a)使用 EKF(实线)和经典欧拉推导(虚线)时的 $\dot{z}$ 响应;(b)从光流算法获得的 $\dot{x}$ 和 $\dot{y}$ 响应。

图 5.11 中展示对比了两种不同方法的估计状态性能,其中虚线对应经典欧拉推导时的响应,实线对应 EKF 给出更好性能时的响应。在闭环系统中,仅采用了 EKF 估计方法。

从图 5.9 可以看出:无人机先沿纵轴正向运动,再沿横轴正向运动,然后沿纵轴正向运动,随后沿横轴负向运动,最后沿纵轴负向运动。这些位移对应着无人机的俯仰角和横滚角以及角速率的运动,如图 5.12 所示。

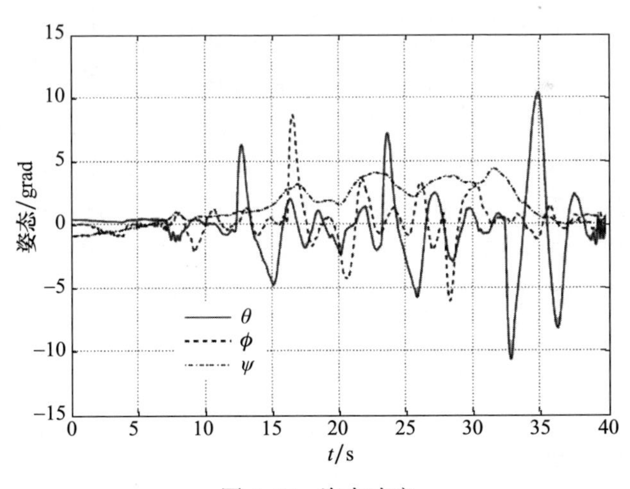

图 5.12 姿态响应

5.4 OptiTrack 测量与扩展卡尔曼滤波估计

将基于所提出 EKF 算法的数据融合估计结果与来自 OptiTrack 系统的测量值进行比较。OptiTrack 系统由一系列红外摄像机、两个同步摄像机集线器以及 Opti-

Track 跟踪工具处理软件组成。OptiTrack 系统能以良好的精度实时地提供四旋翼无人机六自由度的位置和方向。飞行对比测试包括:在 $x_1=y_1=0, z_1=0.8$m 处起飞和悬停;移动到 $x_2=0, y_2=2$m, $z_2=0.8$m;飞回到(x_1, y_1, z_1);着陆,如图 5.13 和图 5.14 所示。由图可以看出,EKF 估计值和 OptiTrack 测量值非常接近。这表明 EKF 算法对缺失状态的估计是准确的。

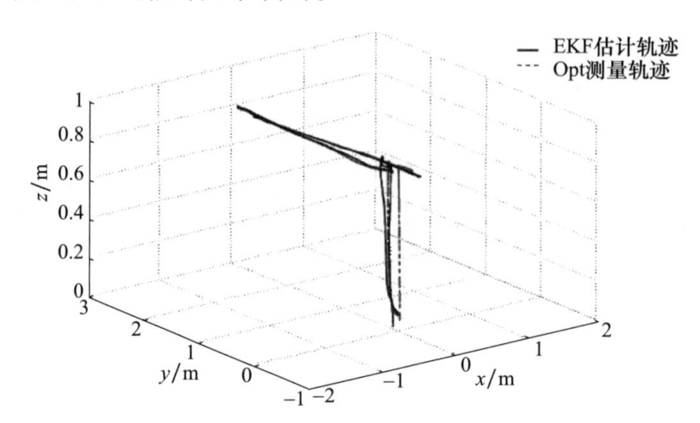

图 5.13　无人机跟随目标坐标时的系统响应

注:实线表示使用 EKF 估计的状态;虚线表示使用 OptiTrack 系统测量结果。

图 5.15 和图 5.16 展示了水平位置估计的主要结果。从这些图中可以看出,$\hat{x}$ 和 $\hat{y}$ 估计值(实线)与来自 OptiTrack 系统的测量值 x 和 y(虚线)非常接近。这一事实很好地说明,当使用 EKF 进行数据融合时,可以获得很高的估计精度。图 5.16 中的一些小差异可能是光流造成,因为当无人机移动时其横滚角会变化,该变化将导致光流在相反方向上进行速度估计。尽管存在这些误差,估计结果还是相当不错的,如果能在光流算法中对旋转效应进行一些补偿,则可以获得更好的估计结果。

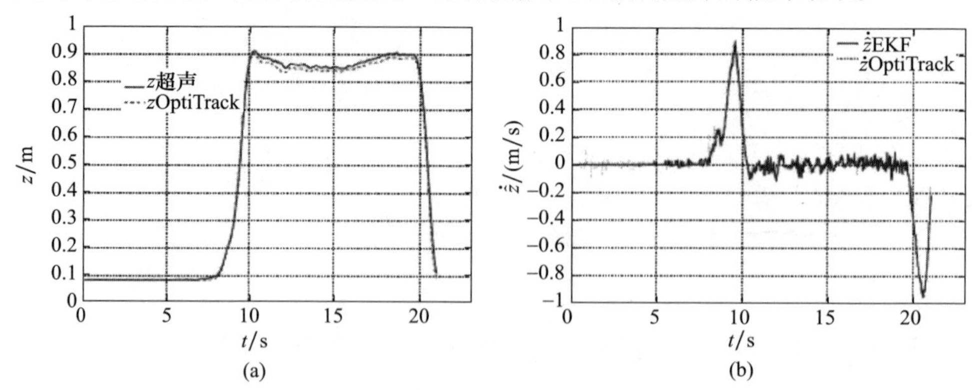

图 5.14　z 和 $\dot{z}$ 响应

注:实线表示使用 EKF 和超声波传感器估计的状态;虚线表示使用 OptiTrack 系统测量的状态。

图 5.15 和图 5.16 中展示了无人机的平移速度。虚线表示 OptiTrack 系统测量到的 $\dot{x}$ 和 $\dot{y}$,实线表示使用光流算法对这些状态的估计值。在飞行过程中,无人机沿着 y 轴沿着一条直线前进,在 x 轴上没有移动。

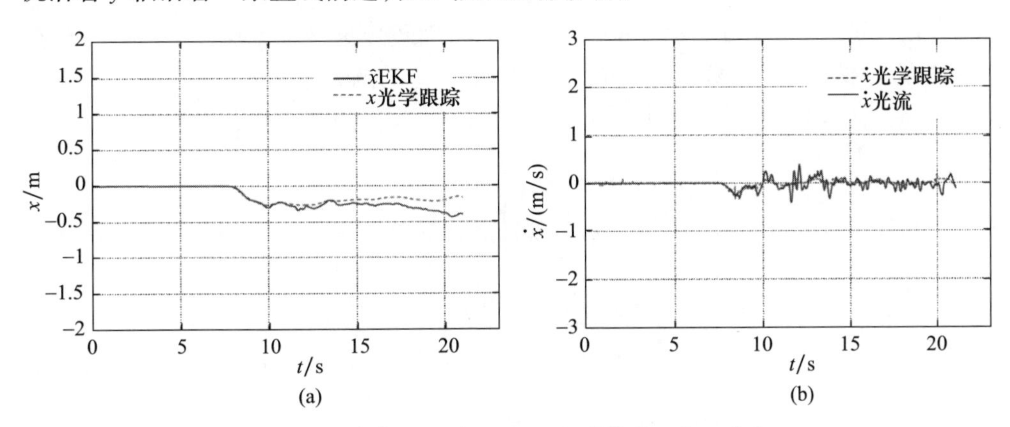

图 5.15 来自 EKF 和 OptiTrack 系统的 x 和 $\dot{x}$ 响应

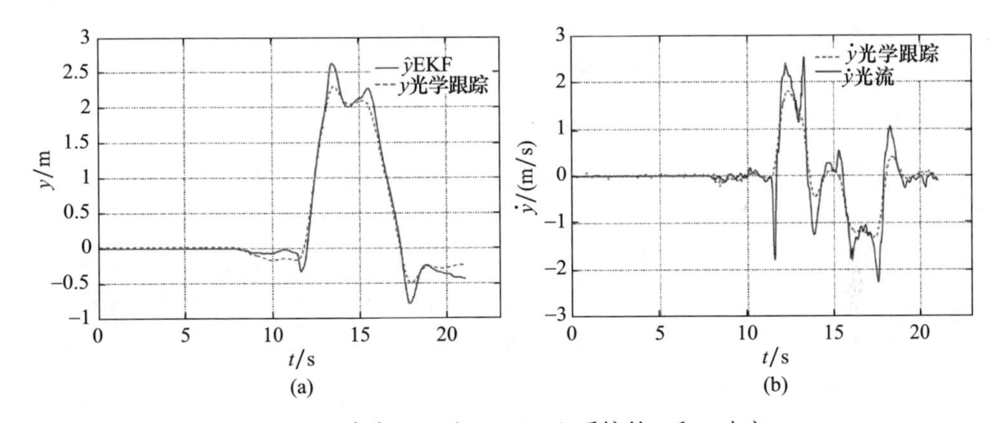

图 5.16 来自 EKF 和 OptiTrack 系统的 y 和 $\dot{y}$ 响应

5.5 旋转光流补偿

文献[15]为式(5.3)中的旋转分量设计了补偿算法,并进行了数学仿真。该算法基于 KF,融合了 IMU 的角度测量和光流。考虑以下 KF 方程:

$$\begin{cases}\hat{\boldsymbol{x}}_{k+1}=\boldsymbol{A}_k\hat{\boldsymbol{x}}_k+\boldsymbol{\lambda}_{\xi k}, & \mathbb{E}[\boldsymbol{\lambda}_{\xi k}\boldsymbol{\lambda}_{\xi_k}^{\mathrm{T}}]=\boldsymbol{Q}_k\\ \boldsymbol{y}_k=\boldsymbol{H}_k\hat{\boldsymbol{x}}_k+\boldsymbol{\lambda}_{vk}, & \mathbb{E}[\boldsymbol{\lambda}_{vk}\boldsymbol{\lambda}_{v_k}^{\mathrm{T}}]=\boldsymbol{R}_k\end{cases} \tag{5.14}$$

且

$$A_k=\begin{bmatrix}I & 0\\0 & I\end{bmatrix},\hat{\boldsymbol{x}}_k=\begin{bmatrix}\hat{\boldsymbol{V}}_{\mathrm{OF}}\\\hat{\boldsymbol{W}}\end{bmatrix},\boldsymbol{H}_k=\begin{bmatrix}I & \boldsymbol{K}_R^{\mathrm{T}}\\0 & I\end{bmatrix},\boldsymbol{y}_k=\begin{bmatrix}\mathbf{OF}\\\boldsymbol{\Omega}_{\mathrm{imu}}\end{bmatrix}$$

式中：$\hat{\boldsymbol{V}}_{\mathrm{OF}}$ 为式(5.3)的平移分量的矢量；$\hat{\boldsymbol{W}}$ 为旋转分量；$\boldsymbol{K}_R$ 为取决于相机内在参数的恒定比例因子[15]；**OF** 表示光流；$\boldsymbol{\Omega}_{\mathrm{imu}}$ 为 IMU 的测量角速度。

根据式(3.13)和式(3.14)，可以推导出以下 KF 方程：

$$\begin{cases}\hat{\boldsymbol{x}}_k^-=\begin{bmatrix}I & 0\\0 & I\end{bmatrix}\begin{bmatrix}\hat{\boldsymbol{V}}_{\mathrm{OF}}\\\hat{\boldsymbol{W}}\end{bmatrix}_{k-1}'\\\hat{\boldsymbol{x}}_k^+=\begin{bmatrix}\hat{\boldsymbol{V}}_{\mathrm{OF}}\\\hat{\boldsymbol{W}}\end{bmatrix}^-+\boldsymbol{K}_k\begin{bmatrix}\mathbf{OF}-\hat{\boldsymbol{V}}_{\mathrm{OF}}-\boldsymbol{K}_R^{\mathrm{T}}\hat{\boldsymbol{W}}\\\boldsymbol{\Omega}_{\mathrm{imu}}-\hat{\boldsymbol{W}}\end{bmatrix}\\\boldsymbol{P}_k^-=\begin{bmatrix}I & 0\\0 & I\end{bmatrix}_{k-1}+\boldsymbol{P}_{k-1}+\begin{bmatrix}\boldsymbol{I} & 0\\0 & \boldsymbol{I}\end{bmatrix}_{k-1}^{\mathrm{T}}+\boldsymbol{Q}_k\\\boldsymbol{S}_k=\boldsymbol{H}_k\boldsymbol{P}_k^-\boldsymbol{H}_k^{\mathrm{T}}+\boldsymbol{R}_k\\\boldsymbol{K}_k=\boldsymbol{P}_k^-\boldsymbol{H}_k^{\mathrm{T}}\boldsymbol{S}_k^{-1}\\\boldsymbol{P}_k^+=(\boldsymbol{I}-\boldsymbol{K}_k\boldsymbol{H}_k)\boldsymbol{P}_k^-\end{cases}$$

将 KF 算法在一个实验台上进行了实验验证，该实验台主要包括 Computer-on-Module Gumstix Overo Fire、IMU 3DMGX3-25 和一个朝下的 Chameleon Mono Point Grey 相机。实验结果如图 5.17 和图 5.18 所示。图 5.17 展示了光流计算 $\dot{x}_{\mathrm{im}}$ 和 $\dot{y}_{\mathrm{im}}$ 以及使用 KF 方法计算的光流平移分量。当实验台快速改变方向时，旋转分量对总光流的计算影响很大，如图 5.18 所示。因此，如果不进行旋转补偿，就会得到错误的无人机平移速度。

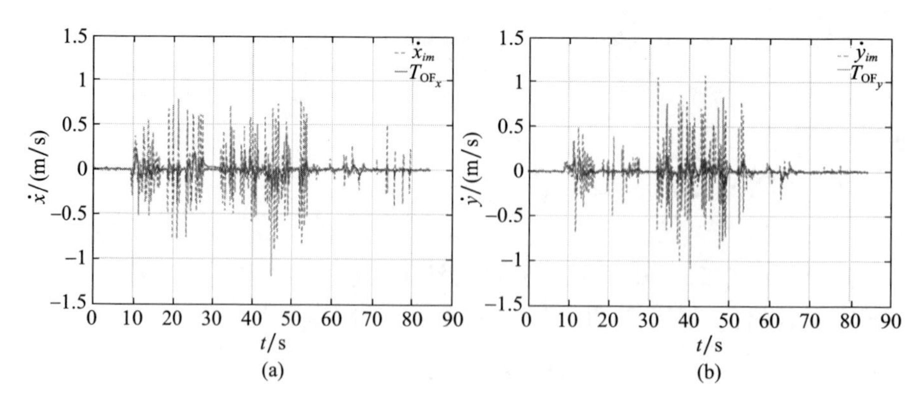

图 5.17 ($\dot{x}_{\mathrm{im}}$, $\dot{y}_{\mathrm{im}}$) 及其平移分量 T_{OF_x} 和 T_{OF_y} 的光流计算

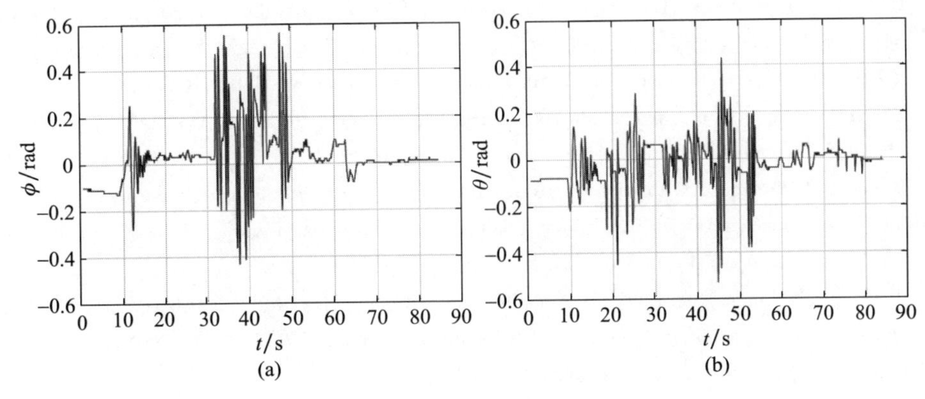

图 5.18　ϕ 和 θ 角响应

5.6　小结

本章给出了用于 GPS 缺失环境下的替代定位方案。为估计来自 IMU 测量的水平位置(x,y)，使用 EKF 融合了超声波测距仪和相机，其中相机用于计算光流并估计无人机的水平速度。该估计算法在开环、闭环以及实际飞行中均得到验证，并将估计结果与 OptiTrack 系统的实际测量值进行了比较。结果表明了所提出方案的有效性。

只有当无人机位置已知或者能被很好地估计时，无人机才能完成自主控制路径的飞行任务；否则，无人机可能会发生碰撞。为了执行此类任务，一些团队使用室内测量系统进行无人机定位，但这些解决方案的主要缺点是使用场景仅限于这些团队利用 VICON、OptiTrack 等构建的可定位工作空间。

参考文献

[1] Y. Song, B. Xian, Y. Zhang, X. Jiang, X. Zhang, Towards autonomous control of quadrotor unmanned aerial vehicles in a GPS-denied urban area via laser ranger finder, Optik, International Journal for Light and Electron Optics 126(2015)3877-3882.

[2] F. Wang, J. -Q. Cui, B. -M. Chen, T. H. Lee, A comprehensive UAV indoor navigation system based on vision optical flow and laser FastSLAM, Acta Automatica Sinica 39(2013)1889-1899.

[3] Y. M. Mustafah, A. W. Azman, F. Akbar, Indoor UAV positioning using stereo vision sensor, in: International Symposium on Robotics and Intelligent Sensors 2012(IRIS 2012), Procedia Engineering 41(2012)575-579.

[4] C. Troiani, A. Martinelli, C. Laugier, D. Scaramuzza, Low computational-complexity algorithms for vision-aided inertial navigation of micro aerial vehicles, Robotics and Autonomous Systems 69 (2015) 80-97, selected papers from 6th European Conference on Mobile Robots.

[5] S. Fux, Development of a planar low cost Inertial Measurement Unit for UAVs and MAVs, Master's thesis, Swiss Federal Institute of Technology, Zurich, 2008.

[6] B. Lucas, T. Kanade, An iterative image registration technique with an application to stereo vision, in: Proceedings of International Joint Conference on Artificial Intelligence, vol. 2, Vancouver, British Columbia, 1981, pp. 674-679.

[7] A. Eresen, N. Imamoglu, M. O. Efe, Autonomous quadrotor flight with vision-based obstacle avoidance in virtual environment, Expert Systems with Applications 39(2012) 894-905.

[8] F. Raudies, Optic flow, Scholarpedia 8(7) (2013) 30724 .

[9] K. -I. Kanatani, Transformation of optical flow by camera rotation, IEEE Transactions on Pattern Analysis and Machine Intelligence 10(1988) 131-143.

[10] T. Kailath, Lectures on Wiener and Kalman Filtering, Springer Verlag, 1981.

[11] H. Goldstein, Classical Mechanics, Addison Wesley Series in Physics, Addison - Wesley, USA, 1980.

[12] M. Gerdts, Optimal Control of ODEs and DAEs, Walter de Gruyter, 2012.

[13] G. Sanahuja, P. Castillo, A. Sanchez, Stabilization of n integrators in cascade with bounded input with experimental application to a VTOL laboratory system, International Journal of Robust and Nonlinear Control 20(2010) 1129-1139.

[14] A. Sanchez, P. Garcia, P. Castillo Garcia, R. Lozano, Simple real-time stabilization of vertical take-off and landing aircraft with bounded signals, Journal of Guidance, Control, and Dynamics 31(2008) 1166-1176.

[15] E. Rondon, Navigation d'un vehicule aerien par flux optique, PhD thesis, Universitéde Tehcnologié de Compiègne, France, 2010.

第三篇
导航方案及控制策略

无人机需要执行的任务越来越复杂,这也促进了更复杂的控制技术的发展。近年来,线性和非线性 PD 控制器广泛用于控制无人机的姿态和位置。然而,当系统不断受到干扰或模型存在不确定性时,控制器无法实现控制目标,或者其性能显著降低。本部分将着重介绍不同的控制技术,以提高闭环系统和导航任务的性能。

本部分的前三章介绍了控制方案的开发设计。在这些章节中讨论了 5 种控制方法,即基于饱和函数的两种控制方法(第 6 章和第 8 章)、滑模控制方法(第 7 章)、反演控制方法(第 6 章)和包含不确定性扰动估计器的反馈控制方法(第 8 章)。

后面三章重点介绍如何改进并实现任务。例如:一方面,一些检查和监视任务要求飞行器通过具有速度或时间限制的特定点。因此需要解决轨迹生成和轨迹跟踪问题。第 9 章处理了这个问题,并提出了解决方案。另一方面,非结构化环境中的自主导航还需要避障算法。第 10 章提出了一种利用人工势场法和极限环方法避开固定障碍物的控制方案,并为初学者介绍了该领域的一些基本概念。最后,在第 11 章讨论了在飞行器失控时一种用于改善手动飞行操作的工具,提出了一种用于无碰撞导航的触觉遥操作算法。在该方案中还提出了一种利用视觉信息在室内环境中进行姿态估计的解决方案。

第6章 具有积分作用的非线性控制算法

通常当在校大学生或研究人员设计控制器时，一般是使用线性控制器，如反馈或 PD 控制器。在有些情况下，为了正确地应用这些控制器，有必要使用一些假设条件来修改非线性数学方程，以建立一个简化的非线性模型，或者从控制器设计的角度考虑，最好的情况是建立一种线性模型。后者对于某些研究来说是不可行的，不过在某些情况下它提供了一种更容易理解控制系统的方法。将四旋翼无人机模型线性化并不是一个问题，因为当无人机以小角度运动来跟踪轨迹时，其动力学系统可以大大简化，可以类似于一个线性系统。一般来说，级联的两个积分器或四个积分器是常用的一种四旋翼无人机线性模型。

设计控制系统时即便使用线性数学方程，也并不意味着控制器必须是线性的。已从线性模型构思出几种控制算法，也可以应用于非线性系统。当这种控制器被实验验证后，引起了无人机领域的广泛关注。

在实际应用中，系统在给定位置保持稳定的情况下，如果模型存在不确定性或未知扰动，闭环系统的性能就会下降，系统状态可能不会收敛到期望值。本章的主要目的是通过增加积分环节来改善常用控制方案的性能。

6.1 从 PD 到 PID 控制器

垂直起降飞行器（包括四旋翼无人机）姿态的最简单数学表示是由两个级联积分器组成的。从式(5.7)可以推导出

$$\ddot{\eta}=u_{\eta}+w_{\eta}$$

式中：η 为欧拉角（偏航角、俯仰角或横滚角）；u_{η} 为控制输入；w_{η} 为未知扰动。

使上述系统保持稳定是一项简单的任务，一般情况下，忽略干扰，采用 PD 控制器就能实现。假设

$$u_{\eta}=-k_{\mathrm{p}}e(t)-k_{\mathrm{d}}\frac{\mathrm{d}e(t)}{\mathrm{d}t} \tag{6.1}$$

式中：k_{p} 为比例增益；k_{d} 为微分增益；$e(t)$ 为当前状态 η 与期望状态 η_{d} 之间的误

差，$e(t)=\boldsymbol{\eta}-\boldsymbol{\eta}_{\mathrm{d}}$。

由图 6.1 可以看出，当 $w_\eta=0$ 时控制律使系统稳定（实线）。闭环系统的稳定性是显而易见的，没有必要再进行稳定性分析。为了进行仿真，令初始条件为 $\boldsymbol{\eta}(0)=10$，$\boldsymbol{\eta}_{\mathrm{d}}=0$。然而，如果 $w_\eta\neq 0$，则可以观察到系统存在稳态误差，如图 6.1 中虚线所示（在仿真中取 $w_\eta=4$）。上述稳态误差问题可以通过在控制器中添加一个积分项来解决，如图 6.2 所示。这种控制算法就是所说的比例-积分-微分（PID）控制器。

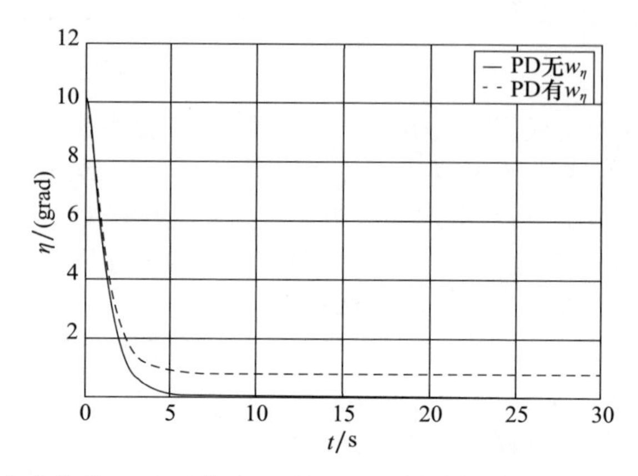

图 6.1　在有扰动 w_η 和无扰动 w_η 情况下系统采用 PD 控制器时的 $\boldsymbol{\eta}$ 响应

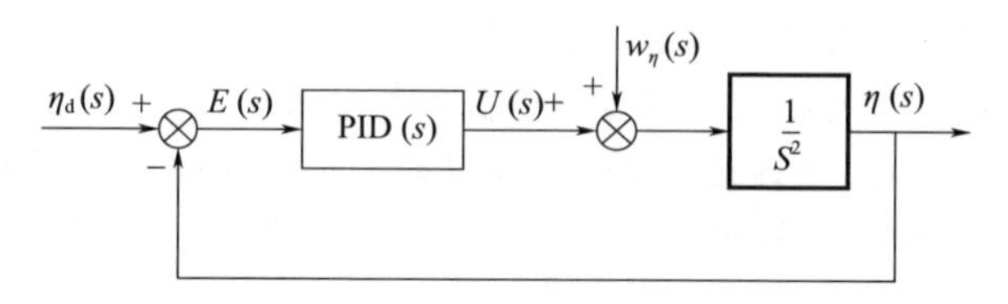

图 6.2　PID 控制结构

迄今为止，PID 控制器是在工业过程中最常用的控制算法[1]。该算法最常用表达式为

$$u(t)=-k_{\mathrm{p}}e(t)-k_{\mathrm{i}}\int e(t)\,\mathrm{d}t-k_{\mathrm{d}}\frac{\mathrm{d}e(t)}{\mathrm{d}t} \tag{6.2}$$

式中：k_{i} 为积分增益。

PID 控制示意图如图 6.2 所示。

由图 6.2 可知，误差可表示为

$$e_\infty=\lim_{s\to 0}e(s)=\frac{s^2}{s^2+PID(s)}\eta_{\mathrm{d}}(s)+\frac{1}{s^2+PID(s)}w_\eta(s)$$

由于控制系统有一个积分项，可以得出 $e_\infty=0$。

从式(6.2)可以推导出其他一些表达式,如具有设定值加权算法的 PID 正变得越来越流行,它是含有两个自由度的调节器,即

$$u(t)=k_{\mathrm{p}}(b\eta_{\mathrm{d}}-\eta)+k_{\mathrm{i}}\int e(t)\mathrm{d}t+k_{\mathrm{d}}\frac{d(c\eta_{\mathrm{d}}-\eta)}{\mathrm{d}t} \tag{6.3}$$

式中:η_{d} 为设定值;η 为测量变量。

设定值变化的响应取决于 b 和 c 的大小,而其对扰动和测量噪声的稳定性和鲁棒性将与无设定值加权算法式(6.2)相同。

注意,在控制四旋翼姿态时可以测量角速率 $\dot{\eta}$。在式(6.3)中,当 $c=0,b=1$ 时,可得

$$u(t)=k_{\mathrm{p}}e(t)-k_{\mathrm{d}}\dot{\eta}(t)+k_{\mathrm{i}}\int e(t)\mathrm{d}t \tag{6.4}$$

在图 6.3 中可以观察到使用 PID 控制器时飞行姿态是如何恢复的。遵循该思路,本章的目标是介绍两个具有积分项的非线性控制器来稳定四旋翼无人机系统或仅稳定其部分动力学。

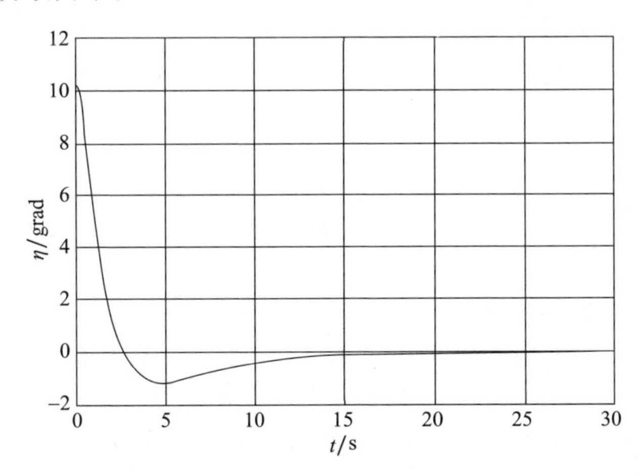

图 6.3 恒定扰动 $w_{\eta}=4$ 时系统采用 PID 控制器时的 η 响应

6.2 具有积分环节的饱和控制器

本节简要介绍基于饱和函数具有积分作用的控制算法,用于稳定由级联积分器链表示的四旋翼[1],该部分的详细描述见文献[2]。

这些算法稳定了由 n 个状态组成的积分器链,即

① 在 6.1 节中垂直起降飞行器的姿态可以由级联的两个积分器表示。

$$\dot{x}_1 = x_2$$
$$\dot{x}_2 = x_3$$
$$\vdots$$
$$\dot{x}_n = u(t)$$

或者用经典形式表示为

$$\dot{\boldsymbol{x}}(t) = \boldsymbol{A}\boldsymbol{x}(t) + \boldsymbol{B}u(t) \tag{6.5}$$

并且

$$\boldsymbol{A} = \begin{pmatrix} 0 & 1 & 0 & \cdots & 0 \\ 0 & 0 & 1 & \cdots & 0 \\ \vdots & \vdots & \vdots & & \vdots \\ 0 & 0 & 0 & \cdots & 0 \end{pmatrix}, \quad \boldsymbol{B}^{\mathrm{T}} = (0 \quad 0 \quad 0 \quad \cdots \quad 1)$$

式中：$x(t) \in \mathbb{R}^n$ 为系统状态；$u(t) \in \mathbb{R}^1$ 为系统输入；$\boldsymbol{A} \in \mathbb{R}^{n\times n}$ 为状态矩阵；$\boldsymbol{B} \in \mathbb{R}^n$ 为输入矩阵。饱和函数是这些控制律的一个基本要素，其定义如下。

定义 6.1 给定一个正数 b，如果函数 $\sigma_{\mathrm{b}}(s):\mathbb{R}\to\mathbb{R}$是一个连续的非递减函数，且满足以下条件时：

$$s\sigma_{\mathrm{b}}(s) > 0, s \neq 0$$
$$\sigma_{\mathrm{b}}(s) = s, |s| \leqslant b$$
$$\sigma_{\mathrm{b}}(s) = \frac{bs}{|s|}, |s| > b$$

则称其为 s 的线性饱和函数。

针对式(6.5)描述的系统，研究人员已经设计了几种包含饱和函数的控制器进行稳定性控制[3-5]。然而，这些控制器并没有包含积分项。接下来主要介绍三种基于饱和函数并具有积分环节的非线性控制器。为了分析稳定性，需要进行以下坐标变换：

$$y_1 = \int_0^t x_1$$
$$y_2 = x_1$$
$$\vdots$$
$$y_{n'} = x_n$$

从式(6.5)得到

$$\dot{\boldsymbol{y}}(t) = \boldsymbol{A}'\boldsymbol{y}(t) + \boldsymbol{B}'u(t) \tag{6.6}$$

式中：$n' = n+1$；$\boldsymbol{A}' \in \mathbb{R}^{n'\times n'}$；$\boldsymbol{B}' \in \mathbb{R}^{n'}$。

因此，系统（式(6.6)）与系统（式(6.5)）的稳定性等同。

6.2.1 具有积分环节的嵌套饱和控制器(NSIP)

以下控制器使系统(式(6.6))渐近稳定:

$$u_{\mathrm{NSIP}}=-\sigma_{b_{n'}}(z_{n'}+\sigma_{b_{n'-1}}(z_{n'-1}+\cdots+\sigma_{b_1}(z_1))) \tag{6.7}$$

式中

$$z_{\mathrm{i}}=z_{i+1}+\sum_{j=1}^{n'-i}\binom{n'-i-1}{j-1}y_{n'-j},\ \forall i\in[1,n'-1]$$

$$z_{n'}=y_{n'}$$

注意,$\binom{*}{*}$是二项式系数。

式(6.7)可改写为

$$u_{\mathrm{NSIP}}=-\sigma_{b_{n'}}(z_{n'}+\xi_{n'})$$

对于 $b_{\xi_{n'}}$,可以推导出 $|\xi_{n'}|\leqslant b_{\xi_{n'}}$, $b_{\xi_{n'}}$将在稍后定义以确保收敛。令 $V_{n'}=\frac{1}{2}z_{n'}^2$,则 $\dot V_{n'}=-z_n\sigma_{b_{n'}}(z_{n'}+\xi_{n'})$。如果 $|z_{n'}|>b_{\xi_{n'}}$,则 $\mathrm{sgn}(\sigma_{b_{n'}}(z_{n'}+\xi_{n'}))=\mathrm{sgn}(z_{n'})$,对于 $b_{\sigma_{b_{n'}}}\geqslant 2b_{\xi_{n'}}$,可以得到 $u_{\mathrm{NSIP}}=-z_{n'}-\xi_{n'}$, $\forall t>T_1$。这证明了在 $i=n'$时控制器(6.7)可以使系统(式(6.6))稳定。下一步证明对于 $i-1$ 也是如此。本书提出 $V_{i-1}=\frac{1}{2}z_{i-1}^2$,因此 $\dot V_{i-1}=-z_{i-1}\dot z_{i-1}$。计算 $\dot z_{i-1}$,记

$$z_{i-1}=z_l+\sum_{l=i-1}^{n'-1}\sum_{j=1}^{n'-l}\binom{n'-l-1}{j-1}y_{n'-j}$$

进而得到

$$\dot z_{i-1}=u+\sum_{l=i-1}^{n'-1}\sum_{j=1}^{n'-l}\binom{n'-l-1}{k'-1}y_{n'-j+1}=-\xi_i$$

式中:$\xi_i=\sigma_{b_{i-1}}(z_{i-1}+\xi_{i-1})$,因此 $\dot V_{i-1}=-z_{i-1}\sigma_{i-1}(z_{i-1}+\xi_{i-1})$。当 $|\xi_{i-1}|\leqslant b_{\xi_{i-1}}$ 时,如果 $|z_{i-1}|>b_{\xi_{i-1}}$, $\mathrm{sgn}(\sigma_{b_{i-1}}(z_{i-1}+\xi_{i-1}))=\mathrm{sgn}(z_{i-1})$,这意味着 $\dot V_{i-1}<0$,且 $\exists T_{n'-i+2}>T_{n'-i+1}$,使得 $\forall t>T_{n'-i+2}$, $|z_{i-1}|\leqslant b_{\xi_{i-1}}$, $\forall i\in[2,n']$。因此,如果 $b_i\geqslant 2b_{i-1}$,可以得出 $u=-z_{n'}-\xi_{n'}$, $\xi_l=-z_{l-1}-\xi_{l-1}$, $\forall l\in[i-1,n']$。因此证明了闭环系统(式(6.6)和式(6.7))在 $i-1$ 时是稳定的。同理,在 $\forall i\in[1,n']$时,式(6.6)和式(6.7)成立。

根据之前的分析得出 $\dot z_1=\sigma_{b_1}(z_1)$,最后一个正定函数为 $V_1=\frac{1}{2}z_1^2$,因此,$\dot V_1=-z_1\sigma_{b_1}(z_1)$,这表示 $\dot V_1<0$,且 $z_1\to 0$。根据 z_1 的定义可得 $\xi_2\to 0$。假设当 $t\to\infty$时,$z_i\to 0$,这意味着 $\xi_{i+1}\to 0$,那么对于 $i+1$,它符合 $V_{i+1}=\frac{1}{2}z_{i+1}^2$, $\dot V_{i+1}=-z_{i+1}\sigma_{b_{i+1}}(z_{i+1}+$

ξ_{i+1})。这意味着,当 $t\to\infty$时,$z_{i+1}\to 0$。最后,当 $z_{i+1}\to 0$ 时,利用递推原理,得到当 $t\to\infty$时,$z_k\to 0$, $\forall k\in[1,n']$。可以看到 $z_{n'}=y_{n'}$,$y_{n'}\to 0$。

综上所述,对于 $l\in[i,n']$,$z_l\to 0$。这意味着,y_l 也趋于零。从而可得

$$z_{i-1}=\sum_{j=0}^{n'-i}\binom{n'-i+1}{j}y_{n'-j}+y_{i-1} \tag{6.8}$$

分析前面的方程,可以推导出 $\sum(\cdot)y_{n'-j}$ 包含 z_i 变量,$i\in[1,n']$。已经证明了这些变量收敛于零,因此意味着 y_{i-1} 也趋于零,可以得出结论,每一个 y_k, $\forall k\in[1,n']$均趋于零。

6.2.2 具有积分环节的分离饱和控制器(SSIP)

以下控制器使系统(式(6.6))全局渐近稳定:

$$u=-\sigma_{b_{n'}}(z_{n'})-\sigma_{b_{n'-1}}(z_{n'-1})-\cdots-\sigma_{b_1}(z_1) \tag{6.9}$$

式中

$$z_i=\sum_{j=0}^{n'-i}\binom{n'-i}{j}y_{n'-j},\ \forall i\in[1,n'] \tag{6.10}$$

其稳定性分析与 NSIP 算法类似,主要区别在于执行李雅普诺夫分析所需的饱和约束。该饱和约束定义为

$$b_i\geqslant b_{i-1}+b_{i-2}+\cdots+b_1 \tag{6.11}$$

6.2.3 具有积分环节的饱和状态反馈控制器(SSFIP)

下面的控制器可以看作是一个有界状态的 PID 算法,其形式如下:

$$u_{\text{SSFIP}}=-\sum_{j=1}^{n}\sigma_j(k_jx_j)+\sigma_{\int b_1}\left(\int_0^t x_1\right) \tag{6.12}$$

式中:x_i 表示状态 i;k_j 为控制器增益常数,$k_j>0$。

该控制律使系统(式(6.5))全局渐近稳定。为了进行稳定性分析,将式(6.12)改写为

$$u_{\text{SSFIP}}=-\sum_{i=1}^{n'}\sigma_{b_i}(k_iy_i) \tag{6.13}$$

当 $i=n'$时,式(6.13)可写为

$$u_{\text{SSFIP}}=-\sigma_{b_{n'}}(k_{n'}y_{n'})-\xi_{n'} \tag{6.14}$$

式中

$$\xi'_n=\sum_{j=1}^{n'-1}\sigma_{b_j}(k_jy_j)$$

并定义 $z_{n'}=y_{n'}, z_i=k_{i+1}y_i+z_{i+1}, \forall i\in[1,n'-1]$。

令 $V_{n'}=\frac{1}{2}z_{n'}^2$，则

$$\dot{V}_{n'}=-y_{n'}(\sigma_{b_{n'}}(k_{n'}y_{n'})+\xi_{n'})$$

假设 $b_{n'}>b_{\xi_{n'}}$，则可得 $|k_{n'}y_{n'}|>b_{\xi_{n'}}$，这意味着 $\dot{V}_{n'}<0$。那么，存在时间 T_1，使得 $\forall t>T_1, |y_{n'}|\leqslant\frac{b_{\xi_{n'}}}{k_{n'}}$，因此 $u_{\mathrm{SSFIP}}=-k_{n'}y_{n'}-\xi_{n'}$。

假设对于给定的 l，式(6.13)成立，$|y_l|$是有界的，$\forall l\in[i,n']$，且 $i\neq1$。现在证明式(6.13)对于 $i-1$ 也是成立的。令 $V_{i-1}=\frac{1}{2}z_{i-1}^2$，则 $\dot{V}_{i-1}=z_{i-1}\dot{z}_{i-1}$。可得

$$z_{i-1}-z_{n'}=\sum_{j=i-1}^{n'-1}k_{j+1}y_j$$

则有

$$z_{i-1}=\sum_{j=i-1}^{n'-1}k_{j+1}y_j+y_{n'}$$

因此 $\dot{z}_{i-1}=-\xi_i$。

上述分析意味着

$$\dot{V}_{i-1}=-\left(k_iy_{i-1}+\sum_{j=i}^{n'-1}k_{j+1}y_j+y_{n'}\right)\left(\sigma_{b_{i-1}}(k_{i-1}y_{i-1})+\xi_{i-1}\right) \tag{6.15}$$

假设 $b_{i-1}>b_{\xi_{i-1}}$，令 $|y_{i-1}|>\frac{b_{\xi_{i-1}}}{k_{i-1}}$，那么

$$\mathrm{sgn}(\sigma_{b_{i-1}}(k_{i-1}y_{i-1})+\xi_{i-1})=\mathrm{sgn}(y_{i-1})$$

注意，$\left(\sum_{j=i}^{n'-1}k_{j+1}y_j+y_{n'}\right)=z_i$，$z_i$ 是有界的。因此，如果 $|k_iy_{i-1}|>b_{z_i}$，则 $\mathrm{sgn}(k_iy_{i-1}+z_i)=\mathrm{sgn}(y_{i-1})$。所以，$\dot{V}_{i-1}<0$，$\exists T_{n'-i+2}>T_{n'-i+1}$，且 $\forall t>T_{n'-i+2}$，可得

$$|y_{i-1}|<\frac{b_{\xi_{i-1}}}{k_{i-1}}, \forall i\in[2,n']$$

$$|y_1|<\frac{b_1}{k_1}$$

由于已经证明式(6.13)对于 $i-1$ 是成立的，所以使用递推定理对于 $\forall i\in[1,n']$ 也是成立的。这意味着，对于 $i=1$ 存在一个时间 $T_{n'}$，使得

$$u=-\sum_{i=1}^{n'}k_iy_i, \quad \forall t>T_{n'} \tag{6.16}$$

当满足以下条件时，式(6.16)成立：

$$\begin{cases} \dfrac{b_{\xi_i}}{k_i} > \dfrac{b_{z_{i+1}}}{k_{i+1}}, \ \forall i \in [2, n'-1] \\ \dfrac{b_1}{k_1} > \dfrac{b_{z_2}}{k_2}, \ b_i > b_{\xi_i}, \ \forall i \in [2, n'] \\ b_{x_{1_i}} = \sum\limits_{j=2}^{i} b_{j-1}, \ b_{z_i} = \sum\limits_{j=i}^{n'-1} \dfrac{k_{j+1} b_{\xi_j}}{k_j} + \dfrac{b_{\xi_{n'}}}{k_{n'}} \end{cases}$$

当 $t>T_{n'}$ 时，闭环系统为 $\dot{\boldsymbol{y}}(t)=\bar{\boldsymbol{A}}\boldsymbol{y}(t)$，其中 $\bar{\boldsymbol{A}}$ 是赫尔维茨(Hurwitz)矩阵，证明了系统的稳定性。

前面的稳定性分析表明，系统状态收敛到零，$y_i \to 0$，意味着 $x_i \to 0$。然而，可以认为系统(式(6.6))存在误差，这样 $y_1=\int_0^t e_1, y_2=e_1, \cdots, y_{n'}=e_n, e_1=x_1-x_1 d, \cdots, e_n=x_n-x_{n_d}$；这就意味着 $e_i \to 0$ 且 $x_1 \to x_{1_d}, \cdots, x_n \to x_{n_d}$。这些对于常数 x_{i_d} 或约束 $|x_{i_d}| \leqslant b_i$ 是成立的。

有关上述控制器的更多详细信息参见文献[2]。

6.2.4　在四旋翼无人机上进行验证

使用 5.1.5 节中描述的简化四旋翼无人机模型对控制算法进行了仿真验证。为了设计算法，本书做出以下假设。

(1) $m, I_j=1$；

(2)准静止运动；

(3)不存在外部和未知干扰。

从简化模型的方程中可以看出，高度和姿态可以由两个级联积分器表示为

$$\ddot{z}=u_z, \quad \ddot{\psi}=u_\psi \tag{6.17}$$

式中：z 为无人机的高度；ψ 为偏航角；u_ψ 为偏航角的控制输入；$u_z=u\cos\theta\cos\phi-g$，其中 θ、ϕ 分别为俯仰角和横滚角，g 为重力加速度，u 为主控制输入。

由于篇幅限制，本书只使用 SSFIP 算法进行仿真，使用 NSIP 和 SSIP 算法可以获得类似的结果。因此，为了使上述系统稳定，控制方案采用以下形式：

$$u_y := -\sigma_{\dot{y}}(k_{3_y}\dot{y}) - \sigma_y(k_{2_y}y) - \sigma_{e_y}\left(k_{1_y}\int_0^t e_y \mathrm{d}t\right), y=z,\psi \tag{6.18}$$

一旦高度和偏航运动稳定之后，下一步就是稳定纵向和横向动力学。它们通常是耦合的，对无人机的整体动力学都有很大影响。因此，它们的经典简化模型由以下形式的四个级联积分器表示：

$$\ddot{s} \approx \tan\rho$$

$$\ddot{\rho} \approx u_{\rho}$$

式中:s 为 x 或 y 的状态;ρ 为对应的角度 θ 或 ϕ。

注意,这里需要为线性系统设计控制器,然后进行线性化处理,得出 $\ddot{s} \approx \rho$。使用所提出的控制算法进行控制,上述系统的 SSFIP 控制器是

$$u_{\rho}: = - \sigma_{\dot{\rho}}(k_{5_{\rho}}\dot{\rho}) - \sigma_{\rho}(k_{4_{\rho}}\rho) - \sigma_{\dot{s}}(k_{3_{\rho}}\dot{s}) - \sigma_{s}(k_{2_{\rho}}s) - \sigma_{e_s}\left(k_{1_{\rho}}\int_0^t e_s \mathrm{d}t\right)$$

式中:$e_s = s - s_{\mathrm{ref}}$,$s_{\mathrm{ref}}$ 为期望位置。

注意,对于纵向情况下的纵向模型 $\ddot{x} \approx -\tan\theta$,上述表达式的最后三项均为正。

仿真目标是系统在状态 x、y 和 z 中存在不确定性(白噪声)的情况下准确地跟踪期望轨迹。图 6.4～图 6.7 展示了 SSFIP 控制应用于四旋翼无人机系统时的良好状态表现,尤其需要关注闭环系统的优异性能、状态的有界性和控制响应的快速性。还要注意,只有 θ 和 ϕ 受到不确定性扰动的影响,这是正常现象,因为 x 轴或 y 轴上的噪声会在纵向或横向动力学中产生不确定性。期望高度 $z_{\mathrm{d}} = 20\mathrm{m}$,在水平面上,期望的轨迹是边长为 6m 的正方形轨迹。除偏航角 $\psi(0) = 10\mathrm{grad}$ 外,所有状态的初始条件均为零。

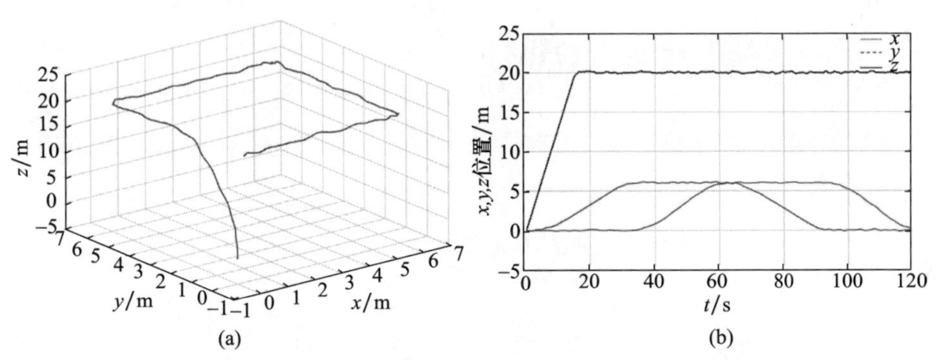

图 6.4　采用具有积分环节的饱和控制算法时的三维轨迹

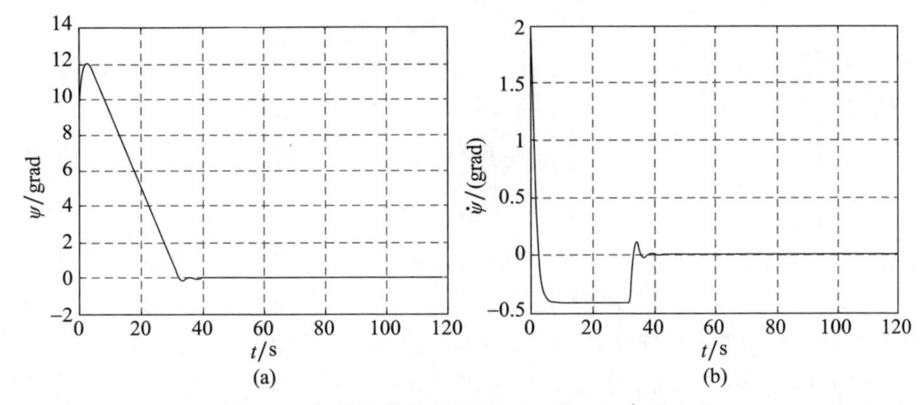

图 6.5　初始条件偏航角为 10°时 ψ 和 $\dot{\psi}$ 的响应

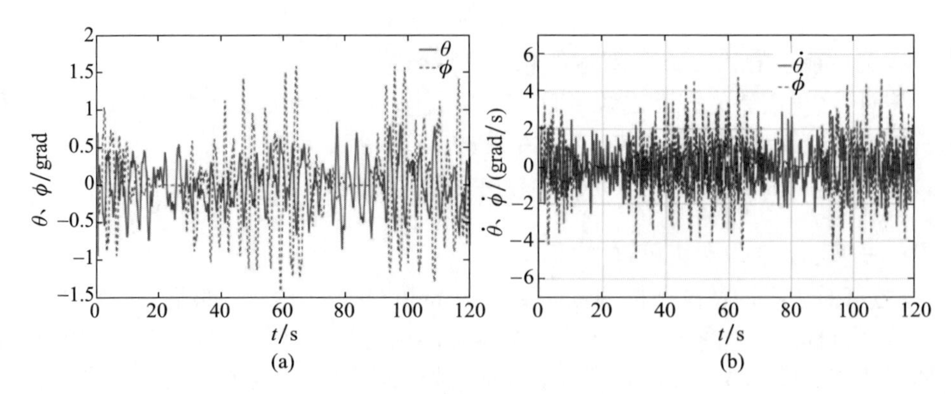

图 6.6　姿态和角速率性能

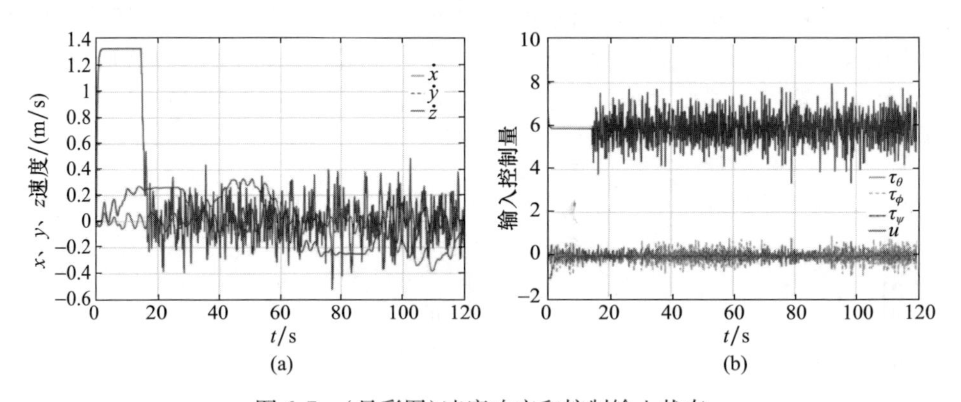

图 6.7　（见彩图）速度响应和控制输入状态

6.3　积分自适应反演控制

下一个控制器是针对 2.3 节中定义的四旋翼无人机模型设计的，在模型中引入不确定性，式（2.17）和式（2.18）可等效为

$$m\ddot{\boldsymbol{\xi}}=\boldsymbol{R}\hat{\boldsymbol{F}}+\boldsymbol{f}_g+\boldsymbol{\delta}_u \tag{6.19}$$

$$\boldsymbol{I}\dot{\boldsymbol{\Omega}}=-\boldsymbol{\Omega}\times\boldsymbol{I}\boldsymbol{\Omega}+\hat{\boldsymbol{\tau}}+\boldsymbol{\delta}_\tau \tag{6.20}$$

式中：$\boldsymbol{\xi}$ 为四旋翼的位置；$\hat{\boldsymbol{F}}$、$\hat{\boldsymbol{\tau}}$ 分别为螺旋桨旋转产生的推力和转矩矢量；$\boldsymbol{f}_g$ 为重力；$\boldsymbol{R}$ 为旋转矩阵；$\boldsymbol{\Omega}$ 为角速度；$\boldsymbol{I}$ 为四旋翼的惯性矩阵；$\boldsymbol{\delta}_u$、$\boldsymbol{\delta}_\tau$ 分别为飞行器的非建模动力学和扰动（包括拖曳效应），其中 δ_i 还包括外部和未知扰动 w_i。

在经典的反演控制方法中加入积分项即积分自适应反演（IAB）可以提高闭环系统的鲁棒性。此外，该算法还引入了自适应感知功能，即自适应环节将有助于估计一些未知参数并对其进行抑制。

6.3.1 四旋翼的积分自适应反演算法

为了稳定四旋翼，将位置误差定义为：

$$\boldsymbol{e}_{\xi}=\xi-\xi_{\text{ref}} \Rightarrow \dot{\boldsymbol{e}}_{\xi}=\dot{\boldsymbol{\xi}}-\dot{\boldsymbol{\xi}}_{\text{ref}}=\boldsymbol{v}-\dot{\boldsymbol{\xi}}_{\text{ref}} \tag{6.21}$$

下面利用正定函数来设计虚拟速度 v^{v}，以确保收敛到期望位置①

$$\boldsymbol{V}_{\text{L}r}=\frac{1}{2}(\boldsymbol{K}_{\text{I}r}x_1,x_1)+\frac{1}{2}(\boldsymbol{e}_{\xi},\boldsymbol{e}_{\xi}) \tag{6.22}$$

式中：$(\cdot,\cdot)$为内矢量积；$\boldsymbol{K}_{\text{Ir}}$ 为一个正的常数矩阵；$\boldsymbol{x}_1=\int_0^t \boldsymbol{e}_{\xi}\mathrm{d}\tau$。

对$\boldsymbol{V}_{\text{Lr}}$ 进行微分得到$\dot{\boldsymbol{V}}_{\text{L}r}=(\boldsymbol{K}_{\text{Ir}}\boldsymbol{x}_1,\boldsymbol{e}_{\xi})+(\boldsymbol{e}_{\xi},\dot{\boldsymbol{e}}_{\xi})$，并取虚拟速度$\boldsymbol{v}^{\text{v}}=\dot{\boldsymbol{\xi}}_{\text{ref}}-\boldsymbol{K}_{\text{Ir}}\boldsymbol{x}_1-\boldsymbol{K}_r\boldsymbol{e}_{\xi}$，$\boldsymbol{K}_r$ 为正的常数矩阵，得到

$$\dot{\boldsymbol{V}}_{\text{L}r}\big|_{v=v^{\text{v}}}=-(\boldsymbol{K}_r\boldsymbol{e}_{\xi},\boldsymbol{e}_{\xi})\leqslant 0,\quad \forall t\geqslant 0$$

速度误差定义为

$$\boldsymbol{e}_v=\boldsymbol{v}-\boldsymbol{v}^{\text{v}} \Rightarrow \dot{\boldsymbol{e}}_v=\dot{\boldsymbol{v}}-\dot{\boldsymbol{v}}^{\text{v}}=\frac{1}{m}(\boldsymbol{u}+\boldsymbol{\delta}_u)-\dot{\boldsymbol{v}}^{\text{v}}$$

式中：$\boldsymbol{u}=\boldsymbol{R}\hat{\boldsymbol{F}}+\boldsymbol{f}_{\text{g}}$。

为保证位置误差收敛到零，构造一个正定函数：

$$\boldsymbol{V}_{\text{L}v}=\boldsymbol{V}_{\text{L}r}+\frac{1}{2}(\boldsymbol{e}_v,\boldsymbol{e}_v)\Rightarrow\dot{\boldsymbol{V}}_{\text{L}v}=\dot{\boldsymbol{V}}_{\text{L}r}+(\boldsymbol{e}_v,\dot{\boldsymbol{e}}_v)$$

由速度误差定义可知，$\boldsymbol{v}=\boldsymbol{v}^{\text{v}}+\boldsymbol{e}_v$，则上述结果可以表示为

$$\dot{\boldsymbol{V}}_{\text{L}v}=-(\boldsymbol{K}_{\text{r}}\boldsymbol{e}_{\xi},\boldsymbol{e}_{\xi})+(\boldsymbol{e}_{\xi},\boldsymbol{e}_v)+(\boldsymbol{e}_v,\dot{\boldsymbol{e}}_v)$$

并选择

$$\boldsymbol{u}=-\hat{\boldsymbol{\delta}}_u+m(\dot{\boldsymbol{v}}^{\text{v}}-\boldsymbol{e}_{\xi}-\boldsymbol{K}_v\boldsymbol{e}_v)$$

式中：$\boldsymbol{K}_v$ 为正的常数矩阵；$\hat{\boldsymbol{\delta}}_u$ 为$\boldsymbol{\delta}_u$ 的估计值。

$\dot{\boldsymbol{V}}_{\text{L}v}$ 改写为

$$\dot{\boldsymbol{V}}_{\text{L}v}=-(\boldsymbol{K}_{\text{r}}\boldsymbol{e}_{\xi},\boldsymbol{e}_{\xi})-(\boldsymbol{K}_{\text{v}}\boldsymbol{e}_v,\boldsymbol{e}_v)+\frac{1}{m}(\boldsymbol{e}_v,\boldsymbol{e}_{\delta_u})$$

式中：$\boldsymbol{e}_{\delta_u}=\boldsymbol{\delta}_u-\hat{\boldsymbol{\delta}}_u$。

假设$\boldsymbol{\delta}_u$ 是常数，则$\dot{\boldsymbol{e}}_{\delta_u}=-\dot{\hat{\boldsymbol{\delta}}}_u$。考虑李雅普诺夫函数$\boldsymbol{V}_{\text{L}u}=\boldsymbol{V}_{\text{L}v}+\frac{1}{2}(\boldsymbol{\Gamma}_1^{-1}\boldsymbol{e}_{\delta_u},\boldsymbol{e}_{\delta_u})$，

---

① 为了避免混淆，在本章中使用 v 来表示在惯性坐标系中无人机的线速度，并使用 V 来表示李雅普诺夫函数或正函数。

其中，$\boldsymbol{\Gamma}_1$ 为正对角常数矩阵。则

$$\dot{\boldsymbol{V}}_{\mathrm{L}u}=-(\boldsymbol{K}_{\mathrm{r}}\boldsymbol{e}_{\xi},\boldsymbol{e}_{\xi})-(\boldsymbol{K}_{v}\boldsymbol{e}_{v},\boldsymbol{e}_{v})+\frac{1}{m}(\boldsymbol{e}_{v},\boldsymbol{e}_{\delta_u})+(\boldsymbol{\Gamma}_1^{-1}\boldsymbol{e}_{\delta_u},-\dot{\hat{\boldsymbol{\delta}}}_u)$$

假设将$\dot{\hat{\boldsymbol{\delta}}}_u=\frac{1}{m}\boldsymbol{\Gamma}_1\,\boldsymbol{e}_{\delta_u}$ 作为$\hat{\boldsymbol{\delta}}_u$ 的期望动力学，则有

$$\dot{V}_{\mathrm{L}u}=-(\boldsymbol{K}_{\mathrm{r}}\boldsymbol{e}_{\xi},\boldsymbol{e}_{\xi})-(\boldsymbol{K}_{v}\boldsymbol{e}_{v},\boldsymbol{e}_{v})\leqslant 0,\quad \forall t\geqslant 0$$

在输入 $\boldsymbol{u}$、主推力$\hat{\boldsymbol{F}}$ 和四旋翼无人机姿态 $\boldsymbol{\eta}$ 之间存在一定的关系，于是可以从 $\boldsymbol{u}=[u_x,u_y,u_z]^{\mathrm{T}}$ 中得到$(\boldsymbol{\eta},\hat{\boldsymbol{F}})$。这里使用的是 $z-y-x$ 欧拉公式。因此，旋转矩阵具有以下形式：

$$\boldsymbol{R}=\begin{pmatrix} c_\psi c_\theta & -s_\psi c_\phi+c_\psi s_\theta s_\phi & s_\psi s_\phi+c_\psi s_\theta c_\phi \\ s_\psi s_\theta & c_\psi c_\phi+s_\psi s_\theta s_\phi & -c_\psi s_\phi+s_\psi s_\theta c_\phi \\ -s_\theta & c_\theta s_\phi & c_\theta c_\phi \end{pmatrix} \tag{6.23}$$

式中：c 和 s 分别代表余弦函数和正弦函数。

由式(6.19)和式(6.23)，可以得到$(\boldsymbol{\eta}_{\mathrm{ref}},\hat{\boldsymbol{F}}_{\mathrm{ref}})$的以下关系：

$$\theta_{\mathrm{ref}}=\arctan\left(\frac{u_y s_\psi+u_x c_\psi}{u_z+mg}\right) \tag{6.24}$$

$$\phi_{\mathrm{ref}}=\arctan\left(c_{\theta_{\mathrm{ref}}}\cdot\frac{u_x s_\psi-u_y c_\psi}{u_z+mg}\right) \tag{6.25}$$

$$f_{\mathrm{ref}}=\frac{u_z+mg}{c_{\theta_{\mathrm{ref}}}\cdot c_{\phi_{\mathrm{ref}}}} \tag{6.26}$$

ψ_{ref} 可以任意赋值，主推力$\hat{\boldsymbol{F}}_{\mathrm{ref}}=[0,0,f_{\mathrm{ref}}]^{\mathrm{T}}$。将欧拉角误差定义为

$$\boldsymbol{e}_{\eta}=\boldsymbol{\eta}-\boldsymbol{\eta}_{\mathrm{ref}}\Rightarrow\dot{\boldsymbol{e}}_{\eta}=\dot{\boldsymbol{\eta}}-\dot{\boldsymbol{\eta}}_{\mathrm{ref}}=\boldsymbol{W}_{\eta}^{-1}\boldsymbol{\Omega}-\dot{\boldsymbol{\eta}}_{\mathrm{ref}}$$

提出另一个正定函数

$$\boldsymbol{V}_{\mathrm{L}\eta}=\frac{1}{2}(\boldsymbol{K}_{\mathrm{I}\eta}\boldsymbol{x}_2,\boldsymbol{x}_2)+\frac{1}{2}(\boldsymbol{e}_{\eta},\boldsymbol{e}_{\eta})$$

式中：$\boldsymbol{K}_{\mathrm{I}\eta}$ 为正的常数矩阵；$\boldsymbol{x}_2=\int_0^t\boldsymbol{e}_{\eta}\mathrm{d}\tau$。

因此

$$\dot{\boldsymbol{V}}_{\mathrm{L}\eta}=(\boldsymbol{K}_{\mathrm{I}\eta}\boldsymbol{x}_2,\boldsymbol{e}_{\eta})+(\boldsymbol{e}_{\eta},\dot{\boldsymbol{e}}_{\eta})$$

将虚拟角速度定义为

$$\boldsymbol{\Omega}^{\mathrm{v}}=\boldsymbol{W}_{\eta}(\dot{\boldsymbol{\eta}}_{\mathrm{ref}}-\boldsymbol{K}_{\mathrm{I}\eta}\boldsymbol{x}_2-\boldsymbol{K}_{\eta}\boldsymbol{e}_{\eta})$$

式中：$\boldsymbol{K}_{\eta}$ 为正的常数矩阵。

这意味着

$$\boldsymbol{V}_{\mathrm{L}\eta}\big|_{\Omega=\Omega^{\mathrm{v}}}=-(\boldsymbol{K}_{\eta}e_{\eta},e_{\eta})\leqslant 0,\ \forall t\geqslant 0$$

将角速度误差定义为

$$\boldsymbol{e}_{\Omega}=\boldsymbol{\Omega}-\boldsymbol{\Omega}^{\mathrm{v}} \Rightarrow \dot{\boldsymbol{e}}_{\Omega}=\dot{\boldsymbol{\Omega}}-\dot{\boldsymbol{\Omega}}^{\mathrm{v}}$$

由于 $\boldsymbol{\Omega}=\boldsymbol{\Omega}^{\mathrm{v}}+\boldsymbol{e}_{\Omega}$,则

$$\dot{\boldsymbol{\Omega}}=\boldsymbol{I}^{-1}(\hat{\boldsymbol{\tau}}-\boldsymbol{\Omega}\times\boldsymbol{I}\boldsymbol{\Omega}+\boldsymbol{\delta}_{\tau})$$

提出正定函数$\boldsymbol{V}_{\mathrm{L}\Omega}=\boldsymbol{V}_{\mathrm{L}\eta}+\frac{1}{2}(\boldsymbol{e}_{\Omega},\boldsymbol{e}_{\Omega})$,然后得到

$$\dot{\boldsymbol{V}}_{\mathrm{L}\Omega}=\dot{\boldsymbol{V}}_{\mathrm{L}\eta}+(\boldsymbol{e}_{\Omega},\dot{\boldsymbol{e}}_{\Omega})=-(\boldsymbol{K}_{\eta}\boldsymbol{e}_{\eta},\boldsymbol{e}_{\eta})+(\boldsymbol{e}_{\eta},\boldsymbol{W}_{\eta}^{-1}\boldsymbol{e}_{\Omega})+(\boldsymbol{e}_{\Omega},\dot{\boldsymbol{e}}_{\Omega})$$

选择控制输入为

$$\hat{\boldsymbol{\tau}}=-\hat{\boldsymbol{\delta}}_{\tau}+\boldsymbol{\Omega}\times\boldsymbol{I}\boldsymbol{\Omega}+\boldsymbol{I}(\dot{\boldsymbol{\Omega}}^{\mathrm{v}}-(\boldsymbol{W}_{\eta}^{-1})^{\mathrm{T}}\boldsymbol{e}_{\eta}-\boldsymbol{K}_{\Omega}\boldsymbol{e}_{\Omega})$$

式中:$\boldsymbol{K}_{\Omega}$ 为正的常数矩阵;$\hat{\boldsymbol{\delta}}_{\tau}$ 为$\boldsymbol{\delta}_{\tau}$ 的估计值。

$\dot{\boldsymbol{V}}_{\mathrm{L}\Omega}$ 可表示为

$$\dot{\boldsymbol{V}}_{\mathrm{L}\Omega}=-(\boldsymbol{K}_{\eta}\boldsymbol{e}_{\eta},\boldsymbol{e}_{\eta})-(\boldsymbol{K}_{\Omega}\boldsymbol{e}_{\Omega},\boldsymbol{e}_{\Omega})+(\boldsymbol{e}_{\Omega},\boldsymbol{I}^{-1}\boldsymbol{e}_{\delta_{\tau}})$$

式中:$\boldsymbol{e}_{\delta_{\tau}}=\boldsymbol{\delta}_{\tau}-\hat{\boldsymbol{\delta}}_{\tau}$。

将$\boldsymbol{\delta}_{\tau}$ 看作常数,则$\dot{\boldsymbol{e}}_{\delta_{\tau}}=-\dot{\hat{\boldsymbol{\delta}}}_{\tau}$。

提出李雅普诺夫函数

$$\boldsymbol{V}_{\mathrm{L}\tau}=\boldsymbol{V}_{\mathrm{L}\Omega}+\frac{1}{2}(\boldsymbol{\Gamma}_{2}^{-1}\boldsymbol{e}_{\delta_{\tau}},\boldsymbol{e}_{\delta_{\tau}})$$

式中:$\boldsymbol{\Gamma}_{2}^{-1}$是为正对角常数矩阵。

这意味着

$$\dot{\boldsymbol{V}}_{\mathrm{L}\tau}=-(\boldsymbol{K}_{\eta}\boldsymbol{e}_{\eta},\boldsymbol{e}_{\eta})-(\boldsymbol{K}_{\Omega}\boldsymbol{e}_{\Omega},\boldsymbol{e}_{\Omega})+(\boldsymbol{I}^{-1}\boldsymbol{e}_{\Omega},\boldsymbol{e}_{\delta_{\tau}})+(\boldsymbol{\Gamma}_{2}^{-1}\boldsymbol{e}_{\delta_{\tau}},-\dot{\hat{\boldsymbol{\delta}}}_{\tau})$$

定义$\dot{\hat{\boldsymbol{\delta}}}_{\tau}=\boldsymbol{\Gamma}_{2}\boldsymbol{I}^{-1}\boldsymbol{e}_{\Omega}$ 为 $\hat{\boldsymbol{\delta}}_{\tau}$ 的期望动力学,则

$$\dot{\boldsymbol{V}}_{\mathrm{L}\tau}=-(\boldsymbol{K}_{\eta}\boldsymbol{e}_{\eta},\boldsymbol{e}_{\eta})-(\boldsymbol{K}_{\Omega}\boldsymbol{e}_{\Omega},\boldsymbol{e}_{\Omega})\leqslant 0,\quad \forall t\geqslant 0$$

6.3.2 包含扰动的仿真

通过多次仿真验证了 IAB 控制的有效性。仿真参数见表 6.1,这些参数考虑了表 6.2 所列的四旋翼无人机平台实物的特性。由图 6.8 可以看到闭环系统的响应性能。在该仿真中不考虑扰动。预期任务是实现半径为 1m、高度为 1m 的圆形飞行轨迹。由于篇幅有限,这里只给出了四旋翼的位置响应。

下一个仿真考虑了无人机沿圆形轨道飞行时的两种扰动情况:一种考虑了额外转矩,有可能是电池从无人机质心产生位移变化引起的;另一种考虑了无人机在存在侧风情况下的运动,侧风会在四旋翼上产生外力作用。力扰动 $\boldsymbol{\delta}_{u}=[0.1,0.05,-0.5]^{\mathrm{T}}$ 约为无人机总质量的 25%,转矩扰动$\boldsymbol{\delta}_{\tau}=[0.01,0,$

$-0.01]^{T}$大约是四旋翼能够承受的总转矩的25%。系统响应如图6.9和图6.10所示。可以看到,即使系统中存在扰动,控制器也能很好地将四旋翼稳定在期望位置。扰动估计如图6.10所示,可以看到自适应环节可以很好地估计未知扰动。

表6.1 仿真参数

参数	数值	参数	数值
$\boldsymbol{I}$	$\mathrm{diag}(8,8,6)\times10^{-4}$	g	9.81
ξ_{ref}	$[\cos(0.1t),\sin(0.1t),1]$	$\boldsymbol{K}_{\mathrm{r}}$	$\mathrm{diag}(1,1,1)\times0.35$
$\boldsymbol{K}_v$	$\mathrm{diag}(1,1,1)\times16$	$\boldsymbol{K}_\eta$	$\mathrm{diag}(1,1,1)\times2$
$\boldsymbol{K}_\Omega$	$\mathrm{diag}(1,1,1)\times16$	$\boldsymbol{\Gamma}_1$	$\mathrm{diag}(1,1,1)\times57\times10^{-4}$
$\boldsymbol{\Gamma}_2$	$\mathrm{diag}(32,32,24)\times10^{-6}$	$\boldsymbol{K}_{\mathrm{Ir}}$	$\mathrm{diag}(1,1,1)\times0.05$
$\boldsymbol{K}_{I\eta}$	$\mathrm{diag}(1,1,1)\times0.1$	初始条件	0

表6.2 四旋翼无人机柔性平台参数

参数	数值
质量/kg	0.057
载荷/kg	0.023
最大直径/m	0.12
螺旋桨长度/m	0.05

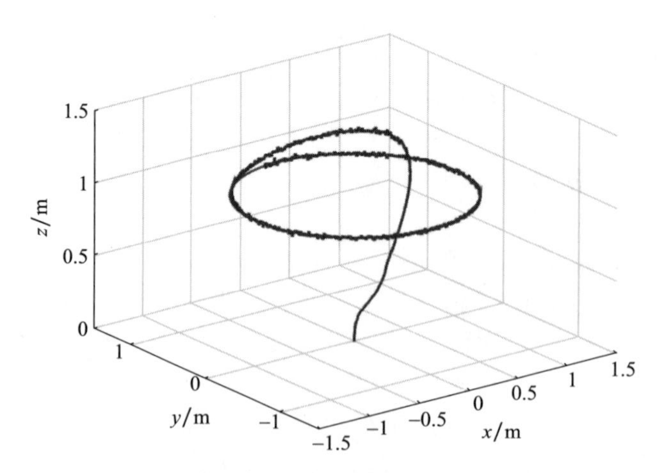

图6.8 无扰动情况下四旋翼无人机的位置响应

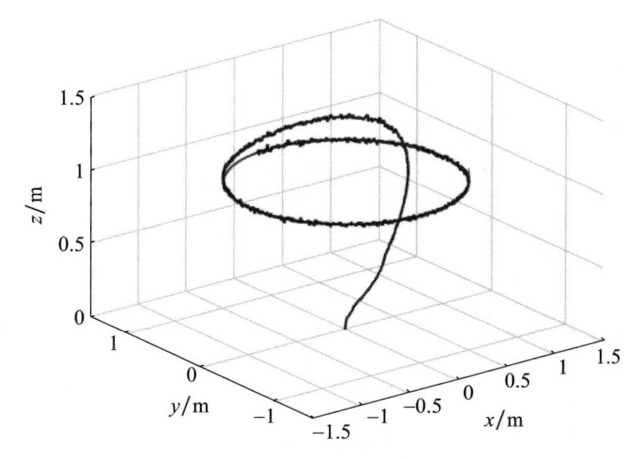

图 6.9　有扰动情况下的四旋翼位置响应

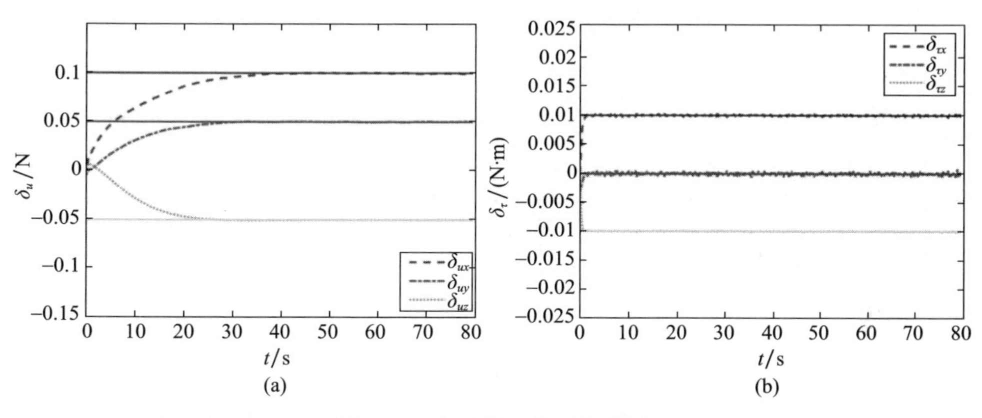

图 6.10　力和转矩扰动的估计

6.3.3　质量发生变化的仿真

在无人机质量发生变化情况(可能是无人机在运输物体)下对系统进行了另外一些仿真以验证控制器的性能。该仿真是关于无人机的行为特性,无人机跟踪圆形轨迹飞行,并在一定时间后抛下所携带的物体。在仿真中,物体质量占总质量的25%,并在40s时抛下。同样也施加了与前面相同幅度的扰动,如图6.11所示。可以看到,即使在有扰动和质量变化情况下,控制器依然能够使无人机保持稳定并跟踪轨迹。图6.12显示了扰动的估计值,可以看到在力的估计中包含了质量损失的影响。

6.3.4　实验结果

积分自适应反演算法已在飞行实验中得到了验证。通过三个实验来考察闭环

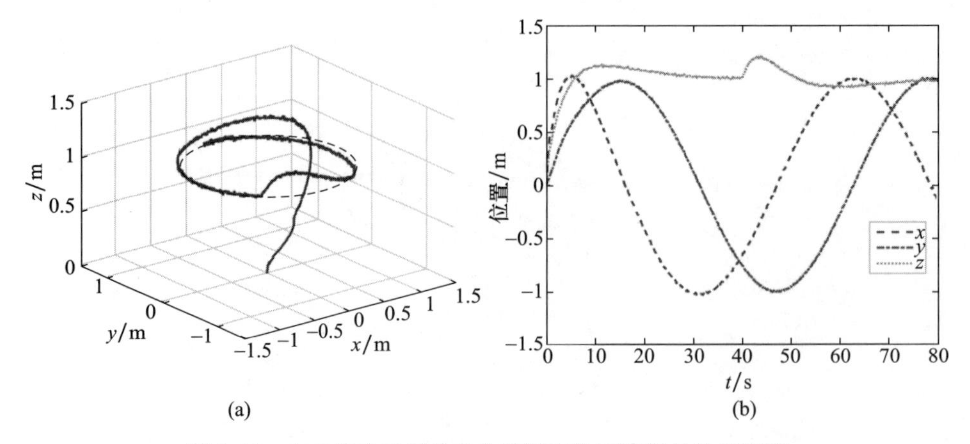

图 6.11　在有扰动且质量变化情况下的四旋翼的位置响应

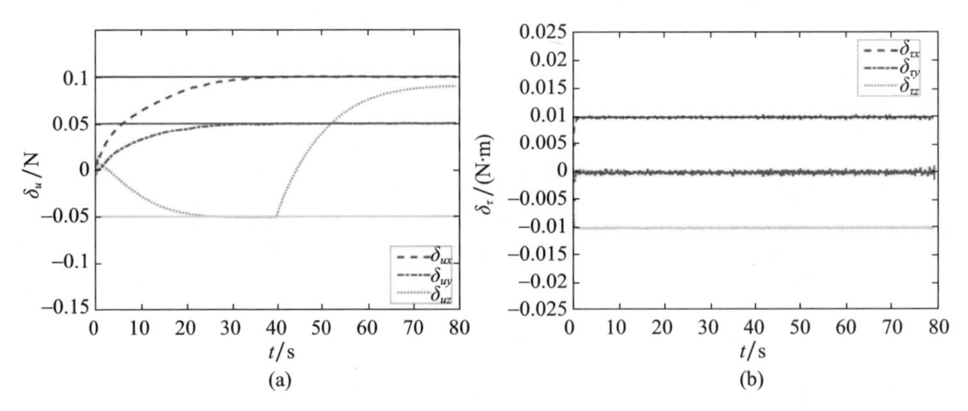

图 6.12　力和转矩扰动的估计

系统的性能:第一个实验是沿圆形轨迹飞行,第二个实验是在悬停状态下使无人机保持稳定,第三个飞行实验是在有外部未知风扰的情况下保持无人机悬停。实验中使用的无人机是一架四旋翼无人机,其参数如表 6.3 所列。为了获得实验平台中自适应算法估计的转矩,在四旋翼上增加了一个无线电天线。该天线质量为 15g,被放置在四旋翼的一个悬臂上以产生转矩扰动。

表 6.3　四旋翼参数

参数	数值
质量/kg	0.257
载荷/kg	0.070
最大直径/m	0.20
螺旋桨长度/m	0.125
$\boldsymbol{I}$	$\mathrm{diag}(8,8,6)\times10^{-2}$

1. 圆形轨迹跟踪

参考路径是一个半径为 0.8m 的圆，圆心 $(x,y,z)=(0,0,0.8)$ m，结果如图 6.13 所示。

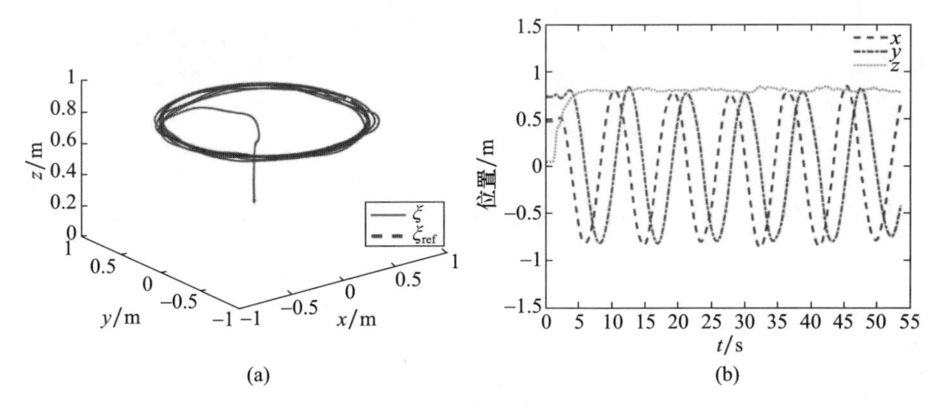

图 6.13　四旋翼的位置响应

图 6.14 分别显示了力和转矩扰动的估计值，这些估计考虑了未建模动力学以及由天线产生的额外转矩。

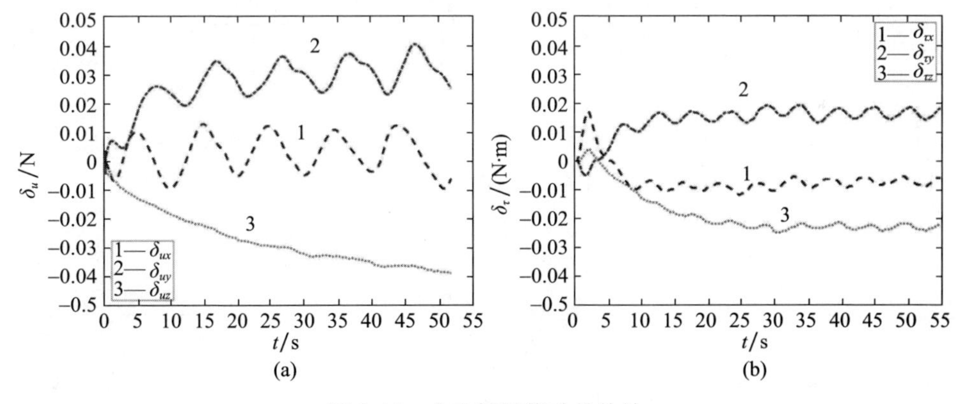

图 6.14　力和转矩扰动的估计

2. 悬停稳定性

本实验目标是保持四旋翼处于悬停状态，期望位置 $\boldsymbol{\xi}_{\text{ref}}=(0,0,1)$ m。图 6.15 和图 6.16 显示了无人机在实验过程中的状态表现。

3. 外部干扰时的悬停控制

实验中在 17s 施加由风扇产生的阵风扰动。图 6.17 和图 6.18 为四旋翼的状态表现。注意估计值和欧拉角振荡较大，是因为这些量试图补偿在实验中引入的扰动。

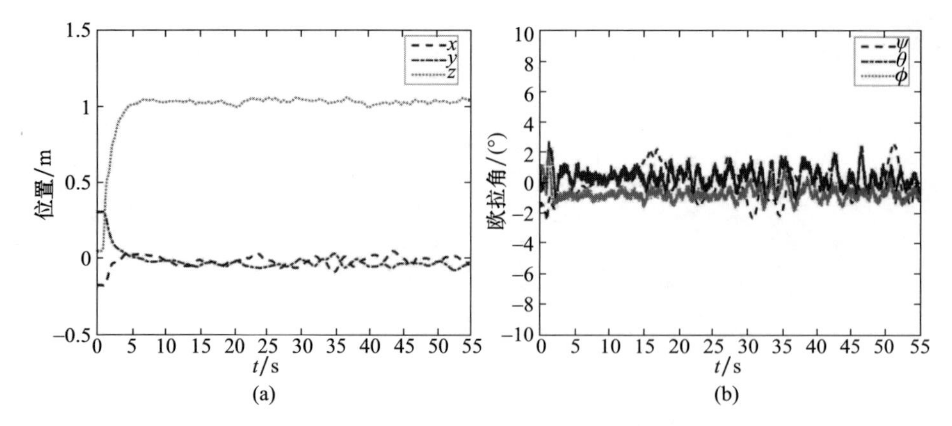

图 6.15 （见彩图）四旋翼的位置响应

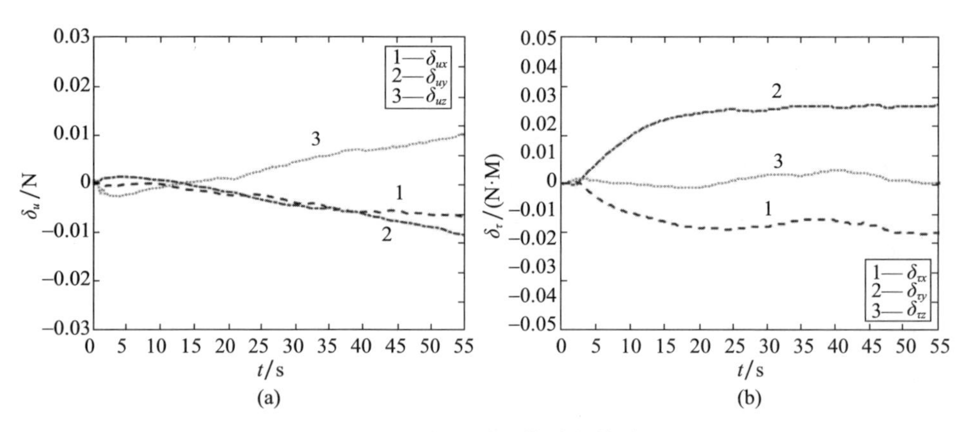

图 6.16 力和转矩扰动的估计

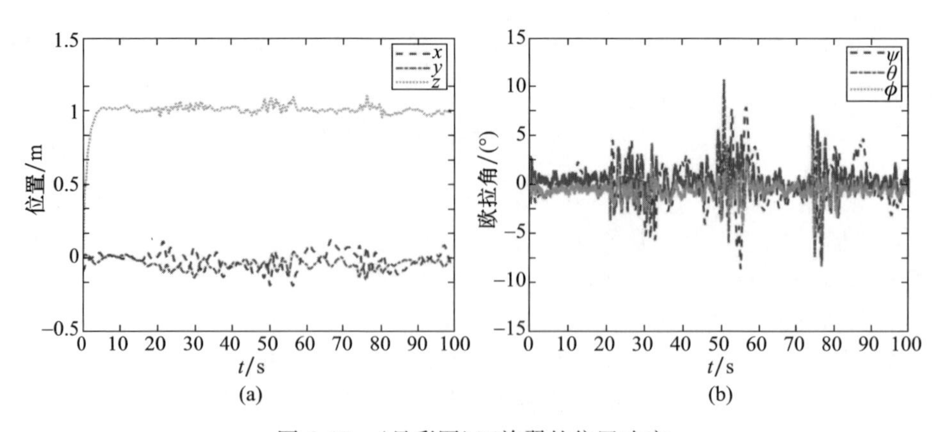

图 6.17 （见彩图）四旋翼的位置响应

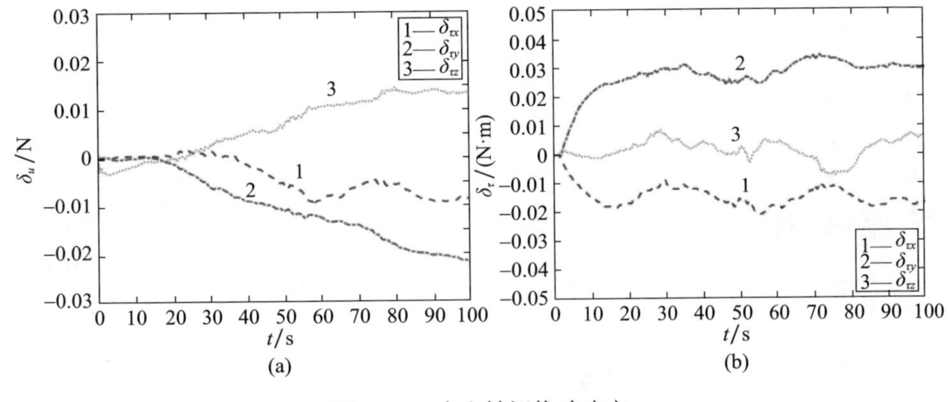

图 6.18　力和转矩扰动响应

6.4　小结

本章提出了两种包含积分项的控制算法来稳定或导航无人机。利用饱和函数构造了三种非线性控制律,并将其应用于四旋翼无人机的稳定控制。仿真结果表明,该闭环系统在跟踪期望轨迹时具有良好的性能。控制输入和状态是有界的,不会降低无人机性能。

第二个控制器是基于反演法提出的积分自适应非线性控制律。该控制器也应用于四旋翼无人机,并在仿真和实时飞行测试中得到了验证。通过对三种情况的研究和分析,证明了闭环系统具有良好的性能,仿真和实验结果证实了该结论。

参考文献

[1] K. J. Åström, T. Hägglund, Advanced PID Control, ISA - The Instrumentation, Systems, and Automation Society, Research Triangle Park, NC 27709, 2006.

[2] A. Alatorre, P. Castillo, S. Mondié, Saturations-based nonlinear controllers with integral term: validation in real-time, TCON, International Journal of Control 89(5)(2016)879-891.

[3] A. R. Teel, Global stabilization and restricted tracking for multiple integrators with bounded controls, Systems & Control Letters 18(1992)165-171.

[4] G. Sanahuja, P. Castillo, A. Sanchez, Stabilization of n integrators in cascade with bounded input with experimental application to a VTOL laboratory system, International Journal of Robust and Nonlinear Control 20(2010)1129-1139.

[5] J. Guerrero, P. Castillo, S. Salazar, R. Lozano, Mini rotorcraft flight formation control using bounded inputs, Journal of Intelligent & Robotic Systems 65(2011)175-186.

第 7 章 滑模控制

在使用无人机时,控制姿态动力学是一项必不可少的任务。姿态动力学包含在 Coriolis 矩阵中,具有非线性的特点(见第 2 章)。在前面的章节中已经阐明,这种动力学通常用于在线性或简化的非线性模式下构建控制算法。当然也可以将这些非线性方程表示为线性和摄动方程,从而以一种简单的方式设计控制器。非线性控制器在无人机应用中变得越来越流行,因为它们对于环境中存在的风等未知扰动具有鲁棒性。一些研究人员提出了很多种算法来稳定无人机的姿态,滑模方法因鲁棒性和快速动态收敛特点而成为一种重要的工具,这种方法已在许多应用中得到了广泛研究[1-5]。

本章利用滑模和奇异最优控制方法设计非线性控制器以稳定四旋翼无人机的非线性姿态。介绍了两个结果:首先提出了无人机姿态非线性方程的一种新形式,将存在未知扰动的 VTOL 无人机表示为线性 MIMO 摄动系统;其次提出了一种控制律,通过仿真和实时实验验证了对四旋翼姿态的稳定控制作用。

7.1 从非线性姿态表示到线性多入多出表示

四旋翼无人机或 VTOL 无人机姿态的最简单的表示形式是看作有外部扰动的两个级联积分器,即

$$\ddot{\boldsymbol{\eta}}=\boldsymbol{u}_{\eta}+\boldsymbol{w}_{\eta} \tag{7.1}$$

或者

$$\dot{\boldsymbol{x}}=\bar{\boldsymbol{A}}\boldsymbol{x}+\bar{\boldsymbol{B}}_1\boldsymbol{u}_{\eta}+\bar{\boldsymbol{B}}_2\boldsymbol{w}_{\eta},\boldsymbol{x}=[\boldsymbol{\eta}_1\quad \boldsymbol{\eta}_2] \tag{7.2}$$

式中:$\boldsymbol{\eta}$ 为姿态矢量,$\boldsymbol{\eta}$ 为欧拉角,即滚转角、俯仰角和偏航角;$\boldsymbol{u}_{\eta}$ 为控制输入;$\boldsymbol{w}_{\eta}$ 为未知外部扰动。

虽然这种表示形式在小角度情况下已经实验验证过是有效的,但是不能表示飞行实验中的 Coriolis 效应和空气动力学效应,并且当无人机在飞行中快速移动时会产生无法预测的动力学。

研究完整的非线性姿态方程来设计控制器是一项非常艰巨的任务,因此,一些

研究者还是倾向于用姿态中的主要因素来表示他们的模型。下面描述的这些方程包含了本书关于四旋翼无人机的经验,它们比较准确地表示了四旋翼无人机的姿态:

$$
\begin{cases}
\ddot{\phi}=\dot{\theta}\dot{\psi}\left(\dfrac{I_y-I_z}{I_x}\right)-\dfrac{I_r}{I_x}\dot{\theta}\Omega+\dfrac{l}{I_x}u_\phi+w_\phi \\
\ddot{\theta}=\dot{\phi}\dot{\psi}\left(\dfrac{I_z-I_x}{I_y}\right)-\dfrac{I_r}{I_y}\dot{\phi}\Omega+\dfrac{l}{I_y}u_\theta+w_\theta \\
\ddot{\psi}=\dot{\theta}\dot{\phi}\left(\dfrac{I_x-I_y}{I_z}\right)+\dfrac{l}{I_z}u_\psi+w_\psi
\end{cases}
\tag{7.3}
$$

式中:l 为每个电动机到无人机质心的距离;I_x、I_y 和 I_z 为无人机在三个坐标轴上的惯量;I_r 为电机的惯量;Ω 为电动机转子的转速。

需要注意的是,式(7.3)与式(7.1)完全不同,即使模型中还考虑了未知扰动或不确定性扰动$\boldsymbol{w}_\eta$。本书研究的是有界扰动系统,因为很明显无人机(动力电动机等)的物理特性不是无限的。因此,扰动也需要是有界的,即$|\boldsymbol{w}_\eta|\leqslant L_\eta$,其中 L_η 是常数,定义为各扰动的幅值。

定理 7.1 式(7.3)等价于

$$
\dot{\boldsymbol{x}}=\boldsymbol{A}\boldsymbol{x}+\boldsymbol{B}(\boldsymbol{u}+\overline{\boldsymbol{w}})
\tag{7.4}
$$

式中

$$
\boldsymbol{x}=(\phi_1\quad\theta_1\quad\psi_1\quad\phi_2\quad\theta_2\quad\psi_2)^{\mathrm{T}},\boldsymbol{u}=(u_\phi\quad u_\theta\quad u_\psi)^{\mathrm{T}}
$$

$$
\overline{\boldsymbol{w}}=\begin{pmatrix}
\dfrac{\theta_2\left(\psi_2\left(\dfrac{I_y-I_z}{I_x}\right)-\dfrac{I_r}{I_x}\Omega\right)-\phi_2+w_\phi}{\dfrac{l}{I_x}} \\
\dfrac{\phi_2\left(\psi_2\left(\dfrac{I_z-I_x}{I_y}\right)-\dfrac{I_r}{I_y}\Omega\right)-\theta_2+w_\theta}{\dfrac{l}{I_y}} \\
\dfrac{\theta_2\phi_2\left(\dfrac{I_x-I_y}{I_z}\right)-\psi_2+w_\psi}{\dfrac{l}{I_z}}
\end{pmatrix}
$$

$$A=\begin{pmatrix}\mathbf{0}_{3\times3} & \mathbf{I}_{3\times3}\\ \mathbf{0}_{3\times3} & \mathbf{I}_{3\times3}\end{pmatrix},\ \mathbf{B}=\begin{pmatrix}\mathbf{0}_{3\times3}\\ \mathbf{B}_2\end{pmatrix},\ \mathbf{B}_2=\begin{pmatrix}\frac{l}{I_x} & 0 & 0\\ 0 & \frac{l}{I_y} & 0\\ 0 & 0 & \frac{l}{I_z}\end{pmatrix}$$

证明:令

$$\gamma_1=\frac{I_y-I_z}{I_x},\gamma_2=\frac{I_z-I_x}{I_y},\gamma_3=\frac{I_x-I_y}{I_z},\beta_1=\frac{I_r}{I_x}\Omega,\beta_2=\frac{I_r}{I_y}\Omega,b_1=\frac{l}{I_x},b_2=\frac{l}{I_y},b_3=\frac{l}{I_z}$$

定义

$$\phi_1=\phi,\theta_1=\theta,\psi_1=\psi,\dot{\phi}_1=\phi_2,\dot{\theta}_1=\theta_2,\dot{\psi}_1=\psi_2$$

式(7.3)改写为

$$\begin{cases}\dot{\phi}_1=\phi_2,\dot{\phi}_2=\theta_2(\psi_2\gamma_1-\beta_1)+b_1u_\phi+w_\phi\\ \dot{\theta}_1=\theta_2,\dot{\theta}_2=\phi_2(\psi_2\gamma_2-\beta_2)+b_2u_\theta+w_\theta\\ \dot{\psi}_1=\psi_2,\dot{\psi}_2=\theta_2\phi_2\gamma_3+b_3u_\psi+w_\psi\end{cases}\tag{7.5}$$

为了简化分析,定义 $f_1=\theta_2(\psi_2\gamma_1-\beta_1)$,$f_2=\phi_2(\psi_2\gamma_2-\beta_2)$,$f_3=\theta_2\phi_2\gamma_3$。取式(7.5)右边的三个方程,可得

$$\begin{cases}\dot{\phi}_2=\phi_2-\phi_2+f_1+b_1u_\phi+w_\phi\\ \dot{\theta}_2=\theta_2-\theta_2+f_2+b_2u_\theta+w_\theta\\ \dot{\psi}_2=\psi_2-\psi_2+f_3+b_3u_\psi+w_\psi\end{cases}$$

定义 $\Phi_1=f_1-\phi_2,\Phi_2=f_2-\theta_2,\Phi_3=f_3-\psi_2$,则

$$\begin{cases}\dot{\phi}_2=\phi_2+b_1(u_\phi+\bar{w}_\phi)\\ \dot{\theta}_2=\theta_2+b_2(u_\theta+\bar{w}_\theta)\\ \dot{\psi}_2=\psi_2+b_3(u_\psi+\bar{w}_\psi)\end{cases}$$

式中:$\bar{w}_i=(\Phi_i+w_\eta)/b_i$。

令$\boldsymbol{\eta}_i=(\phi_i\theta_i\psi_i)^{\mathrm{T}}(i=1,2)$,可得

$$\begin{cases}\dot{\boldsymbol{\eta}}_1=\boldsymbol{\eta}_2\\ \dot{\boldsymbol{\eta}}_2=\boldsymbol{\eta}_2+\mathbf{B}_2(\boldsymbol{u}+\bar{\boldsymbol{w}})\end{cases}$$

即等价于式(7.4)。

7.2 积分滑模非线性最优控制器设计

本节使用对扰动和参数变化具有鲁棒性的最优控制量 $\boldsymbol{u}$ 来稳定四旋翼无人

机的姿态。为此,需要最小化以下奇异二次方程:

$$J(\boldsymbol{x}(t)) = \frac{1}{2}\int_{t_1}^{\infty}[x(t)^{\mathrm{T}}\boldsymbol{Q}\boldsymbol{x}(t)]\mathrm{d}t \tag{7.6}$$

式中:$\boldsymbol{Q}=\boldsymbol{Q}^{\mathrm{T}}>0$。

式(7.6)的最小化取决于

$$\dot{\boldsymbol{\eta}}_1=\boldsymbol{\eta}_2 \tag{7.7}$$

展开式(7.6),可得

$$J = \frac{1}{2}\int_{t_1}^{\infty}(\boldsymbol{\eta}_1^{\mathrm{T}}\boldsymbol{Q}_{11}\boldsymbol{\eta}_1 + 2\boldsymbol{\eta}_1^{\mathrm{T}}\boldsymbol{Q}_{12}\boldsymbol{\eta}_2 + \boldsymbol{\eta}_2^{\mathrm{T}}\boldsymbol{Q}_{22}\boldsymbol{\eta}_2)\mathrm{d}t \tag{7.8}$$

为了消除交叉项,使用了 Utkin 变量 $\boldsymbol{v}=\boldsymbol{\eta}_2+\boldsymbol{Q}_{22}^{-1}\boldsymbol{Q}_{12}^{\mathrm{T}}\boldsymbol{\eta}_1$,可得

$$J = \frac{1}{2}\int_{t_1}^{\infty}(\boldsymbol{\eta}_1^{\mathrm{T}}\boldsymbol{Q}_1\boldsymbol{\eta}_1 + \boldsymbol{v}^{\mathrm{T}}\boldsymbol{Q}_{22}\boldsymbol{v})\mathrm{d}t \tag{7.9}$$

式中

$$\boldsymbol{Q}_1=\boldsymbol{Q}_{11}-\boldsymbol{Q}_{12}\boldsymbol{Q}_{22}^{-1}\boldsymbol{Q}_{12}^{\mathrm{T}}$$

用 Utkin 变量重写式(7.7),可得

$$\dot{\boldsymbol{\eta}}_1=\boldsymbol{A}_1\boldsymbol{\eta}_1+\boldsymbol{v} \tag{7.10}$$

式中

$$\boldsymbol{A}_1=-\boldsymbol{Q}_{22}^{-1}\boldsymbol{Q}_{12}^{\mathrm{T}}$$

式(7.9)对于变量 $\boldsymbol{v}$ 不奇异,因此将 $\boldsymbol{v}$ 作为最优虚拟控制变量,并给出

$$\boldsymbol{v}=-\boldsymbol{Q}_{22}^{-1}\boldsymbol{P}\boldsymbol{\eta}_1 \tag{7.11}$$

式中:$\boldsymbol{P}\in\mathbb{R}^{3\times3}$ 是黎卡提(Riccati)方程 $\boldsymbol{P}\boldsymbol{A}_1+\boldsymbol{A}_1^{\mathrm{T}}\boldsymbol{P}-\boldsymbol{P}\boldsymbol{Q}_{22}^{-1}\boldsymbol{P}+\boldsymbol{Q}_1=0$ 的解。

将 Utkin 变量代入式(7.11),可得

$$\boldsymbol{\eta}_2+\boldsymbol{Q}_{22}^{-1}(\boldsymbol{Q}_{12}^{\mathrm{T}}+\boldsymbol{P})\boldsymbol{\eta}_1=0 \tag{7.12}$$

注意,只有在式(7.9)对所有 $t_1\geqslant0$ 都能最小化时式(7.11)和式(7.12)才成立。

可以看到,式(7.12)是一个可用于设计矢量 $\boldsymbol{S}\in\mathbb{R}^3$ 的最优矢量,$\boldsymbol{S}$ 表示为

$$\boldsymbol{S}=\boldsymbol{\eta}_2+\boldsymbol{Q}_{22}^{-1}(\boldsymbol{Q}_{12}^{\mathrm{T}}+\boldsymbol{P})\boldsymbol{\eta}_1 \tag{7.13}$$

式(7.13)为滑动面矢量。对前一个方程关于时间求导可得

$$\dot{\boldsymbol{S}}=[\boldsymbol{I}_{3\times3}+\boldsymbol{Q}_{22}^{-1}(\boldsymbol{Q}_{12}^{\mathrm{T}}+\boldsymbol{P})]\boldsymbol{\eta}_2+\boldsymbol{B}_2(\boldsymbol{u}+\overline{\boldsymbol{w}}) \tag{7.14}$$

为了去除线性部分,$\boldsymbol{u}$ 可表示为

$$\boldsymbol{u}=\boldsymbol{B}_2^{-1}\{\overline{\boldsymbol{u}}-[\boldsymbol{I}_{3\times3}+\boldsymbol{Q}_{22}^{-1}(\boldsymbol{Q}_{12}^{\mathrm{T}}+\boldsymbol{P})]\boldsymbol{\eta}_2\} \tag{7.15}$$

则

$$\dot{\boldsymbol{S}}=\overline{\boldsymbol{u}}+\boldsymbol{B}_2\boldsymbol{w} \tag{7.16}$$

式中:$\overline{\boldsymbol{u}}$ 为用来保证系统收敛的新控制量。

展开式(7.16),可得

$$\begin{pmatrix}\dot{S}_1\\ \dot{S}_2\\ \dot{S}_3\end{pmatrix}=\begin{pmatrix}\bar{u}_1+f_1-\phi_2+w_\phi\\ \bar{u}_2+f_2-\theta_2+w_\theta\\ \bar{u}_3+f_3-\psi_2+w_\psi\end{pmatrix}$$

为了除去线性$\boldsymbol{\eta}_2$,设 $\bar{\boldsymbol{u}}$ 为

$$\bar{\boldsymbol{u}}=\begin{pmatrix}\bar{u}_1\\ \bar{u}_2\\ \bar{u}_3\end{pmatrix}=\begin{pmatrix}\bar{v}_1+\phi_2\\ \bar{v}_2+\theta_2\\ \bar{v}_3+\psi_2\end{pmatrix}$$

然后重写 $\dot{\boldsymbol{S}}$,可得

$$\dot{\boldsymbol{S}}=\begin{pmatrix}\bar{v}_1+f_1+w_\phi\\ \bar{v}_2+f_2+w_\theta\\ \bar{v}_3+f_3+w_\psi\end{pmatrix}$$

其中,每个 $\dot{S}_i\in\dot{\boldsymbol{S}}$ 可表示为

$$\dot{S}_i=\bar{v}_i+f_i(\boldsymbol{\eta}_1,\boldsymbol{\eta}_2,t)+w_\eta \tag{7.17}$$

在传统的滑模控制中不能从一开始就能保证鲁棒性,鲁棒性只有在滑模面达到零时才能保证。

利用积分滑模控制可以补偿非线性项和边界不确定性,并且从初始时刻开始就能保证鲁棒性。下面引入变量 $\bar{v}_i$ 来稳定滑动面。

假设

$$\bar{v}_i=\bar{v}_{i1}+\bar{v}_{i2} \tag{7.18}$$

分量 $\bar{v}_{i1}$ 将从一开始就负责补偿非线性项 f_i 和有界扰动 w_η;考虑到扰动 f_i 和 w_η 从初始时间 $t=0$ 已经开始得到补偿,分量 $\bar{v}_{i2}$ 将确保每个滑动表面 S_i 在限定的有限时间 t_1 达到最优表面 $S_i=0$。

(1)设计 $\bar{v}_{i1}$

对于 $\bar{v}_{i1}$ 提出了一种新的辅助面 $\sigma_i(i=1,2,3)$,即[①]

$$\begin{cases}\sigma_i=S_i-Z_i\\ \dot{Z}_i=\bar{v}_{i2}\end{cases} \tag{7.19}$$

需要说明的是,$\bar{v}_{i1}$ 被设计为常规的滑模控制。这意味着,对于稳定性分析,可以使用李雅普诺夫函数。因此

$$V(\sigma_i)=\frac{1}{2}\sigma_i^2>0 \tag{7.20}$$

---

① 译者注:在本章中,变量 σ 仅表示辅助滑动面,而不表示饱和函数。

如果满足以下条件，则可以证明式(7.19)在平衡点 0 处的渐近稳定性：

$$\lim_{|\sigma_i|\to\infty} V=\infty \tag{7.21}$$

$$\dot{V}<0,\sigma_i\neq 0 \tag{7.22}$$

可看到式(7.20)中的 V 显然满足式(7.21)。然而，如果将式(7.22)修改为

$$\dot{V}\leqslant -\alpha_i V^{1/2},\quad \alpha_i>0 \tag{7.23}$$

可以实现有限时间收敛(全局有限时间稳定性)。

在 $0\leqslant\tau\leqslant t$ 内分离变量并对式(7.23)积分，可得

$$V^{1/2}(\sigma_i(t))\leqslant -\frac{1}{2}\alpha_i t+V^{1/2}(\sigma_i(0)) \tag{7.24}$$

考虑到 $V(\sigma_i(t))$ 在有限时间 t_r 内达到零，可得

$$t_r\leqslant\frac{2V^{1/2}(\sigma_i(0))}{\alpha_i} \tag{7.25}$$

因此，控制 $\bar{v}_{i1}$ 满足式(7.23)，将使 σ_i 在有限时间 t_r 内归零，并将其保持为零，$\forall t\geqslant t_r$。

式(7.23)可以写为

$$\sigma_i\dot{\sigma}_i\leqslant -\bar{\alpha}_i|\sigma_i|,\quad \bar{\alpha}_i=\frac{\alpha_i}{\sqrt{2}},\quad \bar{\alpha}_i>0 \tag{7.26}$$

因此，由式(7.26)和式(7.17)~式(7.19)可得

$$\begin{aligned}\sigma_i\times(\dot{S}_i-\dot{Z}_i)&=\sigma_i\times(\bar{v}_{i1}+\bar{v}_{i2}+f_i(\boldsymbol{\eta}_1,\boldsymbol{\eta}_2,t)+w_\eta-\bar{v}_{i2})\\&=\sigma_i\times(\bar{v}_{i1}+f_i(\boldsymbol{\eta}_1,\boldsymbol{\eta}_2,t)+w_\eta)\end{aligned}$$

并且，选择 $\bar{v}_{i1}=-\rho_i\mathrm{sgn}(\sigma_i)$，要满足条件式(7.26)，当且仅当

$$\rho_i=\bar{\alpha}_i+|f_i(\boldsymbol{\eta}_1,\boldsymbol{\eta}_2,t)|+L_\eta \tag{7.27}$$

注意式(7.27)表示在有限时间 t_r 内确保有限时间稳定性的必要增益，这意味着

$$t_r\leqslant\frac{2V^{1/2}(\sigma_i(0))}{\alpha_i}=\frac{|\sigma_i(0)|}{\bar{\alpha}} \tag{7.28}$$

式(7.28)表明，对于所有 $t\geqslant t_r$，$\sigma_i=\dot{\sigma}_i=0$，则由条件 $\dot{\sigma}_i=0$ 可得

$$\dot{\sigma}_i=\underbrace{-\rho_i\mathrm{sgn}(\sigma_i)}_{\bar{v}_{i1}}+f_i(\boldsymbol{\eta}_1,\boldsymbol{\eta}_2,t)+w_\eta=0,\ \forall t\geqslant t_r$$

这意味着，仅在到达阶段 $-\rho_i\mathrm{sgn}(\sigma_i)$ 补偿扰动项 $f_i(\boldsymbol{\eta}_1,\boldsymbol{\eta}_2,t)+w_\eta$。

为了消除到达阶段，在式(7.28)中观察到，如果 $\sigma_i(0)=0$，意味着 $t_r=0$，对于所有 $t\geqslant 0$，$\sigma_i=\dot{\sigma}_i=0$。

基于上述考虑，给出以下结果：

$$\bar{v}_{i1}=-\rho_i\mathrm{sgn}(\sigma_i)=-(f_i(\boldsymbol{\eta}_1,\boldsymbol{\eta}_2,t)+w_\eta),\quad \forall t\geqslant 0$$

当且仅当 $\sigma_i(0)=0$ 时成立。

因此，当且仅当 $\boldsymbol{\sigma}_i(0)=0$ 时，对于 $t\geqslant 0$，可以控制 $\bar{v}_{i1}=-\boldsymbol{\rho}_i\operatorname{sgn}(\boldsymbol{\sigma}_i)$ 补偿 $f_i(\boldsymbol{\eta}_1,\boldsymbol{\eta}_2,t)+w_\eta$。

考虑当 $t\geqslant 0$ 时控制 $\bar{v}_{i1}$ 完成了 $\boldsymbol{\sigma}_i(t)=0$，根据式(7.19)，对于所有 $t\geqslant 0$，$S_i(t)=Z_i(t)$。因此，式(7.19)可以改写为

$$\begin{cases}S_i=Z_i\\ \dot{Z}_i=\bar{v}_{i2}\end{cases},Z_i(0)=S_i(0) \tag{7.29}$$

考虑式(7.29)可得

$$\dot{S}_i=\bar{v}_{i2}$$

下一步是设计 $\bar{v}_{i2}$，使 S_i 在有限时间内收敛到0。

(2)设计 $\bar{v}_{i2}$

为了在最优滑动表面 $S_i=0$ 处实现全局有限时间稳定性，本书引入了 $\bar{v}_{i2}=-k_i|S_i|^{1/2}\operatorname{sgn}(S_i)$，从而 $\dot{S}_i$ 可写为

$$\dot{S}_i=-k_i|S_i|^{1/2}\operatorname{sgn}(S_i) \tag{7.30}$$

提出以下李雅普诺夫函数用于证明式(7.30)在有限时间内收敛到零，即

$$V(S_i)=|S_i|>0 \tag{7.31}$$

式(7.31)必须满足条件式(7.22)。可以看到根据式(7.31)，已经满足条件式(7.21)。为了满足条件式(7.22)，使用式(7.23)。式(7.31)代入式(7.23)，得到等效的修正条件，即

$$\frac{S_i\dot{S}_i}{|S_i|}\leqslant -\alpha_i|S_i|^{1/2} \tag{7.32}$$

将式(7.30)代入式(7.32)，可得

$$-k_i|S_i|^{1/2}\leqslant -\alpha_i|S_i|^{1/2} \tag{7.33}$$

因此，为了满足式(7.33)，每个增益 k_i 必须等于 α_i。意味着 $k_i>0$，这表示

$$\dot{V}=-\alpha_i V^{1/2},\quad k_i=\alpha_i>0$$

观察到有限收敛时间 t_{ri} 不会有界，则

$$t_{ri}=\frac{2V^{1/2}(S_i(0))}{k_i}=\frac{2|S_i(0)|^{1/2}}{k_i} \tag{7.34}$$

因此，在有限时间 t_{ri} 内，$S_i=0$。式(7.34)表示每个 S_i 在有限时间内收敛到最优滑动面 $S_i=0$。为了使每个 S_i 具有相同的有限收敛时间，令 $t_{ri}=t_1=$ 常数，然后将能够设计增益 k_i，使 $S_1(t_1)=S_2(t_1)=\cdots=S_n(t_1)=0$ 成立。

令 $t_{ri}=t_1=$ 常数时，为了得到 $S_i(t_1)=0$，用 $k_i=\dfrac{2|S_i(0)|^{1/2}}{t_1}$ 计算获得必要增益。

当考虑式(7.17)和 $\bar{v}_i=\bar{v}_{i1}+\bar{v}_{i2}$，则有

$$\dot{S}_i=\underbrace{-\rho_i\operatorname{sgn}(S_i-Z_i)}_{\bar{v}_{i1}}+\underbrace{(-k_i|S_i|^{1/2}\operatorname{sgn}(S_i))}_{\bar{v}_{i2}}+f_i+w_\eta$$

式中

$$\rho_i=\bar{\alpha}_i+|f_i(\boldsymbol{\eta}_1,\boldsymbol{\eta}_2,t)|+L_\eta,\quad k_i=\frac{2\,|S_i(0)|^{1/2}}{t_1} \tag{7.35}$$

(1)当且仅当 $Z_i(0)=S_i(0)$ 时,分量 $\bar{v}_{i1}$ 将对所有 $t\geqslant0$ 的扰动项 $f_i(\boldsymbol{\eta}_1,\boldsymbol{\eta}_2,t)+w_\eta$ 进行补偿。

(2)考虑到扰动项已经从初始时间得到补偿,分量 $\bar{v}_{i2}$ 将确保每个 S_i 在固定的时间 t_1 内收敛到最优滑动面 $S_i=0$。

因此,式(7.15)中的分量 $\bar{u}_i$ 由以下公式给出:

$$\begin{cases}\bar{u}_i=-\rho_i\mathrm{sgn}(S_i-Z_i)-k_i|S_i|^{1/2}\mathrm{sgn}(S_i)+\boldsymbol{\eta}_{2_i}\\ Z_i=-k_i\int|S_i|^{1/2}\mathrm{sgn}(S_i)\mathrm{d}t\ ,\ Z_i(0)=S_i(0)\end{cases} \tag{7.36}$$

并且得到式(7.35)中的 t_1=常数,$\bar{\alpha}_i=\dfrac{\boldsymbol{\alpha}_i}{\sqrt{2}}$。

7.3 仿真验证

通过仿真验证了所提出控制器的有效性。式(7.3)可以用常规形式表示为:

$$\begin{cases}\dot{\boldsymbol{\eta}}_1=\boldsymbol{\eta}_2\\ \dot{\boldsymbol{\eta}}_2=\boldsymbol{\eta}_2+\boldsymbol{B}_2(\boldsymbol{u}+\bar{\boldsymbol{w}})\end{cases}$$

式中

$$\boldsymbol{\eta}_1=(\phi_1,\theta_1,\psi_1)^{\mathrm{T}},\quad \boldsymbol{\eta}_2=(\phi_2,\theta_2,\psi_2)^{\mathrm{T}}$$

根据前面的控制程序,需要一些矩阵来计算 $\boldsymbol{u}$,这些矩阵如下:

$$\boldsymbol{Q}=\boldsymbol{Q}^{\mathrm{T}}=\begin{pmatrix}17&8&7&-6&-4&2\\8&26&6&4&4&13\\7&6&11&9&1&2\\-6&4&9&23&9&4\\-4&4&1&9&9&3\\2&13&2&4&3&8\end{pmatrix}>0$$

于是可得

$$\boldsymbol{Q}_{11}=\begin{pmatrix}17&8&7\\8&26&6\\7&6&11\end{pmatrix},\quad \boldsymbol{Q}_{12}=\boldsymbol{Q}_{12}^{\mathrm{T}}=\begin{pmatrix}-6&-4&2\\4&4&13\\9&1&2\end{pmatrix},\quad \boldsymbol{Q}_{22}=\begin{pmatrix}23&9&4\\9&9&3\\4&3&8\end{pmatrix}$$

因此,由式(7.9)~式(7.10)可得

$$\boldsymbol{Q}_1=\begin{pmatrix}13.1924 & 3.9244 & 8.0378\\ 3.9244 & 4.5773 & 3.7113\\ 8.0378 & 3.7113 & 6.1443\end{pmatrix},\quad \boldsymbol{A}_1=\begin{pmatrix}0.1787 & 0.1203 & -0.5601\\ 0.4330 & -0.0034 & 0.5017\\ -0.5017 & -1.6838 & -0.1581\end{pmatrix}$$

求解黎卡提方程可得

$$\boldsymbol{P}=\begin{pmatrix}25.3132 & 9.9395 & -0.5181\\ 9.9395 & 8.9679 & -1.5217\\ -0.5181 & -1.5217 & 4.4597\end{pmatrix}$$

$\boldsymbol{S}$ 可以写为

$$\boldsymbol{S}=\boldsymbol{\eta}_2+\underbrace{\boldsymbol{Q}_{22}^{-1}(\boldsymbol{Q}_{12}^{\mathrm{T}}+\boldsymbol{P})\boldsymbol{\eta}_1}_{M} \tag{7.37}$$

式中

$$\boldsymbol{M}=\begin{pmatrix}M_{11} & M_{12} & M_{13}\\ M_{21} & M_{22} & M_{23}\\ M_{31} & M_{32} & M_{33}\end{pmatrix}=\begin{pmatrix}0.9702 & -0.0036 & 0.5814\\ -0.2404 & 1.1036 & -0.9275\\ -0.2097 & 1.0228 & 0.8646\end{pmatrix}$$

得到滑动面为

$$\begin{cases}S_1=\phi_2+M_{11}\phi_1+M_{12}\theta_1+M_{13}\psi_1\\ S_2=\theta_2+M_{21}\phi_1+M_{22}\theta_1+M_{23}\psi_1\\ S_3=\psi_2+M_{31}\phi_1+M_{32}\theta_1+M_{33}\psi_1\end{cases}$$

重写 $\boldsymbol{u}\in\mathbb{R}^3$,可得

$$\begin{cases}u_\phi=(I_x/l)\,(\bar{u}_1-M_{13}\psi_2-M_{12}\theta_2-(M_{11}+1)\,\phi_2)\\ u_\theta=(I_y/l)\,(\bar{u}_2-M_{21}\phi_2-M_{23}\psi_2-(M_{22}+1)\,\theta_2)\\ u_\psi=(I_z/l)\,(\bar{u}_3-M_{31}\phi_2-M_{32}\theta_2-(M_{33}+1)\,\psi_2)\end{cases}$$

式中

$$\begin{cases}\bar{u}_1=-\rho_1\mathrm{sgn}(S_1-Z_1)-k_1|S_1|^{1/2}\mathrm{sgn}(S_1)+\phi_2\\ Z_1=-k_1\int|S_1|^{1/2}\mathrm{sgn}(S_1)\,\mathrm{d}t,Z_1(0)=S_1(0)\\ \bar{u}_2=-\rho_2\mathrm{sgn}(S_2-Z_2)-k_2|S_2|^{1/2}\mathrm{sgn}(S_2)+\theta_2\\ Z_2=-k_2\int|S_2|^{1/2}\mathrm{sgn}(S_2)\,\mathrm{d}t,Z_2(0)=S_2(0)\\ \bar{u}_3=-\rho_3\mathrm{sgn}(S_3-Z_3)-k_3|S_3|^{1/2}\mathrm{sgn}(S_3)+\psi_2\\ Z_3=-k_3\int|S_3|^{1/2}\mathrm{sgn}(S_3)\,\mathrm{d}t,Z_3(0)=S_3(0)\end{cases}$$

并且增益为

$$
\begin{cases}
\rho_1 = \left(\dfrac{\alpha_1}{\sqrt{2}} + |\theta_2(\psi_2\gamma_1 - \beta_1)| + L_1\right) \\
\rho_2 = \left(\dfrac{\alpha_2}{\sqrt{2}} + |\phi_2(\psi_2\gamma_2 - \beta_2)| + L_2\right) \\
\rho_3 = \left(\dfrac{\alpha_3}{\sqrt{2}} + |\theta_2\phi_2\gamma_3| + L_3\right)
\end{cases}
$$

$$
\begin{cases}
k_1 = \dfrac{2|S_1(0)|^{1/2}}{t_1} \\
k_2 = \dfrac{2|S_2(0)|^{1/2}}{t_1}, \quad t_1 = 常数 \\
k_3 = \dfrac{2|S_3(0)|^{1/2}}{t_1}
\end{cases}
\tag{7.38}
$$

初始条件设为 $\phi_1(0) = -5\text{grad}$，$\theta_1(0) = 2\text{grad}$，$\psi_1(0) = -3\text{grad}$，$\phi_2(0) = 6\text{grad/s}$，$\theta_2(0) = 4\text{grad/s}$，$\psi_2(0) = 6\text{grad/s}$。这些条件意味着，$S_1(0) = -0.6026$，$S_2(0) = 10.1917$，$S_3(0) = 6.5004$。还可以将 $t_1 = 1\text{s}$ 定义为滑动面 S_1、S_2、S_3 的有限收敛时间。因此，由式(7.38)可得 $k_1 = 1.5525$，$k_2 = 6.3849$，$k_3 = 5.0992$。此外，为了进行仿真，假设 $\alpha_1 = 0.12$，$\alpha_2 = 0.14$，$\alpha_3 = 0.2$。有界扰动的选择如下：

$$
\begin{cases}
w_\phi = 2\sin t\,\text{sgn}(S_1), & |w_\phi| \leqslant L_\phi = 2 \\
w_\theta = -1.5\cos(2t)\,\text{sgn}(S_2), & |w_\theta| \leqslant L_\theta = 1.5 \\
w_\psi = -0.5\exp(\cos t)\,\text{sgn}(S_3), & |w_\psi| \leqslant L_\psi = 0.5\exp(1)
\end{cases}
$$

将上述扰动乘以 $\text{sgn}(S_i)$，原因如下：

(1) $\text{sgn}(S_i)$ 产生的抖振效应与这种扰动的补偿无关，本书只关心每个扰动能达到的最大振幅，而不是其产生的高频率。

(2)用图形方式验证理论。在期望的有限时间 $t_1 = 1\text{s}$ 时，$S_i = 0$，预计在 ω_ϕ、ω_θ、ω_ψ 中观察到明显的抖振效应。

当采用所提的控制方案时，得到了曲线图 7.1。从图 7.1 可得，辅助滑动面 σ_1、σ_2、σ_3 从初始时间开始一直为 0，这表明对于有界不确定性扰动，鲁棒性始终得到了保证。另外，S_1、S_2、S_3 在期望时间 $t_1 = 1\text{s}$ 内收敛为零，这意味着滑动面矢量 $\boldsymbol{S} = \boldsymbol{\eta}_2 + \boldsymbol{Q}_{22}^{-1}(\boldsymbol{Q}_{12}^{\text{T}} + \boldsymbol{P})\boldsymbol{\eta}_1$ 在期望有限时间 $t_1 = 1\text{s}$ 内收敛于最优滑动面矢量 $\boldsymbol{S} = \boldsymbol{0}$，并且属于 $\boldsymbol{S} = \boldsymbol{0}$ 的每一个解 $\boldsymbol{\eta}_1 = (\phi, \theta, \psi)^{\text{T}}$，$\boldsymbol{\eta}_2 = (\dot{\phi}, \dot{\theta}, \dot{\psi})^{\text{T}}$ 称为最优滑模，因为它能够对所有 $t \geqslant t_1$ 的代价函数式(7.9)最小化，并以这种方式解决 LQR 问题①。

---

① 译者注：这意味着使二次代价函数最小化的状态变量逐渐趋于稳定。

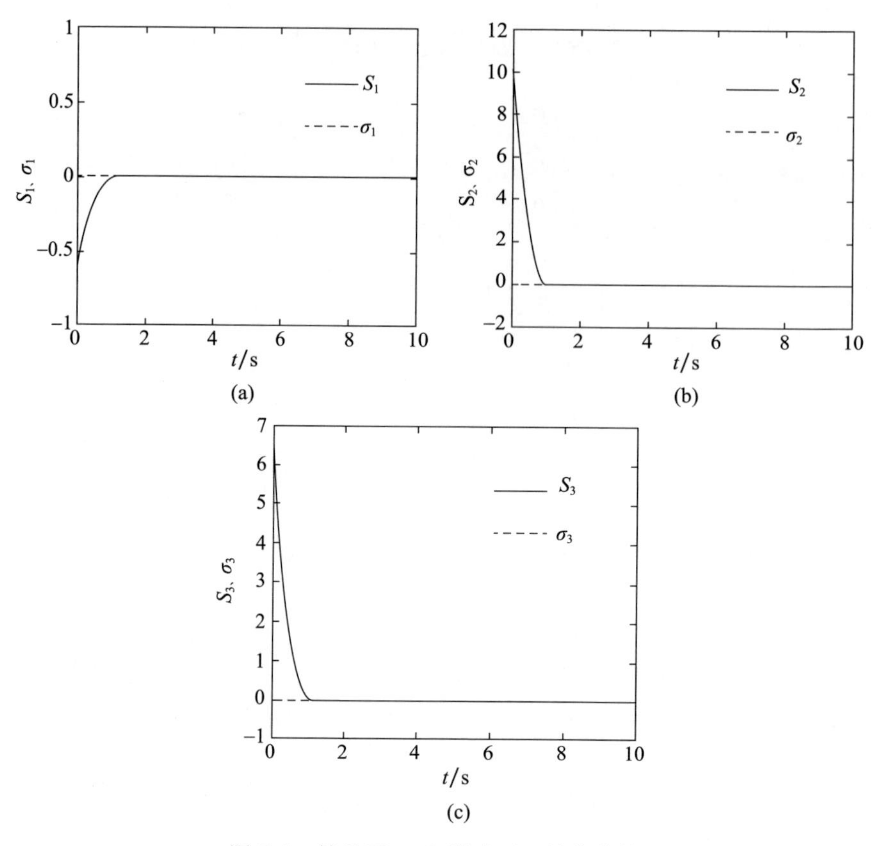

图 7.1 辅助面 σ_i 和滑动面S_i 的收敛性

在图 7.2 中,由于矢量 $\boldsymbol{S}$ 在有限时间 $t_1=1\text{s}$ 内收敛到最优滑动矢量 $\boldsymbol{S}=\boldsymbol{0}$,由此可以清晰地看出动力学 ϕ、θ、ψ 和 $\dot{\phi}$、$\dot{\theta}$、$\dot{\psi}$ 的渐近稳定性。

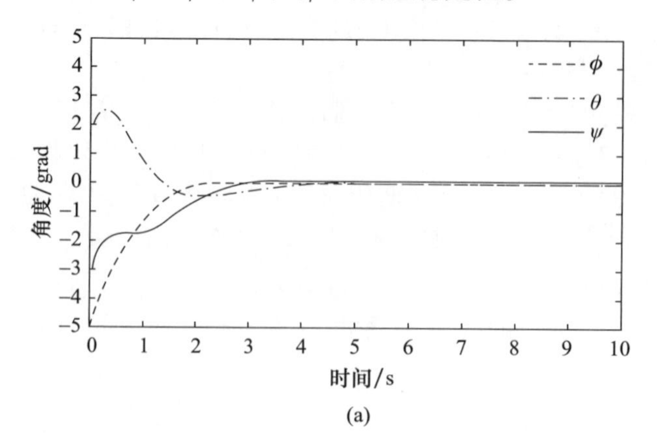

(a)

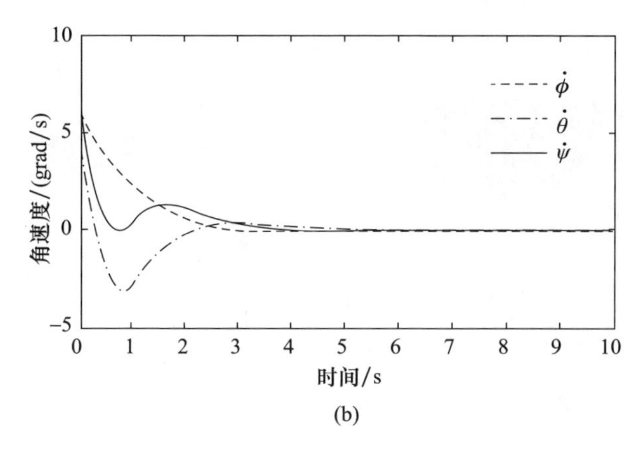

(b)

图 7.2 ϕ、θ、ψ 及 $\dot{\phi}$、$\dot{\theta}$、$\dot{\psi}$ 的动力学稳定性

从图 7.3 中可以看出,由于考虑系数 $\mathrm{sgn}(S_i)$,有界不确定性扰动 ω_ϕ、ω_θ 和 ω_ψ 呈现明显的抖振效应,并且抖振效应出现在 $t_1=1\mathrm{s}$ 时刻。尽管这些不确定性扰动呈现高频特点,但是图 7.4 所示的控制信号 u_ϕ、u_θ 和 u_ψ 从初始时刻 $t=0$ 就开始补偿这些扰动。

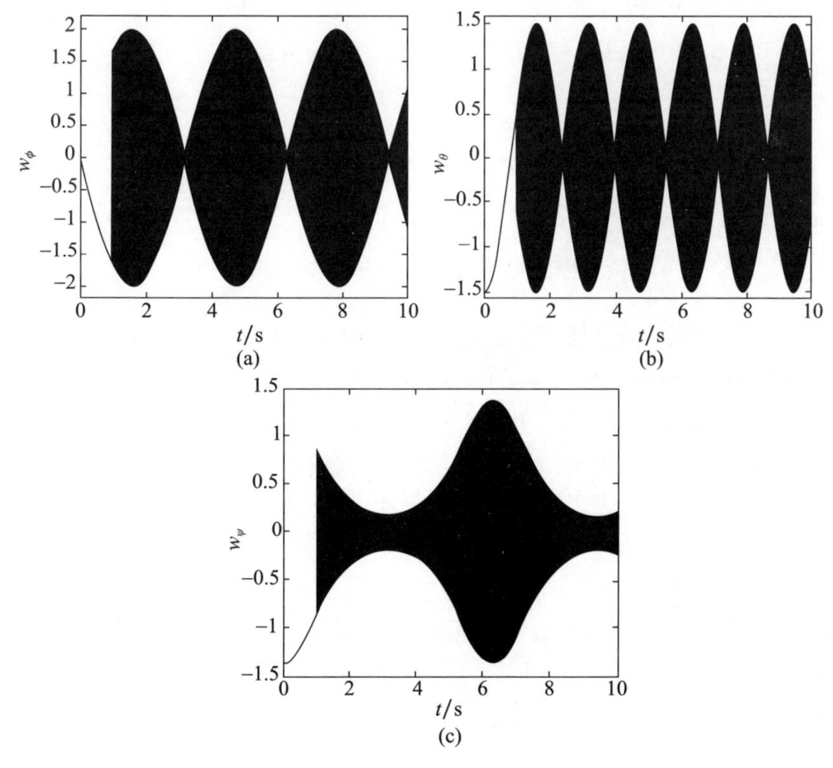

图 7.3 有界不确定性扰动 ω_ϕ、ω_θ 和 ω_ψ

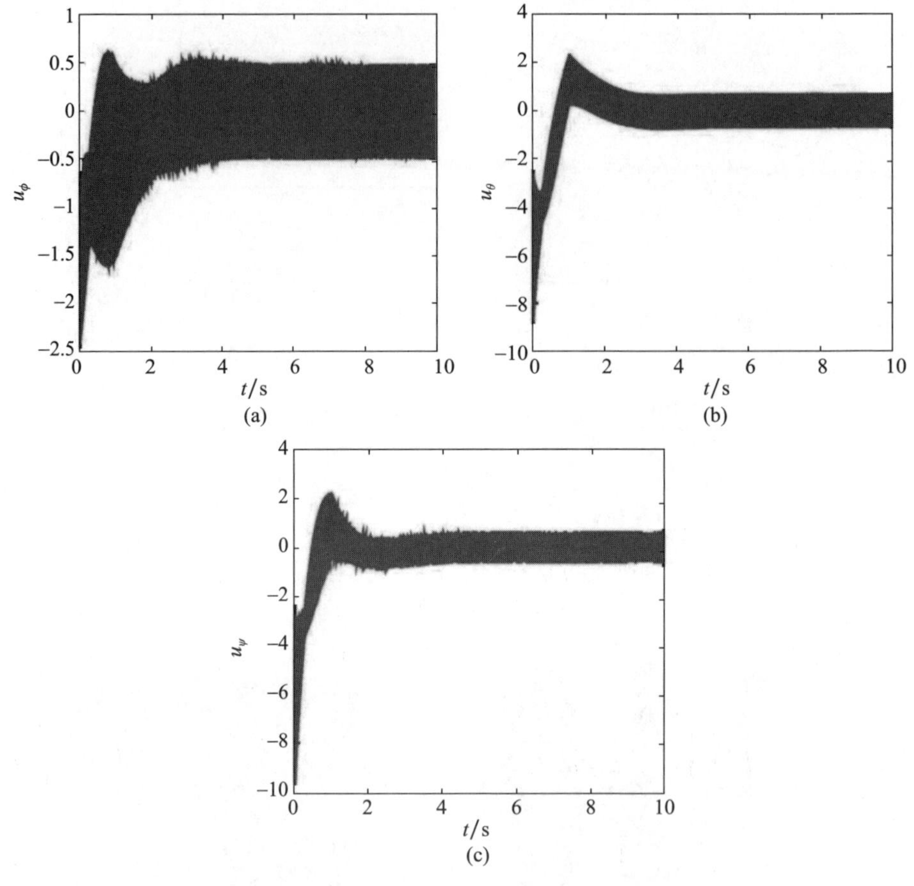

图 7.4　控制信号u_ϕ、u_θ 和 u_ψ

从图 7.4 可以看出，控制响应信号 u_ϕ、u_θ 和 u_ψ 从一开始就有抖振效应，意味着这些控制器从 $t \geqslant 0$ 就开始补偿的有界不确定性扰动 ω_ϕ、ω_θ 和 ω_ψ。

仿真结果：

目前，存在的问题是 sgn 函数导致的不连续性，这种不连续性会产生高频振荡，通常称为抖振效应。这在实际应用中并不是好现象，因为它在系统实时运行中可能会产生不必要的振动，可能会损坏设备。不过已经有大量文献研究了有助于减少抖振效应的技术。

从图 7.4 中可以看到 sgn 函数产生的抖振效应。提高控制性能常用的方法是对 sgn 函数做近似处理（见 1.6 节）。这种近似处理可以应用为

$$\operatorname{sgn}(\sigma) \approx \frac{\sigma}{|\sigma| + \epsilon} \tag{7.39}$$

为了进行仿真，ϵ 取 0.0007。

验证所提出算法的有效方法是在仿真和实验中得到相似的结果。为此假设状态参数 ϕ、θ、ψ、$\dot{\phi}$、$\dot{\theta}$ 和 $\dot{\psi}$ 都受到一些白噪声的影响(当使用惯性传感器时就会发生这种情况)。基于这些假设,得到曲线图 7.5~图 7.7。

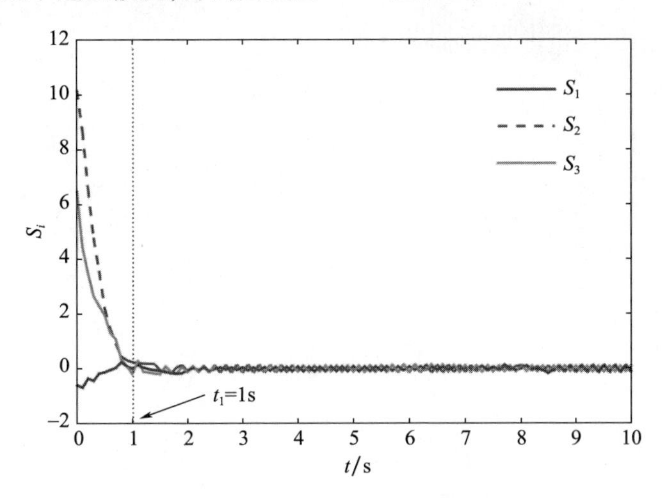

图 7.5 滑模面S_1、S_2 和S_3 的收敛曲线

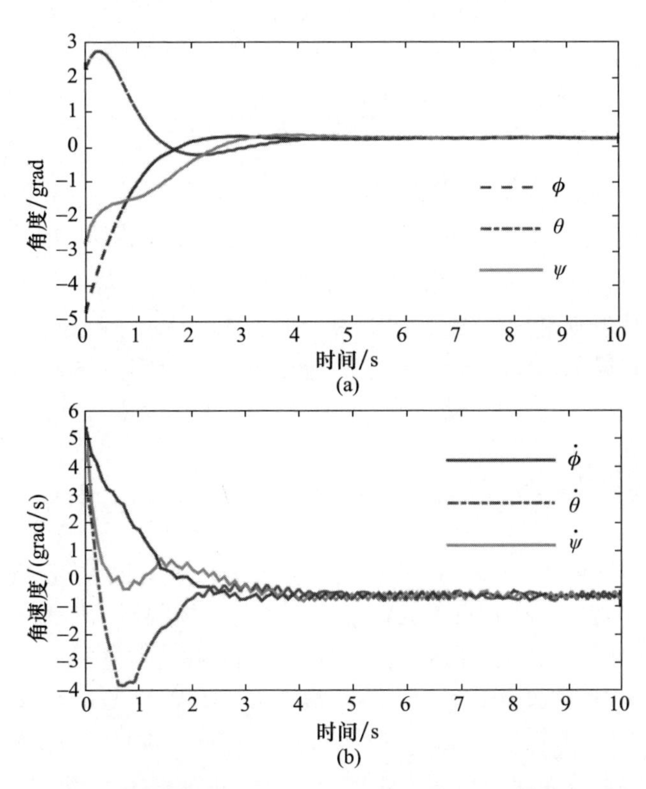

图 7.6 在传感器噪声作用下 ϕ、θ、ψ 和$\dot{\phi}$、$\dot{\theta}$、$\dot{\psi}$ 的动态稳定性

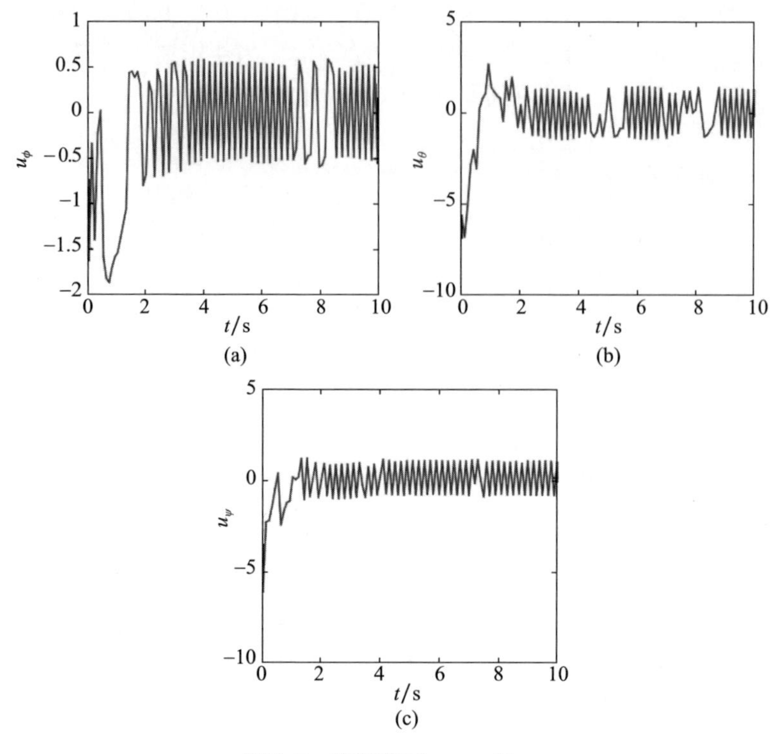

图 7.7 控制信号u_ϕ、u_θ 和u_ψ

由图 7.5 观察到,尽管非线性系统受到白噪声的影响,但滑动面 S_1、S_2 和 S_3 在有限时间 t_1 内收敛为 0。由图 7.6 也能看到尽管系统内部动力学存在白噪声,动力学参数 ϕ、θ、ψ 和 $\dot{\phi}$、$\dot{\theta}$、$\dot{\psi}$ 也是渐近收敛的。图 7.7 所示的控制量使得矢量 $\boldsymbol{S}$ 在有限时间内收敛到最优滑动矢量 $\boldsymbol{S}=\boldsymbol{0}$。图 7.7 也显示了控制量 u_ϕ、u_θ 和 u_ψ,在存在白噪声和有界不确定扰动的情况下,使 $\boldsymbol{S}$ 在有限时间内趋于 0。

7.4 实验验证

上述控制器在 4.1.5 节所述的实验平台上进行了验证,并分析了四旋翼无人机的姿态性能。通过手动和自主的两种方式来测试控制器的性能。

将 7.3 节中得到的控制器进行实际应用是很难的,实际系统对于微小变化非常敏感。出现这种情况是因为即使这些滑动面趋于 0,这些滑动面中也存在其他变量的交叉项。例如,滑动面 S_1 主要是用于保证横滚角收敛,但俯仰角和偏航角也包含在滑动面 S_1 内。此外,如果这些变量(俯仰角和偏航角)的 $\boldsymbol{M}_{ij}$ 项较大,则它们将严重影响控制器的性能。因此,在这一部分使用滑模控制器时将从理论到实际进行一些调整。

观察 $\boldsymbol{S}=\boldsymbol{v}_q+\boldsymbol{M}\boldsymbol{q}$,可以选择适当的 $\boldsymbol{M}$,既能保证滑动面的收敛,又便于在实际系统中实现。因此,权衡考虑 $\boldsymbol{M}$ 的主对角线,以确保每个状态量都有良好的收敛性。$\boldsymbol{M}=\boldsymbol{Q}_{22}^{-1}(\boldsymbol{Q}_{12}^{\mathrm{T}}+\boldsymbol{P})$,$\boldsymbol{Q}$ 为

$$\boldsymbol{Q}=\boldsymbol{Q}^{\mathrm{T}}=\begin{pmatrix}\boldsymbol{Q}_{11} & \boldsymbol{Q}_{12}\\ \boldsymbol{Q}_{12}^{\mathrm{T}} & \boldsymbol{Q}_{22}\end{pmatrix}>0,\quad \boldsymbol{Q}_{11},\boldsymbol{Q}_{12},\boldsymbol{Q}_{22}\in\mathbb{R}^{3\times3}。$$

在实际调整中,可以认为$\boldsymbol{Q}_{12}=\boldsymbol{0}_{3\times3}$,$\boldsymbol{Q}_{22}$ 为

$$\boldsymbol{Q}_{22}=\begin{pmatrix}r & 0 & 0\\ 0 & s & 0\\ 0 & 0 & g\end{pmatrix}$$

式中:r、s、g 为正数,以保证$\boldsymbol{Q}_{22}=\boldsymbol{Q}_{22}^{\mathrm{T}}>0$。

因此 $\boldsymbol{M}$ 可写为

$$\boldsymbol{M}=\begin{pmatrix}P_{11}/r & 0 & 0\\ 0 & P_{22}/s & 0\\ 0 & 0 & P_{33}/g\end{pmatrix}=\begin{pmatrix}M_{11} & 0 & 0\\ 0 & M_{22} & 0\\ 0 & 0 & M_{33}\end{pmatrix}$$

这意味着,每一个 S_i 可以表示为

$$\begin{cases}S_1=\phi_2+M_{11}\phi_1\\ S_2=\theta_2+M_{22}\theta_1\\ S_3=\psi_2+M_{33}\psi_1\end{cases}$$

在实际验证中,$\boldsymbol{u}\in\mathbb{R}^3$ 由下列表达式给出:

$$\begin{cases}u_\phi=(I_x/l)\left(\bar{u}_1-(M_{11}+1)\phi_2\right)\\ u_\theta=(I_y/l)\left(\bar{u}_2-(M_{22}+1)\theta_2\right)\\ u_\psi=(I_z/l)\left(\bar{u}_3-(M_{33}+1)\psi_2\right)\end{cases}$$

式中

$$\begin{cases}\bar{u}_1=-\rho_1\operatorname{sgn}(S_1-Z_1)-k_1|S_1|^{1/2}\operatorname{sgn}(S_1)+\phi_2\\ Z_1=-k_1\int|S_1|^{1/2}\operatorname{sgn}(S_1)\,\mathrm{d}t,Z_1(0)=S_1(0)\\ \bar{u}_2=-\rho_2\operatorname{sgn}(S_2-Z_2)-k_2|S_2|^{1/2}\operatorname{sgn}(S_2)+\theta_2\\ Z_2=-k_2\int|S_2|^{1/2}\operatorname{sgn}(S_2)\,\mathrm{d}t,Z_2(0)=S_2(0)\\ \bar{u}_3=-\rho_3\operatorname{sgn}(S_3-Z_3)-k_3|S_3|^{1/2}\operatorname{sgn}(S_3)+\psi_2\\ Z_3=-k_3\int|S_3|^{1/2}\operatorname{sgn}(S_3)\,\mathrm{d}t,Z_3(0)=S_3(0)\end{cases}$$

新的增益为

$$\begin{cases}\rho_1=\left(\dfrac{\alpha_1}{\sqrt{2}}+|\theta_2(\psi_2\gamma_1-\beta_1)|+L_1\right)\\ \rho_2=\left(\dfrac{\alpha_2}{\sqrt{2}}+|\phi_2(\psi_2\gamma_2-\beta_2)|+L_2\right)\\ \rho_3=\left(\dfrac{\alpha_3}{\sqrt{2}}+|\theta_2\phi_2\gamma_3|+L_3\right)\end{cases}$$

其他参数如下：

$$\begin{cases}k_1=\dfrac{2|S_1(0)|^{1/2}}{t_1}\\ k_2=\dfrac{2|S_2(0)|^{1/2}}{t_1},t_1=\text{常数}\\ k_3=\dfrac{2|S_3(0)|^{1/2}}{t_1}\end{cases}$$

$$\beta_1=\beta_2(\gamma_1+1),\gamma_3=-\gamma_1\left(\frac{1}{\gamma_2(\gamma_1+1)+1}\right)$$

$$b_2=\frac{b_1}{\gamma_1+1},b_3=\frac{b_1}{\gamma_2(\gamma_1+1)+1}$$

$$b_2^{-1}=\frac{\gamma_1+1}{b_1},b_3^{-1}=\frac{\gamma_2(\gamma_1+1)+1}{b_1}$$

分析上述增益,可以尝试调整的参数是 β_1、γ_1、γ_2 和 b_1。因此,增益为

$$\begin{cases}\rho_1=(|\theta_2(\psi_2\gamma_1-\beta_1)|+L_x)\\ \rho_2=(|\phi_2(\psi_2\gamma_2-\beta_2)|+L_y)\\ \rho_3=(|\theta_2\phi_2\gamma_3|+L_z)\end{cases}$$

如果进行调整使得 $\psi_2\gamma_1-\beta_1$ 和 $\psi_2\gamma_2-\beta_2$ 趋于零,那么可以使用以下表达式：

$$\gamma_3=-\frac{\gamma_1}{\gamma_1+1},\gamma_1\text{、}b_1\text{ 为任意值},b_2=b_3=\frac{b_1}{(\gamma_1+1)}$$

然后增益变为 $\rho_1=(L_x)$,$\rho_2=(L_y)$ 和 $\rho_3=(|\theta_2\phi_2\gamma_3|+L_z)$。

图 7.8 为控制器应用于四旋翼无人机实验平台时的行为表现。从图中可以看出,控制器在实际应用中表现良好,即使主动施加扰动,也能保证闭环系统正常工作。还能看出,在控制器上调整增益的程序运行良好,可以应用到其他滑模控制器上。期望参考信息由飞行员手动操作提供,为了观察控制器的性能,本书进行了一些改动。

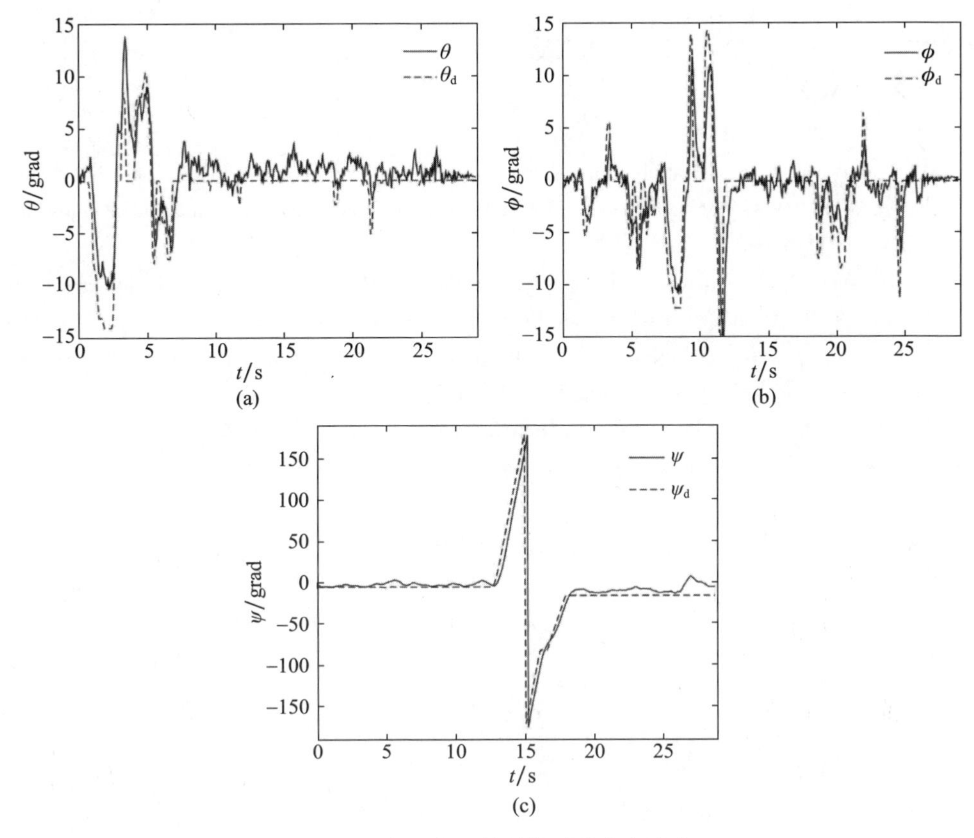

图 7.8 实际应用控制器时的姿态响应

7.5 小结

由于滑模控制具有鲁棒性和快速收敛性,使得这种控制方法在无人机中的应用越来越受到人们的重视。不过,其存在的主要问题是在控制响应中会产生抖振效应,这种效应可能会损坏系统的物理部件,并可能需要大量的能量才能获得良好的控制效果。本章提出的这些新控制器能够减少这些缺陷并提高这些算法的性能。然而还有许多问题需要解决,这仍然是一个有待进一步研究的课题。

本章设计的控制器旨在对未知和有界扰动具有鲁棒性,并保证在有限时间内的收敛性,这种情况在一般控制器中并不常见。仿真结果表明,这些算法具有良好的性能。关于该控制器的下一步研究工作是在设计中减少抖振效应。此外,本章还介绍了一种调整滑动算法的方法,在实际应用控制器时非常有用。实验结果曲线也表明,该控制器在闭环系统中具有良好的性能。

参考文献

[1] T. Ledgerwood, M. E. , Controllability and nonlinear control of rotational inverted pendulum, in: Advances in Robust and Nonlinear Control Systems, ASME Journal on Dynamic Systems and Control 43(1992) 81-88.

[2] A. Lukyanov, Optimal nonlinear block-control method, in: Proceedings of the 2nd European Control Conference, Groningen, Netherlands, 1993, pp. 1853-1855.

[3] A. Lukyanov, S. J. Dodds, Sliding mode block control of uncertain nonlinear plants, in: Proceedings of the IFAC World Congress, San Francisco, CA, USA, 1996, pp. 241-246.

[4] V. Utkin, Sliding Modes in Control and Optimization, Springer-Verlag, 1992.

[5] V. Utkin, J. Guldner, J. Shi, Sliding Mode Control in Electromechanical Systems, Taylor and Francis, 1999.

[6] Y. Shtessel, C. Edwards, L. Fridman, A. Levant, Sliding Mode Control and Observation, Birkhäuser, 2014.

第8章 鲁棒控制器

在任何现实问题中都存在不确定性(建模误差或未知动力学)和外部干扰,它们可能会影响所得到的经典控制设计,进而影响闭环系统的稳定性。鲁棒性是在模型不再准确反映现实的不利条件下,可确保所设计的系统基本功能不变的一种特性[1]。换言之,鲁棒控制是指对伴随未知动力学(不确定性)和/或受到未知和外部干扰的设备进行控制,在设计过程中考虑了这些不确定性和干扰。

针对四旋翼无人机的具体情况,在2.3节中介绍了四旋翼无人机受到叶片弯曲效应和阻力动力学的影响。此外,在一些实际(户外)任务中,四旋翼可能会受到风的干扰。因此,提出的第一种控制方法考虑了这种扰动,该控制算法基于饱和函数,用于稳定模型为级联积分器的四旋翼无人机。

第4章强调了在实际应用控制策略时的一个常见问题是外部风扰。当这种未知扰动很大时,闭环系统的性能就会受到影响。基于不确定性和干扰估计器(UDE)提出了一种鲁棒控制方案,能够在使用线性控制器时增强系统的闭环性能。

这两种控制策略的主要优点在于:它们都是线性控制器,仅具有很少的调整参数,因此它们在四旋翼无人机中很容易实现。这一事实使它们在控制四旋翼无人机、处理模型不确定性和持续干扰的实际应用中成为优先选择,并具有优异的性能[2]。

8.1 基于饱和函数的非线性鲁棒算法

给定一个正数 b,函数 $\sigma_b:\mathbb{R}\to\mathbb{R}$称为 s 的线性饱和。前提条件为它是一个连续的非递减函数,且满足:当 $s\neq 0$ 时,$s\sigma_b(s)>0$,当$|s|\leqslant b$ 时,$\sigma_b(s)=s$;对于所有$s\in\mathbb{R}$,$|\sigma_b|\leqslant b$。

定理 8.1 考虑系统:

$$\dot{r}_1=r_2 \tag{8.1}$$

$$\dot{r}_2=u_r+g_w \tag{8.2}$$

式中：g_w 为未知且有界的扰动，使得 $|g_w|<\gamma$，其中 γ 为正数。

那么非线性控制器可表示为

$$u_r=-\sigma_{b_2}(K_2r_2)-\sigma_{b_1}(K_1r_1),\quad K_{1,2}>0 \tag{8.3}$$

可以使系统（式(8.1)和式(8.2)）稳定。

证明：定义 $V_2=\dfrac{1}{2}r_2^2$，则有

$$\dot{V}_2=\dot{r}_2r_2=-r_2(\sigma_{b_2}(K_2r_2)+\sigma_{b_1}(K_1r_1)-g_w)$$

选择 $b_2>|b_1-\gamma|$，意味着 $|K_2r_2|>|\sigma_{b1}(K_1r_1)-g_w|$，则

$$\operatorname{sgn}(\sigma_{b_2}(K_2r_2)+\sigma_{b_1}(K_1r_1)-g_w)=\operatorname{sgn}(r_2)$$

说明 $\dot{V}_2\leqslant 0$。后者表示存在时间 $t>T_1$，使得

$$|r_2(t)|\leqslant\frac{|b_1-\gamma|}{K_2},u_r=-K_2r_2-\sigma_{b_1}(K_1r_1)$$

成立。

定义 $\boldsymbol{v}_1=K_2r_1+r_2$，则得 $\dot{\boldsymbol{v}}_1=-\sigma_{b_1}(K_1r_1)+g_w$。令 $V_1=\dfrac{1}{2}\boldsymbol{v}_1^2$，得到

$$\begin{aligned}\dot{V}_1&=\boldsymbol{v}_1\dot{\boldsymbol{v}}_1=-(K_2r_1+r_2)(\sigma_{b_1}(K_1r_1)-g_w)\\&\leqslant-(K_2r_1+\frac{|b_1-\gamma|}{K_2})(\sigma_{b_1}(K_1r_1)+\gamma)\end{aligned}$$

可以看到，如果 $|K_1r_1|>\gamma$，那么 $\operatorname{sgn}(\sigma_{b_1}(K_1r_1)+\gamma)=\operatorname{sgn}(r_1)$。另外，如果 $|K_2r_1|>|r_2|$，则 $\operatorname{sgn}(K_2r_1+r_2)=\operatorname{sgn}(r_1)$，这意味着 $\dot{V}_1\leqslant 0$。由后者得到 $b_1>\dfrac{\gamma(K_1-K_2^2)}{K_1}$。$\boldsymbol{v}_1$ 是有界的，根据其定义，r_1 也是有界的，因此存在一个足够大的时间 $t>T_2>T_1$，使得 $|r_1(t)|<\dfrac{b_1}{K_1}$，$u_r=-K_2r_2-K_1r_1$ 成立。

对于 $t>T_2$，重写闭环系统，可得

$$\dot{\boldsymbol{r}}(t)=\boldsymbol{A}\boldsymbol{r}(t)+\boldsymbol{g}_w(t) \tag{8.4}$$

式中

$$\boldsymbol{r}=[r_1,r_2]^{\mathrm{T}},\boldsymbol{A}=\begin{bmatrix}0&1\\-K_1&-K_2\end{bmatrix}$$

注意，这个系统可看作在标准系统 $\dot{\boldsymbol{r}}(t)=\boldsymbol{A}\boldsymbol{r}(t)$ 上施加了一个扰动。

式(8.4)中 $\boldsymbol{g}_w$ 是一个未知且有界的扰动，因此，从稳定性理论和扰动系统的稳定性可以得出：如果 $\boldsymbol{g}_w=0$，式(8.4)会变成 $\dot{\boldsymbol{r}}=\boldsymbol{A}\boldsymbol{r}$[3]。因此，如果矩阵 $\boldsymbol{A}$ 的每个特征值 λ 都有负实部，即 $\mathrm{Re}(\lambda)<0$，则系统是稳定的。然而，如果 g_w 是微小扰动，并且在原点有界范围内的任何微小扰动项满足 $\boldsymbol{r}$ 局部邻域上随时间 t 的线性增长条

件，则整个系统也是稳定的。如果$\boldsymbol{g}_{\mathrm{w}}$ 是非微小扰动，则解的界限最终取决于扰动大小的边界。

定理 8.2 考虑非线性系统：

$$\dot{r}_1 = kr_2 + r_2 g_{\mathrm{w}} \tag{8.5}$$

$$\dot{r}_2 = r_3 \tag{8.6}$$

$$\dot{r}_3 = u_{\mathrm{r}} + g_{\mathrm{w}}\epsilon \tag{8.7}$$

式中：g_{w} 为未知且有界的扰动，使得$|g_{\mathrm{w}}|<\gamma$，其中 γ、k 均为大于 0 的常数；$0<\epsilon<1$。

那么非线性控制器：

$$u_{\mathrm{r}} = -\sigma_{b_3}(K_3 r_3) - \sigma_{b_2}(K_2 r_2) - \sigma_{b_1}(K_1 r_1), \quad K_1, K_2, K_3 > 0 \tag{8.8}$$

可以使非线性系统（式(8.5)～式(8.7)）稳定。

证明：将式(8.8)改写为

$$u_{\mathrm{r}} = -\sigma_{b_3}(K_3 r_3) - \zeta_3 \tag{8.9}$$

式中：$|\zeta_3| \leqslant b_{\zeta_3}$ 是一个函数，将在后面定义，$b_{\zeta_i}>0$ 是常数。

定义 $V_3 = \dfrac{1}{2} r_3^2$，得到

$$\dot{V}_3 = r_3 \dot{r}_3 = -r_3(\sigma_{b_3}(K_3 r_3) + \zeta_3 - g_{\mathrm{w}}\epsilon)$$

选择 $b_3 > |b_{\zeta_3} - \epsilon\gamma|$，则$|K_3 r_3| > |\zeta_3 - g_{\mathrm{w}}\epsilon|$，意味着 $\dot{V}_3 \leqslant 0$。因此可以得出，存在足够大的时间 $\bar{T}_1$，使得

$$|r_3(t)| \leqslant \frac{|b_{\zeta_3} - \epsilon\gamma|}{K_3}, u_{\mathrm{r}} = -K_3 r_3 - \zeta_3$$

成立。令 $\boldsymbol{\beta}_2 = K_3 r_2 + r_3$，得到 $\dot{\boldsymbol{\beta}}_2 = -\zeta_3 + \epsilon g_{\mathrm{w}}$。定义

$$\zeta_3 = \sigma_{b_2}(K_2 r_2) + \zeta_2$$

式中：$|\zeta_2| \leqslant b_{\zeta_2}$。

从以上分析可以看出，$b_{\zeta_3} = b_2 + b_{\zeta_2}$。令 $V_2 = \dfrac{1}{2}\beta_2^2$，得到

$$\dot{V}_2 = -(K_3 r_2 + r_3)(\sigma_{b_2}(K_2 r_2) + \zeta_2 - \epsilon g_{\mathrm{w}})$$

当$|K_2 r_2| > |b_{\zeta_2} - \epsilon g_{\mathrm{w}}|$时，意味着 $\mathrm{sgn}(\sigma_{b_2}(K_2 r_2) + \zeta_2 - \epsilon g_{\mathrm{w}}) = \mathrm{sgn}(r_2)$。此外，$|K_3 r_2| > |r_3|$，即$|r_2| > \dfrac{|b_{\zeta_3} - \epsilon\gamma|}{K_3^2}$，表示 $\mathrm{sgn}(K_3 r_2 + r_3) = \mathrm{sgn}(r_2)$。定义 $b_2 > |b_{\zeta_2} - \epsilon\gamma|$，则上述不等式成立，并且 $\dot{V}_2 \leqslant 0$。这意味着 $\boldsymbol{\beta}_2$ 有界，根据其定义 r_2 也有界。因此，存在 $t > \bar{T}_2 > \bar{T}_1$，使得$|r_2(t)| \leqslant \dfrac{|b_{\zeta_2} - \epsilon\gamma|}{K_2}$，$u_{\mathrm{r}} = -K_3 r_3 - K_2 r_2 - \zeta_2$ 成立。定义 $\boldsymbol{\beta}_1 = \dfrac{K_2}{k} r_1 + K_3 r_2 + r_3$，因此得到 $\boldsymbol{\beta}_1 = -\zeta_2 + \dfrac{K_2 r_2 g_{\mathrm{w}}}{k} + \epsilon g_{\mathrm{w}}$。

假设

$$\zeta_2=\sigma_{b_1}(K_1 r_1)$$

因此，$b_{\zeta_2}=b_1$。令 $V_1=\frac{1}{2}\beta_1^2$，因此得到

$$\dot{V}_1=-\left(\frac{K_2}{k}r_1+K_3 r_2+r_3\right)\left(\sigma_{b_1}(K_1 r_1)-\frac{K_2 r_2 g_{\mathrm{w}}}{k}-\epsilon g_{\mathrm{w}}\right)$$

注意：

$$\left|-\frac{K_2 r_2 g_{\mathrm{w}}}{k}-\epsilon g_{\mathrm{w}}\right|\leqslant\frac{\gamma|b_1-\epsilon\gamma|}{k}+\epsilon\gamma$$

并且当 $|K_1 r_1|>\frac{\gamma|b_1-\epsilon\gamma|}{k}+\epsilon\gamma$ 时，得到 $\mathrm{sgn}\left(\sigma_{b1}(K_1 r_1)-\frac{K_2 r_2 g_{\mathrm{w}}}{k}-\epsilon g_{\mathrm{w}}\right)=\mathrm{sgn}(r_1)$。

在 $t>\overline{T}_2$ 之后，r_2 和 r_3 有界并且很小，因此定义 $b_1>\frac{\gamma|b_1-\epsilon\gamma|}{g}+\epsilon\gamma$，这也意味着 $\left|\frac{K_2}{k}r_1\right|>|K_3 r_2+r_3|$，结果为 $\mathrm{sgn}\left(\frac{K_2}{k}r_1+K_3 r_2+r_3\right)=\mathrm{sgn}(r_1)$，表示 $\dot{V}_1\leqslant 0$。然后 $t>\overline{T}_3>\overline{T}_2$，使得 $|r_1(t)|<\frac{b_1}{K_1}$，$u_{\mathrm{r}}=-K_3 r_3-K_2 r_2-K_1 r_1$ 成立。因此对于 $t>\overline{T}_3$，闭环系统可以写成式(8.4)所示的扰动线性系统。同样地，根据稳定性理论和扰动系统的稳定性，系统是稳定的或最终有界的[3]。

8.1.1 非线性不确定性下的鲁棒性

需要明确的是，所提出的非线性控制律对于有界和未知干扰具有鲁棒性。然而，一些假设（如小角度、忽略一些参数等）可能会产生非线性不确定性。本节将证明非线性不确定性情况下的闭环鲁棒性。

定义 8.1 考虑扰动系统：

$$\dot{r}_1=r_2 \tag{8.10}$$

$$\dot{r}_2=u_{\mathrm{r}}+g_{\mathrm{w}}+f(r_2) \tag{8.11}$$

式中：$f(r_2)$ 满足

$$|f(r_2)|\leqslant\alpha_1|r_2|,\quad \forall\alpha_1>0 \tag{8.12}$$

并采用式(8.3)中给出的控制律。则存在一个足够小的常数使式(8.10)和式(8.11)所示系统鲁棒稳定。

证明：假设式(8.10)~式(8.11)所示系统在闭环中采用控制律(8.3)情况下是稳定的。令 $V_2=\frac{1}{2}r_2^2$。利用式(8.11)、式(8.3)和式(8.12)，可得

$$
\begin{aligned}
\dot{V}_2 &= \dot{r}_2 r_2 = -r_2(\sigma_{b_2}(K_2 r_2) + \sigma_{b_1}(K_1 r_1) - g_w - f(r_2)) \\
&\leqslant -r_2(\sigma_{b_2}(K_2 r_2) + b_1 - g_w) + \alpha_1 |r_2||r_2| \\
&\leqslant -r_2(\sigma_{b_2}(K_2 r_2) + b_1 - g_w) + \alpha_1 r_2^2
\end{aligned}
$$

在非线性不确定性情况下，使系统稳定的一个充分条件为

$$
-r_2(\sigma_{b_2}(K_2 r_2) + b_1 - g_w) + \alpha_1 r_2^2 \leqslant 0 \tag{8.13}
$$

则

$$
r_2 \leqslant \frac{\sigma_{b_2}(K_2 r_2) + b_1 - g_w}{\alpha_1} \tag{8.14}
$$

式中：r_2 是有界的，即 $|r_2| \leqslant \frac{|b_1 - \gamma|}{K_2}$。

定义 $\boldsymbol{v}_1 = K_2 r_1 + r_2$，那么 $\dot{\boldsymbol{v}}_1 = -\sigma_{b_1}(K_1 r_1) + g_w + f(r_2)$。考虑 $V_1 = \frac{1}{2}\boldsymbol{v}_1^2$，得到

$$
\begin{aligned}
\dot{V}_1 = \boldsymbol{v}_1 \dot{\boldsymbol{v}}_1 &= -(K_2 r_1 + r_2)(\sigma_{b_1}(K_1 r_1) - g_w - f(r_2)) \\
&= -(K_2 r_1 + r_2)(\sigma_{b_1}(K_1 r_1) - g_w) + (K_2 r_1 + r_2) f(r_2) \\
&\leqslant -\left(K_2 r_1 + \frac{|b_1 - \gamma|}{K_2}\right)(\sigma_{b_1}(K_1 r_1) + g_w) + \alpha_1 (K_2 |r_1| + |r_2|)|r_2| \\
&\leqslant -\left(K_2 r_1 + \frac{|b_1 - \gamma|}{K_2}\right)(\sigma_{b_1}(K_1 r_1) + g_w) + \alpha_1 \left(K_2 |r_1| + \frac{|b_1 - \gamma|}{K_2}\right)\frac{|b_1 - \gamma|}{K_2}
\end{aligned}
$$

能够看到选择 b_1 可以使得 $\left(K_2 r_1 + \frac{|b_1 - \gamma|}{K_2}\right)(\sigma_{b_1}(K_1 r_1) + g_w) > 0$ 成立。因此，$\dot{V}_1 \leqslant 0$ 的一个充分条件为

$$
-\left(K_2 r_1 + \frac{|b_1 - \gamma|}{K_2}\right)(\sigma_{b_1}(K_1 r_1) + g_w) + \alpha_1 \left(K_2 |r_1| + \frac{|b_1 - \gamma|}{K_2}\right)\frac{|b_1 - \gamma|}{K_2} \leqslant 0 \tag{8.15}
$$

因为 r_2 是一个有界函数，因此 $r_1 = \int_0^t r_2 \mathrm{d}t$ 也是一个有界函数。这意味着 $\left(K_2 r_1 + \frac{|b_1 - \gamma|}{K_2}\right)(\sigma_{b_1}(K_1 r_1) + \gamma) < \delta$，其中 $\delta > 0$。因此得到

$$
|r_1| \leqslant \frac{1}{\alpha_1}\left(\frac{\delta}{|b_1 - \gamma|} - \frac{|b_1 - \gamma|}{K_2^2}\right) \tag{8.16}
$$

并证明了系统的鲁棒稳定性。

定义 8.2 考虑非线性系统：

$$
\dot{r}_1 = k r_2 + r_2 g_w \tag{8.17}
$$

$$
\dot{r}_2 = r_3 \tag{8.18}
$$

$$
\dot{r}_3 = u_r + g_w \epsilon + f(r_3) \tag{8.19}
$$

式中：$f(r_3)$ 满足

$$|f(r_3)| \leqslant \alpha_2 |r_3|, \alpha_2>0 \tag{8.20}$$

则对于一个足够小的 α_2，式(8.8)可以使式(8.17)~式(8.19)所示系统稳定。

证明：将式(8.9)代入式(8.19)，得到

$$\dot{r}_1 = kr_2 + r_2 g_w \tag{8.21}$$

$$\dot{r}_2 = r_3 \tag{8.22}$$

$$\dot{r}_3 = -\sigma_{b_3}(K_3 r_3) - \zeta_3 + g_w \epsilon + f(r_3) \tag{8.23}$$

令 $V_3 = \frac{1}{2} r_3^2$，则有

$$\begin{aligned} \dot{V}_3 &= r_3 \dot{r}_3 = -r_3(\sigma_{b_3}(K_3 r_3) + \zeta_3 - \epsilon g_w - f(r_3)) \\ &\leqslant -r_3(\sigma_{b_3}(K_3 r_3) + \zeta_3 - \epsilon g_w) + \alpha_2 |r_3(t)|^2 \end{aligned}$$

可以看到 $|r_3(t)|^2 = r_3(t)^2$，这意味着

$$\dot{V}_3 \leqslant -r_3(\sigma_{b_3}(K_3 r_3) + \zeta_3 - \epsilon g_w) + \alpha_2 r_3(t)^2 \tag{8.24}$$

这里选择 b_3 可以使得 $|K_3 r_3| > |\zeta_3 - \epsilon g_w|$ 成立。因此，鲁棒稳定性的一个充分条件为

$$-r_3(\sigma_{b_3}(K_3 r_3) + \zeta_3 - \epsilon g_w) + \alpha_2 r_3(t)^2 \leqslant 0 \tag{8.25}$$

或者

$$r_3 \leqslant \frac{\sigma_{b_3}(K_3 r_3) + \zeta_3 - \epsilon g_w}{\alpha_2} \tag{8.26}$$

注意，r_3 是有界的。根据定义 8.1 中的类似步骤，可以得到 r_2 和 r_1 也是有界的，然后证明了系统的鲁棒稳定性。

8.1.2 在四旋翼无人机进行验证

控制器是从线性和摄动系统中获得的，但不能将其应用于非线性四旋翼无人机方程式(2.17)和式(2.18)。然而，在对这些非线性方程进行线性化处理之后，这种方法就可以应用于该无人机。

通常四旋翼无人机在±30°的姿态角范围内运行，因此可以对运动方程关于每个姿态轴进行近似解耦处理。无人机的主要动力学与纵向/横向动力学有关。事实上，在悬停时，无人机的运动在每个轴上基本上是解耦的，并且由于无人机配置关系，Coriolis 矩阵变得非常小，因此在设计控制器时可以忽略不计。此外，四旋翼无人机的对称性意味着可以通过单个方程 $\ddot{\eta} \approx \tau_\eta$ 来描述其主要的姿态动力学。同样，在悬停时，可以假设转子推力与螺旋桨转速的平方成正比，并且转子和机身平面对齐。因此，扑翼角很小，转子的纵向和横向推力可以忽略不计。

前面的推导表明，当考虑无人机是准平稳运动、扑翼角较小、各电动机推力相

同时,非线性四旋翼无人机动力学可以作为 n 个级联积分器(线性系统)来进行研究。从无人机的物理特性出发,进行控制设计时可以分析无人机的动力学特性。

然而,本书从所提出的定理中指出,控制方案可以对每个状态施加边界。这意味着,四旋翼无人机控制器的边界可以选择得足够小,以保证推进比很小,并且将运动限制在俯仰角和横滚角范围内(小角度)。这意味着,控制算法可以对系统施加线性控制,从而满足应用所提出定理时所需的前提假设。仿真和实验验证了这一事实。

假设无人机以小角度移动并由其控制器保持状态,则 $\cos\theta\approx 1$, $\sin\theta\approx\theta$,因此高度和偏航角动力学可以写成

$$\ddot{z}\approx\bar{u}+f_{\mathrm{d}_z} \tag{8.27}$$

$$\ddot{\psi}\approx\tau_{\psi}+\tau_{\mathrm{d}_{\psi}} \tag{8.28}$$

式中:$\bar{u}=u-g$。

一方面第 2 章中的 f_{d_k} 和 τ_{d_j} 表示由风、摆动和阻力动力学引起的未知扰动;另一方面从式(6.19)和图 2.2 可以看出 f_{d_k} 和 τ_{d_j} 基本上由风产生(在无风情况下悬停时这些参数非常微小)。为了控制设计或仿真目的,它们可以表示为与风 V_{w} 成比例,即 $f_{\mathrm{d}_k},\tau_{\mathrm{d}_j}\approx\epsilon_{\{k,j\}}V_{\mathrm{w}}$,其中 $0<\epsilon_{\{k,j\}}<1$。考虑到风是有界的,这意味着 $|\epsilon_{\{k,j\}}V_{\mathrm{w}}|\leqslant\epsilon_{\{k,j\}}\gamma_{\mathrm{w}}$,其中 $\gamma_{\mathrm{w}}>0$ 为常数。

式(8.27)和式(8.28)对应于式(8.1)中级联的两个积分器,因此使用定理 8.1,可得

$$\bar{u}=-\sigma_{b_{2_z}}(K_{2_z}\dot{z})-\sigma_{b_{1_z}}(K_{1_z}(z-z_{\mathrm{d}})) \tag{8.29}$$

$$\tau_{\psi}=-\sigma_{b_{2_{\psi}}}(K_{2_{\psi}}\dot{\psi})-\sigma_{b_{1_{\psi}}}(K_{1_{\psi}}(\psi-\psi_{\mathrm{d}})) \tag{8.30}$$

将式(8.29)和式(8.30)分别代入式(8.27)和式(8.28),意味着 $\{\dot{z},\dot{\psi}\}\to 0$, $\psi\to\psi_{\mathrm{d}}$ 和 $z\to z_{\mathrm{d}}$,其中 z_{d} 为期望高度,ψ_{d} 为期望偏航角。

按照这种方法,纵向和横向子系统可以分别重新写为

$$\ddot{x}\approx -g\theta-\theta f_{\mathrm{d}x} \tag{8.31}$$

$$\ddot{\theta}\approx\tau_{\theta}+\tau_{\mathrm{d}_{\theta}} \tag{8.32}$$

$$\ddot{y}\approx g\phi+\phi f_{\mathrm{d}_y} \tag{8.33}$$

$$\ddot{\phi}\approx\tau_{\phi}+\tau_{\mathrm{d}_{\phi}} \tag{8.34}$$

一种常见的户外应用场景是在半自主模式下控制四旋翼无人机,即飞行员只控制无人机的平移运动。然而,完全自主飞行也是非常必要的。实现自主飞行时要面临的一个挑战是无人机定位。GPS 是最常见的解决方案,虽然其数据在某些情况下会受到干扰或损坏。众所周知,如果在某些应用中 GPS 不能正常工作(无 GPS 信号的环境),则定位不精确或不可用。获得四旋翼无人机位置的另一种方

法是使用视觉定位系统,如 VICON 或 OptiTrak(用于室内验证测试)。然而,这种视觉定位系统并不总是一种可以负担得起的选择。

大多数四旋翼无人机平台都配备了 IMU 传感器、超声波传感器(用于测量高度)和摄像头(通常用于估计无人机的平移速度)。根据这一趋势,本书将开发水平控制器,仅用于稳定四旋翼无人机的姿态和平移速度①。该控制器可以很容易在实验平台上实现。

定义 $x_1=\dot{x}-V_{x_r}$, $x_2=\theta$, $x_3=\dot{\theta}$,其中 V_{x_r} 为 x 轴上的期望恒定平移速度,由式(8.31)得出

$$\begin{cases}\dot{x}_1\approx -gx_2-x_2\epsilon_x V_w\\ \dot{x}_2=x_3\\ \dot{x}_3=\tau_\theta+\epsilon_\theta V_w\end{cases}\tag{8.35}$$

因此,根据定理 8.2 可得

$$\tau_\theta=-\sigma_{b_{3_\theta}}(K_{3_\theta}x_3)-\sigma_{b_{2_\theta}}(K_{2_\theta}x_2)+\sigma_{b_{1_\theta}}(K_{1_\theta}x_1)\tag{8.36}$$

这意味着,在闭环系统中,$x_{\{3,2,1\}}$是有界的,且趋于零。同样,假设 $y_1=\dot{y}-V_{y_r}$, $y_2=\phi$, $y_3=\dot{\phi}$, V_{y_r} 是 y 轴上的期望平移速度,则由式(8.33)得到

$$\begin{cases}\dot{y}_1\approx gy_2+y_2\epsilon_y V_w\\ \dot{y}_2=y_3\\ \dot{y}_3=\tau_\phi+\epsilon_\phi V_w\end{cases}\tag{8.37}$$

稳定上述子系统的控制律变为

$$\tau_\phi=-\sigma_{b_{3_\phi}}(K_{3_\phi}y_3)-\sigma_{b_{2_\phi}}(K_{2_\phi}y_2)-\sigma_{b_{1_\phi}}(K_{1_\phi}y_1)\tag{8.38}$$

从式(8.36)和式(8.38)看出,θ 和 ϕ 分别由 b_{2_θ} 和 b_{2_ϕ} 限定范围,可以选择足够小的界限,使得 $\sin\theta\approx\theta$、$\sin\phi\approx\phi$、$\cos\theta\approx 1$ 和 $\cos\phi\approx 1$。这意味着所提出的假设成立。

风扰动可以写成 N 个(可能无限多个)时间正弦函数的线性组合。为了进行仿真,本书采用了由侧风产生扰动的经典数学表示,并由以下模型给出[4]:

$$V_w(t)=V_{w_a}+V_{w_r}(t)+V_{w_g}(t)+V_{w_t}(t)$$

式中:V_{w_a} 为风速的初始平均值;V_{w_r} 为代表风力稳定增加的斜坡分量;V_{w_g} 为阵风分量;V_{w_t} 为湍流分量。

斜坡和阵风分量分别由振幅 A_r 和 A_g(单位为 m/s)、开始时间 T_{s_r} 和 T_{s_g}(单位为 s)以及停止时间 T_{e_r} 和 T_{e_g}(单位为 s)表示。因此,斜坡和阵风分量分别为

① 译者注:在第 5 章中,这种控制方法也用于控制水平位置。

$$V_{w_r}=\begin{cases}0,\ \forall t<T_{s_r}\\ A_r\dfrac{t-T_{s_r}}{T_{e_r}-T_{s_r}},T_{s_r}\leqslant t\leqslant T_{e_r}\\ A_r,\ \forall T_{e_r}<t\end{cases}$$

$$V_{w_g}=\begin{cases}0,\ \forall t<T_{s_g}\\ A_g-A_g\cos\left(2\pi\dfrac{t-T_{s_g}}{T_{e_g}-T_{s_g}}\right),\ \forall T_{s_g}\leqslant t\leqslant T_{e_g}\\ 0,\ \forall T_{e_g}<t\end{cases}$$

在研究中进行了以下假设：

(1)四旋翼无人机受到两次阵风的干扰，风速初始平均值为0，且不增加，因此$V_{w_a}=V_{w_r}=0$。第一次阵风从$t_{s_g}=100\text{s}$开始，在$t_{e_g}=120\text{s}$结束，振幅$A_g=2.5\text{m/s}$，另一次阵风的$t_{s_g}=200\text{s}$，$t_{e_g}=210\text{s}$，振幅$A_g=1.5\text{m/s}$。

(2)为了表示湍流分量V_{w_t}，使用了带限白噪声V_{w_t}，$\max(V_{w_t})<1\text{m/s}$。此外，$V_w=0,\ \forall t>230\text{s}$。

(3)只考虑来自x轴的侧向阵风，因此可以认为侧向风对x、z和θ动力学的影响更大，即$w_x>w_z>w_\theta>w_y>w_\phi>w_\psi$。

注意，前面的定义风是有界的，因此在本书的例子中，$|V_w|<2A_g+1$。图8.1显示了这种扰动在应用中的仿真情况。

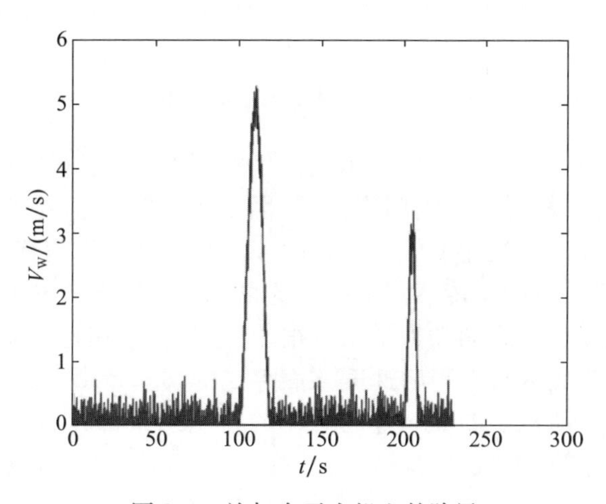

图8.1　施加在无人机上的阵风

8.1.3　模拟结果

从提出的定理可以得出式(8.29)、式(8.30)、式(8.36)和式(8.38)分别稳定了由式(8.27)、式(8.28)、式(8.35)和式(8.37)给出的系统。尽管如此，本书仍将验证非线性系统(式(6.19))的控制器。仿真过程如下。

(1)在干扰很小情况下，将四旋翼无人机稳定在期望高度。期望高度 $z_d=10\text{m}$，ψ_d、θ_d、ϕ_d 为 0°，并且 V_{y_r}、V_{x_r} 为 0m/s。除了 $\psi(0)=10°$外，其他位姿的初始状态为 0。

(2)当无人机悬停时，在 x 轴上施加两次侧向阵风。此外，将令 $\epsilon_x=0.99$，$\epsilon_z=5/6$，$\epsilon_\theta=4/6$，$\epsilon_y=3/6$，$\epsilon_\phi=2/6$，$\epsilon_\psi=1/6$。

图 8.2~图 8.4 为四旋翼无人机的性能仿真。在图 8.2 中，实线表示使用控制器的实际误差值。

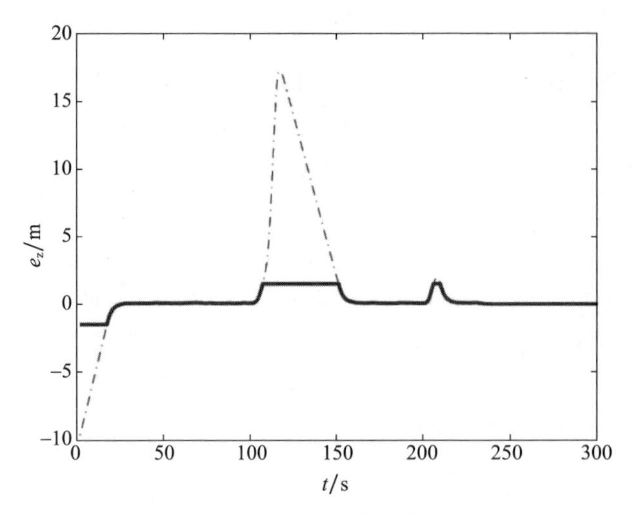

图 8.2 高度响应(点-画虚线)和 z 向误差(实线)

由图 8.2 可以看到，即使风扰使无人机偏移了几米，控制器也会限制误差，以便将其视为小扰动并缓慢收敛到期望位置，因而控制算法将可以保证闭环系统的稳定性。到当施加阵风时，无人机会在高度和水平面上发生位移。这是很常见的，因为四旋翼无人机没有配备传感器来测量这种扰动。图 8.3 显示了方向和角速率响应，可以观察到横向和纵向动力学角度很小，这是由于在控制器中施加了边界限制。换而言之，认为无人机在平移速度方面存在的误差较小，因此纠正该误差的角度也较小，如图 8.4 所示。图 8.3 是图 8.4 的控制结果，即当阵风出现时，无人机会做出反应，以纠正这些扰动产生的角位移。在实际应用中，角速率是一个需要认真考虑的重要参数。

图 8.4 显示了平移速度，可以看到由控制方案计算的所有速度都是有边界限制的。通过这种方式可以在系统中施加线性行为，以前的假设意味着计算得到的控制输入将是很小且有界的。

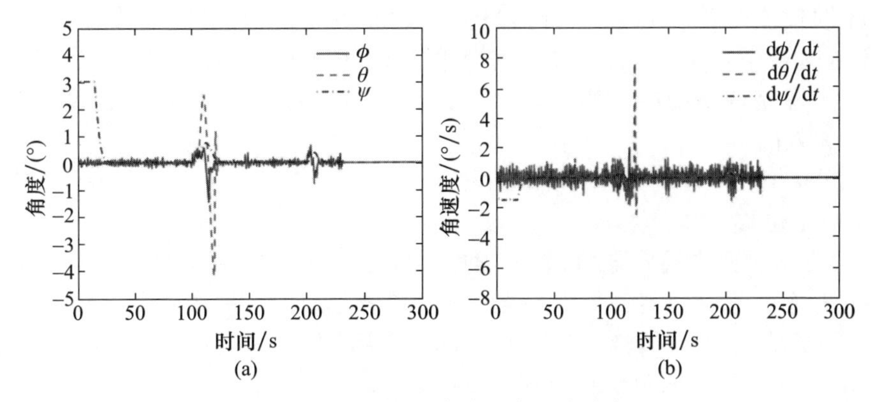

图 8.3 （见彩图）角度和角速率响应

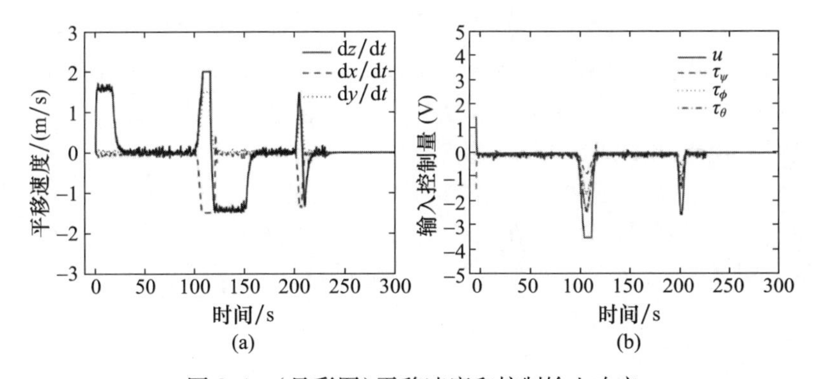

图 8.4 （见彩图）平移速度和控制输入响应

8.1.4 实验结果

控制算法在 5.2 节描述的同一个实验平台上实施。该平台由四旋翼无人机组成，配备 IGEPv2 控制板、IMU 传感器 3DMGX3-25、超声波测距仪 SRF10 和用于计算光学信息和估计平移速率的 PS3eye 摄像头。

在有阵风的情况下进行了几次飞行实验，目的是验证控制器的鲁棒性。四旋翼无人机在悬停期间受到风扇产生的阵风干扰，风速为 4m/s。

需要注意，无人机只能测量方向、角速度、高度和水平面上的平移速度，$\dot{z}$ 是用经典的欧拉公式近似估计的。该控制方案的一个优点是，每个状态都是独立有界的，这一情况在很大程度上有助于各种状态的解耦，并允许对每个状态进行单独调整。

调整子系统的步骤如下：

（1）稳定方向。偏航动力学；俯仰或/和横滚运动。目标是在添加手动扰动或更改期望值时消除振荡。当调整方向时采用半自主飞行方式评估系统性能，即方向处于自主模式，而高度和平移运动由飞行员控制，需要注意该控制器具有实现此调整功能的程序。然而，对于能够控制所有状态的控制方案，该程序是无效的。

实际应用表明，虽然方向控制很稳定，但角度存在微小偏差，进而在水平面上产生了微小位移。

(2)在水平面内稳定位置或/和速度。此步骤将取决于所使用的传感器。在本书的案例中，系统只有一个传感器来估计平移速度。如果能够在闭环系统中增加这些测量功能，无人机将能够校正俯仰角或横滚角的偏差。

(3)稳定高度。该算法简单易用，方便实际应用，尤其是有利于调节控制参数。控制算法中的控制增益和饱和函数的幅值调整步骤：首先调整 $\sigma_{b_{\dot{\phi}}}$ 的幅值使横滚角速度 $\dot{\phi}$ 保持或接近于零，即使是手动引入扰动；其次选择 $\sigma_{b_{\phi}}$ 的幅值使四旋翼的横滚角足够小。在这两种情况下都必须避免选择较大幅值，幅值过大一般会导致振荡。选择 $\sigma_{\dot{y}}$ 的幅值以便系统能够快速补偿水平速度 $\dot{y}$ 中小扰动的影响。该过程也可以用来调整 $x-\theta$ 动力学参数。

在实验中，无人机暴露在不同方向的侧风环境中。实验中的另一个不足是缺少对 x 和 y 的位置测量。然而，在没有任何 x 和 y 位置测量的情况下，闭环系统仍保持稳定。图 8.5~图 8.7 显示了这些实验信息，可以看到无人机具有良好的性能表现。

图 8.5、图 8.6 可以看到无人机的高度和姿态响应。图 8.5 中 z 轴向存在的微小振荡是由施加的阵风引起的。在图 8.7 中可以观察到平移速度信息。

从这些实验中可以看到实验结果非常理想，其原因：一是在没有进行任何风力测量的情况下实现了稳定，只使用了最大风力值；二是在不同方向施加了阵风，闭环系统仍旧保持稳定，控制策略在仿真和实验中效果良好。

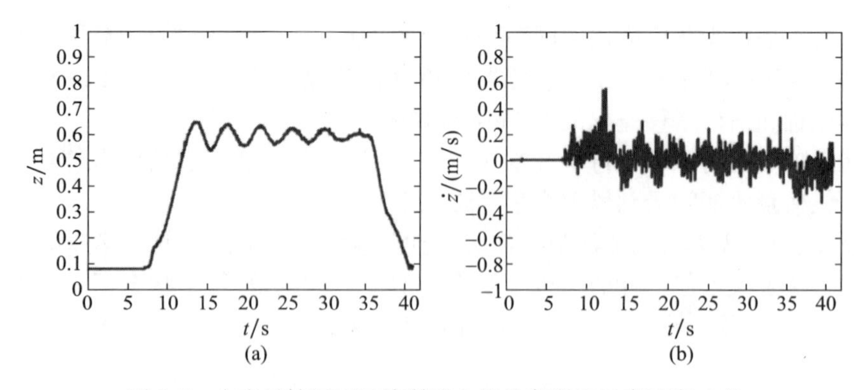

图 8.5　在有风情况下四旋翼无人机的高度和垂直速度响应

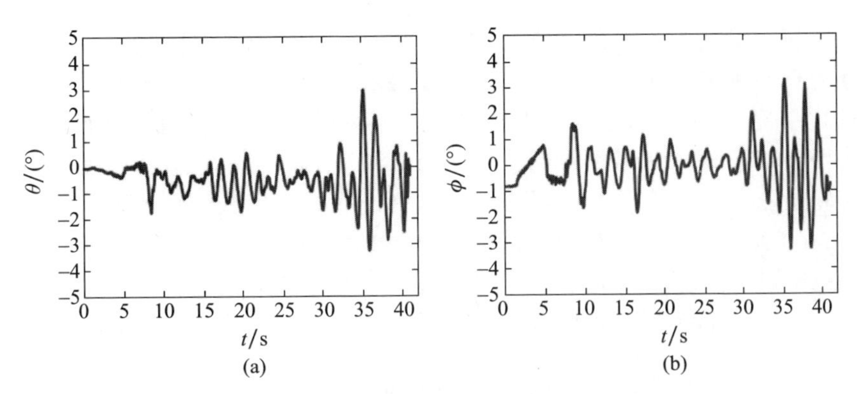

图 8.6　在有风情况下四旋翼无人机的俯仰角和横滚角响应

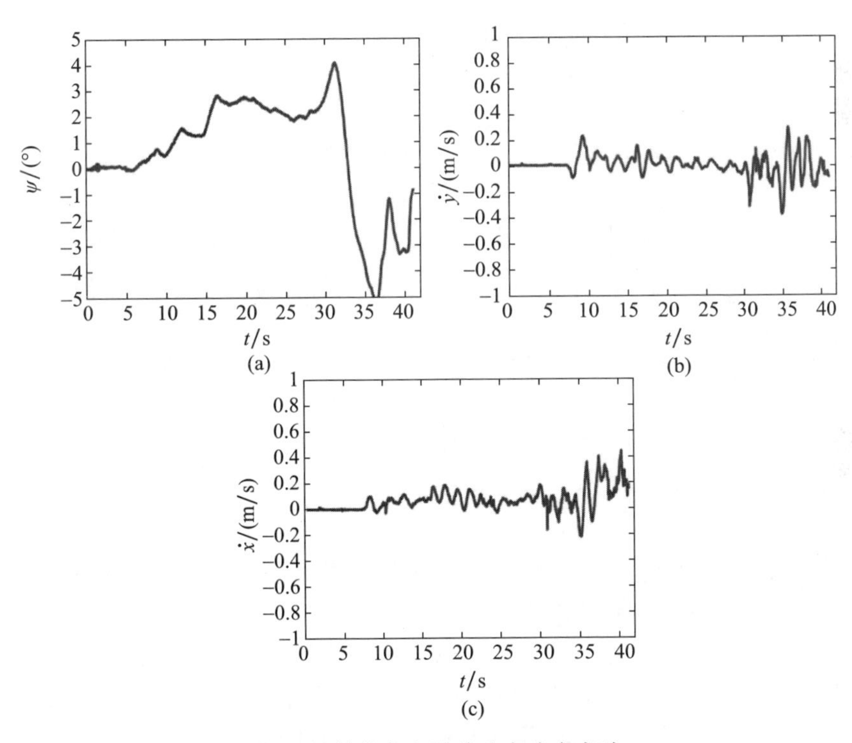

图 8.7　偏航角和平移速度响应实验

8.2　基于不确定性估计的鲁棒控制

基于 UDE 的控制算法是用于处理不确定性和干扰问题的一种鲁棒控制策略，最初在文献[5]中提出。基于信号可以通过适当带宽的滤波器的假设，所有不确定性和干扰都可视为一个合成信号，直接在控制器中进行估计和补偿。UDE 控制策略在处理不确定性和干扰方面表现出良好的性能，并已成功应用于鲁棒输入输出线性化系统、具有状态延迟的线性和非线性系统以及不确定性非线性系统[6-9]。

本节将基于 UDE 的控制策略应用于四旋翼无人机的姿态和位置控制，并进行了一些实验验证。这些实验没有使用非线性控制器和基于参数识别的高精度空气动力学模型，实验结果说明具有较少调整参数的简单线性控制策略（如基于 UDE 的控制方法）在四旋翼无人机的实际控制应用中是一个非常正确的选择，UDE 控制方法在处理模型不确定性和持续扰动方面具有出色的性能。这在飞行实验中得到了证实。

8.2.1 基于 UDE 的鲁棒控制策略

考虑以下一类非线性单输入多输出系统：

$$\begin{cases}\dot{\boldsymbol{x}}(t)=(\boldsymbol{A}+\Delta\boldsymbol{A})\boldsymbol{x}(t)+(\boldsymbol{B}+\Delta\boldsymbol{B})u(t)+\boldsymbol{f}(\boldsymbol{x},u,t)+\boldsymbol{d}(t)\\ \boldsymbol{y}(t)=\boldsymbol{x}(t)\end{cases} \tag{8.39}$$

式中：$\boldsymbol{x}(t)\in\mathbb{R}^n$ 和 $u(t)\in\mathbb{R}$分别为状态变量和控制变量；$\boldsymbol{f}(\boldsymbol{x},u,t):\mathbb{R}^n\times\mathbb{R}\times\mathbb{R}^+\to\mathbb{R}^n$ 为未知的非线性函数；$\boldsymbol{d}(t):\mathbb{R}^+\to\mathbb{R}^n$ 为未知扰动的矢量。假设全部状态都是可测量的，对状态矩阵和控制矩阵进行拆分，其中 $\boldsymbol{A}$ 和 $\boldsymbol{B}$ 是已知的，而 $\Delta\boldsymbol{A}$ 和 $\Delta\boldsymbol{B}$ 是不确定性参数。假设对于所有$(\boldsymbol{x},u)\in\mathbb{R}^n\times\mathbb{R}$，非线性函数$\dfrac{\partial[\boldsymbol{f}(\boldsymbol{x},u)+\boldsymbol{B}u]}{\partial u}\neq 0$ 成立。此外，假设闭环系统的期望动力学模型是根据以下描述的线性模型给出的：

$$\dot{\boldsymbol{x}}_m(t)=\boldsymbol{A}_m\boldsymbol{x}_m(t)+\boldsymbol{B}_m r(t) \tag{8.40}$$

式中：$\boldsymbol{A}_m\in\mathbb{R}^{n\times n}$，$\boldsymbol{B}_m\in\mathbb{R}^n$，$\boldsymbol{x}_m\in\mathbb{R}^n$，且 $r(t)\in\mathbb{R}$是分段连续且均匀有界的系统参数。

8.2.2 一般情况

控制的目的是获得一个控制律，使得实际设备状态 $\boldsymbol{x}$ 和参考模型状态$\boldsymbol{x}_m$ 之间的状态误差是渐近稳定的，状态误差由下式定义：

$$\boldsymbol{e}=\boldsymbol{x}_m-\boldsymbol{x} \tag{8.41}$$

对式(8.41)进行求导，结合式(8.39)和式(8.40)，可得到

$$\dot{\boldsymbol{e}}=\boldsymbol{A}_m\boldsymbol{e}+\boldsymbol{A}_m\boldsymbol{x}+\boldsymbol{B}_m r-(\boldsymbol{A}+\Delta\boldsymbol{A})x-(\boldsymbol{B}+\Delta\boldsymbol{B})u-\boldsymbol{f}-\boldsymbol{d} \tag{8.42}$$

如果满足

$$\boldsymbol{A}_m\boldsymbol{x}+\boldsymbol{B}_m r-(\boldsymbol{A}+\Delta\boldsymbol{A})\boldsymbol{x}-(\boldsymbol{B}+\Delta\boldsymbol{B})u-\boldsymbol{f}-\boldsymbol{d}=0 \tag{8.43}$$

则系统误差将渐近稳定并满足动力学方程$\dot{\boldsymbol{e}}=\boldsymbol{A}_m\boldsymbol{e}$。

根据式(8.43)，控制输入信号 $u(t)$应满足

$$u=\boldsymbol{B}^+[\boldsymbol{A}_m\boldsymbol{x}+\boldsymbol{B}_m r-\boldsymbol{A}\boldsymbol{x}]+u_\mathrm{d} \tag{8.44}$$

式中：$\boldsymbol{B}^+$为 $\boldsymbol{B}$ 的伪逆，$\boldsymbol{B}^+=(\boldsymbol{B}^\mathrm{T}\boldsymbol{B})^{-1}\boldsymbol{B}^\mathrm{T}$；$u_\mathrm{d}$ 表示为

$$u_\mathrm{d}=\boldsymbol{B}^+[-\Delta\boldsymbol{A}\boldsymbol{x}-\Delta\boldsymbol{B}u-\boldsymbol{f}-\boldsymbol{d}] \tag{8.45}$$

式(8.45)括号中的未知项可以由式(8.39)描述的系统动力学求解,式(8.45)重写为

$$u_{\mathrm{d}}=\boldsymbol{B}^{+}[\boldsymbol{A}\boldsymbol{x}+\boldsymbol{B}u-\dot{\boldsymbol{x}}] \tag{8.46}$$

直观地说,式(8.46)表明未知动力学和扰动可以从系统的已知动力学和控制信号中估计出来。式(8.46)给出的信号可以在频域中准确表示为[5]

$$U_{\mathrm{d}}(s)=G_{\mathrm{f}}(s)\boldsymbol{B}^{+}[\boldsymbol{A}\boldsymbol{X}(s)+\boldsymbol{B}U(s)-s\boldsymbol{X}(s)] \tag{8.47}$$

前提是滤波器 $G_{\mathrm{f}}(s)$ 是一个相当合适的低通滤波器,在 u_{d} 的范围内具有单一增益和零相移,在其他地方具有零增益。对(8.44)进行拉普拉斯变换,使用式(8.47)推导出的 $U_{\mathrm{d}}(s)$ 表达式,求解出 $U(s)$,则基于 UDE 的控制律可以推导为[5]

$$U(s)=[\boldsymbol{I}-G_{\mathrm{f}}\boldsymbol{B}^{+}\boldsymbol{B}]^{-1}\boldsymbol{B}^{+}[\boldsymbol{A}_{m}\boldsymbol{X}+\boldsymbol{B}_{m}R-\boldsymbol{A}\boldsymbol{X}(1-G_{\mathrm{f}})-sG_{\mathrm{f}}\boldsymbol{X}] \tag{8.48}$$

由于存在伪逆矩阵,式(8.48)通常只是一个近似值。然而,它在某些情况下是令人满意的,如文献[10]所介绍的。在文献[11]中,当选择的滤波器 $G_{\mathrm{f}}(s)$ 比较合适时,即在不确定项 $\boldsymbol{f}(\boldsymbol{x},u,t)+\boldsymbol{d}(t)$ 的范围内具有单一增益和零相移,而其他地方的增益为零,则闭环系统的渐近稳定性成立。有关更多详细信息可参见文献[11]。

8.2.3 SISO 系统案例

假设所考虑的是一个可控 SISO 系统,它可以用可控标准形式表示,涉及的矩阵如下:

$$\boldsymbol{A}=\begin{bmatrix}\boldsymbol{0} & \boldsymbol{I}_{n-1}\\ & \boldsymbol{A}_{1}\end{bmatrix},\quad \boldsymbol{B}=\begin{bmatrix}\boldsymbol{0}_{n-1}\\ b\end{bmatrix},\quad \boldsymbol{A}_{m}=\begin{bmatrix}\boldsymbol{0} & \boldsymbol{I}_{n-1}\\ & \boldsymbol{A}_{1m}\end{bmatrix},\quad \boldsymbol{B}_{m}=\begin{bmatrix}\boldsymbol{0}_{n-1}\\ b_{m}\end{bmatrix}$$

其中$\boldsymbol{A}_{1}=[-a_{1},-a_{2},\cdots,-a_{n}]$,$\boldsymbol{A}_{1m}=[-a_{m1},-a_{m2},\cdots,-a_{mn}]$。设备模型和参考模型从输入到第一个状态变量 X_{1}(可看作是输出 Y)的传递函数分别为 $G(s)=\dfrac{b}{P(s)}$和 $G_{m(s)}=\dfrac{b_{m}}{P_{m}(s)}$,其中 $P(s)=s^{n}+\sum\limits_{i=1}^{n}a_{i}s^{i-1}$,$P_{m}(s)=s^{n}+\sum\limits_{i=1}^{n}a_{im}s^{i-1}$。将上述矩阵代入式(8.48),则针对式(8.39)所示系统的基于 UDE 的控制律可推导为

$$U=\frac{1}{(1-G_{\mathrm{f}})b}\left(b_{m}R+\sum_{i=1}^{n}(a_{i}-a_{im})\boldsymbol{X}_{i}-G_{\mathrm{f}}\sum_{i=1}^{n}a_{i}\boldsymbol{X}_{i}-sG_{\mathrm{f}}\boldsymbol{X}_{n}\right) \tag{8.49}$$

未知系统动力学和外部干扰的频率范围受到 ω_{f} 的限制,可以近似地选择 $G_{\mathrm{f}}(s)$ 作为低通滤波器,即 $G_{\mathrm{f}}(s)=\dfrac{1}{Ts+1}$,其中 $T=1/\omega_{\mathrm{f}}>0$。在这种情况下$\dfrac{1}{1-G_{\mathrm{f}}}$是一个 PI 控制器,表示为 $\mathrm{PI}(s)=\dfrac{Ts+1}{Ts}$。然后经过一些代数运算,式(8.49)可以重写为

$$U(s)=\mathrm{PI}(s)\left(\frac{b_{m}}{b}R(s)-M(s)Y(s)\right) \tag{8.50}$$

其中 $M(s)=\dfrac{b_{m}}{b}G_{m}^{-1}(s)-\mathrm{PI}^{-1}(s)G^{-1}(s)$

可以看出这是一个两自由度控制结构。$G_p(s)$表示设备的实际传递函数,考虑一般情况,即 $G_p(s)=G(s)$,参考跟踪和干扰的相关闭环传递函数分别为

$$\frac{Y(s)}{R(s)}=\frac{b_m}{b}\frac{\mathrm{PI}(s)G_p(s)}{1+\mathrm{PI}(s)M(s)G_p(s)}=G_m(s) \tag{8.51}$$

$$\frac{Y(s)}{D(s)}=\frac{G_p(s)}{1+\mathrm{PI}(s)M(s)G_p(s)}=\frac{b}{b_m}G_m(s)\frac{Ts}{Ts+1} \tag{8.52}$$

如上所述,所提出的控制结构可以对跟踪参考位置和抑制干扰的耦合关系进行解耦。在式(8.52)中,由于存在 $Ts/(Ts+1)$ 项,可以通过减小 T 使干扰快速衰减。此外,通过选择参考模型可以"自动"调整控制律的参数,从而使得控制器的调整非常容易。每个测量通道 $N_i(s)$处的噪声与控制 $U(s)$之间的传递函数为:

$$\frac{U(s)}{N_i(s)}=\mathrm{PI}(s)\frac{1}{b}\left(a_i-a_{mi}-\frac{a}{Ts+1}\right),\quad i=1,2,\cdots,n-1 \tag{8.53}$$

$$\frac{U(s)}{N_n(s)}=\mathrm{PI}(s)\frac{1}{b}\left(a_n-a_{mn}-\frac{a_n+s}{Ts+1}\right) \tag{8.54}$$

由式(8.53)和式(8.54)可以看出减小参数 T 会产生反作用,由式(8.54)还可以看出,通道 $N_n(s)$的噪声是最关键的。对于高频情况,即 $s\to\infty$,则$\lim\limits_{s\to\infty}\left|\frac{U(s)}{N_n(s)}\right|=\frac{1}{b}\left|\frac{1}{T}+(a_{mn}-a_n)\right|$。因此,$T$ 越小,抗扰性越好,但测量噪声中高频噪声的放大倍数也越高。在实践中可以很容易调整 T 实现这种平衡,得到较好的性能。

8.2.4 匹配四旋翼无人机模型

因为存在空气动力效应,四旋翼无人机的精确模型可能非常复杂,这在第 2 章已经进行了解释。本节的大部分内容是关于四旋翼无人机的姿态和高度控制,其重要性已经在文献[12]中讨论过。使用式(2.7)和式(2.8)的牛顿-欧拉方法推导动力学方程,获得一个能够反映关键变量的简单,但相当精确的模型如下:

$$\begin{cases}\ddot{\phi}=\dfrac{I_y-I_z}{I_x}\dot{\theta}\dot{\psi}-\dfrac{I_r}{I_x}\dot{\theta}\Omega+\dfrac{l\tau_\phi}{I_x}\\ \ddot{\theta}=\dfrac{I_z-I_x}{I_y}\dot{\psi}\dot{\phi}+\dfrac{I_r}{I_y}\dot{\phi}\Omega+\dfrac{l\tau_\theta}{I_y}\\ \ddot{\psi}=\dfrac{I_x-I_y}{I_z}\dot{\theta}\dot{\phi}+\dfrac{l\tau_\psi}{I_z}\\ \ddot{z}=g-\dfrac{\Gamma}{m}\cos\phi\cos\theta\end{cases} \tag{8.55}$$

式中：ϕ、θ 和 ψ 分别为横滚角、俯仰角和偏航角；$I_i(i=x、y、z)$ 为转动惯量；I_r 为电动机的惯量；l 为每个电动机到无人机重心的距离；$\Omega=\Omega_2+\Omega_4-\Omega_1-\Omega_3$，$\Omega_i$ 为第 i 个电动机的转子速度；$\tau_i(i=\phi、\theta、\psi)$ 为沿机身固定坐标系某个轴线的输入转矩；z 为沿机身固定坐标系 z 轴向下方向的坐标；g 为重力加速度；m 为四旋翼的质量；Γ 为总推力 $\Gamma=\sum_{i=1}^{4}F_i$。

I_x 和 I_y 几乎是对称的，只是由于结构公差而略有不同，因此横滚轴和俯仰轴具有非常相似的动力学特性。

式（8.55）中的变量为关键变量，对这些变量控制不好很容易导致系统故障。此外，在 $x-y$ 平面上的位移可以通过控制横滚角和俯仰角来实现，原因如文献[13]中所述。因此，可靠且准确的姿态控制器是实施位置跟踪控制的必要前提。式（8.55）可以写成

$$\begin{cases}\ddot{\phi}=f_1(\dot{\theta},\dot{\psi})+u_\phi\\ \ddot{\theta}=f_2(\dot{\psi},\dot{\phi})+u_\theta\\ \ddot{\psi}=f_3(\dot{\theta},\dot{\phi})+u_\psi\\ \ddot{z}=f_4(\theta,\phi)+u_z\end{cases} \tag{8.56}$$

式中：控制输入为

$$u_\phi=l\tau_\phi/I_x,u_\theta=l\tau_\theta/I_y,u_\psi=l\tau_\psi/I_z,u_z=g-\Gamma/m$$

非线性项为

$$\begin{aligned}f_1(\dot{\theta},\dot{\psi})&=(I_y-I_z)/I_x\dot{\theta}\dot{\psi}-I_r/I_x\dot{\theta}\Omega,f_2(\dot{\psi},\dot{\phi})\\&=(I_z-I_x)/I_y\dot{\psi}\dot{\phi}+I_r/I_y\dot{\phi}\Omega,f_3(\dot{\theta},\dot{\phi})\\&=(I_x-I_y)/I_z\dot{\theta}\dot{\phi},f_4(\theta,\phi)\\&=\Gamma/m(1-\cos\phi\cos\theta)\end{aligned}$$

那么式（8.56）中的每个方程都表示具有未知扰动项含有双重积分器的单输入动态系统。

8.2.5 3D 悬停系统案例

本节利用 3.3.6 节中描述的 3D 悬停实验平台，通过仿真和实验验证所提出的控制律。如前所述，出于设计目的，认为每个轴是解耦的，并且其模型是由双积分器 $G(s)=0.1/s^2$ 构成。系统的输出是测量所得到的角度，而控制动作是施加到电动机上的电压。为了更好地说明 UDE 的性能，对线性化模型进行了仿真，并与基于 PID 的控制器进行比较。针对式（8.55）提出的控制律将通过实验进行验证。

1. 控制器设计

分别用 $\Theta(s)$ 和 $\Theta^{\mathrm{ref}}(s)$ 表示 $\theta(t)$ 和 θ^{ref} 的拉普拉斯变换。以下为具有加权设定值的二自由度 PID 控制器:

$$U_{\mathrm{pid}}(s)=\left(\epsilon K_{\mathrm{p}}+\frac{K_{\mathrm{i}}}{s}\right)\Theta^{\mathrm{ref}}(s)-\left(K_{\mathrm{p}}+\frac{K_{\mathrm{i}}}{s}+K_{\mathrm{d}}s\right)\Theta(s)$$

式中:$\epsilon=0.6956$;$K_{\mathrm{p}}=90$;$K_{\mathrm{d}}=50$;$K_{\mathrm{i}}=39.2$。

该控制器用于控制俯仰角,并作为对比的参考。由此产生的闭环传递函数为

$$\frac{\Theta(s)}{\Theta^{\mathrm{ref}}(s)}=\frac{6.26}{s^2+4.37s+6.26} \tag{8.57}$$

利用所提出的控制策略控制横滚角。选择式(8.57)中获得的闭环模型作为期望参考模型,则

$$\dot{\boldsymbol{x}}_m(t)=\begin{bmatrix}0 & 1\\ -6.26 & -4.37\end{bmatrix}x_m(t)+\begin{bmatrix}0\\ 6.26\end{bmatrix}\phi^{\mathrm{ref}}(t) \tag{8.58}$$

将选定的参数代入式(8.50),得到以下控制律:

$$U_{\mathrm{ude}}(s)=\frac{Ts+1}{Ts}\left(\frac{6.25}{0.1}\Phi^{\mathrm{ref}}(s)-M(s)\Phi(s)\right)$$

式中

$$M(s)=\frac{2.22s^2+6.12s+6.26}{Ts+1}$$

此外,选择 $T=0.28\mathrm{s}$ 可以实现与二自由度 PID 控制器相同的鲁棒性指标。

2. 实验结果

由于设备的状态是完全可获得的(角度及其一阶导数是可测量的),因此实际控制器使用全状态反馈,调整方法与仿真过程相同。控制律为

$$U_{\mathrm{pid}}(s)=\left(62.6+\frac{39.2}{s}\right)\Theta^{\mathrm{ref}}(s)-\left(90+\frac{39.2}{s}\right)Y_1(s)-50Y_2(s)$$

$$U_{\mathrm{ude}}(s)=\frac{0.28s+1}{0.28s}\times\left(\frac{6.25}{0.1}\Phi^{\mathrm{ref}}(s)-6.26Y_1(s)-4.37Y_2(s)-\frac{s}{0.28s+1}Y_2(s)\right)$$

式中:$Y_1(s)=\{\Theta(s),\Phi(s)\}$ 和 $Y_2(s)=\{s\Theta(s),s\Phi(s)\}$ 取决于所控制的轴。通过实验验证了干扰抑制性能。

图 8.8 为第一个实验的系统输出,其中将 $\pm5°$ 的方波输入信号用作参考信号。在 $t=23\mathrm{s}$ 时施加 2.5V 的阶跃负载扰动,并在 $t=43\mathrm{s}$ 时移除,该扰动由软件生成并叠加到控制信号。UDE 控制的结果具有更小的输出扰动和更快的干扰抑制速度。

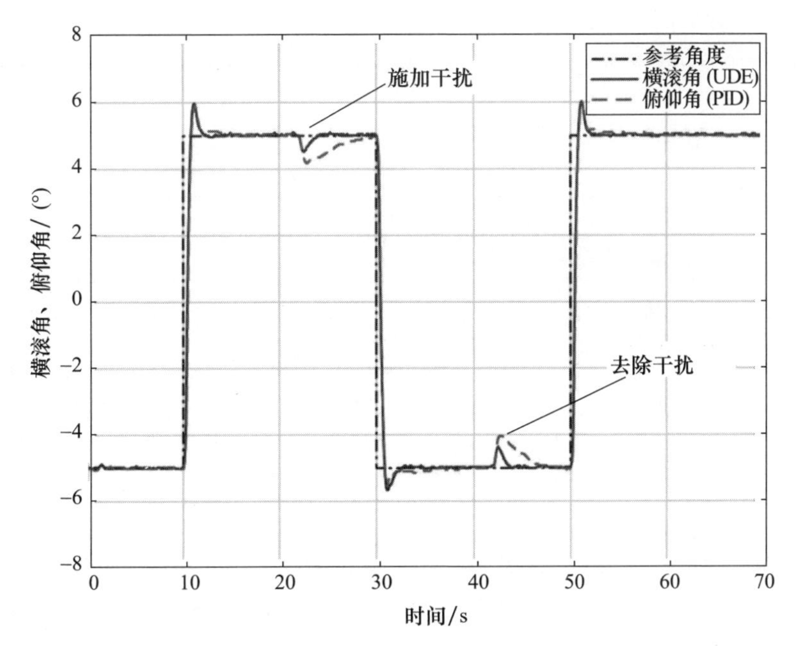

图 8.8 PID(横滚)和 UDE(俯仰)在轨迹跟踪中的干扰抑制性能比较

8.2.6 飞行实验

之前的实验已经在实验室平台上验证了 UDE 策略相对于常规 PID 控制器具有较好的性能改善这一理论结果。本节在飞行测试中证实这种改善效果,使用两种不同的算法原型进行了大量的实验。

本节介绍了在 3.4.3 节中所述四旋翼无人机上进行的几个实际飞行实验结果,将 UDE 策略与下面广泛用于实际的 PID 的控制律进行了比较[14-15]:

$$u_x(t)=\sigma_{p_x}(k_{p_x}\bar{x})+\sigma_{d_x}(k_{d_x}\dot{x})+\sigma_{i_x}(k_{i_x}\int_0^t\bar{x}\mathrm{d}t) \tag{8.59}$$

式中:$\sigma(\cdot)$为饱和函数,K_{p_x}、K_{d_x} 和 K_{i_x} 分别为比例增益、微分增益和积分增益;$\bar{x}$ 为跟踪误差,$\bar{x}=x_d-x$,x_d 为期望值。

将相同的控制律应用于横滚角和俯仰角,即 $x=\phi,\theta$,参数如表 8.1 所列。

表 8.1 PID 控制器参数

自由度	k_{p_x}	k_{d_x}	k_{i_x}	p_x	d_x	i_x
横滚角 ϕ	3.3	1.2	0.03	100	50	50
俯仰角 θ	3.3	1.2	0.03	100	50	50
高度 z	150	1.2	50	120	60	200

表 8.2　UDE 控制器参数

自由度	b	T	a_{m2}	a_{m1}	b_m
横滚角 ϕ	1.5	0.6	3.2	4	4
俯仰角 θ	1.5	0.6	3.2	4	4
偏航角 ψ	1	5	7.6	16	16
高度 z	1.7	0.6	3	2.25	2.25

利用双积分模型对每个自由度的 UDE 控制器进行调整,如式(8.56)所示,这意味着 $a_1=a_2=0$。表 8.2 给出了每个自由度的 UDE 控制器参数。由于四旋翼的对称性,对横滚轴和俯仰轴的两个控制器都进行调整,以获得相同的闭环极点 $-1\pm i$,但最终需要进行一些在线调整。为了避免在控制信号中引入太多噪声,时间常数 T 应尽可能小。

1. 第一次飞行测试:悬停

在本实验中,基于 UDE 的控制律用于控制横滚轴和俯仰轴中的一个,而另一个轴则使用式(8.59)的 PID 控制律。在四旋翼无人机悬停时记录数据,即在两个轴上以零为参考输入进行自由飞行。在每个轴交换控制器后重复实验,以获得无偏差的实验结果。两个实验的结果如图 8.9 所示。

在这两种情况下,采用基于 UDE 策略控制的轴相对于参考输入的偏差较小,这可以在角度和角速度曲线中观察到。表 8.3 给出了积分绝对误差(IAE)和均方根误差(RMSE)的结果比较。

表 8.3　图 8.9 和图 8.10 的 IAE 和 RMSE 结果

指标		悬停(图 8.9)		抗干扰(图 8.10)	
		IAE	RMSE	IAE	RMSE
俯仰/(°)	UDE	15.5	0.55	21.6	0.82
	PID	29.4	0.93	32.7	1.24
横滚/(°)	UDE	17.3	0.56	18.7	0.72
	PID	19.7	0.65	45.0	1.77

2. 第二次飞行测试:抗干扰

本实验的目的是提供两种控制策略的抗干扰能力比较结果。实验是在四旋翼无人机悬停时对其施加干扰,具体方法是用手撞击四旋翼无人机两个轴的中间点来实现的。由于四旋翼无人机的结构特点,实验很容易完成,这些干扰施加点可以是方形保护框架的任何一个角。同样,使用不同的控制器组合,进行了两次实验,结果如图 8.10 所示。

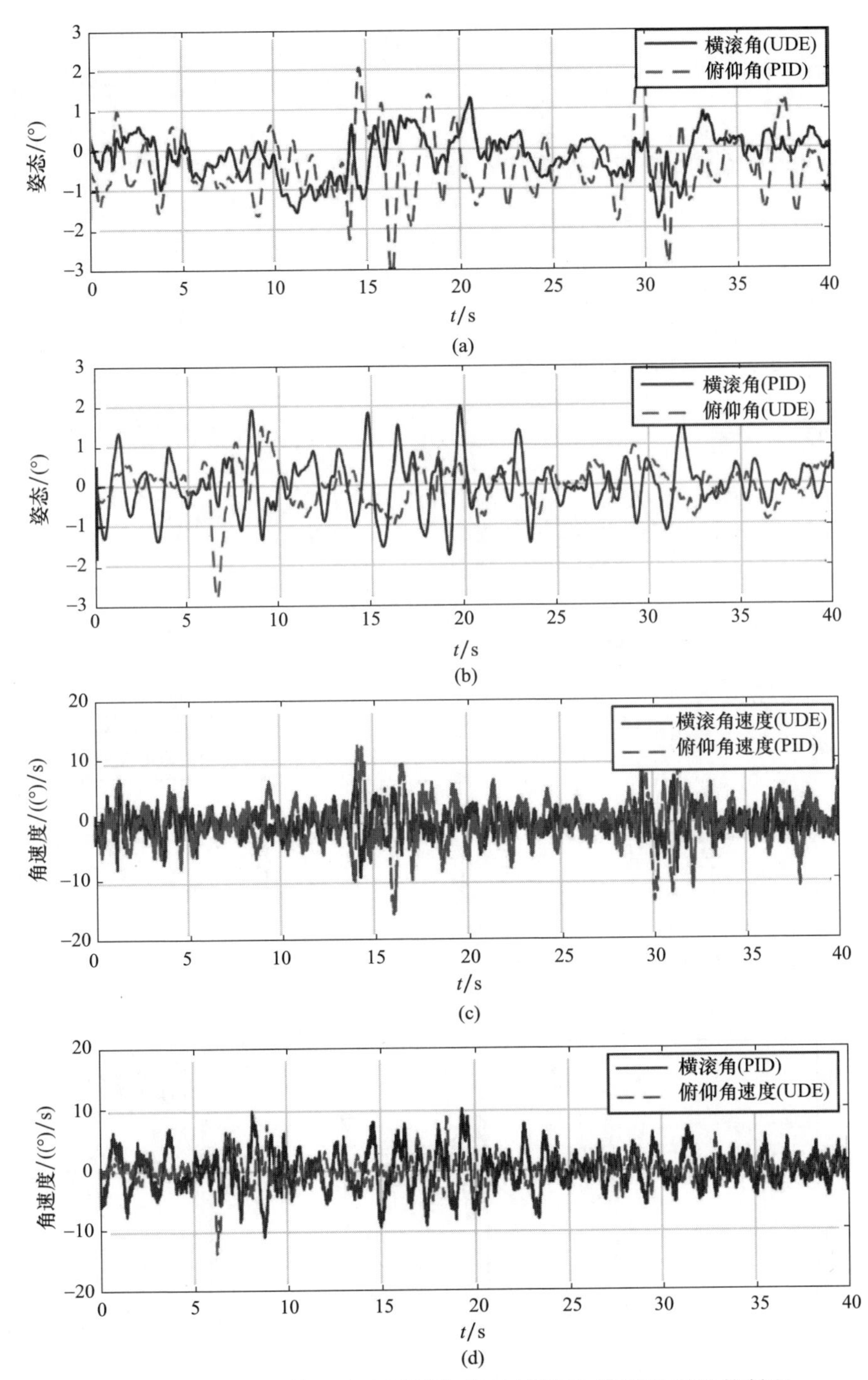

图 8.9 （见彩图）第一次飞行测试：悬停情况下，横滚用 UDE 控制和俯仰用 PID 控制((a),(c))，横滚用 PID 控制和俯仰用控制 UDE(图(b),图(d))

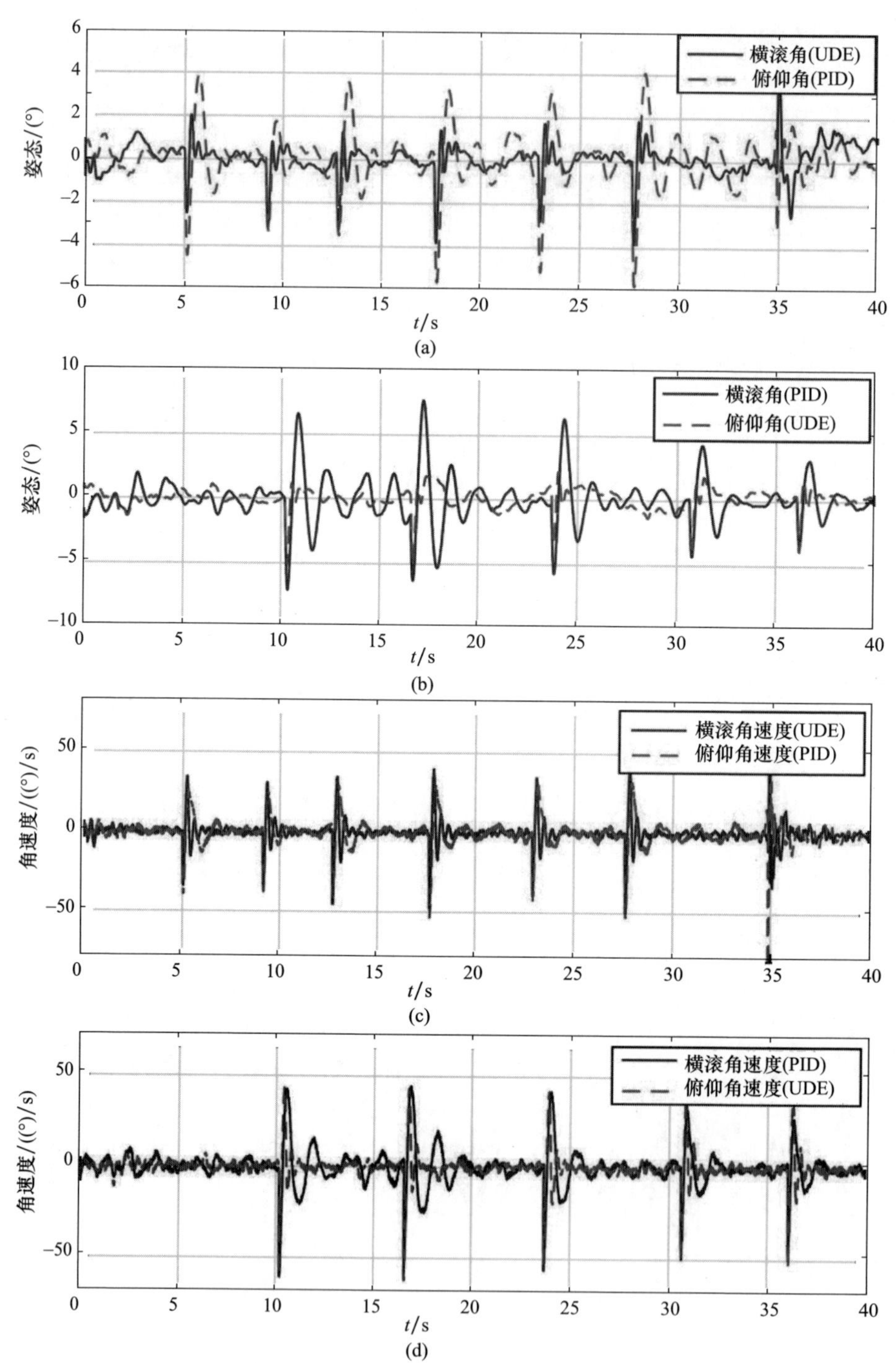

图 8.10 (见彩图)第二次飞行测试:在干扰情况下,横滚用 UDE 控制和俯仰用 PID 控制(图(a),图(c))以及横滚用 PID 控制和俯仰用 UDE 控制(图(b),图(d))

与基于 PID 的控制器相比,基于 UDE 的控制策略具有更快的抗干扰性能,这也可以从表 8.3 所列的 IAE 和 RMSE 指标看出。事实上,在该实际应用中,基于 UDE 的控制器明显优于广泛使用的 PID 控制律。

3. 第三次飞行测试:完全控制

本实验的目的是利用提出的 UDE 控制策略对式(8.56)所示系统的四个自由度进行完全控制,以全面了解四旋翼的性能。将横滚和俯仰参考设置为零,在偏航和高度中施加阶跃信号,结果如图 8.11 所示。可以看到即使四旋翼无人机是一个耦合非线性系统,基于 UDE 的控制策略也可以很好地进行控制。当偏航和高度参考发生变化时,横滚和俯仰没有出现明显的耦合效应。横滚角和俯仰角的 RMSE 分别为 0.39°和 0.46°,而跟踪输入指令的偏航和高度的 RMSE 分别为 6.21°和 6.7cm。注意,在文献[16]中进行的实验表明,姿态测量的精度约为 0.15°(RMSE)(此外,由于电动机引起的振动和横向加速度的存在,在实际飞行测试中测量精度降低较严重)。因此,所提出的 UDE 控制策略能够实现横滚角和俯仰角的 RMSE 为 0.39°和 0.46°的控制精度,表现非常好。

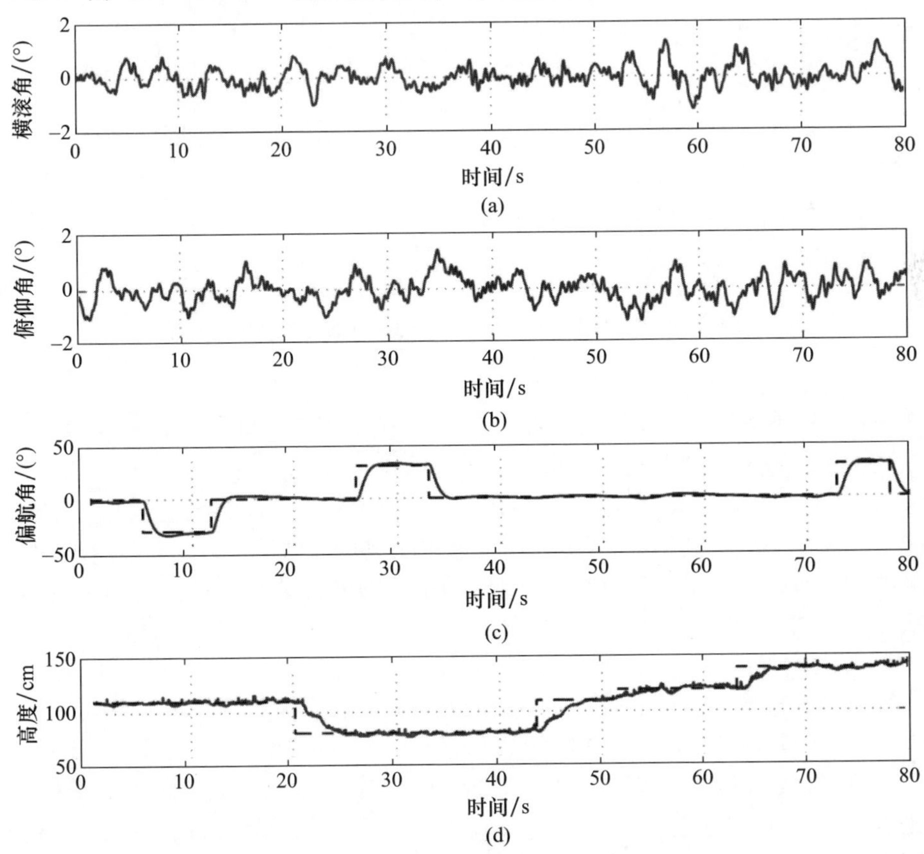

图 8.11 第三次飞行测试:UDE 控制结果

本书还使用4.1.5节中的无人机平台进行了其他飞行测试。接下来介绍的两个实验,旨在证明在有风情况下的控制器的性能表现。该控制策略与一个无不确定性补偿的等效状态反馈控制器进行了比较,下面描述的每个实验都是在相同的环境中对各控制器进行了两次测试。

4. 第四次飞行测试:在有风环境中保持位置

在这个实验中,两个风扇沿负 y 轴方向面向点(0,0)放置,初始状态是关闭的。四旋翼无人机在(0,0)处悬停,4s后,打开风扇。实验结果比较如图8.12所示,可以看到使用UDE策略时位置误差要小得多(实线)。当使用传统的状态反馈控制器时(虚线),风扰会使四旋翼产生振荡,甚至使四旋翼无人机变得不太稳定。

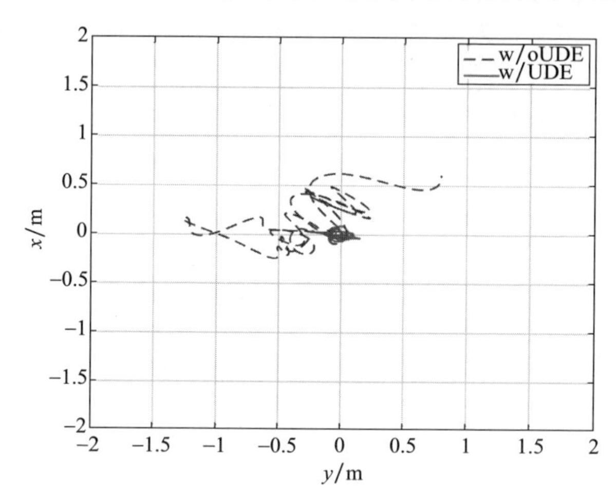

图8.12 第四次飞行测试:在有风环境中悬停时,
状态反馈控制器(虚线)和UDE策略(实线)的位置控制效果比较

5. 第五次飞行测试:在有风环境中导航

保持风扇的位置和之前一样,但在 $t=0$ 时已经开始吹风。无人机从初始位置(−2,−2)出发,运动到期望位置(0,0),在初始位置仅受气流的轻微影响。图8.13~图8.15显示了实验结果,可以看到在使用基于UDE的控制方案时获得了更好的性能。当仅使用状态反馈时,无人机无法保持在期望位置,最终会不稳定并坠落。通过图8.14和图8.15看到控制输入量 u_x 和 u_y 以度为单位,这是因为系统采用了级联控制结构,因此位置控制器产生参考角度,并由姿态控制器进行跟踪。

6. 第六次飞行测试:抑制正弦输入干扰

为了检验输入干扰抑制性能,通过软件生成正弦干扰信号并施加在电动机上,该信号的幅值足够小,不会使系统变得不稳定。从图8.16(a)可以看出,当由简单状态反馈(虚线)控制时,输入干扰使系统偏离±10°。而UDE控制器能够非常快速地估计并抑制干扰,使偏差小于±1°(实线)。实际干扰是已知的,因为它是由软件生成的,它(虚线)与UDE的估计值(实线)一起显示在图8.16(b)上。

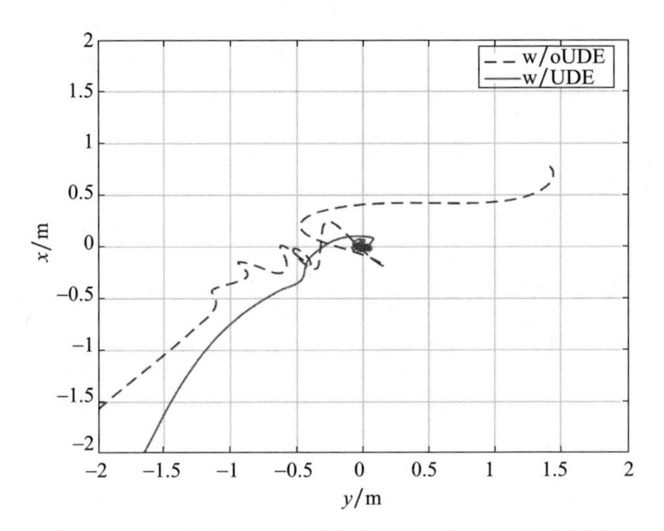

图 8.13　第五次飞行测试:在有风环境中导航时状态反馈控制器(虚线)和 UDE 策略(实线)的位置控制效果比较

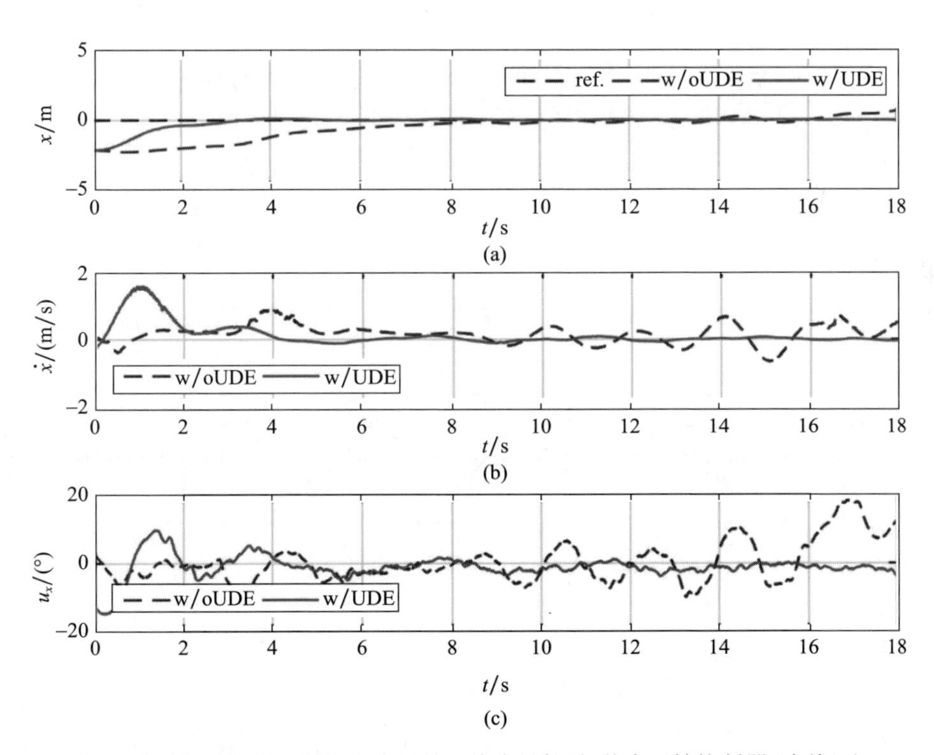

图 8.14　第五次飞行测试:在有风的环境中导航时,状态反馈控制器(虚线)和 UDE 策略(实线)的 x 轴变量随时间变化情况比较

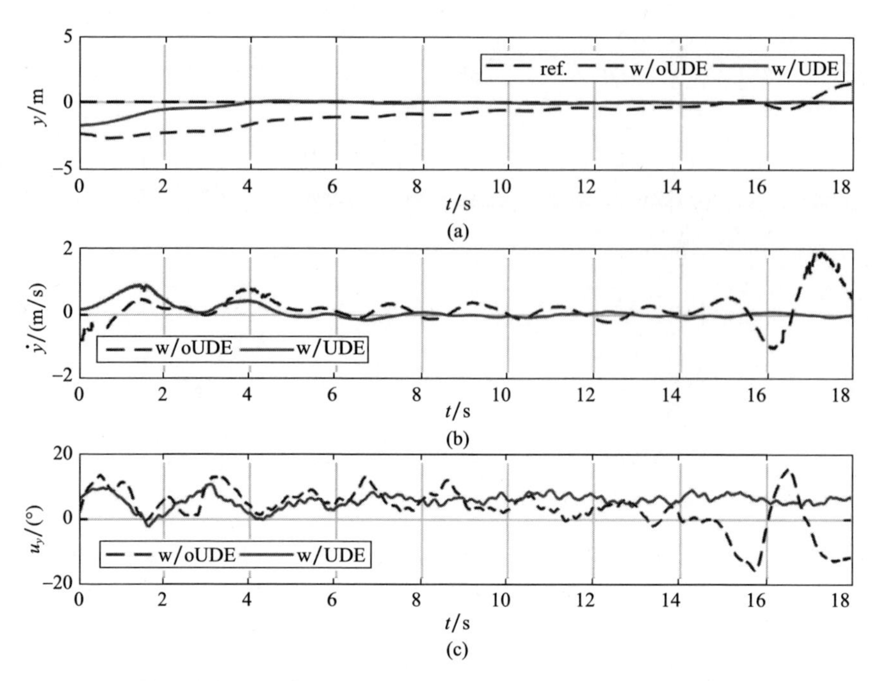

图 8.15 第五次飞行测试:在有风的环境中导航时,状态反馈控制器(虚线)和UDE 策略(实线)的 y 轴变量随时间的变化情况比较

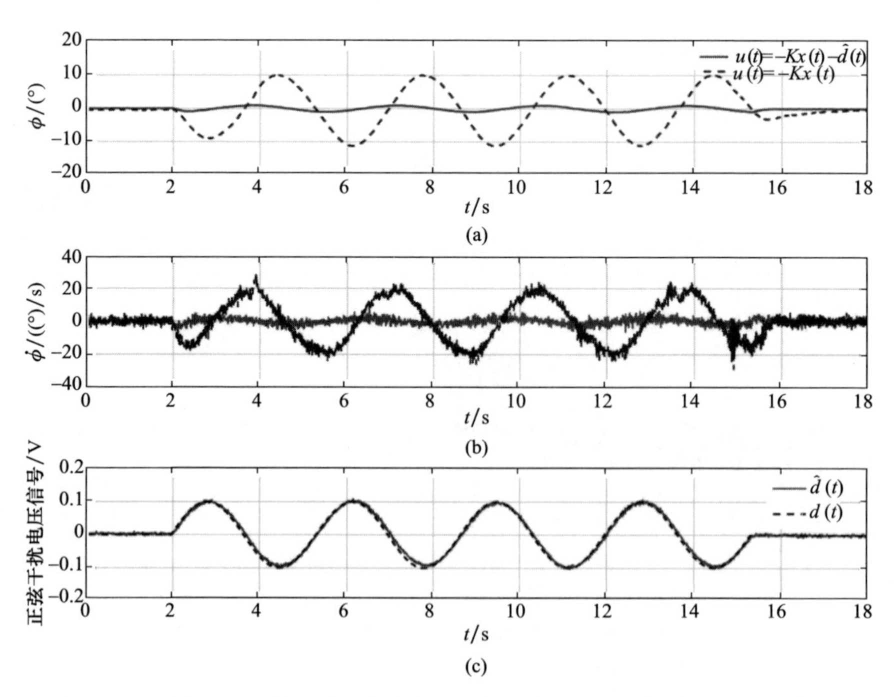

图 8.16 第六次飞行测试:状态反馈控制器(虚线)和UDE 策略(实线)抑制正弦输入干扰的情况比较

8.3 小结

本节提出了两种提高控制算法鲁棒性的方法:第一种方法是根据线性系统设计了基于饱和函数的控制律,具有较好的鲁棒性,可以对非线性系统实施线性控制。对控制器进行了分析,并证明了其对未知扰动和模型中的非线性不确定性具有鲁棒性。仿真和飞行测试证明了这些算法即使在有风的情况下也具有良好的性能。该控制器的简单易用特点使其在实际应用中容易实现和调整。

第二种方法是基于不确定性估计器,基于 UDE 的控制策略性能已在 Quanser 实验平台和四旋翼无人机的飞行实验中得到了广泛验证。应用于姿态控制时,基于 UDE 的策略比基于 PID 的控制器表现出更好的性能。在悬停情况下施加外部脉冲干扰时,积分绝对误差指标降低了 36.5%~73.8%,均方根误差减少了 20.3%~56.5%。此外,使用相同控制技术在有风的环境中进行导航也取得了显著效果。

参考文献

[1] R. A. Freeman, P. Kokotovic, Robust Nonlinear Control Design, Birkhäuser, Boston, London, UK,1996.

[2] R. Sanz,P. Garcia,Q. Zhong,P. Albertos,Robust control of quadrotors based on an uncertainty and disturbance estimator, Journal of Dynamic Systems, Measurement, and Control 138 (2016) 071006-071013.

[3] P. Khalil,Nonlinear Systems,Prentice Hall,USA,1996.

[4] J. Slootweg,Modeling wind turbines in power systems dynamics simulation,PhD thesis,DelfUniversity of Technology,2003.

[5] Q. -C. Zhong,D. Rees,Control of uncertain LTI systems based on an uncertainty and disturbance estimator,Journal of Dynamic Systems,Measurement,and Control 126(2004) 905-910.

[6] S. Talole,S. Phadke,Robust input-output linearisation using uncertainty and disturbance estimator,International Journal of Control 82(2009) 1794-1803.

[7] A. Kuperman,Q. -C. Zhong,Robust control of uncertain nonlinear systems with state delays based on an uncertainty and disturbance estimator,International Journal of Robust and Nonlinear Control 21(2011) 79-92.

[8] J. P. Kolhe,M. Shaheed,T. Chandar,S. Talole,Robust control of robot manipulators based on uncertainty and disturbance estimation,International Journal of Robust and Nonlinear Control 23 (2013) 104-122.

[9] V. Deshpande,S. Phadke,Control of uncertain nonlinear systems using an uncertainty and disturb-

ance estimator, Journal of Dynamic Systems, Measurement, and Control 134(2) (2011) 024501, 7 pp.

[10] K. Youcef-Toumi, O. Ito, A time delay controller for systems with unknown dynamics, Journal of-Dynamic Systems, Measurement, and Control 112(1990) 133-142.

[11] B. Ren, Q. -C. Zhong, J. Chen, Robust control for a class of non-affine nonlinear systems based on the uncertainty and disturbance estimator, IEEE Transactions on Industrial Electronics 62 (2015) 5881-5888.

[12] R. Mahony, V. Kumar, P. Corke, Multirotor aerial vehicles: modeling, estimation, and control ofquadrotor, IEEE Robotics & Automation Magazine 19(2012) 20-32.

[13] P. Castillo, R. Lozano, A. Dzul, Modelling and Control of Mini-Flying Machines, Springer Science & Business Media, 2006.

[14] A. Sanchez, P. Garcia, P. Castillo Garcia, R. Lozano, Simple real-time stabilization of vertical take-offand landing aircraft with bounded signals, Journal of Guidance, Control, and Dynamics 31 (2008) 1166-1176.

[15] G. Sanahuja, P. Castillo, A. Sanchez, Stabilization of n integrators in cascade with bounded input with experimental application to a VTOL laboratory system, Inter-national Journal of Robust and Nonlinear Control 20(2010) 1129-1139.

[16] R. Sanz, L. Rodenas, P. Garcia, P. Castillo, Improving attitude estimation using inertial sensors for quadrotor control systems, in: International Conference on Unmanned Aircraft Systems(ICUAS), Orlando, FL, USA, May 27-30, 2014.

第 9 章
轨迹生成、规划和跟踪

无人机的自主性可以定义为以高水平的性能、可操作性和和较少的人工操作来完成不同任务的能力[1]。三个基本功能增加了无人机的自主性，分别是参考轨迹生成、规划和跟踪，本章对这三个方面进行了介绍。首先研究参考轨迹生成问题，生成的轨迹在飞行时间方面应该是最优的，计算轨迹时要使用平移运动模型，并且要满足无人机的物理限制；然后根据运筹学方法制定轨迹规划策略，其中包括最大飞行时间、持续优化目标等；最后设计了一种基于无人机动力学模型的鲁棒控制策略，用来跟踪计算的参考轨迹，并验证其与四旋翼无人机动力学的兼容性。

本章提出的轨迹生成和规划算法是基于最优性概念，它们最大限度地缩短到达目标点的时间，并将无人机的物理约束和环境约束考虑在内。物理约束可以看作是对飞行路径的角度、速度及其变化率的限制，以及对航向角变化率的限制，而环境约束则涉及风效应和障碍物等。此外，还需要根据机载能源的限制来考虑参考轨迹的可行性，如燃料消耗、飞行时间等。轨迹生成规划算法的重点是专用于侦察任务的四旋翼无人机，还需要在无人机上安装摄像头，该摄像机应固定在无人机纵轴的指定位置。因此，需要考虑三种情况的仿真问题：第一情况是处理无人机以恒定高度的移动问题，第二种情况是处理三维轨迹生成问题，这两种情况下无人机都是在平静的环境中飞行，获得的结果都是用于执行结构检查任务的一条由多个航路点构成的轨迹。第三种情况考虑了在有风环境中无人机以固定高度飞行的情况，且飞行时间也是有限的。本书工作的独创性有三点：一是采用点质量模型为四旋翼无人机生成参考轨迹；二是将 Dubins 规划方法推广到三维空间路径规划，并考虑了无人机的速度变化；三是考虑了风的影响。

本章采用了基于饱和函数的控制策略，有关该控制器的更多详细信息参见第 8 章。该控制方法已成功应用于四旋翼无人机的悬停稳定控制，然而，它在轨迹跟踪方面的应用较少。本章目的是探索其轨迹跟踪的有效性，以及在传感器噪声较大情况下的鲁棒性。

9.1 四旋翼无人机的数学描述

第 2 章描述的四旋翼无人机模型将用于轨迹跟踪问题。然而,为了生成轨迹采用了点质量模型,其中无人机被表示为一个点,该点是其自身的质心。

9.1.1 刚体模型

根据式(2.4)和式(2.5),对于准静态机动性可以写出以下方程:

$$\begin{cases} m\ddot{\xi} = u\boldsymbol{R}_{\xi} \\ \mathbb{J}\ddot{\boldsymbol{\eta}} = \boldsymbol{\tau} \end{cases} \tag{9.1}$$

式中:$\xi=(x,y,z)\in\mathbb{R}^3$ 为无人机重心相对于固定惯性坐标系的位置;$\boldsymbol{\eta}=(\psi,\theta,\phi)\in\mathbb{R}^3$ 为无人机的姿态,用欧拉角表示(ψ 为偏航角,θ 为俯仰角,ϕ 为横滚角);m 为无人机的质量;$\mathbb{J}$为恒定惯性张量。准静态机动系数 $C(\boldsymbol{\eta},\dot{\boldsymbol{\eta}})\approx 0$,此外,有

$$\boldsymbol{R}_{\xi}=\begin{pmatrix} -\sin\theta \\ \cos\theta\sin\phi \\ \cos\theta - \dfrac{mg}{u} \end{pmatrix}, \quad \boldsymbol{\tau}=\begin{pmatrix} \tau_{\psi} \\ \tau_{\theta} \\ \tau_{\phi} \end{pmatrix}$$

式中:g 为重力加速度;u 和 τ_i 为控制输入。

9.1.2 点质量模型

为了满足轨迹生成要求,假设四轴无人机仅在纵轴上运动,因此横向位移必须接近于零,即 $\gamma,\phi\approx 0$。这可以通过设计一个控制器来保证子系统的闭环稳定性。因此,无人机的姿态为

$$\boldsymbol{\eta}_1=(\psi,\theta)\in\mathbb{R}^2$$

四旋翼在指定时间 t_i 的矢量配置为

$$\boldsymbol{q}_i=(\boldsymbol{\xi}(t_i),\boldsymbol{\eta}_1(t_i),\boldsymbol{V}(t_i))\in\mathbb{R}^6 \tag{9.2}$$

式中:$\boldsymbol{\xi}(t_i)$、$\boldsymbol{\eta}_1(t_i)$ 和 $\boldsymbol{V}(t_i)$ 分别为无人机的位置、姿态和平移速度。

对于轨迹生成任务,即从实际点或初始点 $\boldsymbol{q}_0$ 出发到达指定点或最终点 $\boldsymbol{q}_{\mathrm{f}}$,无人机沿所有轨迹的时间曲线信息 x、y、z、θ、ψ、V、$\dot{\theta}$、$\dot{\psi}$ 和 $\dot{V}$ 必须是已知的。这里认为横滚角是稳定的。从这个角度来看,为了满足轨迹生成要求,四旋翼无人机必须描述为点质量模型。

该模型由牛顿第二运动定律导出,描述了惯性坐标系下速度矢量 $\boldsymbol{V}_{\mathrm{I}}$ 与作用在

无人机上的外力之间的关系。此外,在地平假设和对称飞行假设下,模型的数学描述是准确的,其中后一个假设意味着侧滑角为零[2]。惯性速度为

$$\boldsymbol{V}_{\mathrm{I}}=\boldsymbol{V}+\boldsymbol{V}_{\mathrm{w}} \tag{9.3}$$

式中:$\boldsymbol{V}$ 为相对速度矢量;$\boldsymbol{V}_{\mathrm{w}}$ 为风速矢量,由$[W_x \quad W_y \quad W_z]^{\mathrm{T}}$给出。

在点质量模型中各种状态为:x 表示纵向距离,y 表示横向距离,z 表示高度,γ 表示航迹角,χ 表示航向角,V 表示平移速度。

航迹角 γ 定义为 $\boldsymbol{V}$ 与其在 x-y 平面中的投影之间的角度。同样,俯仰角是航迹角和迎角之和[3],即 $\theta=\gamma+\alpha$。对于旋翼无人机 $\alpha\ll1$,可以忽略不计,因此认为 $\alpha\approx0$,得到 $\theta=\gamma$。此外,航向角 χ 可以看作是偏航角 ψ,因为它测量的是 x 轴(北向)与 V 在水平面上的投影的夹角,所以 $\chi=\psi$。

因此,从前面的讨论和图 9.1 可以得出:

$$\begin{cases}\dot{x}=V\cos\psi\cos\theta+W_x\\ \dot{y}=V\sin\psi\cos\theta+W_y\\ \dot{z}=V\sin\theta+W_z\end{cases} \tag{9.4}$$

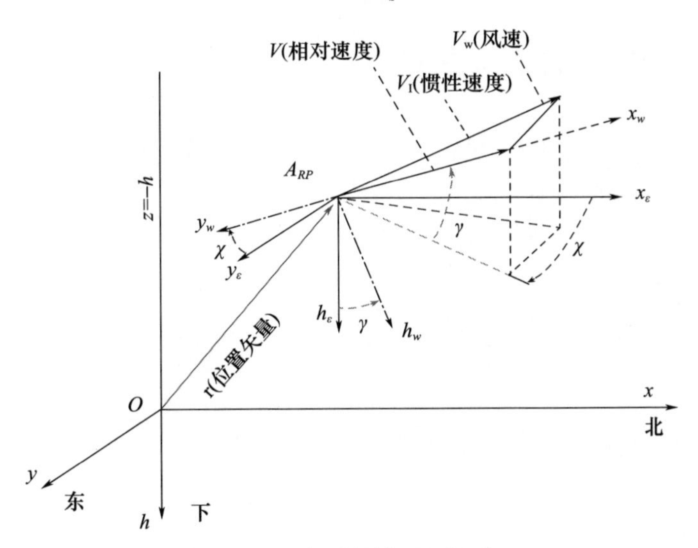

图 9.1 点质量模型坐标系

根据牛顿定律,可得 $m\dot{\boldsymbol{V}}=\sum\boldsymbol{F}$,其中 $\boldsymbol{F}$ 是作用在无人机的合外力,$\dot{\boldsymbol{V}}$ 表示无人机的加速度,有

$$\dot{\boldsymbol{V}}=\begin{bmatrix}a_{\mathrm{long}}\\ a_{\mathrm{lat}}\\ a_{\mathrm{vert}}\end{bmatrix}=\begin{bmatrix}\dot{V}\\ V\dot{\psi}\cos\theta\\ V\dot{\theta}\end{bmatrix}$$

式中:a_{long}、a_{lat} 和 a_{vert} 分别为纵向、横向和垂直加速度。

注意,θ、ψ 和 V 定义了无人机的姿态,因此一般可以认为 $\dot{\theta}$、$\dot{\psi}$ 和 $\dot{V}$ 是虚拟控制输入,可以写为

$$\begin{cases}\dot{\theta}=u_1\\ \dot{\psi}=u_2\\ \dot{V}=u_3\end{cases} \tag{9.5}$$

真实的无人机原型包括一些限制其性能的物理约束。因此,为了更加真实地在仿真中验证算法,需要在模型中包含一些约束。这些限制采用的形式是对一些控制量和状态变量设置边界,定义如下:

$$\begin{cases}|u_1|\leqslant U_{1\max},\ |\theta|\leqslant\theta_{\max}\\ |u_2|\leqslant U_{2\max},\ |V|\leqslant V_{\max}\\ |u_3|\leqslant U_{3\max}\end{cases} \tag{9.6}$$

有关更多详细信息参见文献[2-5]。

9.2 时间最优轨迹生成

本节在考虑加速度、航向和航迹速率的限制条件以及相关的控制要求情况下计算最佳轨迹。因此,目标是在最短的时间内将自主无人机从一个点(式(9.2))引导到另一个点。此外,设计的轨迹必须考虑风的影响。一般来说,风速可以建模为两个分量的总和:一个是标称确定性分量,可通过气象预报或多普勒雷达测量获得;另一个是随机分量,表示与标称值的偏差。因此,在轨迹计算中考虑确定性分量不仅有助于节省时间和能源(如风向与运动方向相反情况),而且可以减少控制器的工作量。

通过引入以下性能标准来制定该目标:

$$J=\min\int_{t_0}^{t_f}\mathrm{d}t \tag{9.7}$$

接下来设计一个容许控制量 $\boldsymbol{U}(t):[t_0,t_f]\rightarrow\boldsymbol{\Omega}\in\mathbb{R}^3$ 使性能标准(式(9.7))最小化,而且受微分方程式(9.4)和式(9.5)的约束:

$$\dot{\boldsymbol{X}}(t)=f(\boldsymbol{X}(t),\boldsymbol{U}(t),t) \tag{9.8}$$

规定初始条件:

$$\boldsymbol{X}(t_0)=[x_0\quad y_0\quad z_0\quad \theta_0\quad \psi_0\quad V_0]^{\mathrm{T}} \tag{9.9}$$

规定最终条件:

$$\boldsymbol{X}(t_f)=[x_f\quad y_f\quad z_f\quad \theta_f\quad \psi_f\quad V_f]^{\mathrm{T}} \tag{9.10}$$

式中:$\boldsymbol{X}(t)\in\mathbb{R}^3$ 和 $\boldsymbol{U}(t)\in\mathbb{R}^3$ 分别为状态变量和控制变量,有

$$\boldsymbol{X}(t)=[x(t)\quad y(t)\quad z(t)\quad \theta(t)\quad \psi(t)\quad V(t)]^{\mathrm{T}} \tag{9.11}$$

$$\boldsymbol{U}(t)=\begin{bmatrix}u_1(t)\\u_2(t)\\u_3(t)\end{bmatrix}=\begin{bmatrix}\dot{\theta}(t)\\\dot{\psi}(t)\\\dot{V}(t)\end{bmatrix} \tag{9.12}$$

因此,相应的状态轨迹除了满足式(9.6)中表示的控制输入和状态限制,还应满足

$$(x-x_{\mathrm{c}})^2+(y-y_{\mathrm{c}})^2+z^2\geqslant r_{\mathrm{p}}^2 \tag{9.13}$$

注意式(9.13)将桥梁支柱描述为圆柱体。该设计的理论分析(如控制的类型、要求、数量和主动约束的持续时间)可以参见文献[6]。

9.1 节描述的问题是无限维的,这意味着它的解并不是一个有限的数字矢量而是一个函数。对于实际应用来说不可能计算出最优函数,因此需要使用近似方法。这种技术试图找到解的有限维表示,它在节点处是准确的,在节点之间具有可接受的误差,并且随着节点的数量趋于无穷大而收敛到真实的函数[7]。

最优控制问题的数值解可以分为两种主要方法:一是直接法,它用离散点网格代替连续时间间隔,从而用有限维问题来近似它,即使它是高维的(数百个离散变量)。这相当于将问题转化为一系列非线性约束优化问题。二是间接法,它保留了任务的无限维特征,并使用最优控制理论来解决它,该方法的第一步是建立一个合适的双点边值问题(TPBVP),第二步是数值求解。

本章首选直接法,这种技术称为直接配置法[7],其具有以下优点:

(1)实现简单;

(2)鲁棒性好;

(3)对初始条件的选择不敏感;

(4)易于对状态变量施加约束。

对于离散化控制,采用 Matlab 的非线性规划求解器,使用数值积分方法(如欧拉、龙格-库塔等)递归确定相应的离散状态变量[8]。

时间区间$[t_0,t_{\mathrm{f}}]$被分成如下 N 个节点:

$$t_0\leqslant t_1\leqslant t_2\leqslant\cdots\leqslant t_N=t_{\mathrm{f}} \tag{9.14}$$

则

$$t_k=t_0+(k-1)\cdot h,\quad h:=\frac{t_{\mathrm{f}}-t_0}{N-1},k=1,2,\cdots,N \tag{9.15}$$

因此,未知变量的矢量由所有节点的控制输入和最终时间 t_{f} 组成:

$$\boldsymbol{\xi}=[t_{\mathrm{f}},\boldsymbol{U}_1^{\mathrm{T}},\boldsymbol{U}_2^{\mathrm{T}},\cdots,\boldsymbol{U}_N^{\mathrm{T}}]\in\mathbb{R}^{N_\xi},\quad N_\xi=3N+1 \tag{9.16}$$

并且状态变量是将欧拉近似应用于式(9.8)进行递归计算的,得到以下结果:

$$\boldsymbol{X}_{k+1}=\boldsymbol{X}_k+h\cdot f(\boldsymbol{X}_k,\boldsymbol{U}_k),\quad k=1,2,\cdots,N-1 \tag{9.17}$$

其中,初始和最终条件由式(9.9)和式(9.10)给出。

根据前面的讨论，最优控制问题可以描述如下：

$$\begin{cases} \min \quad \boldsymbol{J} = t_{\mathrm{f}} & (9.18\mathrm{a}) \\ \text{s. t.} \quad \dot{\boldsymbol{X}}_k = f(\boldsymbol{X}_k, \boldsymbol{U}_k) & (9.18\mathrm{b}) \\ \qquad \boldsymbol{X}(t_1) = \boldsymbol{X}_0 & (9.18\mathrm{c}) \\ \qquad \boldsymbol{X}(t_N) = \boldsymbol{X}_{\mathrm{f}} & (9.18\mathrm{d}) \\ \qquad \boldsymbol{C}_{\mathrm{lw}} \leqslant \boldsymbol{U}_k \leqslant \boldsymbol{C}_{\mathrm{up}} & (9.18\mathrm{e}) \\ \qquad \boldsymbol{S}_{\mathrm{lw}} \leqslant \boldsymbol{S}(\boldsymbol{X}_k) \leqslant \boldsymbol{S}_{\mathrm{up}} & (9.18\mathrm{f}) \\ \qquad \boldsymbol{S}_1(\boldsymbol{X}_k) \geqslant r_{\mathrm{p}}^2 & (9.18\mathrm{g}) \end{cases}$$

式中：$k=1,2,\cdots,N$；$\boldsymbol{C}_{\mathrm{lw}}$ 和$\boldsymbol{C}_{\mathrm{up}}$ 为所有节点上控制输入的下限和上限。

式(9.18e)中提到的第 k 个节点的控制速率限制为：

$$\begin{bmatrix} \dot{\theta}_{\min} \\ \dot{\psi}_{\min} \\ \dot{V}_{\min} \end{bmatrix} \leqslant \begin{bmatrix} \dot{\theta}_k \\ \dot{\psi}_k \\ \dot{V}_k \end{bmatrix} \leqslant \begin{bmatrix} \dot{\theta}_{\max} \\ \dot{\psi}_{\max} \\ \dot{V}_{\max} \end{bmatrix} \tag{9.19}$$

$\boldsymbol{S}_{\mathrm{lw}}$ 和$\boldsymbol{S}_{\mathrm{up}}$ 为施加在路径上的下限和上限约束。式(9.18f)中提到的第 k 个节点的路径限制如下：

$$\begin{bmatrix} \theta_{\min} \\ V_{\min} \end{bmatrix} \leqslant \begin{bmatrix} \theta_k \\ V_k \end{bmatrix} \leqslant \begin{bmatrix} \theta_{\max} \\ V_{\max} \end{bmatrix} \tag{9.20}$$

式(9.18g)中提到的第 k 个节点路径限制为：

$$(x_k-x_{\mathrm{c}})^2+(y_k-y_{\mathrm{c}})^2+z_k^2 \geqslant r_{\mathrm{p}}^2 \tag{9.21}$$

式中：x_{c}、y_{c} 和 r_{p} 分别描述桥梁支柱的轴及半径。

9.3 节将介绍专用于检查、监测或监视任务的四旋翼无人机的轨迹规划策略。

9.3 检查类任务的无人机路径问题

在本节中考虑使用小型无人机进行检查桥梁的问题。在文献[9]中已经解决这样的问题，并基于 Zermelo 导航问题和旅行商(TSP)/无人机路径问题(VRP)的混合方法提出了两个解决方案。假定风是线性变化的，桥梁支柱为无人机将要访问的一个点，换句话说，认为配置空间是没有障碍物的。另外，每一点的特征只包含位置，不包括方向和速度。本书的工作是对这篇论文的补充，在本书的方法中，研究了文丘里效应(风的加速度),并考虑了障碍物的存在。此外,每个点都由其位置、姿态和速度定义。

9.3.1 问题描述

执行结构检查任务的无人机路径问题表述如下:

设 $\boldsymbol{q}=\{\boldsymbol{q}_1,\boldsymbol{q}_2,\cdots,\boldsymbol{q}_n\}$ 是一系列点的集合,$\boldsymbol{q}_2,\cdots,\boldsymbol{q}_n$ 是位于桥上必须检查的点,$\boldsymbol{q}_1$ 是出发点,表示地面基地。

路线成本矩阵 $\boldsymbol{C}$ 表示每一对点 $\boldsymbol{q}_i,\boldsymbol{q}_j,i\neq j$ 之间所需的飞行时间。

$\boldsymbol{T}_{\text{Req}}$ 为检查矢量,是指定检查点 $\boldsymbol{q}_i$ 所需时间的矢量。

T_{Max} 是允许无人机飞行的最长时间。那么执行桥梁结构检查任务的无人机路径问题就是按下面方式规划一条路线:

(1) $\{\boldsymbol{q}_1,\boldsymbol{q}_2,\cdots,\boldsymbol{q}_n\}$ 中每个点只能访问一次;

(2)所有飞行路线都是从地面基地 $\boldsymbol{q}_1$ 开始和结束;

(3)不得超出允许飞行的最长时间;

(4)所有路线所需的总时间最短。

在此必须指出,路线成本矩阵是不对称的。那么从具有方向 γ_i、χ_i 和速度 V_i 的点 $\boldsymbol{q}_i$ 飞行到具有方向 γ_j、χ_j 和速度 V_j 的点 $\boldsymbol{q}_j$ 所需的时间可能不等于沿相反方向飞行所需的时间。

9.3.2 有能力约束的无人机路径问题

有能力约束的无人机路径问题(CVRP)是一种用于监控类任务的有趣方法。事实上,有限的货物运载能力可用允许的最大飞行时间所取代,车辆数量可以被视为无人机群中所需的无人机数量,或者经过所有必经点的飞行次数(对于一架无人机)。为解决这样问题方法:

(1)创新性方法:节省法和插入法。

(2)改进方法:二次改变,三次改变,二次重新定位,三次重新定位,彻底搜索。

下面将介绍为解决有能力约束的无人机路径问题而开发的节省方法。

节省法是一种启发式算法,由 Clarke 和 Wright 在 1964 年首次提出,用来解决车辆数量无限制的 CVRP 问题[10]。其基本思想非常简单:考虑一个仓库 D 和 n 个需求点,假设 CVRP 的初始解决方案包括使用 n 辆汽车,并向 n 个需求点中的每一个点派遣一辆汽车。那么,这种解决方案的总行程距离是 $2\sum_{i=1}^{n}\boldsymbol{C}(D,i)$。

如果用一辆车来服务两个点 i 和 j,在一次行程中,则总行程距离将减少以下数量:

$$
\begin{aligned}
\boldsymbol{S}(i,j) &= 2\boldsymbol{C}(D,i)+2\boldsymbol{C}(D,j)-[\boldsymbol{C}(D,i)+\boldsymbol{C}(i,j)+\boldsymbol{C}(D,j)] \\
&= \boldsymbol{C}(D,i)+\boldsymbol{C}(D,j)-\boldsymbol{C}(i,j)
\end{aligned} \tag{9.22}
$$

$\boldsymbol{S}(i,j)$称为将 i 点和 j 点合并成一个单向行程所节省的数量。当 $\boldsymbol{S}(i,j)$ 的值较大时,将 i 和 j 组合在一个单行程中将会比较理想。然而,如果计算的飞行时间违反了 CVRP 的一个或多个限制,i 和 j 就不能组合。

在介绍算法之前,先引入以下定义。

定义 9.1 按照顺序遍历需求点,如果一个需求点 i 不与仓库 D 相邻,则称为路线的内点。

Clarke 和 Wright 的节省法现在可以表示如下[11]:

(1)计算节省数量:

$\boldsymbol{S}(i,j)=\boldsymbol{C}(D,i)+\boldsymbol{C}(D,j)-\boldsymbol{C}(i,j)$,$i,j=2,\cdots,n$,且 $i\neq j$。

(2)按数值降序排列节省数量。

(3)对于正在处理的节约数量 $\boldsymbol{S}(i,j)$,如果不违反对路线施加的约束,则在路线中包括弧线(i,j):

① 如果需求点 i 和 j 都没有被分配到路线中,就会生成一条包括需求点 i 和 j 的新路线;

② 如果两个需求点中恰好有一需求点(i 或 j)已经包含在现有路线中,并且该需求点不是该路线的内点,就将弧线(i,j)添加到同一路线中;

③ 如果需求点 i 和 j 都已经包含在两条不同的现有路线中,并且两个需求点都不是其路线的内点,就合并两条路线。

(4)如果节省数量列表 $\boldsymbol{S}(i,j)$还没有处理完,返回到步骤(3)并且切换到列表中的下一个条目;否则停止。

注意,在步骤(3)中,任何尚未分配到路线的需求点,必须由一条路线提供服务,该路线从仓库 D 开始,访问未分配的需求点,然后返回仓库 D。

Clarke-Wright 算法编程实现后可以非常高效地运行,并且由于它对数据集的操作非常简单,所以可以用于大数据问题。由于每次只添加一两个节点到路线中,因此该算法的另一个优点是可以检查每次添加节点是否会违反全部约束集,即使该约束集非常复杂。例如,在复杂约束集中,除了对最大能力和最大距离进行约束外,还可以包括其他约束,如任何无人机可以访问的最大节点数。

文献[12,13]提出了该方法的多种改进。Clarke-Wright 算法中假设成本矩阵 $\boldsymbol{C}$ 是对称的,即 $\boldsymbol{C}(i,j)=\boldsymbol{C}(j,i)$。此外,它隐含地忽略了车辆的固定成本和车队规模,考虑车辆固定成本 f 也很容易,可以将其增加到每个 $C_j(j=2,\cdots,n)$ 中。重复步骤(3)直到达到所需的路线数量,即使节省数量变成负数,据此可以获得固定车辆数量的解决方案。

9.4 轨迹跟踪问题

9.2 节中介绍的算法可以生成一个实际可用的参考轨迹。然而该算法是从施加于无人机的约束中获得的,检查其与四旋翼无人机动力学(式(9.1))的适用性和兼容性是一项重要的工作。首先需要构建控制器保证无人机动力学稳定,然后将得到的轨迹作为控制器的参考信号进行跟踪。本章主要提出新的解决方案,以便生成轨迹并在最短的时间内跟踪轨迹,而不是提出新的控制算法。因此,根据本书的目标需要选择一个简单的控制方案以保证任务易于实现,为此,选择了在第 8 章中提出的一个简单的基于饱和函数非线性算法。

这种控制算法通常用于在悬停状态下稳定四旋翼无人机,但在有角度、角速度和平移速度约束的轨迹跟踪中应用较少。这些约束一般会降低闭环系统的性能,然而,在仿真中将证明事实并非如此。

第 8 章中的高度和偏航角动力学控制器可以写成

$$u=\sec(\theta)\sec(\phi)\bar{r} \tag{9.23}$$

$$\bar{r}=-K_{z1}(\dot{z}-\dot{z}_{\text{ref}})-K_{z2}(z-z_{\text{ref}})+mg$$

$$\tau_{\psi}=-\sigma_{\psi1}(K_{\psi1}(\dot{\psi}-\dot{\psi}_{\text{ref}}))-\sigma_{\psi2}(K_{\psi2}(\psi-\psi_{ref})) \tag{9.24}$$

式中:K_{z1}、K_{z2}、$K_{\psi1}$、$K_{\psi2}$ 为正数;$\dot{z}_{\text{ref}}$ 和 z_{ref} 分别为期望垂直速度和高度;$\dot{\psi}_{\text{ref}}$ 和 ψ_{ref} 分别为参考角速度和角度。

注意,这些参考值来自轨迹生成算法。此外,假设 θ 和 ϕ 是有限的,不能达到 90°。

x 和 y 轴的动力学控制器为

$$\tau_{\phi}=-\sigma_{\phi1}(K_{\phi1}(\dot{y}-\dot{y}_{\text{ref}}))-\sigma_{\phi2}(K_{\phi2}(y-y_{\text{ref}}))-\sigma_{\phi3}(K_{\phi3}\dot{\phi})-\sigma_{\phi4}(K_{\phi4}(\phi-\phi_{\text{ref}})) \tag{9.25}$$

$$\tau_{\theta}=\sigma_{\theta1}(K_{\theta1}(\dot{x}-\dot{x}_{\text{ref}}))+\sigma_{\theta2}(K_{\theta2}(x-x_{\text{ref}}))-\sigma_{\theta3}(K_{\theta3}(\dot{\theta}-\dot{\theta}_{\text{ref}}))-\sigma_{\theta4}(K_{\theta4}(\theta-\theta_{\text{ref}})) \tag{9.26}$$

式中:$K_{\phi i}$、$K_{\theta i}$ 为正数,参考值来自轨迹算法。注意对于横滚动力学,唯一的约束是横滚角为零,因此 $\phi_{\text{ref}}=0°$。

9.5 仿真结果

为了说明所提出的轨迹生成和规划方法的性能并验证轨迹跟踪策略,本节进行了一些数字仿真。因此,针对提出的算法考虑了一些不同的场景。

无人机的约束可描述为表 9.1 中规定的状态变量和控制变量的下限和上限。

表 9.1 状态变量和控制变量的约束

变量	最小值	最大值
$\theta/(°)$	-30	30
$V/(\mathrm{m/s})$	0.1	5
$\dot{\theta}/((°)/\mathrm{s})$	-5	5
$\dot{\psi}/((°)/\mathrm{s})$	-5	5
$\dot{V}/(\mathrm{m/s^2})$	-1.25	1.25

9.5.1 参考轨迹的生成与规划

在参考轨迹的生成与规划中研究了三种应用场景:一是考虑四旋翼无人机在固定高度飞行的情况,即只研究 $x-y$ 水平平面情况。因此,俯仰角及其导数都等于零。二是假设无人机在三维空间中运动,更准确地说,是围绕一个结构体飞行,执行检查任务。对于这两种场景,根据路径配置访问点数量情况,轨迹被分成几个路径段,然后将 9.2 节中描述的优化过程分别应用于每个路径段。三是考虑在有风环境中进行桥梁检查任务的轨迹规划。

1. 固定高度的轨迹(2D)

在这种情况下,式(9.4)和式(9.5)中给出的运动方程简化为

$$\dot{x}=V\cos\psi,\quad \dot{\psi}=u_1$$

$$\dot{y}=V\sin\psi,\quad \dot{V}=u_2$$

每个路径段的离散点网格固定为 84 个节点。表 9.2 给出了这种情况下的初始点 $\boldsymbol{q}_0$、终点 $\boldsymbol{q}_\mathrm{f}$ 以及路径点 $\boldsymbol{q}_i$。

表 9.2 轨迹追踪期间要访问的点

节点	$\boldsymbol{x}$/m	$\boldsymbol{y}$/m	$\boldsymbol{\Psi}/(°)$	$\boldsymbol{V}/(\mathrm{m/s})$
$\boldsymbol{q}_0$	0	0	0	0.1
$\boldsymbol{q}_1$	10	5	90	2
$\boldsymbol{q}_2$	0	15	90	2
$\boldsymbol{q}_3$	10	25	90	2
$\boldsymbol{q}_4$	0	30	90	2
$\boldsymbol{q}_\mathrm{f}$	10	35	0	0.1

选择 Matlab 的 f_{mincon} 求解器中的内点算法来解决非线性优化问题。选择这种方法是因为它可以处理大数据问题;此外,它在所有迭代中都满足所施加的约束(边界)。图 9.2 和图 9.3 为无人机的位置、姿态、速度和控制输入。

注意,在 $t_f = 323.2\mathrm{s}$ 时达到最终点。

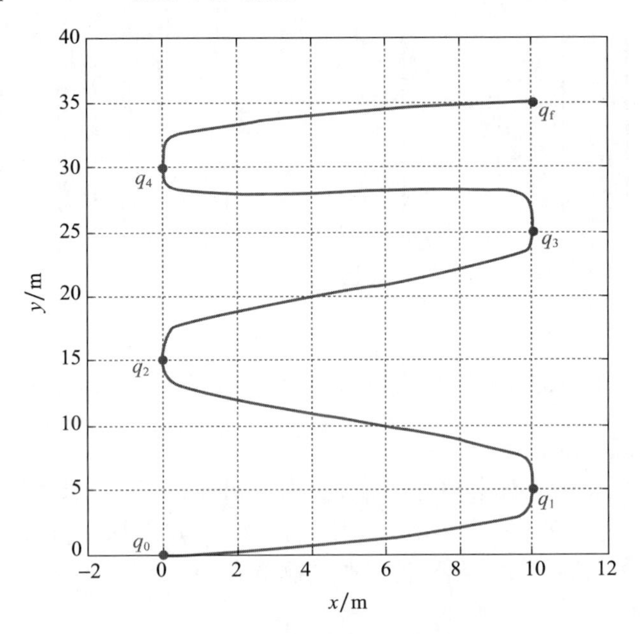

图 9.2　固定高度飞行轨迹

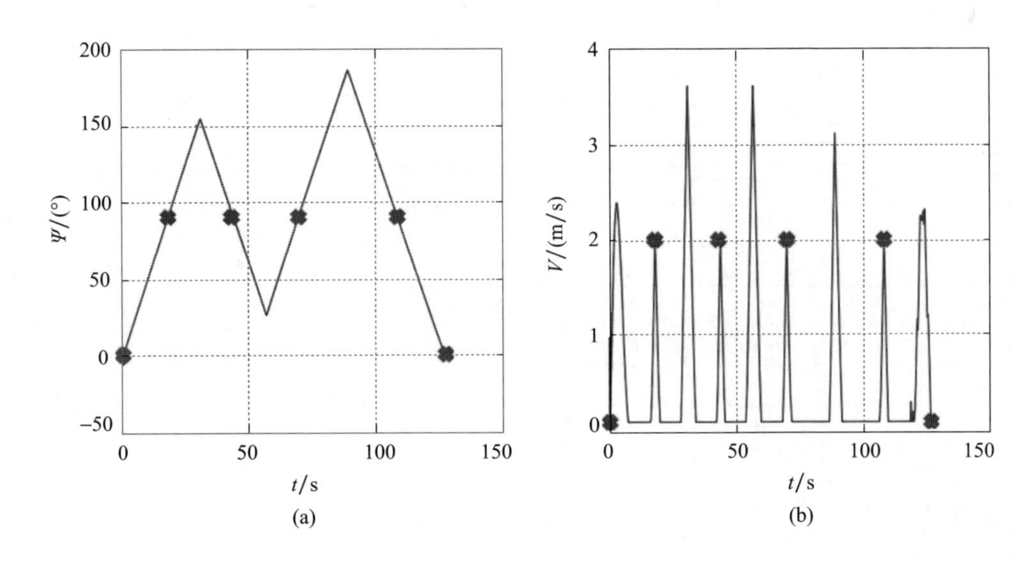

(a)

(b)

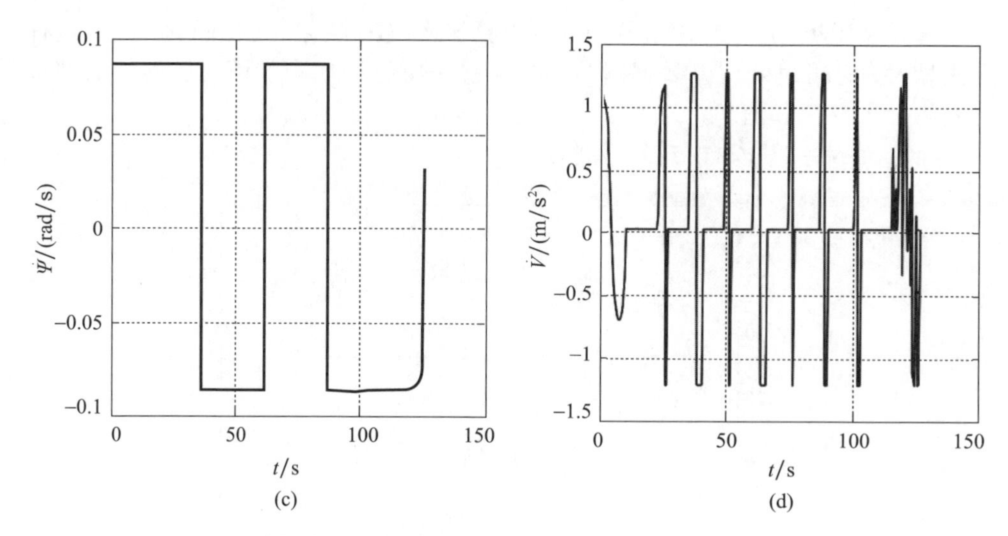

图 9.3　偏航角 ψ、飞行速度 V 以及各自变化率 $\dot{\psi}$ 和 $\dot{V}$ 的时间曲线

2. 三维空间中的轨迹

每一路径段离散化超过 70 个节点，使用 Matlab 的 f_{mincon} 求解器中的内点算法生成最短时间轨迹。表 9.3 中给出了初始点 $\boldsymbol{q}_0$、终点 $\boldsymbol{q}_{\text{f}}$ 以及 10 个中间路径点 $\boldsymbol{q}_i$($i=1,\cdots,10$)。无人机的位置、姿态、速度和控制输入如所图 9.4~图 9.6 所示。

注意，完成轨迹所需的时间 $t_{\text{f}}=224.4\text{s}$。

表 9.3　轨迹追踪期间要访问的点

节点	$\boldsymbol{x}$/m	$\boldsymbol{y}$/m	$\boldsymbol{z}$/m	$\boldsymbol{\theta}$/(°)	$\boldsymbol{\Psi}$/(°)	$\boldsymbol{V}$/(m/s)
$\boldsymbol{q}_0$	0	0	0	0	0	0.1
$\boldsymbol{q}_1$	10	10	5	5	90	1
$\boldsymbol{q}_2$	0	20	5	0	180	1
$\boldsymbol{q}_3$	−10	10	5	0	270	1
$\boldsymbol{q}_4$	0	0	5	0	360	1
$\boldsymbol{q}_5$	10	10	5	0	450	1
$\boldsymbol{q}_6$	0	20	10	0	540	1
$\boldsymbol{q}_7$	−10	10	10	0	630	1
$\boldsymbol{q}_8$	0	0	10	0	720	1
$\boldsymbol{q}_9$	10	10	10	0	810	1
$\boldsymbol{q}_{10}$	20	10	10	0	900	1
$\boldsymbol{q}_{11}$	−10	10	5	0	990	1
$\boldsymbol{q}_{\text{f}}$	−5	0	0	0	1080	0.1

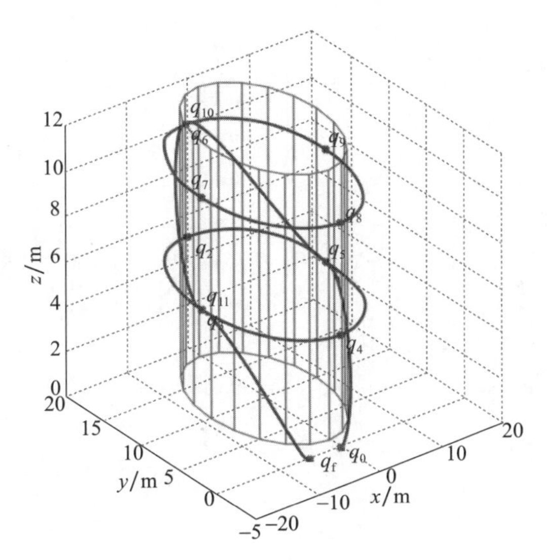

图 9.4　结构检测场景的三维视图

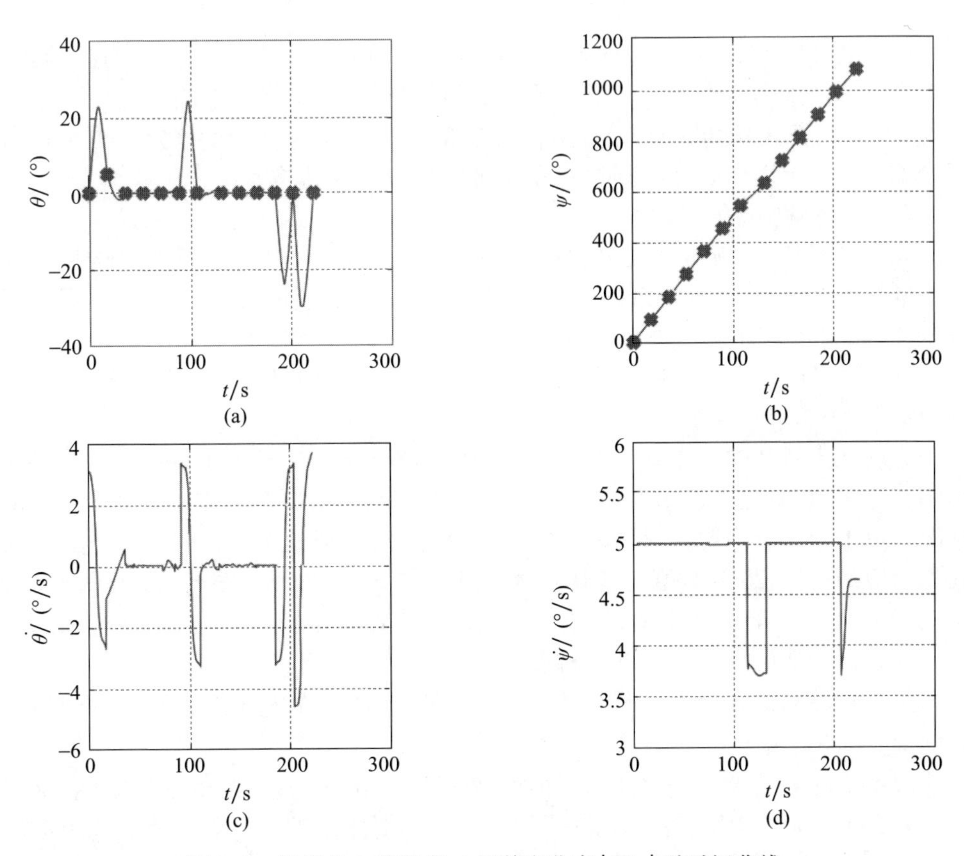

图 9.5　俯仰角 θ、偏航角 ψ 及其变化率 $\dot{\theta}$ 和 $\dot{\psi}$ 随时间曲线

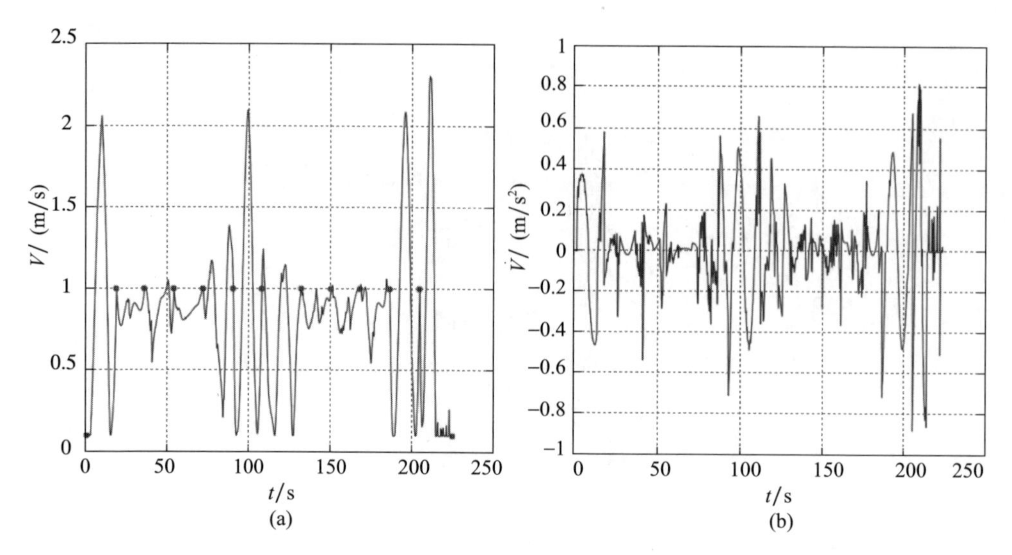

图 9.6　无人机速度 V 和加速度 $\dot{V}$ 的时间曲线

同时还注意到，节点数量的选择在决定优化问题的程度方面起着重要作用。节点数 N 的选择应确保生成的轨迹平滑，且计算时间仍然是合理的。

观察到，使用 Matlab 的 f_{mincon} 求解器中的序列二次规划（SQP）方法也可以获得之前的结果，该方法在计算时间和算法收敛性方面更具优势。

3. 有风环境下的轨迹规划

在这种场景下，轨迹生成过程中考虑了风的因素。实际上，桥梁结构设计原因，其附近是文丘里效应出现的理想环境。此外，桥梁支柱之间的通道可能导致风速增加，如图 9.7 所示。

从图 9.7 可以看出，文丘里效应包括风速幅值增加，以及气流在障碍物（支柱）周围的发散和汇聚。

假设无人机从初始点 $\boldsymbol{q}_1$ 开始出发并访问位于两个支柱上的 8 个点。表 9.4 给出了这些点的信息，表 9.1 给出了无人机的约束条件，图 9.8 描述了整个环境的情况。风由两部分组成：一是恒定的，覆盖整个环境，风速为 0.2m/s；二是具有文丘里效应的特征，最大幅值为 0.07m/s。初看之下，风力似乎很弱，仅为 0.27m/s（约为 5.4%$V_{\max}$）。需要指出，每个访问点的期望速度等于 0.1m/s，这使得风速相对于无人机的速度成为一个重要因素（2.7 倍）。

每个点的数据收集所需时间 $T_{\mathrm{Req}_i}=5$ 个单位时间，而无人机能够飞行的最长时间 $T_{\max}=68$ 个单位时间。

成本矩阵 $\boldsymbol{C}$ 定义为连接所有可能的两个点 $\boldsymbol{q}_i$、$\boldsymbol{q}_j$（$i\neq j$）所需的最短时间，这里是一个 9×9 矩阵，包含 72 个待确定元素（不包括对角线项）。为此，将 9.2 节中的轨迹生成方法应用于成本矩阵 $\boldsymbol{C}$ 中的每一个元素。因此，与前面的仿真情况一

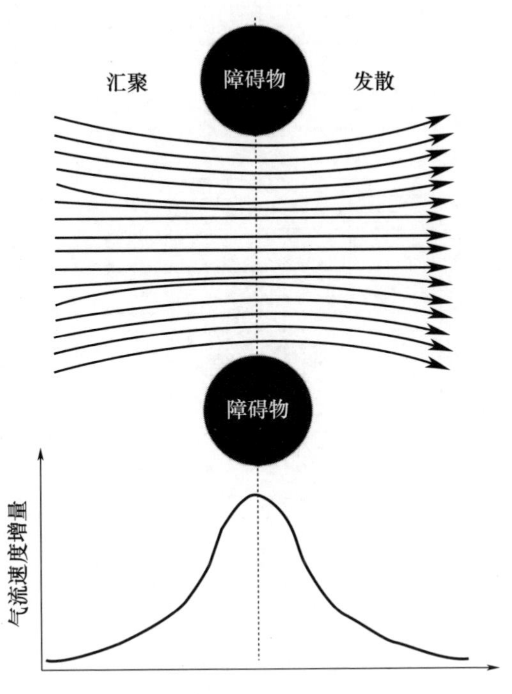

图 9.7　文丘里效应

样，每个轨迹被离散化为 70 多个节点，并利用 Matlab 内 f_{mincon} 非线性规划求解器中的内点算法来寻找最优轨迹。

表 9.4　轨迹追踪期间要访问的起始点和路径点

节点	x/m	y/m	χ/(°)	V/(m/s)
q_1	0	0	0	0.1
q_2	10	2	90	0.1
q_3	14	6	180	0.1
q_4	10	10	-90	0.1
q_5	6	6	0	0.1
q_6	10	18	90	0.1
q_7	14	22	180	0.1
q_8	10	26	-90	0.1
q_9	6	22	0	0.1

最终的飞行计划包括三次飞行，如图 9.9～图 9.11 所示，得到三条飞行轨迹：

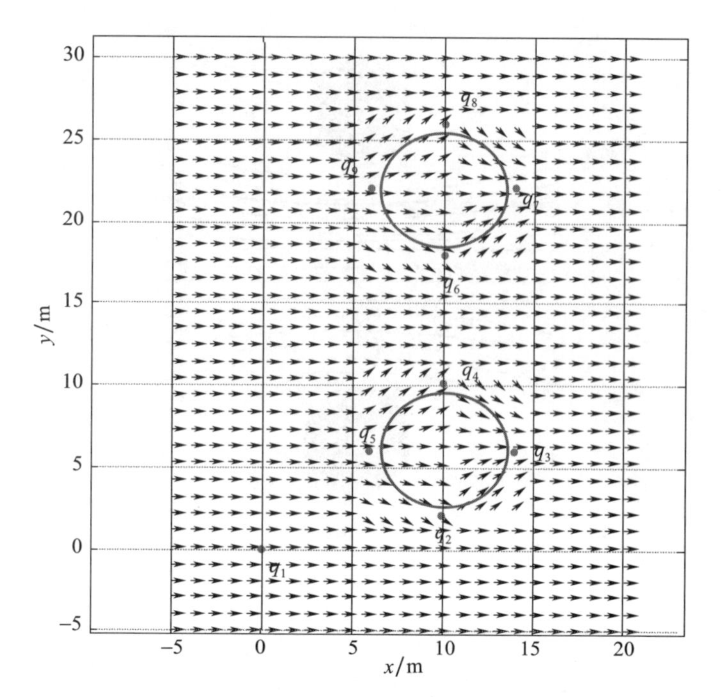

图 9.8　仿真环境

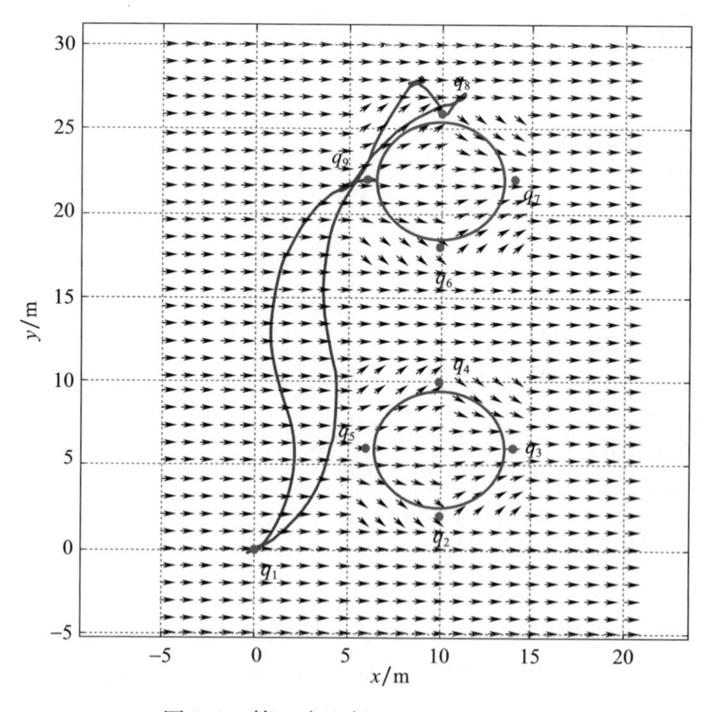

图 9.9　第一次飞行：$\boldsymbol{q}_1 \to \boldsymbol{q}_9 \to \boldsymbol{q}_8 \to \boldsymbol{q}_1$

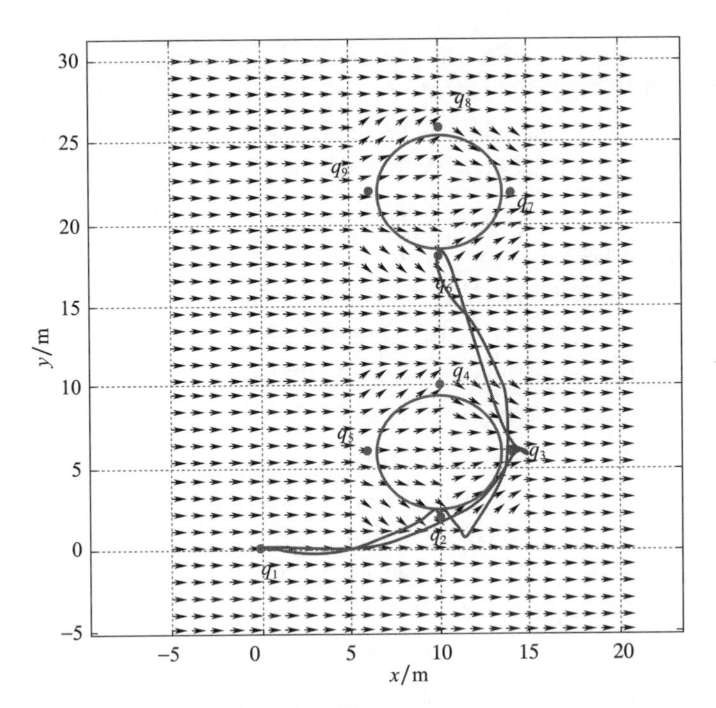

图 9.10　第二次飞行：$\boldsymbol{q}_1 \to \boldsymbol{q}_2 \to \boldsymbol{q}_6 \to \boldsymbol{q}_3 \to \boldsymbol{q}_1$

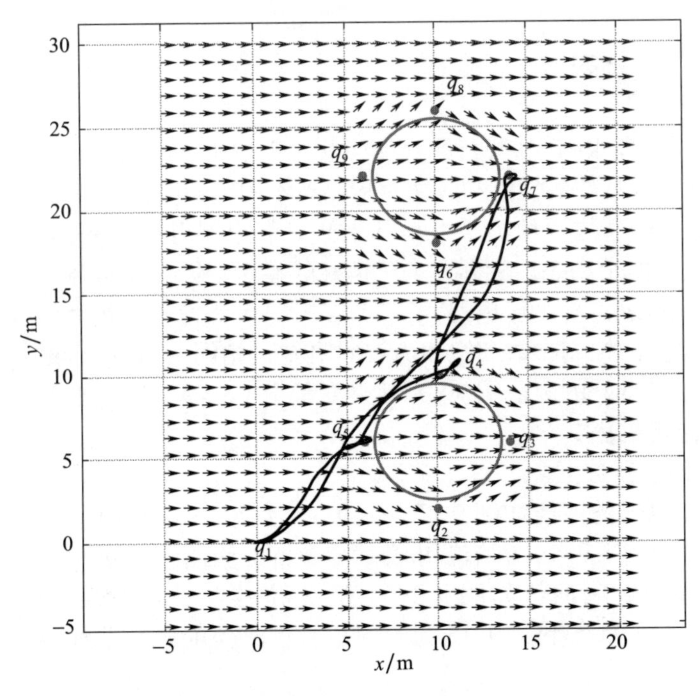

图 9.11　第三次飞行：$\boldsymbol{q}_1 \to \boldsymbol{q}_5 \to \boldsymbol{q}_7 \to \boldsymbol{q}_4 \to \boldsymbol{q}_1$

第一条轨迹是循环 $\boldsymbol{q}_1 \to \boldsymbol{q}_9 \to \boldsymbol{q}_8 \to \boldsymbol{q}_1$,如图 9.9 所示。其中:

从 $\boldsymbol{q}_1$ 到 $\boldsymbol{q}_9$ 所需要的时间是 10.96 个单位时间;

从 $\boldsymbol{q}_9$ 到 $\boldsymbol{q}_8$ 所需要的时间是 19.08 个单位时间;

从 $\boldsymbol{q}_8$ 到 $\boldsymbol{q}_1$ 所需要的时间是 13.57 个单位时间;

飞行的总时间 $T=53.61$ 个单位时间。

第二条轨迹是循环 $\boldsymbol{q}_1 \to \boldsymbol{q}_2 \to \boldsymbol{q}_6 \to \boldsymbol{q}_3 \to \boldsymbol{q}_1$,如图 9.10 所示。其中:

从 $\boldsymbol{q}_1$ 到 $\boldsymbol{q}_2$ 所需要的时间是 6.42 个单位时间;

从 $\boldsymbol{q}_2$ 到 $\boldsymbol{q}_6$ 所需要的时间是 10.43 个单位时间;

从 $\boldsymbol{q}_6$ 到 $\boldsymbol{q}_3$ 所需要的时间是 8.72 个单位时间;

从 $\boldsymbol{q}_3$ 到 $\boldsymbol{q}_1$ 所需要的时间是 8.91 个单位时间;

飞行的总时间 $T=49.48$ 个单位时间。

第三条轨迹是循环 $\boldsymbol{q}_1 \to \boldsymbol{q}_5 \to \boldsymbol{q}_7 \to \boldsymbol{q}_4 \to \boldsymbol{q}_1$,如图 9.11 所示。其中:

从 $\boldsymbol{q}_1$ 到 $\boldsymbol{q}_5$ 所需要的时间是 6.86 个单位时间;

从 $\boldsymbol{q}_5$ 到 $\boldsymbol{q}_7$ 所需要的时间是 12.97 个单位时间;

从 $\boldsymbol{q}_7$ 到 $\boldsymbol{q}_4$ 所需要的时间是 7.55 个单位时间;

从 $\boldsymbol{q}_4$ 到 $\boldsymbol{q}_1$ 所需要的时间是 10.00 个单位时间;

飞行的总时间 $T=52.38$ 个单位时间。

注意,每条轨迹的总时间都与无人机的能力有关。

9.5.2 轨迹跟踪

本节主要处理跟踪问题,目的是说明 9.5.1 节中计算得到的轨迹的适用性和兼容性,以及控制策略的性能和其面对传感器不确定性时的鲁棒性。为此,本书提出了两种应用场景,这两种场景都是基于 9.2 节中获得的结果,并将该结果作为式(9.1)中表示的全动态四旋翼无人机模型的参考。第一个应用场景假设无人机中的所有现有传感器都是理想的,第二个应用场景认为一些传感器提供了噪声数据。两种场景下的控制参数和饱和函数的限制是相同的,选择合适的数值以确保系统变量有稳定良好的阻尼响应,尤其是变量 x、y 和 ψ。这些控制参数和饱和函数的限制的选值见表 9.5。

1. 理想传感器数据

设计的控制器的性能如图 9.12~图 9.17 所示,在这些图中实线表示系统响应,虚线表示期望值或轨迹。偏航角及其导数的时间曲线如图 9.12 所示。x 位移及其绝对误差的时间曲线如图 9.13 所示,y 位移及其绝对误差的时间曲线如图 9.14 所示。图 9.15 和图 9.16 为俯仰角和横滚角的时间曲线,图 9.17 为控制器的输入。

表 9.5 控制器增益

控制参数	饱和函数限制
$K_{\phi1}=K_{\theta1}=7$	$\lvert\sigma_{\phi1}\rvert=\lvert\sigma_{\theta1}\rvert=1$
$K_{\phi2}=K_{\theta2}=2.5$	$\lvert\sigma_{\phi2}\rvert=\lvert\sigma_{\theta2}\rvert=1.7$
$K_{\phi3}=K_{\theta3}=2$	$\lvert\sigma_{\phi3}\rvert=\lvert\sigma_{\theta3}\rvert=1.2$
$K_{\phi4}=K_{\theta4}=7.5$	$\lvert\sigma_{\phi4}\rvert=\lvert\sigma_{\theta4}\rvert=2.5$
$K_{\psi1}=2.5$	$\lvert\sigma_{\psi1}\rvert=1$
$K_{\psi2}=1.5$	$\lvert\sigma_{\psi2}\rvert=1$

注意:该控制器在跟踪偏航角以及 x 和 y 位移方面具有良好的性能,但在跟踪偏航角速度方面的效果并不是特别好。这种情况是由于分配给偏航角的增益 $K_{\psi2}$ 比分配给其导数的增益 $K_{\psi1}$ 权重更大。另外可以看到,期望的俯仰角和横滚角设置为零,但实际的 θ 和 ϕ 在某些时间段内是有误差的,这是在 x 轴和 y 轴上的运动以及加速/减速效应引起的。

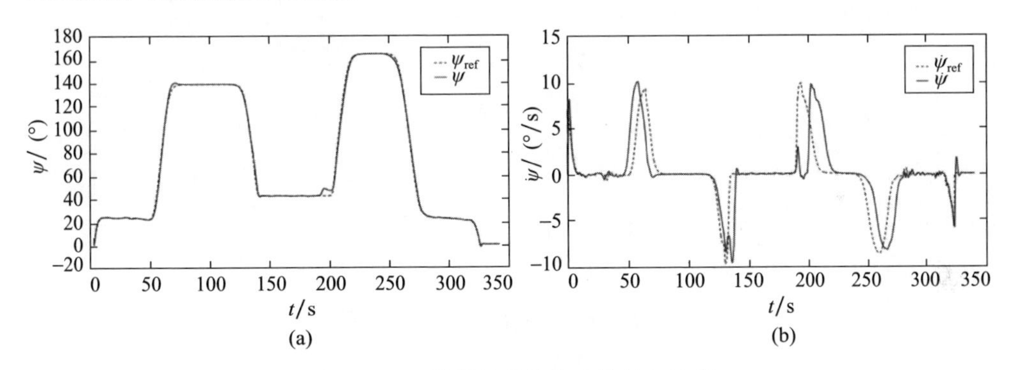

图 9.12 四旋翼的偏航角和偏航角速度

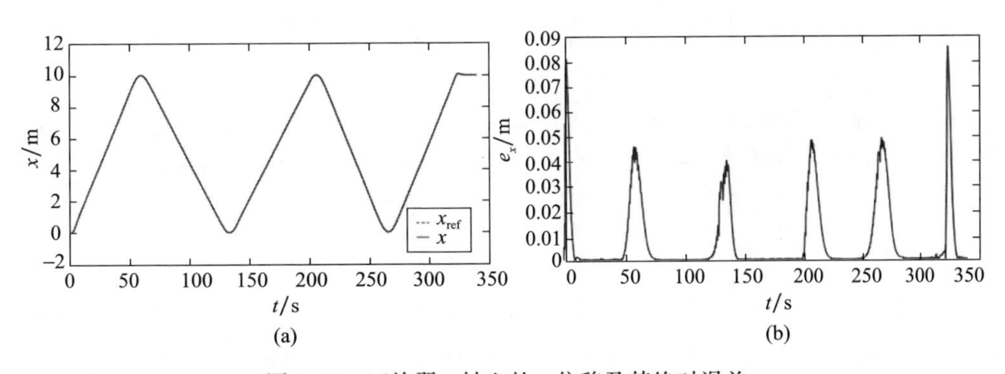

图 9.13 四旋翼 x 轴上的 x 位移及其绝对误差

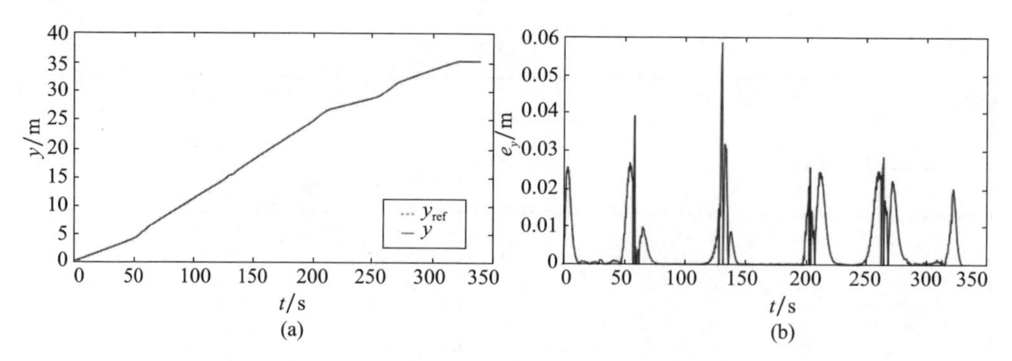

图 9.14　四旋翼 y 轴上的 y 位移及其绝对误差

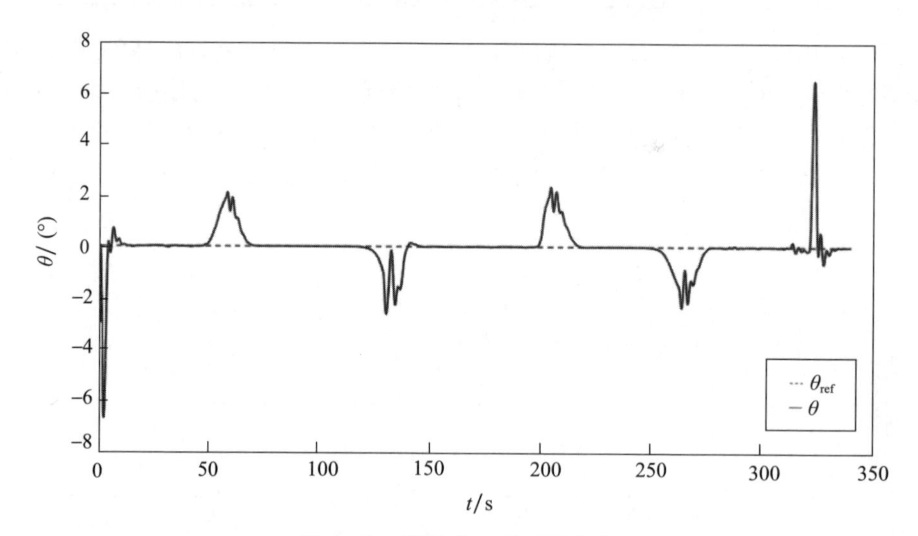

图 9.15　俯仰角 θ 的时间曲线

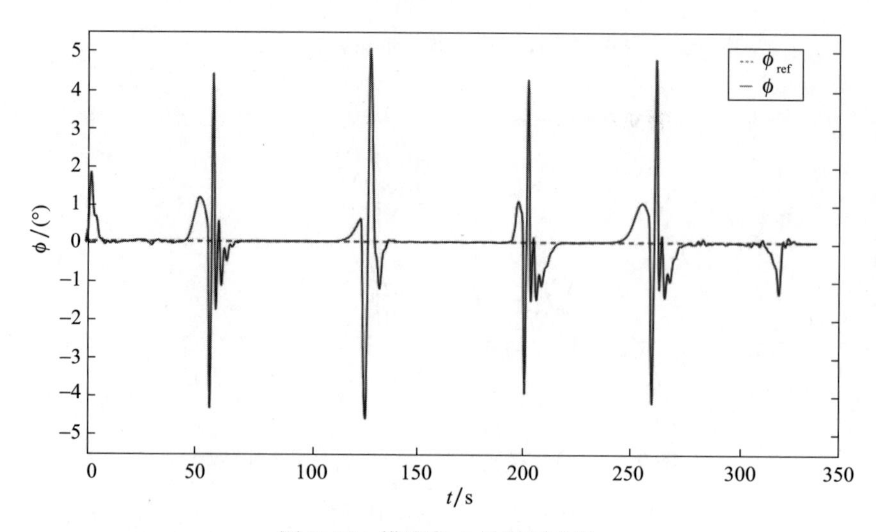

图 9.16　横滚角 ϕ 的时间曲线

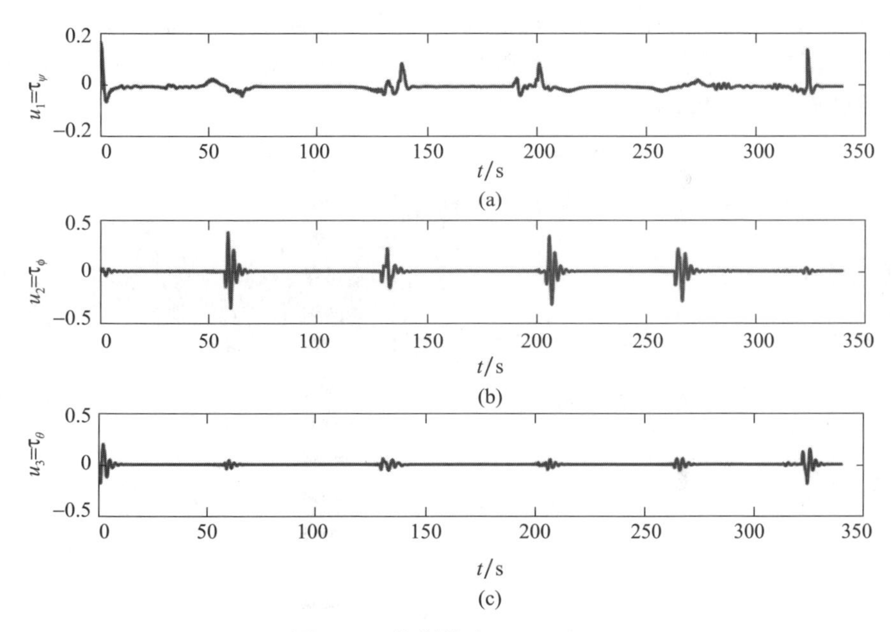

图 9.17 控制输入 τ_ψ、τ_ϕ 和 τ_θ

2. 传感器噪声数据

在这种应用场景下,考虑传感器在测量无人机位置和偏航角速度时提供了噪声数据,目的是展示控制策略在面对不确定性时的鲁棒性。这些噪声被建模为白噪声。图 9.18 表示分别添加到位置数据(x 和 y)和偏航角速度 $\dot{\psi}$ 的噪声。

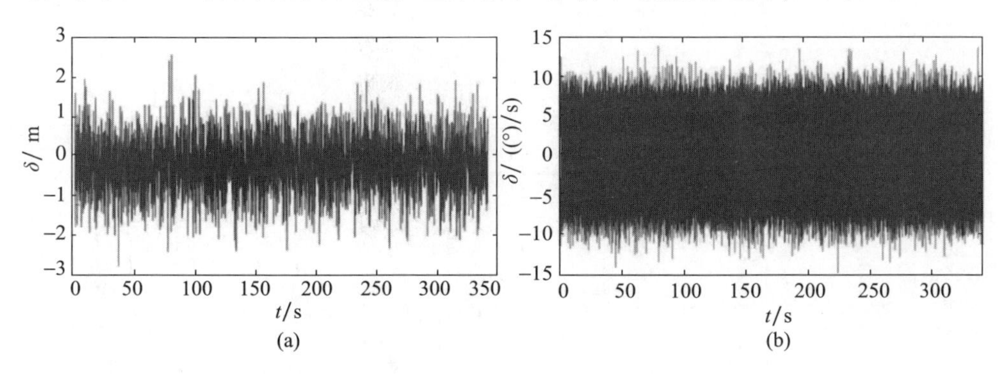

图 9.18 位置和偏航角速度传感器的噪声

注意,对于位置测量,传感器的精度约为±1m,对于偏航角速度 $\dot{\psi}$ 的测量,传感器的精度约为±10(°)/s,使得这些传感器提供的数据具有很强的不确定性。

控制策略的性能如图 9.19~图 9.24 所示,在这些图中,与前一个应用场景一样,实线表示系统响应,虚线表示参考轨迹。偏航角及其导数的时间曲线如

图 9.19 所示。x 轴上的运动及其绝对误差如图 9.20 所示，而 y 轴上的运动及其绝对误差如图 9.21 所示。在图 9.22 和图 9.23 中描述了俯仰角和横滚角的时间曲线。控制输入如图 9.24 所示。

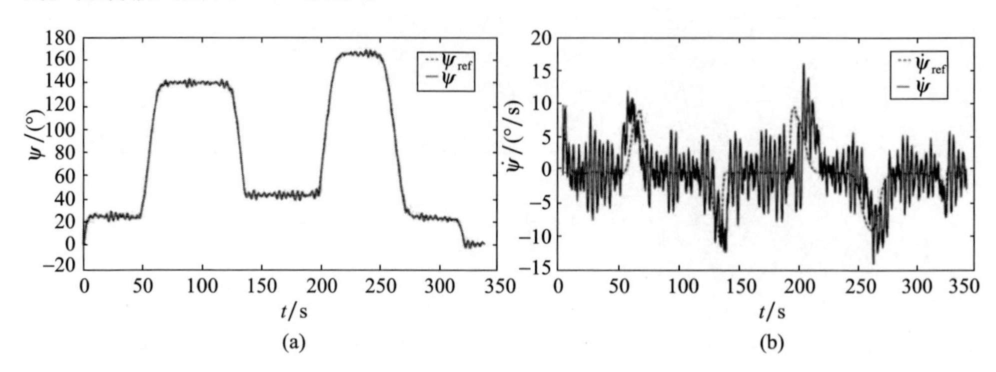

图 9.19 （见彩图）四旋翼无人机的偏航角及偏航角速度曲线

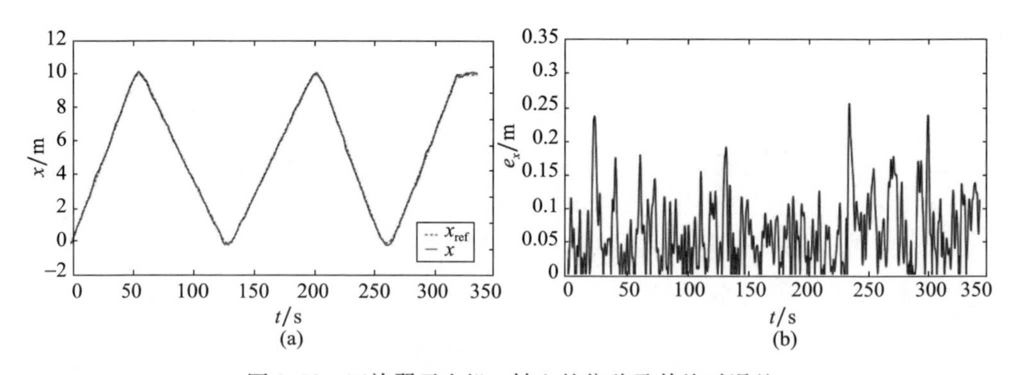

图 9.20 四旋翼无人机 x 轴上的位移及其绝对误差

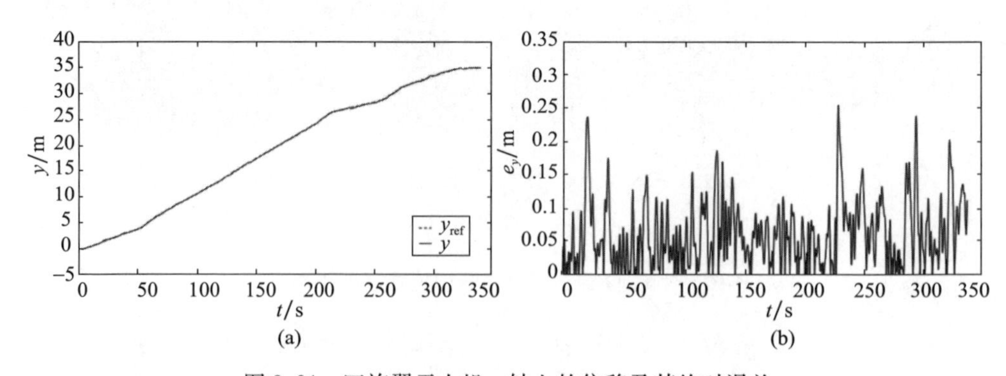

图 9.21 四旋翼无人机 y 轴上的位移及其绝对误差

这些图揭示了系统面对未知不确定性的反应。可以看到，尽管噪声幅值很大，但是四旋翼无人机执行任务时，在 x 轴上的绝对值误差约为 0.12m，在 y 轴上的绝对误差约为 0.1m，而噪声对偏航角速度 $\dot{\psi}$ 的影响较大。与前一种应用场景一样，这种情况是由于分配给偏航角的增益 $K_{\psi 2}$ 比分配给其导数的增益 $K_{\psi 1}$ 权重更大。然而，噪声数据对俯仰角 θ 和横滚角 ϕ 以及控制输入 τ_ϕ 和 τ_θ 的时间曲线的影响较明显。

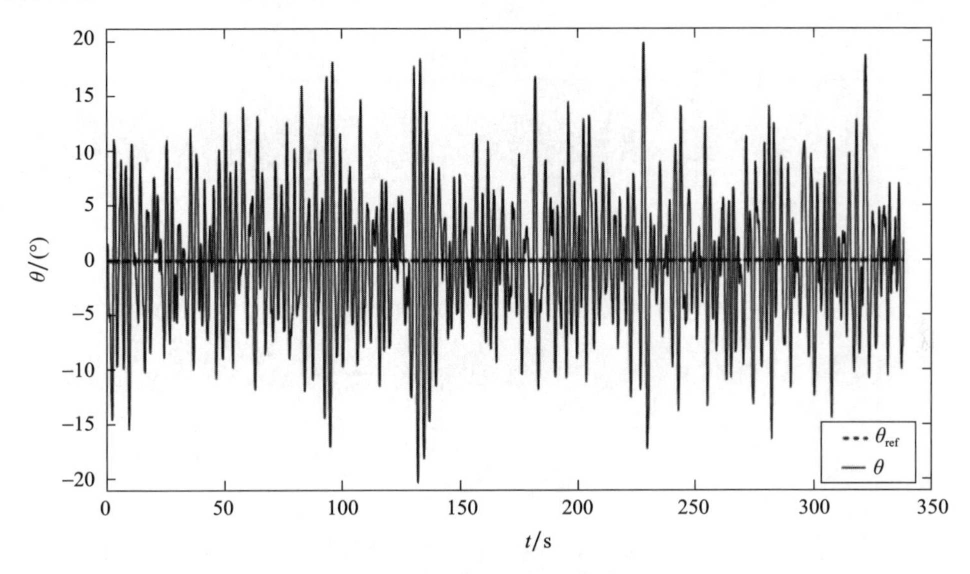

图 9.22　俯仰角 θ 的时间曲线

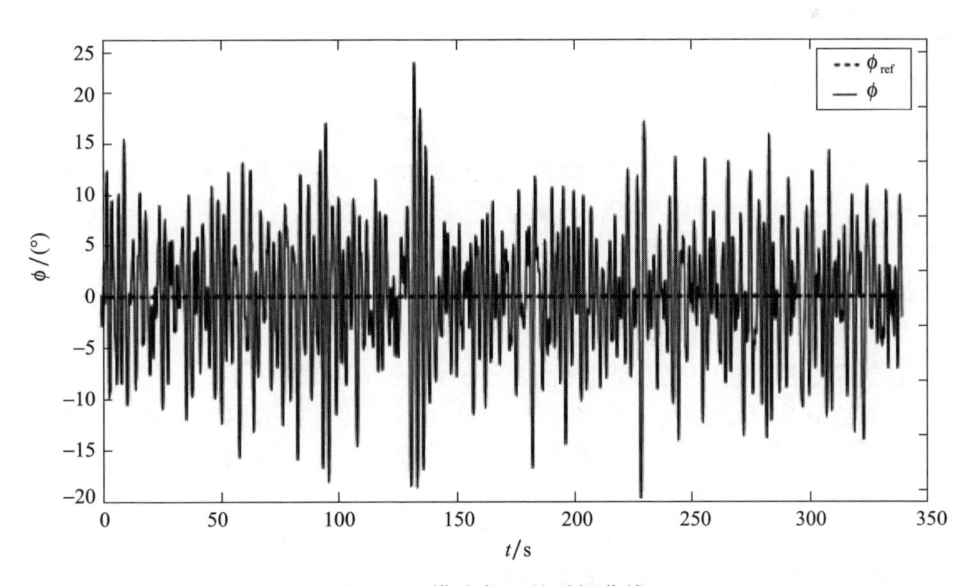

图 9.23　横滚角 ϕ 的时间曲线

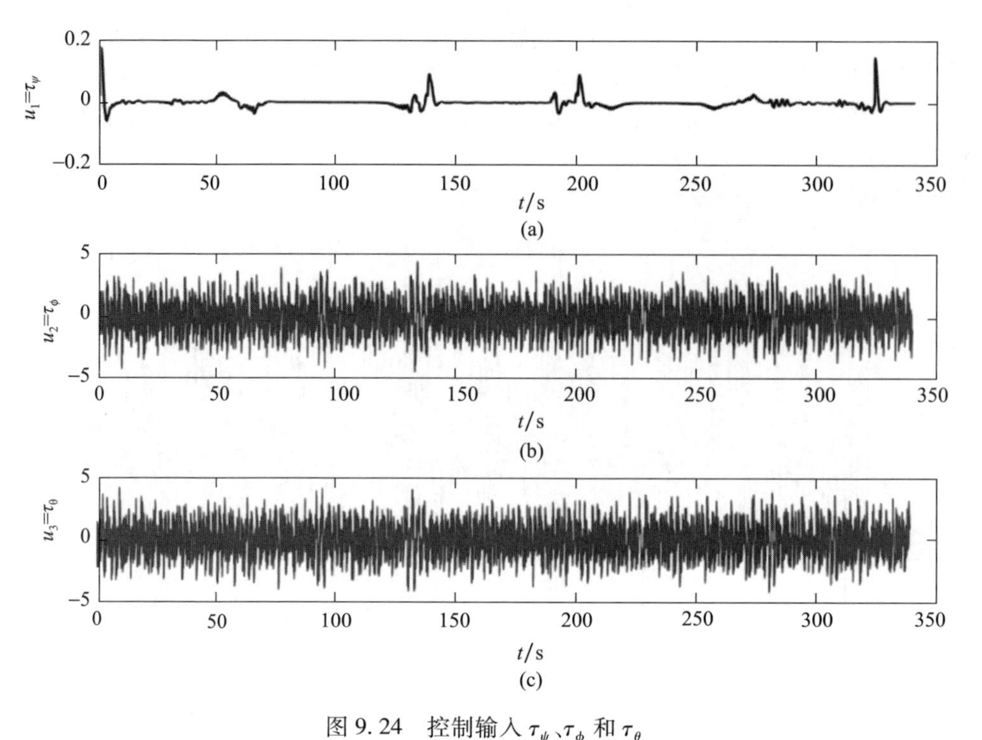

图 9.24 控制输入 τ_ψ、τ_ϕ 和 τ_θ

9.6 小结

本章首先重点研究了自主四旋翼无人机的优化参考轨迹生成、规划和鲁棒跟踪,介绍了点质量模型的一些概念,推导了基于牛顿第二定律的导航制导控制系统模型。

其次,提出了一种基于最优性概念的参考轨迹生成算法,目的是优化跟踪时间。因此,最短飞行时间问题被表述为一个变分法问题,然后将该公式转化为一个非线性约束优化问题,并通过直接配置法进行求解。

此外,还研究了轨迹规划策略,目标是在保持优化目标的同时考虑最大飞行时间。因此,提出基于运筹学方法的策略,更具体地说是一个有能力约束的无人机路径问题。

最后,为了验证所提出的算法,使用基于饱和函数的简单非线性控制器进行了一些仿真。仿真结果表明,参考轨迹(使用平移运动学模型计算)适用于所设计的控制器(基于刚体模型)。此外,还证明了所设计的控制器是鲁棒的,即使在有噪声数据的情况下也具有良好的性能。

参考文献

[1] A. Barrientos, P. Gutierrez, J. Colorado, Advanced UAV trajectory generation: planning and guidance, in: T. M. Lam (Ed.), Aerial Vehicles, In Tech, 2009.

[2] D. G. Hull, Fundamentals of Airplane Flight Mechanics, Springer, Berlin, 2007.

[3] B. L. Stevens, F. L. Lewis, Aircraft Control and Simulation, Wiley, Canada, 2003.

[4] F. Imado, Y. Heike, T. Kinoshita, Research on a new aircraft point-mass model, Journal of Aircraft 48(2011)1121-1130.

[5] E. Kahale, P. Castillo Garcia, Y. Bestaoui, Autonomous path tracking of a kinematic airship in presence of unknown gust, Journal of Intelligent & Robotic Systems 69(2013)431-446.

[6] Y. Bestaoui, E. Kahale, Time optimal trajectories ofa lighter than air robot with second order constraints and a piecewise constant velocity wind, Journal of Aerospace Computing, Information, and Communication 10(2013)155-171.

[7] S. Subchan, R. Zbikowski, Computational Optimal Control Tools and Practice, John Wiley & Sons Inc., 2009.

[8] C. Büskens, H. Maurer, SQP-methods for solving optimal control problems with control and state constraints: adjoint variables, sensitivity analysis and real-time control, Journal of Computational and Applied Mathematics 120(2000)85-108.

[9] J. Guerrero, Y. Bestaoui, UAV path planning for structure inspection in windy environments, Journal of Intelligent & Robotic Systems 69(2013)297-311.

[10] G. Clark, J. Wright, Scheduling of vehicles from a central depot to a number ofdelivery points, Operations Research 12(1964)568-581.

[11] R. Larson, A. Odoni, Urban Operations Research, Prentice Hall, Englewood Cliffs, NJ, USA, 1981.

[12] T. Gaskell, Bases for vehicle fleet scheduling, Journal of the Operational Research Society 18 (1967)281-295.

[13] 13. H. Paessens, The savings algorithm for the vehicle routing problem, European Journal of Operational Research 34(1988)336-344.

第10章 避　障

无人机在执行一些飞行任务时,要能够自动地避开障碍物,以确保飞行的安全。相对而言,无人机避障是一个比较新的课题,只有少数研究人员对此开展了探索实践。该课题的挑战性在于,无人机如何进行自身检测以及如何获知障碍物的位置和大小。考虑到无人机可通过定位系统获知其自身位置信息,且已有团队已经解决前一问题(当然,这并不意味着该问题简单且容易解决)。对于第二个问题,常见的是基于轨迹生成的方法来避开障碍物,它又可以归结成为一个路径跟踪问题。

人工势场法是解决避障问题的一种常用方法。在该方法中,障碍物被视为是一个不希望出现的点,该点周围会产生一个斥力场以排斥接近它的物体。这是一个非常直观的解决方案,但它存在最小点问题,即由障碍物产生的斥力恰恰等于控制器收敛到预期值的引力时,此时会使无人机产生振荡现象,或者出现暂停或悬停在某一位置不动。

本章将基于该思想设计一种非线性控制器来进行避障。该控制器是基于反步技术,其中的一些功能来自当无人机在接近障碍物时会重新生成轨迹的 APF 技术。

10.1　人工势场法

文献[1]中通过引入势场,利用势场梯度计算出四旋翼无人机在接近障碍物时的虚拟力,这些力包含在无人机位置控制的输入中。假设人工势场存在吸引场和斥力场,势场法(potential field method,PFM)是基于一个简单的概念:当无人机在充满力场的环境中移动时,期望位置对无人机来说是吸引极,而障碍物则被斥力场所包围,该斥力场会将无人机推离障碍物。将这些势场相加,就可以得到完整的人工势场。

为简单起见,假设避障场景发生在 x-y 二维平面内。设 $\boldsymbol{q}=[x\quad y]^{\mathrm{T}}$ 为四旋翼无人机质心在工作空间中的位置,期望点 $\boldsymbol{q}_{\mathrm{d}}=[x_{\mathrm{d}}\quad y_{\mathrm{d}}]^{\mathrm{T}}$,并假设第 n 个障碍物的位置 $\boldsymbol{q}_{n_{\mathrm{obs}}}=[x_{n_{\mathrm{obs}}}\quad y_{n_{\mathrm{obs}}}]^{\mathrm{T}}$,人工势场定义为

$$U_{\text{tot}}=U_{\text{att}}+U_{\text{rep}} \tag{10.1}$$

式中：U_{att} 和 U_{rep} 分别表示引力势场和斥力势场。

吸引场的最常见定义形式如下：

$$U_{\text{tot}}(\boldsymbol{q})=\frac{1}{2}k\rho^{j}(\boldsymbol{q},\boldsymbol{q}_{\text{d}}),\quad \forall k,j\in\mathbb{R}^{+} \tag{10.2}$$

式中：k 为标量常数，四旋翼无人机位置 $\boldsymbol{q}$ 与期望位置 $\boldsymbol{q}_{\text{d}}$ 之间的距离 $\rho=\|\boldsymbol{q}_{\text{d}}-\boldsymbol{q}\|$，$j\in\mathbb{R}^{+}$。

注意，如果 $j=1$，则人工势场为圆锥体，在梯度方向上，吸引力的合力无限增加，见图 10.1 和图 10.2。

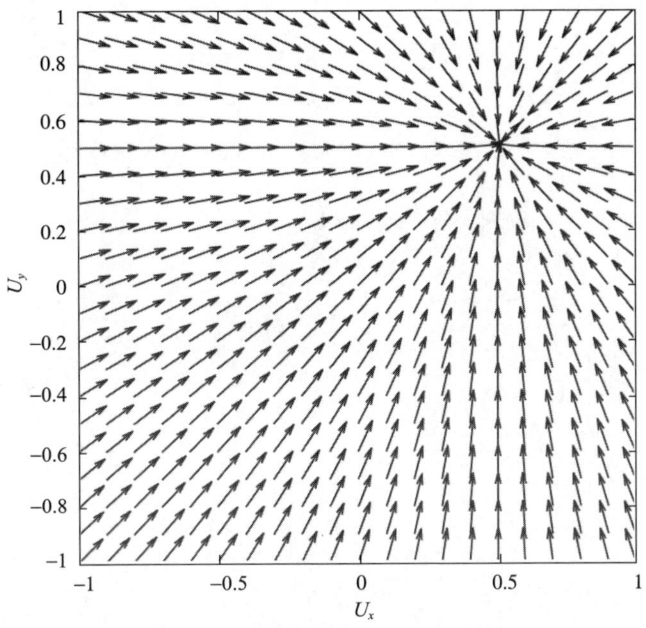

图 10.1　$j=1$ 时吸引力势场的方向

吸引力由引力势场的负梯度确定：

$$\boldsymbol{F}_{\text{att}}=-\nabla U_{\text{att}}(\boldsymbol{q})=-\frac{1}{2}k\left[\frac{\partial\rho(\boldsymbol{q},\boldsymbol{q}_{\text{d}})}{\partial x}\quad\frac{\partial\rho(\boldsymbol{q},\boldsymbol{q}_{\text{d}})}{\partial y}\right]=-\frac{1}{2}k\frac{(\boldsymbol{q}-\boldsymbol{q}_{\text{d}})}{\|\boldsymbol{q}-\boldsymbol{q}_{\text{d}}\|} \tag{10.3}$$

观察式(10.3)可知，除了在 $\boldsymbol{q}_{\text{d}}$ 位置外(U_{att} 奇异)，所有的力均恒定。

当 $j=2$ 时，势场为二次场，其形状为抛物线，见文献[2]、图 10.3 和图 10.4。如果无人机达到期望位置，则其吸引力线性收敛，也即当无人机在接近目标位置时，它将缓慢移动。这一点非常重要，因为它减少了到达 $\boldsymbol{q}_{\text{d}}$ 位置时的超调量，由于其良好的稳定性，目前已成为避障任务最流行的方法之一[3]，其产生的吸引力可表示为

$$\boldsymbol{F}_{\text{att}}=-\nabla U_{\text{att}}(\boldsymbol{q})=-\frac{1}{2}k(\boldsymbol{q}-\boldsymbol{q}_{\text{d}}) \tag{10.4}$$

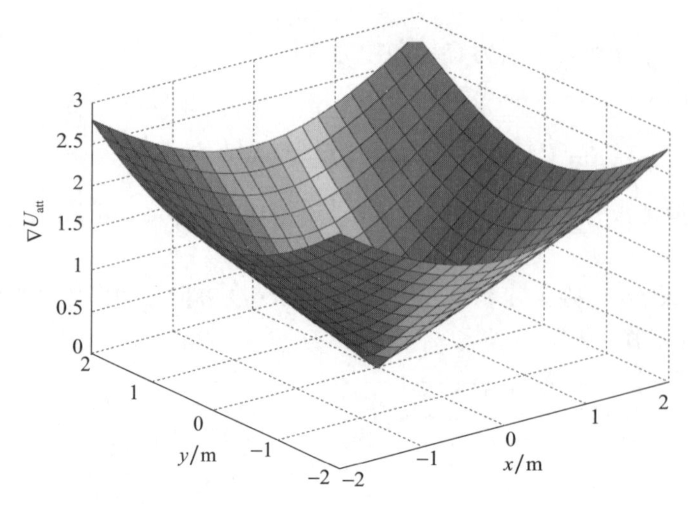

图 10.2　$j=1$ 时吸引力势场的大小

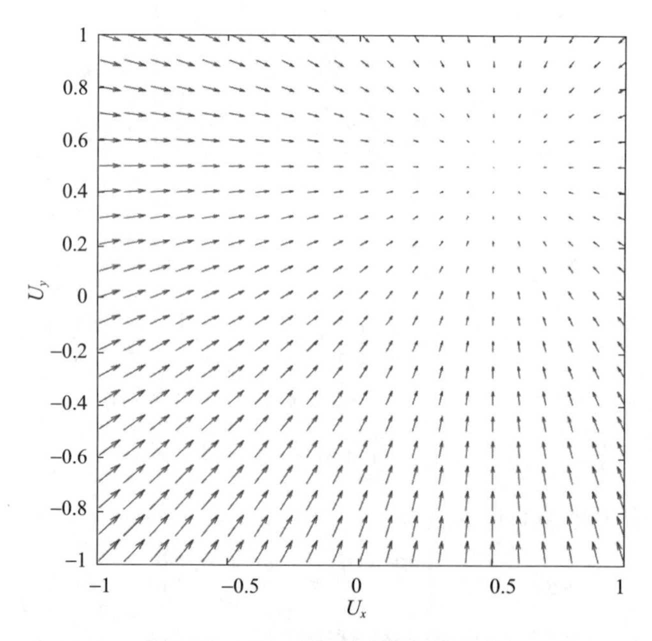

图 10.3　$j=2$ 时吸引力势场的方向

总势场 U_{tot} 必须是一个正的、连续的、可微的函数，并且它在 $\boldsymbol{q}=\boldsymbol{q}_d$ 时必须包含一个最小值。对于斥力，势场应是一个非负的、连续的、可微的函数。当无人机接近障碍物时，势场的值增加；当无人机远离障碍物时，势场的值则会减小。对于吸引势场，排斥势场可以有许多选择。假设

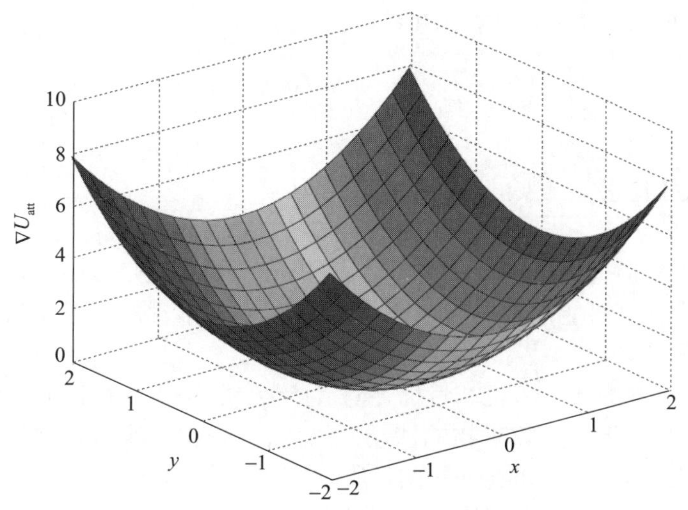

图 10.4 $j=2$ 时吸引力势场的方向

$$U_{\text{rep}}=\begin{cases}\dfrac{1}{2}\beta\left(\dfrac{1}{\rho(\boldsymbol{q},\boldsymbol{q}_{\text{obs}})}-\dfrac{1}{\rho_{\text{o}}}\right)^2, & \rho(\boldsymbol{q},\boldsymbol{q}_{\text{obs}})\leqslant\rho_{\text{o}}\\ 0, & \rho(\boldsymbol{q},\boldsymbol{q}_{\text{obs}})>\rho_{\text{o}}\end{cases}\quad\forall\beta,\rho_{\text{o}}\in\mathbb{R}^+\tag{10.5}$$

式中:β 为比例因子;$\rho(\boldsymbol{q},\boldsymbol{q}_{\text{obs}})$ 为障碍物和四旋翼之间的距离;ρ_{o} 为常数,该常数与斥力场起作用的有效距离有关,如图 10.5 所示。

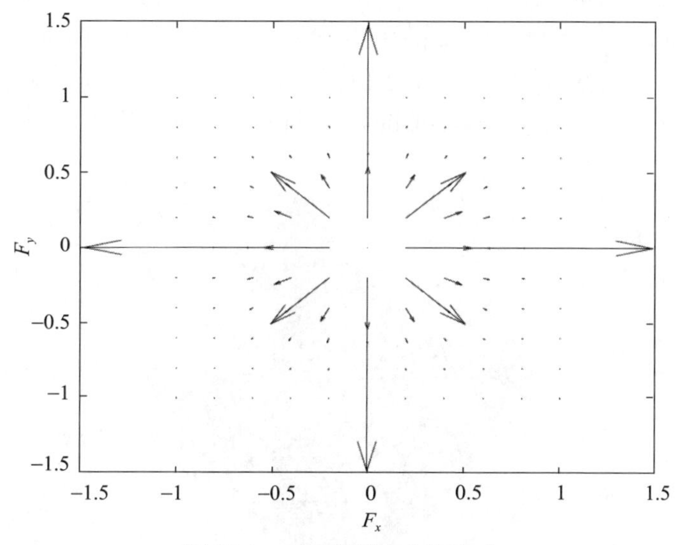

图 10.5 斥力场的方向和大小

斥力场的另一种表达式可以参见文献[2]。当期望位置靠近或位于排斥范围区时采用此表达式。此表达式函数称为“障碍物附近目标无法到达”(goal nonreach able with obstacles nearby, GNRON),并表示为

$$U_{\text{rep}}=\begin{cases}\dfrac{1}{2}\left(\dfrac{1}{\rho(\boldsymbol{q},\boldsymbol{q}_{\text{obs}})}-\dfrac{1}{\rho_{\text{o}}}\right)^2\rho^{\beta}(\boldsymbol{q},\boldsymbol{q}_{\text{d}}), & \rho(\boldsymbol{q},\boldsymbol{q}_{\text{obs}})\leqslant\rho_{\text{o}}\\ 0, & \rho(\boldsymbol{q},\boldsymbol{q}_{\text{d}})>\rho_{\text{o}}\end{cases} \tag{10.6}$$

因此,直接作用于无人机的合力可表示为

$$\boldsymbol{F}_{\text{tot}}=-\nabla U_{\text{tot}}=-\nabla U_{\text{att}}-\nabla U_{\text{rep}} \tag{10.7}$$

该方法在实际应用中存在一些不足,其中一个缺点就是可能会进入局部极小值。这种情况尤其可能发生在充满障碍物的环境中,出现局部极小值通常有以下四种常见情况[4]。

(1)当障碍物位于无人机和目标之间,且无人机、障碍物和目标共线。

(2)当期望位置位于障碍物的活动区域内,障碍物的斥力将驱使无人机远离目标。在文献[2]提出了对此问题的解决方法。

(3)当无人机遇到非凸障碍物(U 形)时。

(4)当无人机通过两个障碍物之间的狭窄通道时,可能会导致振荡。

当前已有几种基于 APF 的方法来处理局部极小值问题。文献[4]开发了一种基于虚拟力场(virtual force field, VFF)的方法,也称为增强型虚拟力场。该方法使用改进的绕行力函数克服极小值问题。然而,这些技术的主要缺点是只能针对每个具体的问题,它在避免出现局部极小值的时候会有许多参变量需要进行调整[5]。

作为结合吸引和排斥势场的一个典型案例,假设期望位置 $[x_{\text{d}}\quad y_{\text{d}}]^{\text{T}}=[10\quad 10]^{\text{T}}$,障碍物位于 $[x_{\text{obs}}\quad y_{\text{obs}}]^{\text{T}}=[5\quad 5]^{\text{T}}$。图 10.6~图 10.8 分别显示了吸引场、斥力场以及场和,这足以从场中任何初始位置生成无人机的轨迹。

由图 10.9 可以看出局部极小值的影响,即可能造成四旋翼悬停。

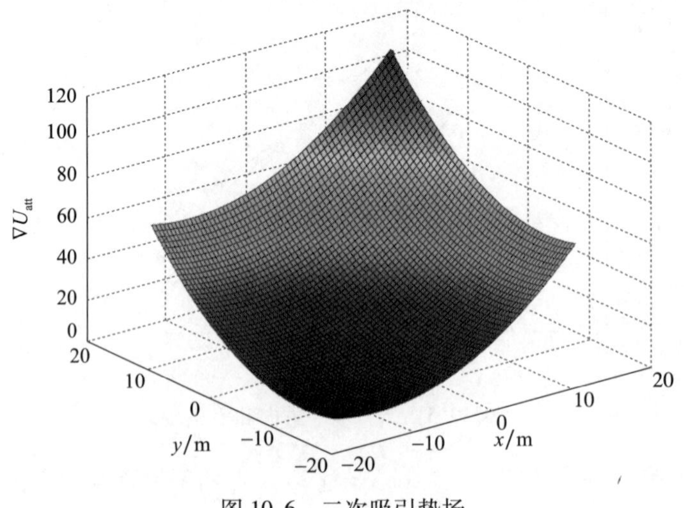

图 10.6　二次吸引势场

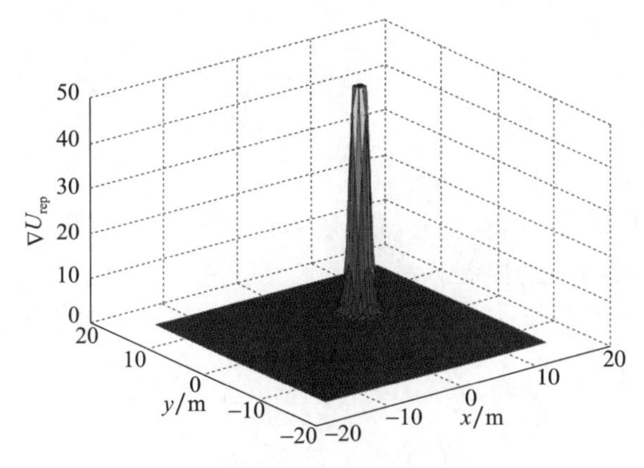

图 10.7　斥力场

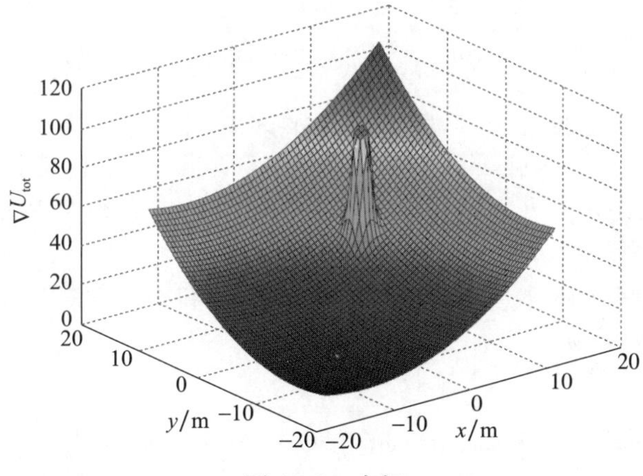

图 10.8　合场

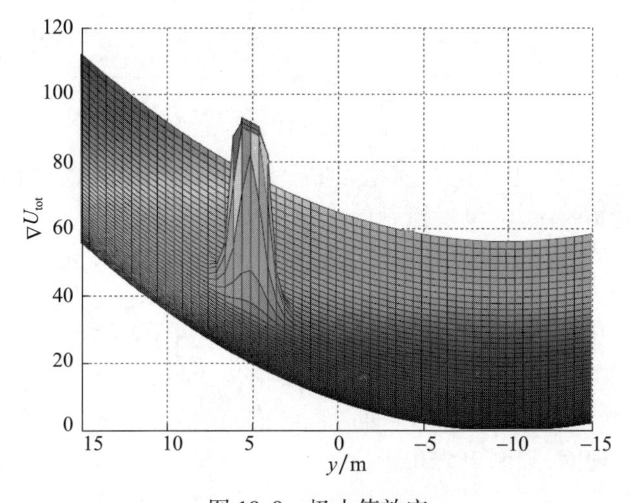

图 10.9　极小值效应

10.2 避障算法

上述方法适用于无人机自主导航轨迹中存在障碍物的情况。出于仿真和实验目的,考虑基于反步技术的控制算法。

根据式(2.17)和式(2.18),四旋翼无人机的非线性动力学方程可以写为

$$\begin{cases} \ddot{x}=-(\sin\theta)\dfrac{1}{m}u_z,\ddot{\theta}=\dot{\phi}\dot{\psi}\left(\dfrac{I_z-I_x}{I_y}\right)-\dfrac{I_r}{I_y}\dot{\phi}\Omega+\dfrac{l}{I_y}u_\theta \\ \ddot{y}=(\cos\theta\sin\phi)\dfrac{1}{m}u_z,\ddot{\theta}=\dot{\theta}\dot{\psi}\left(\dfrac{I_y-I_z}{I_x}\right)-\dfrac{I_r}{I_x}\dot{\theta}\Omega+\dfrac{l}{I_x}u_\phi \\ \ddot{z}=(\cos\theta\cos\phi)\dfrac{1}{m}u_z-g,\ddot{\psi}=\dot{\theta}\dot{\phi}\left(\dfrac{I_x-I_y}{I_z}\right)+\dfrac{l}{I_z}u_\psi \end{cases}$$

无人机在欧几里得空间中的位置表示为 $\xi=[x\quad y\quad z]^{\mathrm{T}}$,欧拉角的姿态表示为$\boldsymbol{\eta}=[\phi\quad\theta\quad\psi]^{\mathrm{T}}$,四旋翼固有的参数包括质量 m,执行机构与质心之间的长度 l。I_x、I_y、I_z 表示惯性张量,ω 表示转速率,I_r 表示电动机的惯性,u_i 表示控制输入。

为了便于控制,四旋翼无人机动力学在状态空间中可重新写为

$$[\dot{x}_1\ \dot{x}_2\ \dot{y}_1\ \dot{y}_2\ \dot{z}_1\ \dot{z}_2]^{\mathrm{T}}=\left[x_2\frac{U_x u_z}{m}\ y_2\frac{U_x u_z}{m}\ z_2\frac{\cos\theta_1\ \cos\varphi_1 u_z}{m}-g\right]^{\mathrm{T}} \tag{10.8}$$

$$[\dot{\phi}_1\ \dot{\phi}_2\ \dot{\theta}_1\ \dot{\theta}_2\ \dot{\psi}_1\ \dot{\psi}_2]^{\mathrm{T}}=[\varphi_2 f_\varphi+g_\varphi u_\varphi\ \theta_2 f_\theta+g_\theta u_\theta\ \psi_2 f_\psi+g_\psi u_\psi]^{\mathrm{T}} \tag{10.9}$$

其中:

$$f_\varphi=\theta_2\psi_2\left(\frac{I_y-I_z}{I_x}\right)-\frac{I_r}{I_x}\theta_2\Omega;f_\theta=\phi_2\psi_2\left(\frac{I_z-I_x}{I_y}\right)-\frac{I_r}{I_y}\phi_2\Omega;f_\psi=\theta_2\phi_2\left(\frac{I_x-I_y}{I_z}\right);$$

$$g_\phi=\frac{l}{I_x},g_\theta=\frac{l}{I_y},g_\psi=\frac{l}{I_z};$$

$f_i(\cdot)$,$g_i(\cdot)$是与科里奥利力和电动机产生的力矩相关的非线性函数,$U_x=-\sin\theta_1$ 和 $U_y=\cos\theta_1\sin\phi_1$ 为位置控制的虚拟输入。

无人机控制的目标是能使其按照期望的几何路径飞行,该路径可离散化表示为 $\xi_d=[x_d\quad y_d\quad z_d]^{\mathrm{T}}$。

注意,由式(10.8)和式(10.9)可以很容易地看出:姿态运动可以视为独立于位置运动;然而,位置运动与姿态有关。为简化数学仿真工作,假设 $\psi_d=0$,则四旋翼无人机的控制问题可分成两个层面进行考虑:包括姿态控制的较低层面和包括位置控制的较高层面,如图 10.10 所示。

为设计控制器,将四旋翼无人机的运动系统分成许多子系统,这些子系统由两

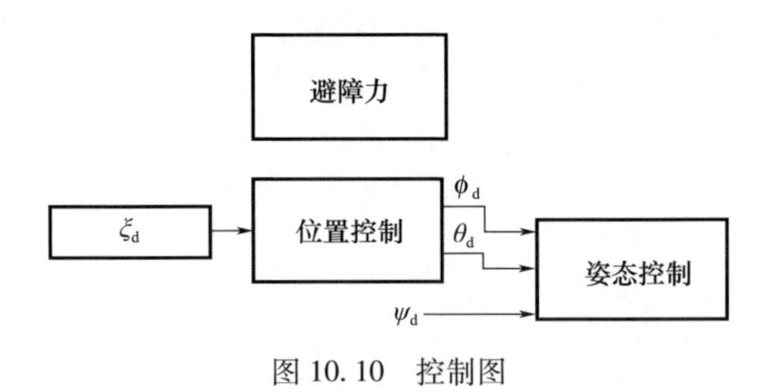

图 10.10　控制图

个级联积分器组成。每个子系统都使用反步控制技术进行稳定，以确保它们能收敛到期望值。APF 对于姿态运动有直接影响；然而，当无人机做位置移动时，这种影响是间接的。四旋翼无人机飞行姿态的稳定控制律如下：

$$\begin{cases} u_\phi = \dfrac{I_x}{l}\left[-\alpha_1(\bar{e}_2+\alpha_1\bar{e}_1)-\theta_2\psi_2\left(\dfrac{I_y-I_z}{I_x}\right)+\dfrac{I_r}{I_x}\theta_2\Omega+\bar{e}_1-\alpha_2\bar{e}_2\right] \\ u_\theta = \dfrac{I_y}{l}\left[-\alpha_3(\bar{e}_4+\alpha_3\bar{e}_3)-\phi_2\psi_2\left(\dfrac{I_z-I_x}{I_y}\right)+\dfrac{I_r}{I_y}\phi_2\Omega+\bar{e}_3-\alpha_4\bar{e}_4\right] \\ u_\psi = \dfrac{I_z}{l}\left[-\alpha_5(\bar{e}_6+\alpha_5\bar{e}_5)-\theta_2\phi_2\left(\dfrac{I_x-I_y}{I_z}\right)+\bar{e}_5-\alpha_6\bar{e}_6\right] \end{cases} \tag{10.10}$$

式中：e_i 为跟踪误差；α_i 为正常数。该算法的稳定性分析见文献[6]。

假定飞行轨迹的高度恒定，对此控制律如下：

$$u_z = \frac{m}{\cos\theta_1\cos\varphi_1}[g-\alpha_7(\bar{e}_8+\alpha_7\bar{e}_7)+\bar{e}_7-\alpha_8\bar{e}_8] \tag{10.11}$$

一旦四旋翼的姿态达到稳定，其位置将由虚拟的输入 U_x 和 U_y 进行控制，该控制表示为

$$\begin{cases} U_x = \dfrac{m}{u_z}[-\alpha_9(\bar{e}_{10}+\alpha_9\bar{e}_9)+\bar{e}_9-\alpha_{10}\bar{e}_{10}] \\ U_y = \dfrac{m}{u_z}[-\alpha_{11}(\bar{e}_{12}+\alpha_{11}\bar{e}_{11})+\bar{e}_{11}-\alpha_{12}\bar{e}_{12}] \end{cases} \tag{10.12}$$

式中：e_i 为误差，当$i\in\{1,3,5,7,9,11\}$，分别表示 ϕ、θ、ψ、z、x 和 y 的位置误差；当 $i\in\{2,4,6,8,10,12\}$，分别表示 $\dot{\phi}$、$\dot{\theta}$、$\dot{\psi}$、$\dot{z}$、$\dot{x}$、$\dot{y}$ 的角速度或平移速度误差。

上述控制器可以用于稳定四旋翼无人机的飞行，并允许进行路径跟踪。然而，如果在飞行轨迹上存在障碍物，即使无人机知道该障碍物的位置，也会发生碰撞。因此为了实现避障，需要将 APF 技术引入到控制器中。注意，在这里只考虑 $x-y$ 平面中的避障问题。

由式(10.3)可以看出，力是一种标准化跟踪误差的比例控制。类似地，在式(10.4)中，它同样也具有比例跟踪误差的形式。因此，作为一种线性控制算法，

APF 虽然包含吸引势和排斥势,但它无法实现路径跟踪,并且对未知的不确定性环境不具有鲁棒性。当前所提出的反步控制技术也可以看作是一种跟踪控制,虽然它本身包含有吸引力,然而不包含避免障碍物的排斥力。

为了改进这种控制,可以在反步控制器的 x 轴和 y 轴上分别引入斥力,即

$$\begin{cases} U_x = \dfrac{m}{u_z}[-\alpha_9(\bar{e}_{10}+\alpha_9\bar{e}_9)+\bar{e}_9-\alpha_{10}\bar{e}_{10}]+F_{\mathrm{rep}_x} \\ U_y = \dfrac{m}{u_z}[-\alpha_{11}(\bar{e}_{12}+\alpha_{11}\bar{e}_{11})+\bar{e}_{11}-\alpha_{12}\bar{e}_{12}]+F_{\mathrm{rep}_y} \end{cases} \tag{10.13}$$

式中:F_{rep_x} 和 F_{rep_y} 分别为 x 轴和 y 轴上的力分量。

注意,斥力场是沿径向的,这意味着力从中心开始向外移动,但移动轨迹为直线。

该方法中可能存在局部极小值是一个需要处理的棘手问题。当控制输入等于零时,就可能出现局部极小值的情况,即

$$\begin{cases} F_{\mathrm{rep}_x} = \dfrac{m}{u_z}[-\alpha_9(\bar{e}_{10}+\alpha_9\bar{e}_9)+\bar{e}_9-\alpha_{10}\bar{e}_{10}] \\ F_{\mathrm{rep}_y} = \dfrac{m}{u_z}[-\alpha_{11}(\bar{e}_{12}+\alpha_{11}\bar{e}_{11})+\bar{e}_{11}-\alpha_{12}\bar{e}_{12}] \end{cases} \tag{10.14}$$

局部极小值现象发生在四旋翼无人机的飞行轨迹通过障碍物中心时,如图 10.11 所示,在这里考虑在 $x-y$ 平面,通过步进滤波来平滑轨迹点 z_{d} 以避免发生轨迹突变,期望位置点为 $[x_{\mathrm{d}} \quad y_{\mathrm{d}}]^{\mathrm{T}}=[t \quad t]^{\mathrm{T}}, t \in (1,10)$。障碍物的位置为 $[x_{\mathrm{obs}}\ y_{\mathrm{obs}}]^{\mathrm{T}}=[5 \quad 5]^{\mathrm{T}}, \beta=10, \rho_{\mathrm{o}}=2$。

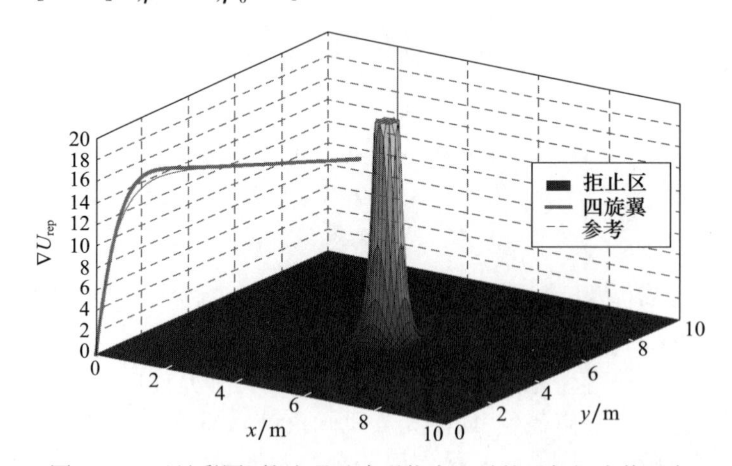

图 10.11 (见彩图)轨迹通过障碍物中心时的局部极小值现象

图 10.12 为采用提出的控制器进行飞行控制时,x 和 y 方向上的控制信号响应。尽管 $\rho_{\mathrm{o}}=2$,但仍可以看到排斥力的行为。注意,如果排斥力不够大,则控制器

可以忽略斥力,但在 $t=3.58s$ 时,排斥力开始增加,并随之进行反步控制;U_x 是两个信号的和,其值为零。同样的现象也发生在 U_y 上,这些原因使得四旋翼无人机一直处于悬停状态。为了避免出现局部极小值问题,反步控制器应该大于斥力;然而,根据斥力场的定义,在这种配置中是不可行的。

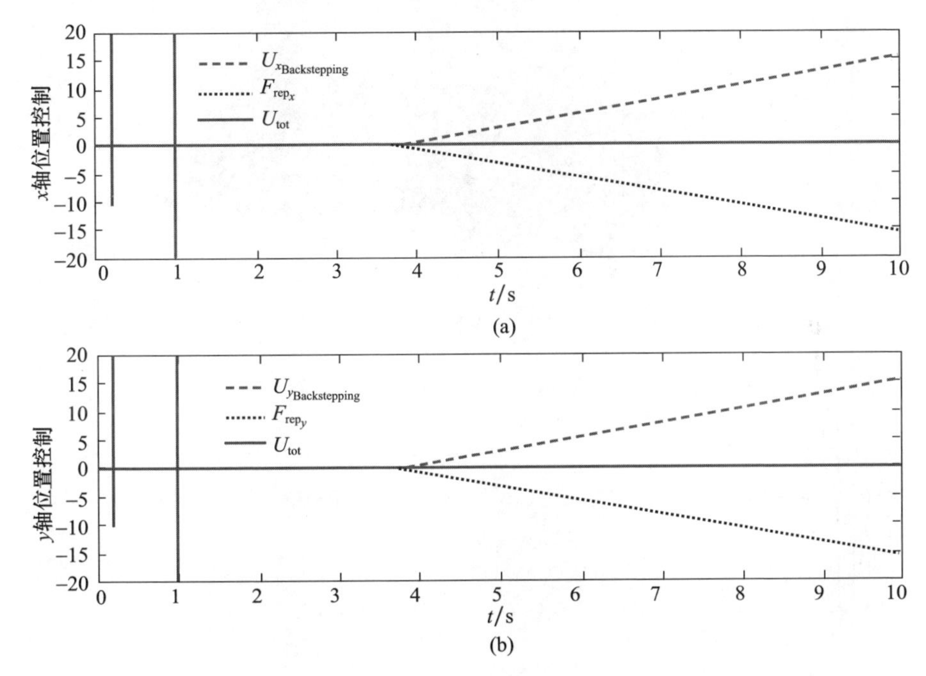

图 10.12　局部极小陷阱中 x 和 y 方向避障的后退控制和斥力

对四旋翼无人机沿着接近障碍物飞行的轨迹进行了仿真。所有的参数设置与先前相同,但此处障碍物位置设为 $[x_{obs}\quad y_{obs}]^T=[5\quad 5.1]^T$。

由图 10.13 可以看出四旋翼无人机的性能。注意,此时由于轨迹不再经过障碍物中心,反步控制器与斥力之和不再为 0,如图 10.14 所示。

一种处理局部极小值问题的方法是在四旋翼无人机保持悬停的状态下构建一个虚拟对象。当四旋翼无人机落入由极小值陷阱时,也会生成一个虚拟的对象,如图 10.15 所示。该虚拟对象虽然不能始终保证使四旋翼无人机避开局部最小值,却有助于将无人机从最小值位置处移开。另外,在实时运行中它表现出了良好的性能且能够避开障碍。

10.1 节介绍的思想已经在四旋翼无人机飞行中得到了实现,这为避障中的位置控制提供了进一步的结果。图 10.16 以三维图的形式展示了极小值问题带来的陷阱。注意,实验结果与仿真结果进行比较时发现,在飞行实验中四旋翼无人机并没有保持悬停,而是在 x-y 平面上做振荡运动。

当达到局部极小值时,四旋翼无人机以振荡的方式飞行而不是悬停。出现这

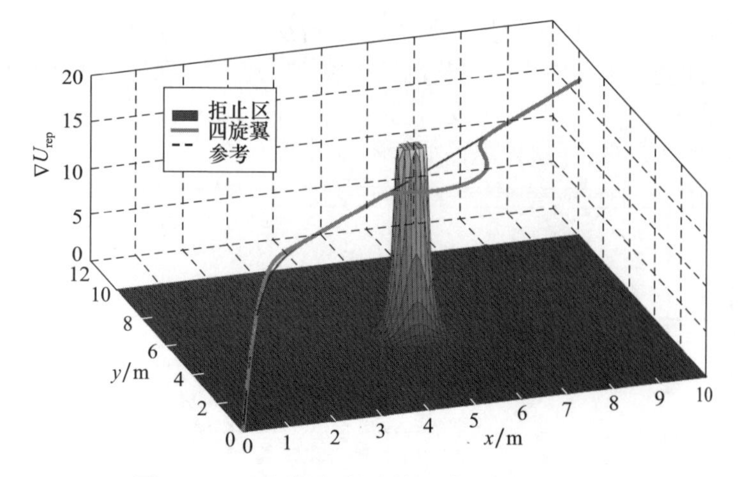

图 10.13 （见彩图）轨迹接近障碍物时的避障

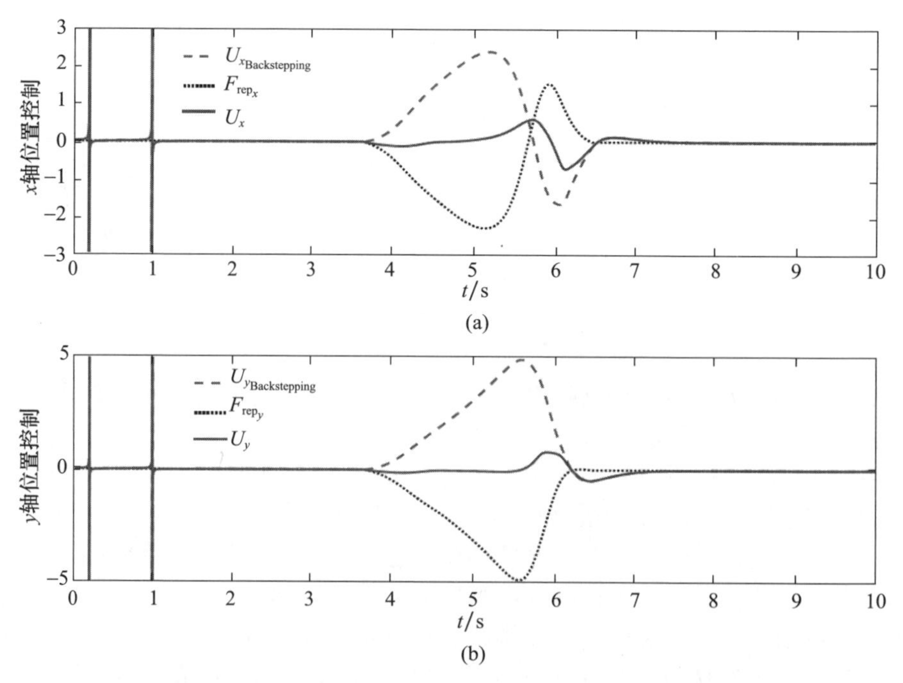

图 10.14 障碍物不在轨迹上时的控制、排斥和总控制

种情况的原因是式(10.14)已不再成立，此外，由于控制算法不够精确而无法进行轨迹跟踪，同时由于斥力不够大，无法将无人机从障碍物中挡开，如图 10.16 所示。

通过添加虚拟障碍物以避免该局部极小问题，并又进行了一次飞行实验。结果如图 10.17 所示。由图可以看出，当使用虚拟障碍物来实施 APF 方法时，可以实现避障功能，且取得了良好的效果。

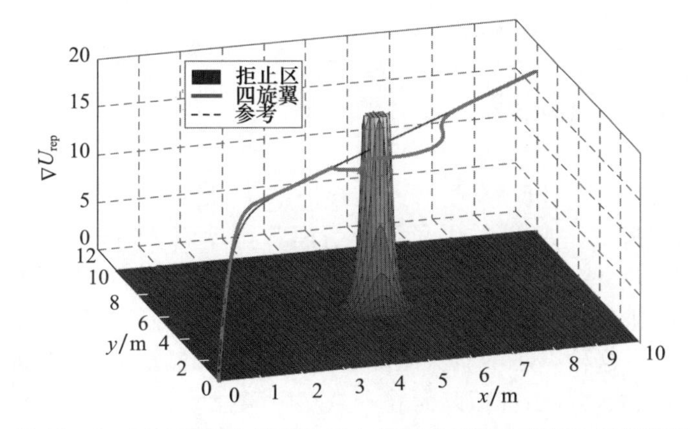

图 10.15 （见彩图）在所需轨迹上使用虚拟物和障碍物进行避障

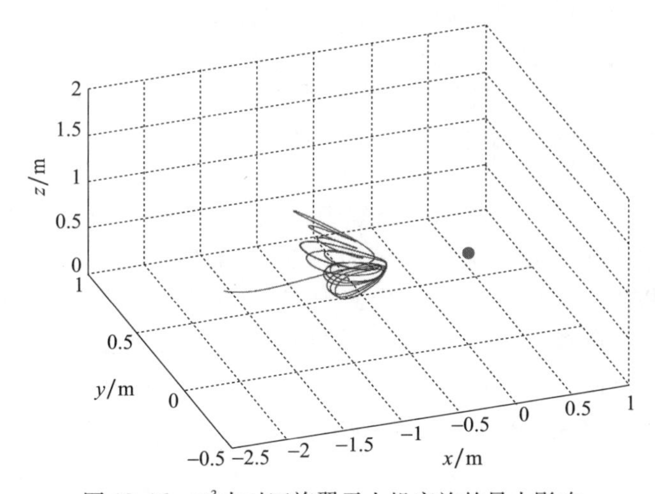

图 10.16 $\mathbb{R}^3$中对四旋翼无人机实施的最小影响

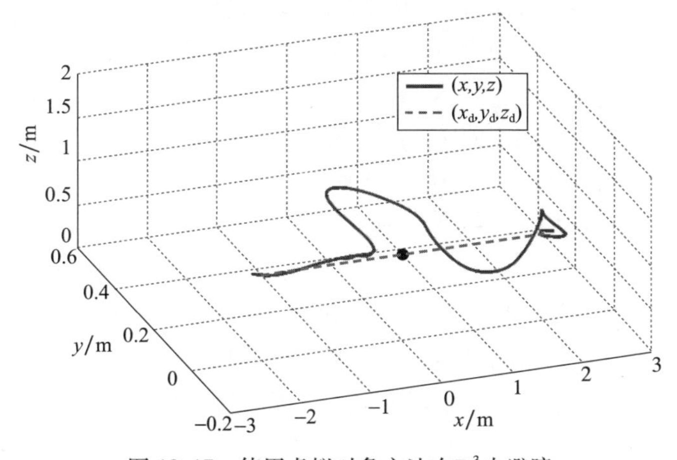

图 10.17 使用虚拟对象方法在$\mathbb{R}^3$中避障

10.3 极限环避障

人工势场法属于一种反应式方法,在该方法中机器人几乎不知道或不需要知道其周围环境模型[7]。APF 方法利用吸引面和排斥面来对机器人进行引导;然而,APF 自身也有一些缺点,即 APF 可能会产生局部极小值问题,并且不会带来任何有用的信息来避免这一问题。当前,针对该问题也提出了一些方法,比如通过引入虚拟对象;然而,这种方法不能保证能避免出现局部极小值,因为即使有虚拟障碍物,无人机也可能落入由虚拟障碍物和真实障碍物斥力产生的局部极小值。

由图 10.1 或图 10.3 可知,由于势场是径向的,因此存在极小值是该方法固有的问题。另一种处理极小值陷阱的方法是通过改变势场,或在物体周围使用切向势场。当使用极限环方法时,该解决方案是可行的。

文献[7]中提出了使用极限环进行运动规划,将其应用于机器人足球赛,实现在避免与其他机器人发生碰撞的情况下将球取回。该方法可用于避障,属于运动规划的一个子问题[5]。

极限环可以出现在二阶非线性系统中,它们是稳定或不稳定的闭合轨迹。稳定极限环表示能够自己维持振荡。有以下三种极限环:

(1)稳定极限环,即随着 $t\rightarrow\infty$,极限环附近的所有轨迹都向其收敛;

(2)不稳定极限环,即随着 $t\rightarrow\infty$,极限环附近的所有轨迹向其发散;

(3)半稳定极限环,即随着 $t\rightarrow\infty$,极限环附近的一些轨迹向其收敛。

为了分析极限环,考虑以下系统形式:

$$\begin{cases}\eta_1=\eta_2+\eta_1(r^2-\eta_1^2-\eta_2^2)\\ \eta_2=-\eta_1+\eta_2(r^2-\eta_1^2-\eta_2^2)\end{cases}\tag{10.15}$$

式中:η_1 和 η_2 表示系统的状态;r 为极限环的收敛圆半径。

设 $V(\eta_1,\eta_2)$为一种李雅普诺夫函数,它的形式及其导数如下:

$$V(\eta_1,\eta_2)=\eta_1^2+\eta_2^2\tag{10.16a}$$

$$\dot{V}(\eta_1,\eta_2)=2\eta_1\dot{\eta}_1+2\eta_2\dot{\eta}_2\tag{10.16b}$$

将式(10.15)代入式(10.16b),可得

$$\begin{aligned}\dot{V}(\eta_1,\eta_2)&=2\eta_1(\eta_2+\eta_1(r^2-\eta_1^2-\eta_2^2))+2\eta_2(-\eta_1+\eta_2(r^2-\eta_1^2-\eta_2^2))\\&=2\eta_1\eta_2+2\eta_1^2(r^2-\eta_1^2-\eta_2^2)-2\eta_2\eta_1+2\eta_2(r^2-\eta_1^2-\eta_2^2)\\&=2(\eta_1^2+\eta_2^2)(r^2-(\eta_1^2+\eta_2^2))\\&=2(V(\eta_1,\eta_2))(r^2-V(\eta_1,\eta_2))\end{aligned}$$

注意,如果 $V(\eta_1,\eta_2)>1$,则 $\dot{V}(\eta_1,\eta_2)$为负。式(10.15)表示顺时针极限环,如图 10.18 所示。

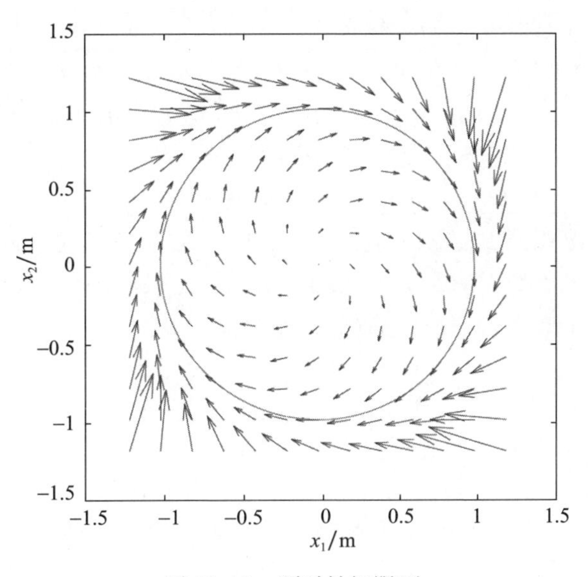

图 10.18　顺时针极限环

注意，式(10.18)中的 $r^2-\eta_1^2-\eta_2^2$ 项是圆方程，r 是圆的半径；作为类比，其与径向 APF 方法中的 ρ_o 参数对应，即表示与斥力场处于激活状态时与障碍物的距离。

对逆时针极限环的分析与此类似，如图 10.19 所示。考虑如下系统：

$$\begin{cases}\dot{\eta}_1=-\eta_2+\eta_1(r^2-\eta_1^2-\eta_2^2)\\ \dot{\eta}_2=\eta_1+\eta_2(r^2-\eta_1^2-\eta_2^2)\end{cases} \tag{10.17}$$

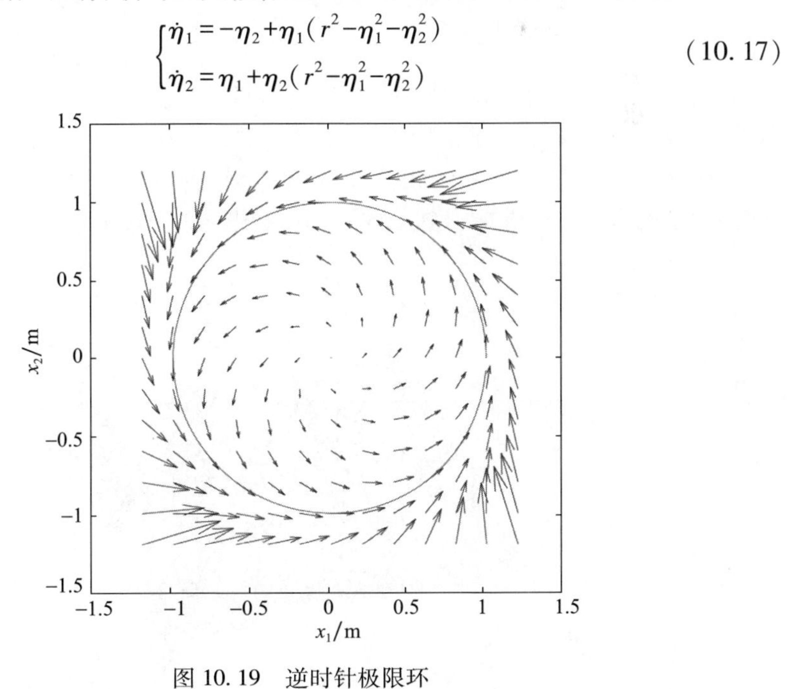

图 10.19　逆时针极限环

采用与式(10.16a)相同的李雅普诺夫函数及其导数式(10.16b),可得

$$\begin{aligned}\dot{V}(\eta_1,\eta_2)&=2\eta_1(-\eta_2+\eta_1(r^2-\eta_1^2-\eta_2^2))+2\eta_2(\eta_1+\eta_2(r^2-\eta_1^2-\eta_2^2))\\&=-2\eta_1\eta_2+2\eta_1^2(r^2-\eta_1^2-\eta_2^2)+2\eta_2\eta_1+2\eta_2(r^2-\eta_1^2-\eta_2^2)\\&=2(\eta_1^2+\eta_2^2)(r^2-(\eta_1^2+\eta_2^2))\\&=2(V(\eta_1,\eta_2))(r^2-V(\eta_1,\eta_2))\end{aligned}$$

与前一种情况相同,如果 $V(\eta_1,\eta_2)>1$,则导数为负。在这两种情况下,该条件都适用于稳定极限环。对于避障问题仅考虑稳定极限环。

考虑在 $x-y$ 平面需要避障的情况,极限环如下:

$$\begin{cases}\dot{x}=y\gamma+x(r^2-x^2-y^2)\\ y=-x\gamma+y(r^2-x^2-y^2)\end{cases}\tag{10.18}$$

式中:x 和 y 是 $x-y$ 平面中四旋翼无人机的控制位置。

注意:如果 $\gamma=1$,则极限环与式(10.15)中的相同,且为顺时针方向;如果 $\gamma=-1$,则为逆时针极限循环(建议将 APF 和极限环方法结合起来使用)。

q_{obs} 表示四旋翼无人机与障碍物之间的距离,$q_{x_{\text{obs}}}$ 和 $q_{y_{\text{obs}}}$ 分别表示各自轴上的分量。输入控制与前面章节相同,但对斥力部分做了一些修改,此处将有一个极限环,且

$$F_{\text{rep}_x}=\begin{cases}q_{y_{\text{obs}}}+q_{x_{\text{obs}}}(r^2-q_{x_{\text{obs}}}^2-q_{y_{\text{obs}}}^2), & \|\boldsymbol{q}-\boldsymbol{q}_{\text{obs}}\|<r\\0, & \|\boldsymbol{q}-\boldsymbol{q}_{\text{obs}}\|>r\end{cases}\tag{10.19}$$

$$F_{\text{rep}_y}=\begin{cases}q_{x_{\text{obs}}}+q_{y_{\text{obs}}}(r^2-q_{x_{\text{obs}}}^2-q_{y_{\text{obs}}}^2), & \|\boldsymbol{q}-\boldsymbol{q}_{\text{obs}}\|<r\\0, & \|\boldsymbol{q}-\boldsymbol{q}_{\text{obs}}\|>r\end{cases}\tag{10.20}$$

应当指出:当斥力场处于激活状态时,力具有极限环形状,包含有障碍物和四旋翼无人机之间的距离。此时控制输入量可由式(10.13)给出。

对所提出的方法也进行了仿真验证,整个系统的性能如图 10.20 所示。可以看出,无人机水平飞行性能得到了改善,并且很好地实现了避障。

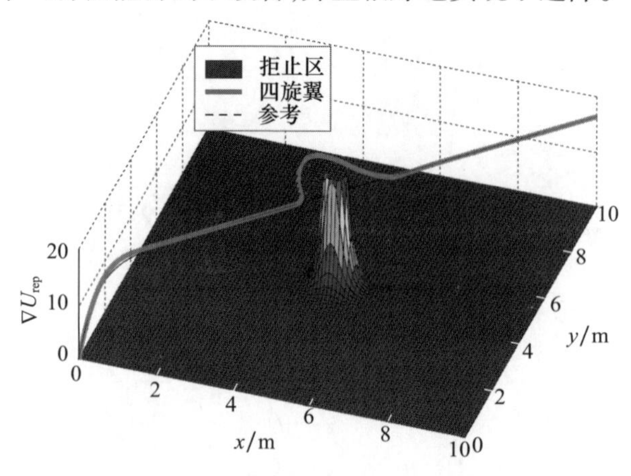

图 10.20 (见彩图)圆形极限环法避障

参数的设置与之前的仿真实验相同，即$[x_d \quad y_d]^T=[t \quad t]^T$，其中$t \in (0,10)$，为避免参数突变，对$z_d$进行了滤波处理。障碍物位于$[x_{obs} \quad y_{obs}]^T=[5 \quad 5]^T$。

10.4 小结

实现无人机的自主导航飞行已经越来越成为一种可能。当前，随着传感器、电子设备或嵌入式系统的发展，直接有助于研究人员开展飞行实验以验证其理论结果的正确性。为实现自主导航，无人机必须能够感知周围环境。对于在非结构化空间中的导航问题，无人机必须能够快速反应以避开其飞行轨迹中存在的障碍物。APF 方法是解决该问题最常用的一种方法，然而，它会产生一个局部最小值问题，从而导致无人机在空中悬停。本章针对可能出现的问题，提出相应的处理方法以及改进措施。这些算法在仿真和实际的飞行实验中都得到了验证，并取得了相当良好的效果。另外，极限环技术已用于避免出现最小点问题，且在仿真实验中也展示出了良好的性能，下一步将基于该方法开展实际的飞行验证工作。

参考文献

[1] O. Khativ, Real-time obstacle avoidance for manipulators and mobile robots, in: IEEE International Conference on Robotics and Automation, Proceedings, vol. 2, St. Louis, Missouri, USA, 1985, pp. 500-505.

[2] S. S. Ge, Y. J. Cui, New potential functions for mobile robot path planning, IEEE Transactions on Robotics and Automation 16(5)(2000)615-620.

[3] J. -C. Latombe, Robot Motion Planning, Springer Science + Business Media, LLC, 1991.

[4] L. Zeng, G. M. Bone, Mobile robot navigation for moving obstacles with unpredictable direction changes, including humans, Advanced Robotics 26(12)(2012)1841-1862.

[5] A. Albers, Obstacle avoidance using limit cycles, Master's thesis, TU Delft, The Netherlands, 2013.

[6] P. Flores Palrmeros, P. Castillo, F. Castanos, Backstepping control for a quadrotor vehicle, in: Proceedings of the RED UAS 2015 Workshop on Research, Education and Development of Unmanned Aerial Systems, Nov. 23-25, 2015, Cancún, México.

[7] D. -H. Kim, J. -H. Kim, A real-time limit-cycle navigation method for fast mobile robots and its applications to robot soccer, Robotics and Autonomous Systems 42(1)(2003)17-30.

第 11 章 触觉遥操作

无人机受安全问题限制，且因为目前针对危险应用场景尚未有很好的解决应对方案，无人机完全实现自主导航仍是一个未实现的难题，其所面临的挑战主要是缺乏对位置估计问题的总体解决方案以及不断变化的环境条件。因此，在一些特殊场景中由操作人员来远程操作无人机仍是一个很好的模式。只要能够获得足够多的信息，有经验的操作人员就完全可以安全地操作无人机。然而，人们总是希望一方面能够尽量减轻操作人员所应承担的任务量；另一方面希望尽量增强无人机对误操作的鲁棒性，使没有多少经验的操作人员也可以操纵无人机。

本章的关注点是：在没有可靠的估计位置可用的情况，且由无人机操作人员完全负责飞行任务时，在姿态稳定模式下，如何通过自动驾驶仪来手动操纵无人机飞行。当缺少位置反馈信息，而操作人员却必须要在一个大范围内执行飞行任务时，其中的核心关键问题是要让操作人员能够掌握系统状态、环境条件以及可能存在的风险等重要的信息。当然，基于无线摄像机实时视频流的视觉反馈技术为解决这些问题提供了一种有力的工具。然而，在视频和系统状态实时图中会存在过多的视觉信息，这反而使多经验少的操作人员主要的目标甚至分心。触觉力反馈为操作人员提供了另外一种有效替代方案[1]。触觉是通过向操作人员施加力、振动或运动再现的一种触觉反馈技术。这种技术通过力感为操作人员提供一些重要信息，大大地提高了操作人员的飞行体验和飞行意识。例如，触觉设备可以模拟影响无人机的外力，如阵风或其他外部扰动等因素。另一个有趣的应用是防止操作人员碰撞到一些潜在的危险物，如障碍物[2-3]，或禁止操作人员在无人机可能被损坏或超出通信范围的不安全区域内飞行，或禁止无人机在可能对他人构成威胁的区域内做机动。

本书感兴趣的研究点是如何使用触觉装置对无人机进行安全地遥操作，防止操作人员碰撞到四旋翼无人机并协助它避开障碍物。无人机碰撞避免中最常用触觉反馈是基于力反馈技术（如人工力场）和基于虚拟弹簧的刚性反馈。相关的技术比较分析见文献[4-5]。文献[6]提出了一种考虑触觉面刚度和阻尼效应的可调反馈控制策略。

11.1 实验平台

无人机内置传感器和其他一些电子元器件,成本高且往往都属于易碎品,因此修复无人机实验样机是一项非常耗时且花钱的工作。此外,在无人机上进行新算法的评估也是一项具有危险性的工作,在实现过程中如果存在误操作或参数调整错误,都会使得实验样机面临着坠落或者崩溃。为此,需要基于机器人操作系统(robot operative system,ROS)搭建一个廉价的导航实验台,希望能够缩短实验实施的时间和缩减经济成本。符合这一要求的应是一款廉价的商用四旋翼无人机,它能以无线的方式与地面计算机连接,所有额外的计算任务都由 ROS 完成,如图 11.1 所示。这种实验台遵循并扩展了文献[7]中提出的基本思想,为快速、安全地验证新提出的控制策略、状态观测器以及计算机视觉算法提供了一种很好的环境平台。

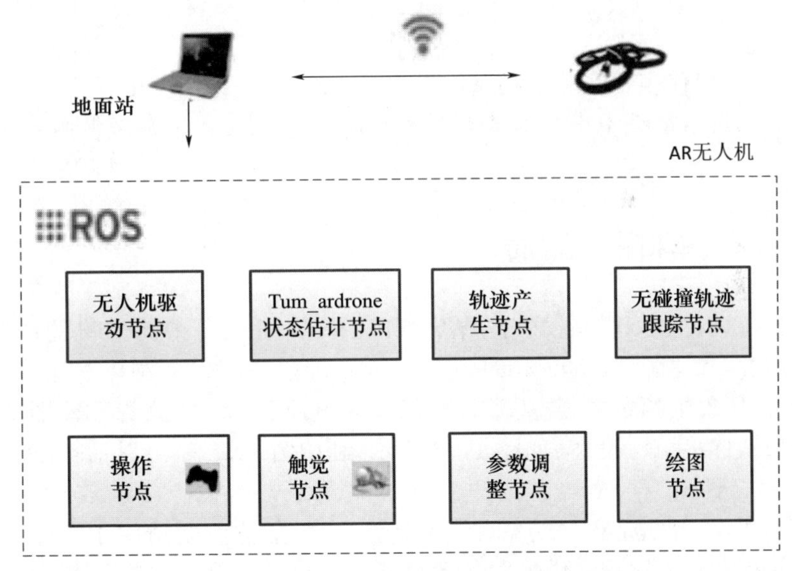

图 11.1 ROS 导航实验台

11.1.1 地面站

地面计算机的主要工作包括解调无人机的回传信息、实时监测系统状态、在线参数调整、计算控制律、状态观测、计算机视觉算法,以及发出更高级命令和在不同操作模式之间切换等。地面站的工作是基于 ROS 进行,ROS 是一套开源的库和软件工具，具有强大的开发功能，可以帮助开发机器人从底层驱动程序到最新算法的应用程序。同时，ROS 作为一个中间件，能通过消息和服务来帮助不同的程序（节点），支持它们之间以及与不同操作系统之间的信息交互。如图 11.1 所示，本工作中用到的主要节点如下。

（1）无人机驱动节点：该节点负责通过 WiFi 与无人机进行通信。在该节点处，来自四旋翼无人机的嵌入式传感器信息以及来自两个摄像头的视频流以 200Hz 的速率被解调恢复。该节点还负责向内部自动驾驶仪发送所需的参考信息，以及起飞、着陆命令以控制无人机。

（2）Tum_ardrone 状态估计节点[7]：它采用 PTAM 算法估计相对于视觉场景的四旋翼无人机姿态。

（3）触觉节点：该节点使用触觉设备的力反馈辅助遥操作。

（4）绘图节点：ROS 提供的 rqt_plot 节点有助于完成监控任务，这对于大多数移动机器人应用而言至关重要，因为有了它就可以轻松、实时地描绘任何可用变量。

（5）参数调整节点：通过 ROS 附带的 rqt 工具重新配置节点，可以轻松在线进行参数调整。

这些节点仅代表了实验台的基本操作。当然，在具体应用中，可根据系统的应用以及期望，灵活地编辑出其他节点并添加到系统中，以扩展甚至替换上述的一些节点。

11.1.2 单目视觉定位

利用计算机视觉和惯性数据，结合 EKF 算法，可以获得无人机的位置信息。基于并行跟踪和建图（parallel tracking and mapping，PTAM）的视觉算法，可以估计出非结构化场景中相机的姿态[7-9]。该算法并行地处理用于跟踪和建图的视觉信息，并用来构建稀疏深度图，如图 11.2 所示，利用图 11.2 就可以估算出无人机到正前方物体的距离。

尽管 PTAM 算法是很好的一种姿势估计方案，但它主要适用于静态和小型化的场景，并且没有为地图提供绝对的比例信息。这被认为其是在微型无人机（micro aerial vehicle，MAV）应用中的一个不足之处。然而，文献[7,10]对此提出了一个很好的解决方案，该方案融合了来自 IMU、摄像头和超声波传感器的数据测量，并使用比例估计器和 EKF。该解决方案的一个显著优点就是视觉方法可以作为 ROS 的开源代码获得。

对于该项工作，用一个新的代码替换文献[7]中的控制算法，就可以轻松地实施和验证各种基于不同控制策略的触觉遥操作算法，并便于调整所需的增益参数量。最后，通过修改定位算法可以恢复出由 PTAM 算法所生成深度图的点云，并

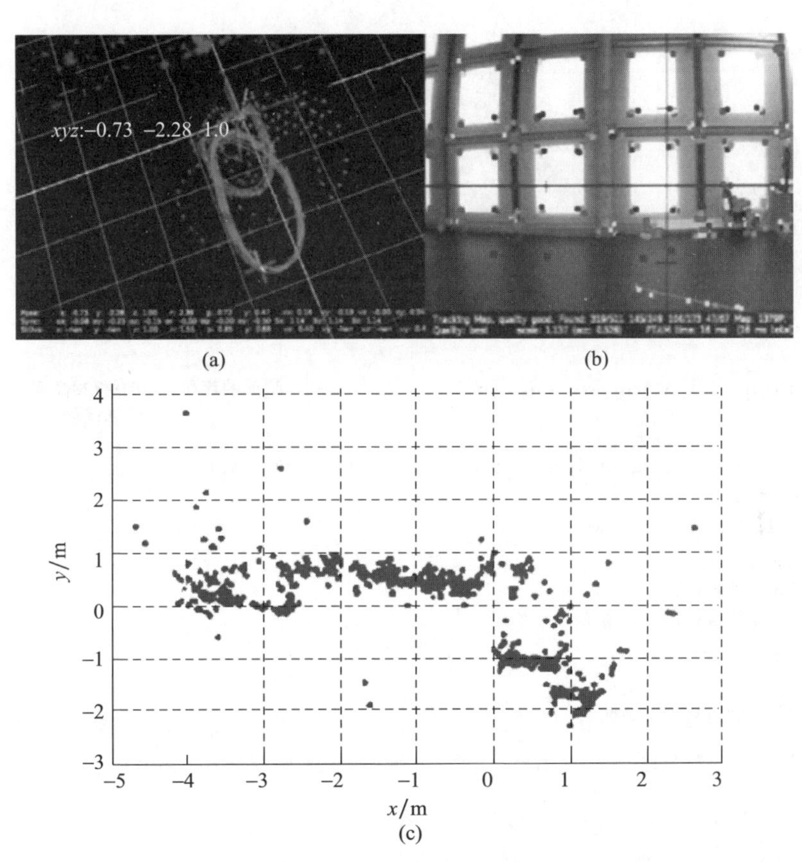

图 11.2 UAV 定位稀疏深度图,图像上的特征,
以及由 PLAM 算法获得的稀疏深度图的水平投影

将其发送到另一个节点以估计出与潜在要碰撞物之间的距离,如 11.2 节所述。通过这种方式,操作人员可以在线选择不同的规划轨迹、控制规律和操作模式,并可以实时修改任何参数进行调整。

11.1.3 无人机

AR 2.0 无人机是一款商用四旋翼无人机(价格约 300 美元),可以在人群附近安全使用,并对碰撞具有一定的鲁棒性。AR 2.0 无人机尺寸为 53cm×52cm,质量为 0.42kg,配备有三轴陀螺仪、加速度计、超声波高度计、气压传感器和罗盘。它还提供来自两台摄像机的视频流,第一个摄像头以 60 帧/s 的速率向下拍摄,分辨率为 320×240 像素,用于支持光流算法估计水平速度,第二个摄像头以 30 帧/s 的速率向前拍摄,分辨率为 1080×720 像素,用于单目视觉算法。图 11.3 介绍了 AR 2.0 无人机的主要技术规格。

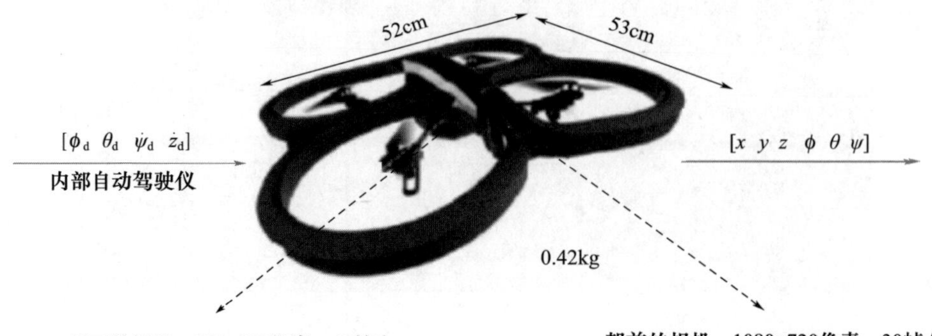

图 11.3　AR2.0 无人机技术规格(本图片由 Parrot 提供)

然而,AR 无人机的软件和硬件都不便于修改。AR 无人机包括一个内部的机载自动驾驶仪,它可根据外部参考信息,控制横滚、俯仰、高度方向速度和偏航角速度($\phi,\theta,\dot{z},\dot{\psi}$)。这些参考可作为输入控制,并以 100Hz 的频率进行计算和发送。所有传感器测量值则均以 200Hz 的频率发送至地面站,再地面站来实时运行 ROS 上的视觉定位和状态估计算法。

11.1.4　触觉装置

Novint Falcon 是一种能为操作手提供力反馈的低成本无人机远程触觉控制装置。它是由 3 个呈三角结构的 3 自由度机械臂组成,触摸操作空间约为 10cm×10cm×10cm,分辨率为 400dpi(图 11.4)。该触觉装置能够在三个轴上施加高达 8.9N 的力。Novint Falcon 通过 USB 与地面站连接,并在 ROS 的帮助下控制无人机。来自终端效应器的位置和来自地面站的信息用于控制无人机,而来自计算机视觉算法的信息则用于确定要施加多大的力,从而改善操作手的飞行体验和意识。更多有关由手臂位置控制无人机以及触觉控制装置产生施加力的细节,参见 11.3 节。

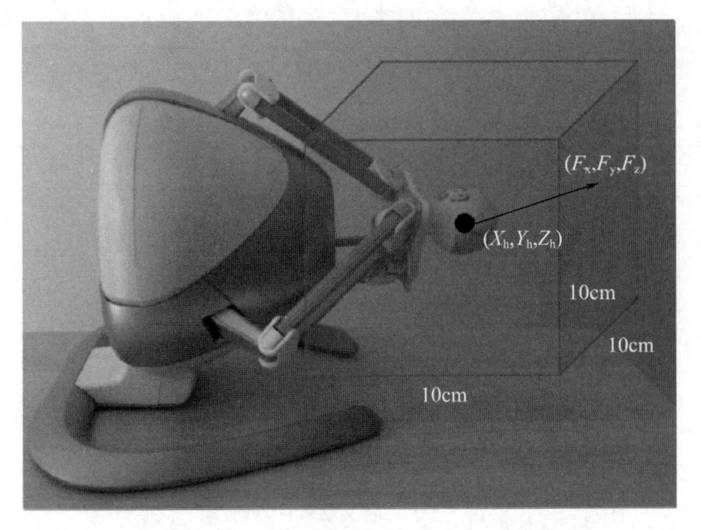

图 11.4　三角结构的 Novint Falcon 触觉装置

11.2　碰撞避免

无人机所处环境以及其与周围未知物体的相互作用,造成了其运行条件一直在不断变化,这将给无人机的自主和半自主导航带来了巨大的挑战,对效载荷能力有限的无人机而言,更是增加了挑战的难度。首先,这需要无人机能够实时感知未知的环境;其次,需要无人机能对环境做出恰当的反应,这两者都是自主无人机设计中需要关注的重点。在目前工作中,本书的焦点是在无人机导航中如何开发设计出有效的障碍检测和避免碰撞策略。需要特别指出,本书的工作都是基于仅廉价的商用四旋翼无人机 AR. Drone 2. 0 嵌入式传感器所提供的可用信息。

本书采用计算机视觉算法,利用正面摄像头的信息来检测图像特征点,并以此来估计与可能障碍物之间的距离。这一过程正是利用 PTAM 定位算法所生成的稀疏深度图来实现。由于只有稀疏图可以利用,所以如果没有足够的可见特征点,就将不可避免地会漏掉一些可能存在的障碍物。为了确保无人机系统不发生碰撞,能够安全飞行,此处仅考虑了点云的水平投影,如图 11. 2 所示。这意味着,忽略了障碍物的高度信息,无人机只能在水平面内躲避障碍物。该方法虽然保守,但对于只存在墙或柱等障碍物的环境时仍然是有价值的。但是,它仍然会导致一个包含噪声的深度图,尤其要注意存在小纹理表面的障碍物。

如上所述,通过点云的水平投影可以估计出无人机与可能障碍物之间的距离。点云是由 PTAM 算法获得的 n 个 $p_i(x_i,y_i,z_i)$ $(i=1,\cdots,n)$ 特征点组成。将到障碍物正前方的估计距离 d_Y 定义为平均深度，它是沿着四旋翼无人机 y 轴方向，在偏离 x 轴侧向位置一定侧向 ε 范围内的 η 点，即

$$\begin{cases} d_Y = Y - \dfrac{1}{\eta_Y} \sum\limits_{i \in \Omega_Y} Y_i \\ \Omega_Y = \{p_i(x_i, y_i, z_i) \in P \mid x_i \in [x - \varepsilon, x + \varepsilon]\} \end{cases} \tag{11.1}$$

以同样的方式定义无人机到横向障碍物之间的估计距离 d_X。

为了避免无人机碰撞到障碍物，在此处施加了一个额外的势场。基于该势场，如果距离 $d_i(i=x,y)$ 小于设定的安全距离 d_s，则施加一个形如式(11.2)的反向斥力 F_{rep_i}(图 11.5)：

$$F_{\text{rep}_i} = \begin{cases} 0, & d_i > d_s \\ -k_{\text{rep}_i}\left(\dfrac{1}{d_i} - \dfrac{1}{d_s}\right)\dfrac{1}{d_i^2}, & d_i < d_s \end{cases} \tag{11.2}$$

注意，由于只用了一个正前方摄像头，因此检测横向障碍物是非常具有挑战性的一项工作。

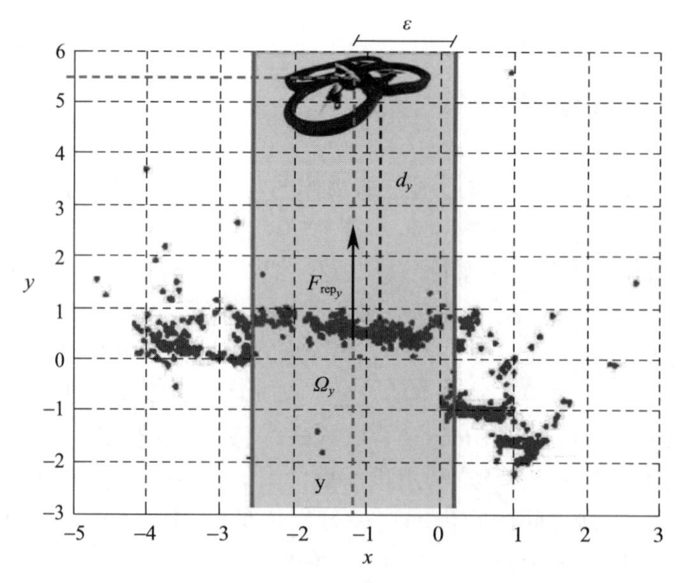

图 11.5　斥力方案(图由 Parrot 提供)

11.3　触觉遥操作

本书成功地运用 Novint Falcon 触觉装置进行遥操作，并防止操作手将四旋翼

无人机撞向障碍物。为此基于触觉装置终端效应器的位置信息(x_h, y_h, z_h)，建立了期望横滚角和俯仰角(ϕ_d, θ_d)与期望高度速度$\dot{z}_d$之间的线性关系，即

$$\begin{cases}\phi_d = k_{hy}(y_h - o_y) \\ \theta_d = k_{hx}(x_h - o_x) \\ \dot{z}_h = k_{hz}(z_h - o_z)\end{cases} \tag{11.3}$$

式中：k_{hx}、k_{hy}、k_{hz}、o_x、o_y 和 o_z 分别为合适的增益量和偏移值。

该策略适用于内部有方向和高度控制器的四旋翼无人机。由式(11.3)中可以看出，为了保证四旋翼无人机能悬停在操作人员期望的位置，操作人员应将触觉装置保持在其工作空间的中心。为了帮助操作人员完成该任务并减少对无人机的人工手动控制，如果操作人员未施加任何力，则利用比例微分控制器，调节触觉终端效应器到原点位置。类似地，一旦四旋翼无人机接近障碍物，就会产生一个对触觉装置的斥力，该斥力定义为

$$F_x = \begin{cases} -k_{phx}x - k_{dhx}\dot{x}, & d_x > d_s \\ -k_{hrep_x}\left(\frac{1}{d_x} - \frac{1}{d_s}\right)\left(\frac{1}{d_x^2}\right), & d_x \leqslant d_s \end{cases} \tag{11.4a}$$

$$F_y = \begin{cases} -k_{phy}y - k_{dhy}\dot{y}, & d_y > d_s \\ -k_{hrep_y}\left(\frac{1}{d_y} - \frac{1}{d_s}\right)\left(\frac{1}{d_y^2}\right), & d_y \leqslant d_s \end{cases} \tag{11.4b}$$

$$F_z = -k_{phz}z - k_{dhz}\dot{z} \tag{11.4c}$$

式中：$k_{phx}, k_{phy}, k_{phz}, k_{dhx}, k_{dhy}, k_{dhz}, k_{hrep_i} \in \mathbb{R}^+$为控制增益量。

11.4 实验

本书进行了大量的实验以验证所提出算法的有效性。对所使用的参数进行了反复的调试，最终选取的参数如表 11.1 所列。

表 11.1　参数设置

ε/m	k_{rep}	d_s/m	$k_{hrep_{x,y}}$	k_{hx}	k_{hy}	k_{hz}	$k_{phx,y,z}$	$k_{dhx,y,z}$
0.5	4	5	2	12.7	14.3	18.2	100	500

在无人机遥操作中，操作人员通过触觉装置来控制四旋翼无人机的位置。这种情况下，实际的目标就是通过触觉装置将信息由无人机状态反馈给操作人员，并在四旋翼无人机飞离安全区时，能够通过向触觉装置施加反作用的力来防止操作

人员将无人机碰向障碍物。这一功能在能见度有限的墙壁检查任务中非常具有价值。

图 11.6~图 11.9 展示了无碰撞的触觉遥操作。在这些飞行测试中,只有方向上的控制是处于自主模式,操作人员使用触觉设备以半自主的模式驾驶无人机。操作人员几次试图将无人机撞向墙壁,第一次尝试是在缓慢情况下完成,最后一次是高速情况下完成,如图 11.6 所示。

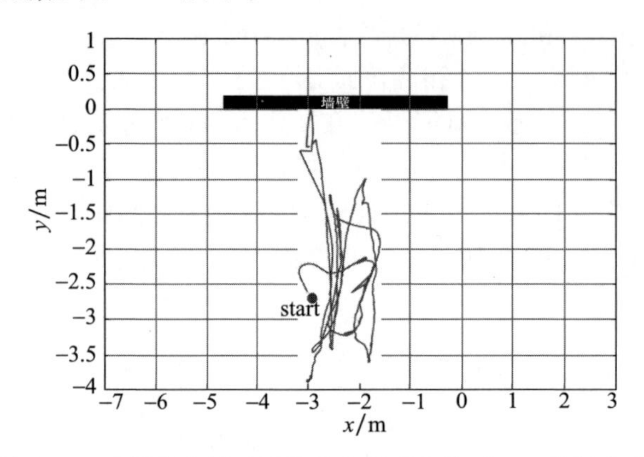

图 11.6　当操作人员试图将无人机碰向墙时 x-y 值的变化

图 11.7 分别展示了实验过程中无人机位置在 x 和 y 方向上的变化。注意在该图(y 轴)中的 6s、9s 和 13.5s 时,可以观察到反应式碰撞避免算法是如何防止操作人员将四旋翼无人机驾驶到离墙壁太近的危险区域。此外,在 16s 时,当操作人员故意以快速机动的方式将无人机向墙壁碰撞时,尽管无人机已经接触到了墙壁,但由于所提出算法的良好性能,所以即使在这种极端情况下也未能发生进一步的碰撞。对于在 x 向上的位置,由于不存在横向障碍物,所以其基本保持恒定。

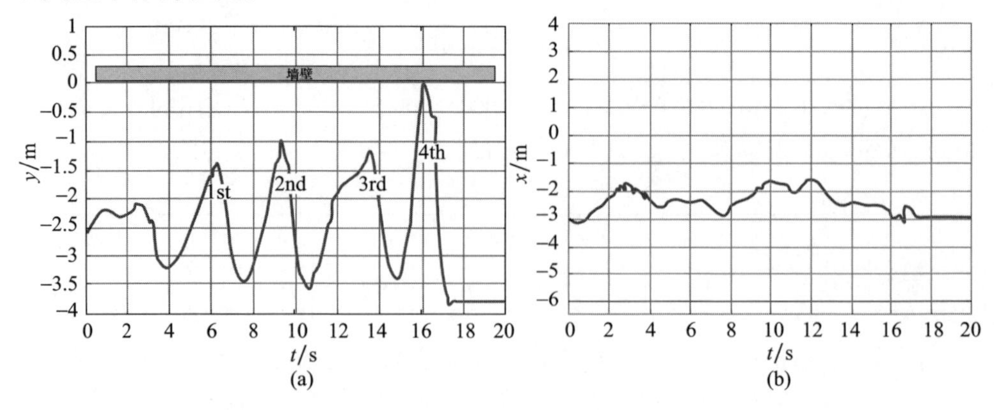

图 11.7　y 和 x 响应

观察施加到触觉装置的反馈力以及发送到无人机的输入控制，分别如图 11.8 和图 11.9 所示。在当无人机在接近墙壁时，触觉装置就会产生一种排斥力，提醒操作人员注意前方的危险，甚至禁止操作员撞击四旋翼无人机，如图 11.8 和图 11.9 中的 16s 所示。

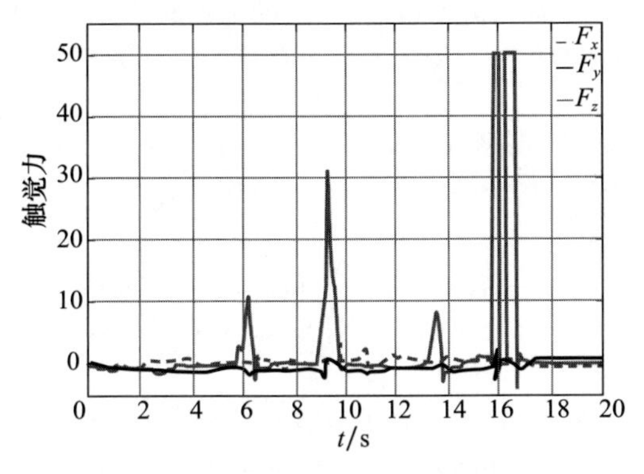

图 11.8　随时间变化的触觉反馈力

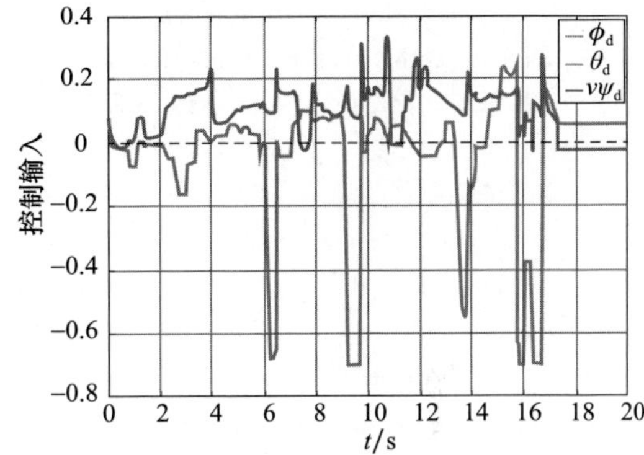

图 11.9　UAV 控制输入

需要着重指出的是，实验获得了非常令人满意的结果。因为没有像其他团队那样使用昂贵的运动捕捉系统和额外的距离传感器，而是只简单地采用了单目摄像机对四旋翼无人机进行定位和检测碰撞，因此这些实验结果可以很容易在室外飞行实验中复现。

11.5　小结

本章探讨了使用触觉装置进行无人机遥操作的问题，主要包括如何通过力反馈使得操作人员避开潜在的障碍物。当前，由操作人员来远程操作无人机仍是一个很好的完全自主导航替代方案。通过触觉装置以力反馈的方式帮助操作人员，可以改善操作人员的飞行体验，并提高任务的安全性。在此基础上，进一步建议在触觉装置中引入势场，以达到反应性的碰撞避免目的。在这种情况下，即使操作人员不小心将无人机驾驶进危险区域时，也能够感受到一种反向的力量。

通过自动地将触觉终端效应器引导到其中心（无人机姿态稳定时的状态），力反馈方法也简化了驾驶操作任务。

本章还提出了一种基于计算机视觉和前置摄像头的障碍物检测策略。在这种策略下，仅利用视觉信息就可以检测到可能的碰撞物。但是，由于仅仅使用了投影到水平面的稀疏深度图，此时障碍物的高度信息是未知的。然而，这一方法对于在一些特殊场景下的安全操作仍然是有用的。例如，在能见度有限的室内环境中，操作人员就可以避免无人机撞到墙壁或柱子等障碍物。

参考文献

[1] P. Stegnano, M. Basile, H. Bthoff, A. Franchi, A semi-autonomous UAV platform for indoor remote operation with visual and haptic feedback, in: International Conference on Robotics and Automation (ICRA), Hong Kong, China, IEEE, 2014.

[2] H. Rifa, M. Hua, T. Hamel, P. Morin, Haptic-based bilateral teleoperation of underactuated unmanned aerial vehicles, in: Proceedings of the 18th World Congress of the International Federation of Automatic Control (IFAC), Milano, Italy, IEEE, 2011.

[3] S. Alaimo, L. Pollini, J. Bresciani, H. Bthoff, Evaluation of direct haptic aiding in an obstacle avoidance task for tele-operated systems, in: Proceedings of the 18th World Congress of the International Federation of Automatic Control (IFAC), Milano, Italy, IEEE, 2011.

[4] T. Lam, M. Mulder, M. van Paasen, Haptic feedback for UAV tele-operation-force offset and spring load modification, in: International Conference on Systems, Man, and Cybernetics, Taipei, Taiwan, IEEE, 2006.

[5] A. Brandt, M. Colton, Haptic collision avoidance for a remotely operated quadrotor UAV in indoor environments, in: International Conference on Systems, Man, and Cybernetics, Istanbul, Turkey, IEEE, 2010.

[6] S. Fu, H. Saeidi, E. Sand, B. Sadrfaidpour, J. Rodriguez, Y. Wang, J. Wagner, A haptic interface with adjustable feedback for unmanned aerial vehicles (UAVs)-model, control and test, in: American Control Conference (ACC), Boston, MA, USA, IEEE, 2016.

[7] J. Engel, J. Sturm, D. Cremers, Camera-based navigation of a low-cost quadrocopter, in: Intl. Conf. on Intelligent Robot Systems (IROS), Vilamora, Algarve, Portugal, IEEE, 2012, pp. 2815-2821.

[8] G. Klein, D. Murray, Parallel tracking and mapping for small AR workspaces, in: Intl. Symposium on Mixed and Augmented Reality (ISMAR), Nara, Japan, IEEE, 2007, pp. 225-234.

[9] S. Weiss, D. Scaramuzza, R. Siegwart, Monocular-SLAM-based navigation for autonomous micro helicopters in GPS-denied environments, Journal of Field Robotics 28 (2011) 854-874.

[10] J. Engel, J. Sturm, D. Cremers, Scale-aware navigation of a low-cost quadrocopter with a monocular camera, Robotics and Autonomous Systems 62 (2014) 1646-1656.

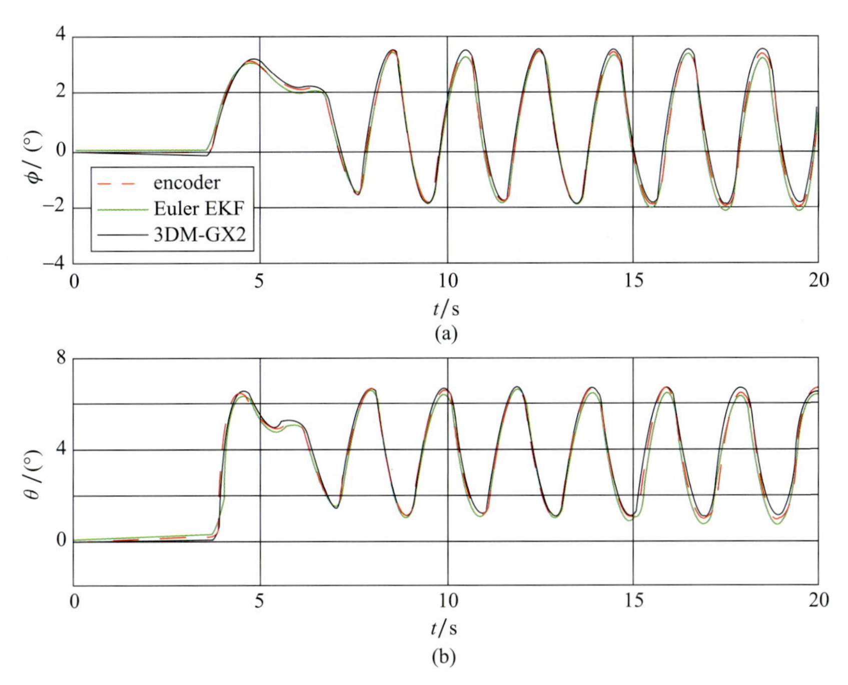

图 3.2 在跟踪±2°输入命令的实验期间,编码器测量的角度与
3DM-GX2 给出的角度的比较以及欧拉 EKF 算法的估计

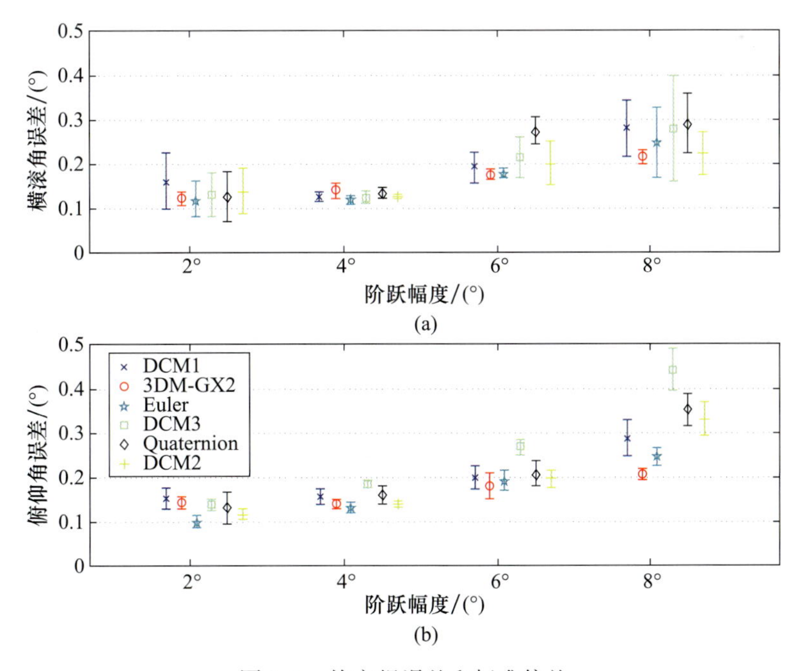

图 3.3 均方根误差和标准偏差

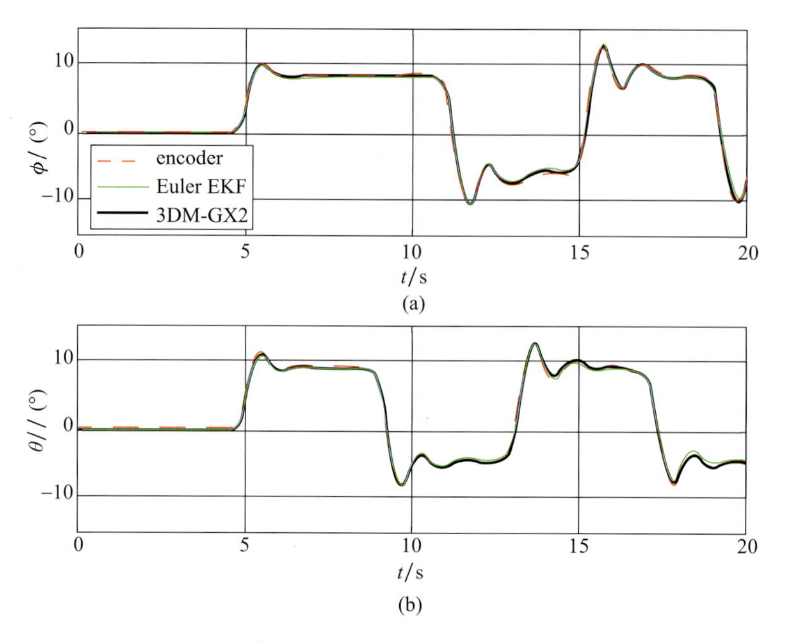

图 3.4 ±8°的角度估计比较

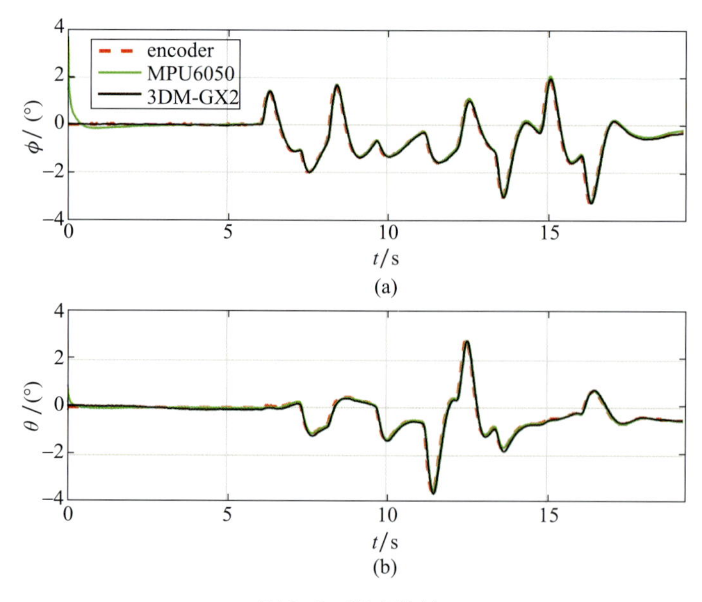

图 3.6 姿态估计

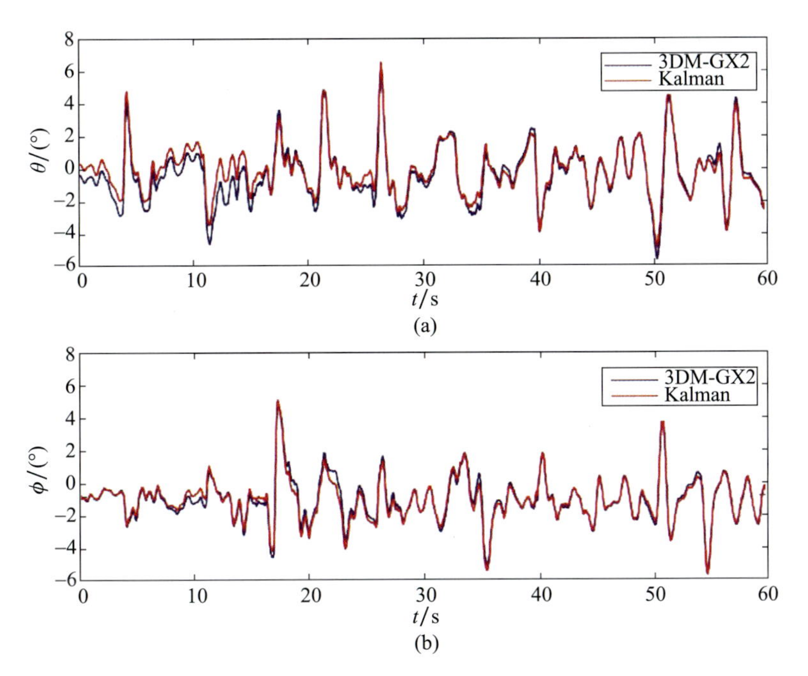

图 3.9　飞行估计姿态比较

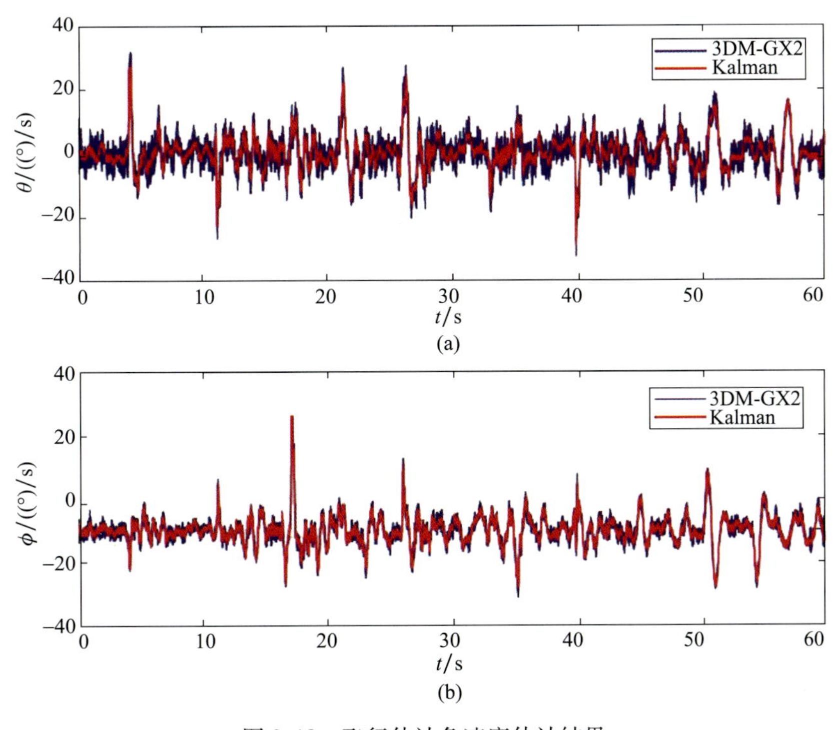

图 3.10　飞行估计角速度估计结果

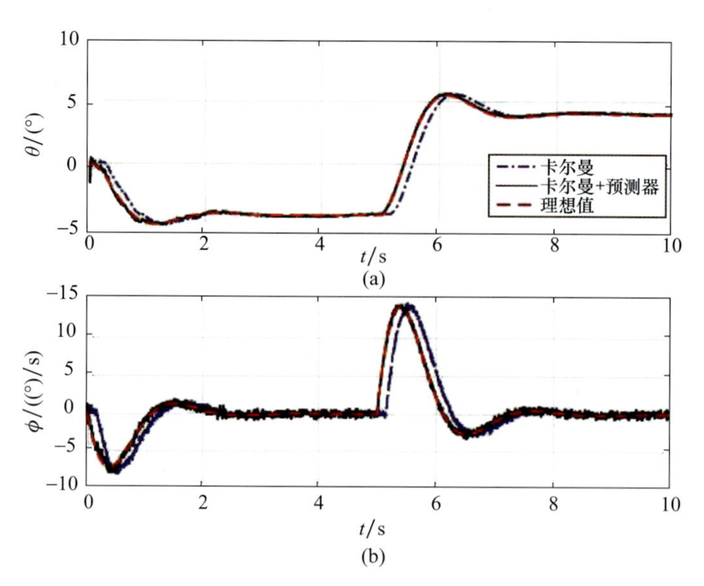

图 4.4　无延迟闭环演化(虚线)和并行运行的估计算法：
卡尔曼输出(点画线)和预测状态(实线)

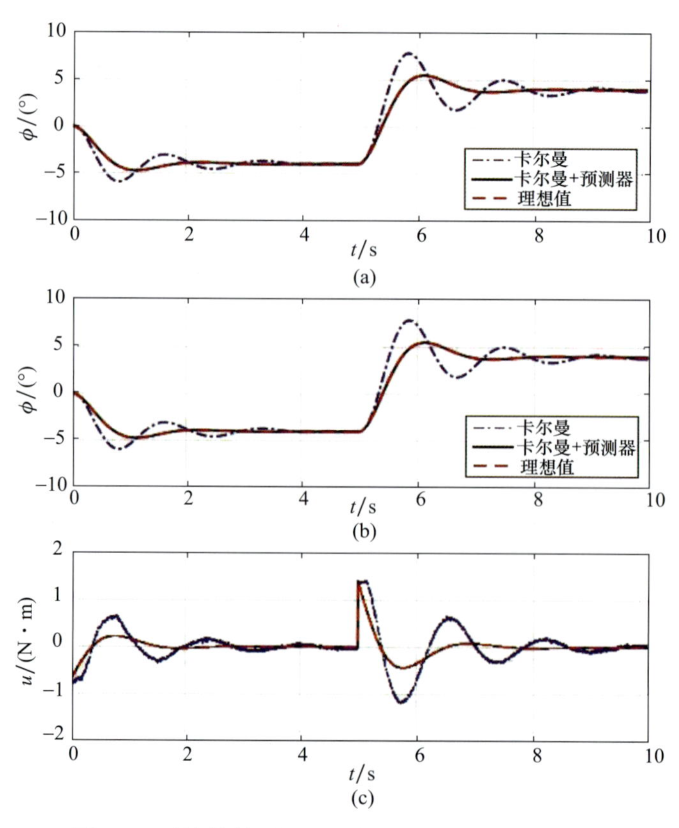

图 4.5　系统控制时闭环响应的比较—理想(虚线)、
卡尔曼(点画线)和预测(实线)测量

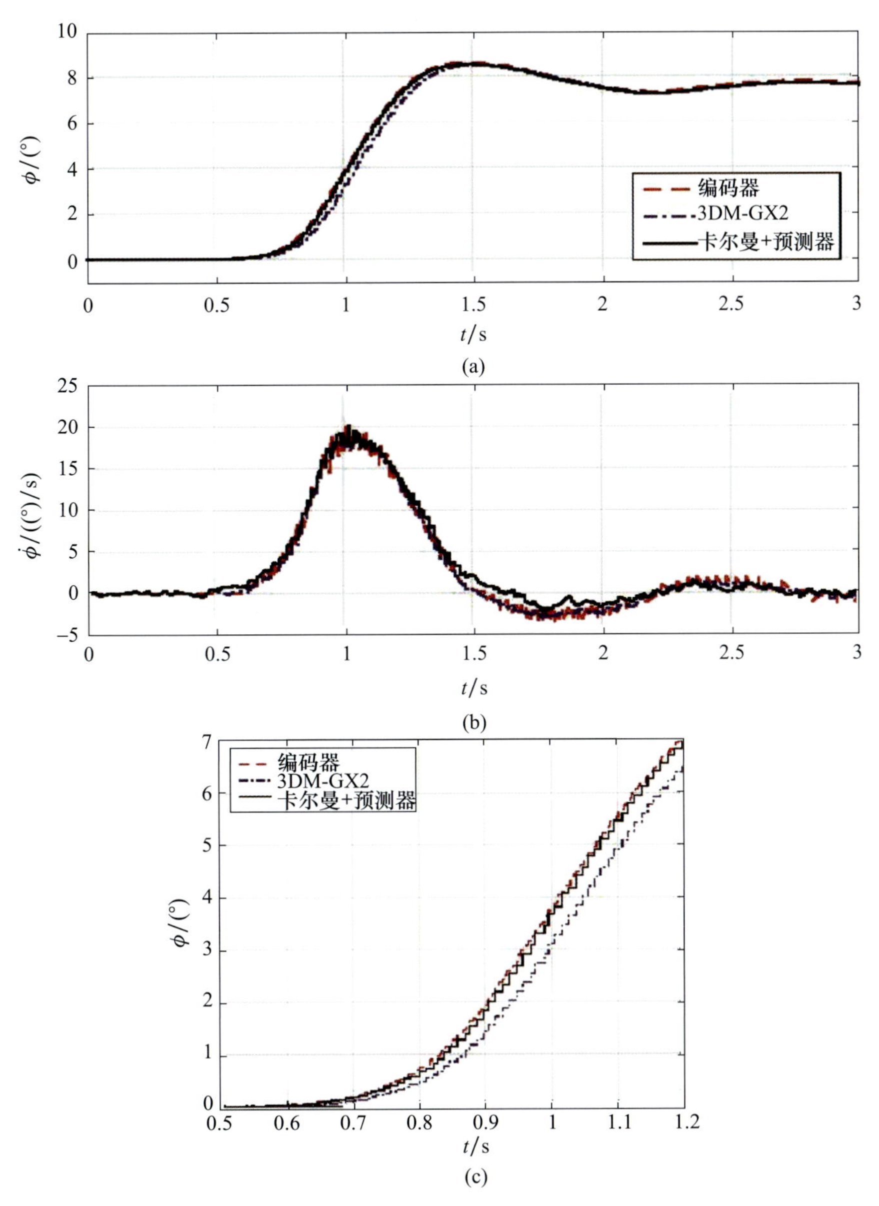

图 4.6 比较 ϕ 角估计的开环实验—3DM-GX2(点画线)、提出的 OP 算法(实线)和光学编码器(虚线)

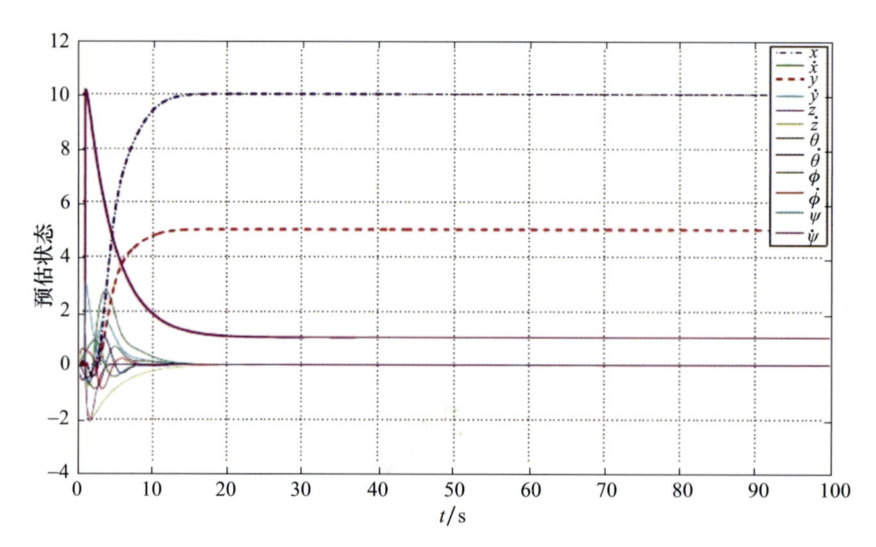

图 4.13　应用预测器控制方案且延迟值 $d_1=900T_s$，$d_2=300T_s$ 时的系统响应

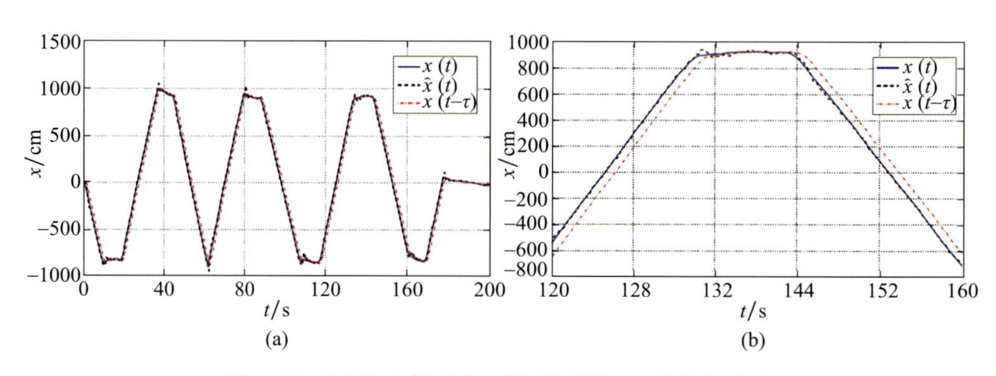

图 4.14　ECEF 坐标系中 x 轴（及其放大）的状态响应

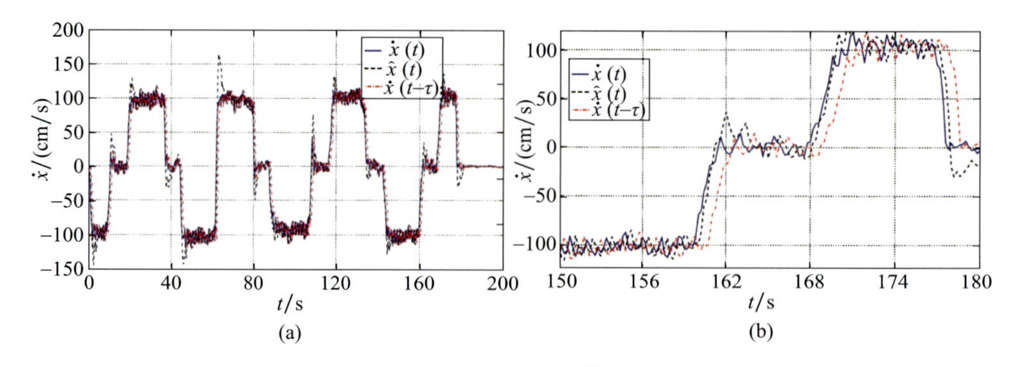

图 4.15　ECEF 坐标系 x 方向（及其放大）的速度响应

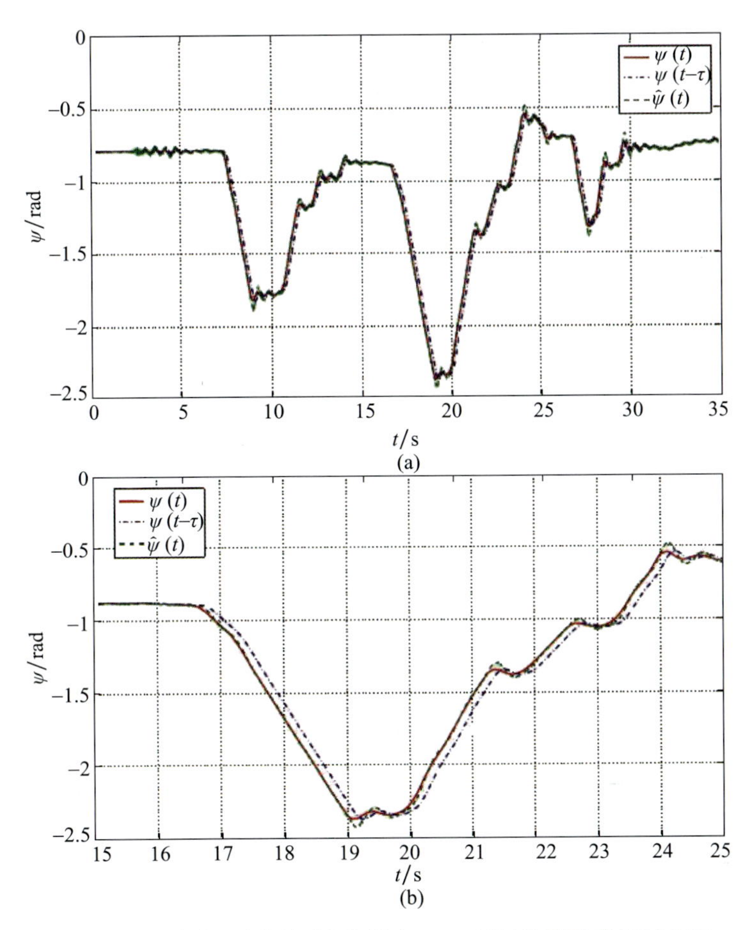

图 4.21　ψ 响应(及其放大图)具有 $15T_s$ 延迟的预测器控制方案

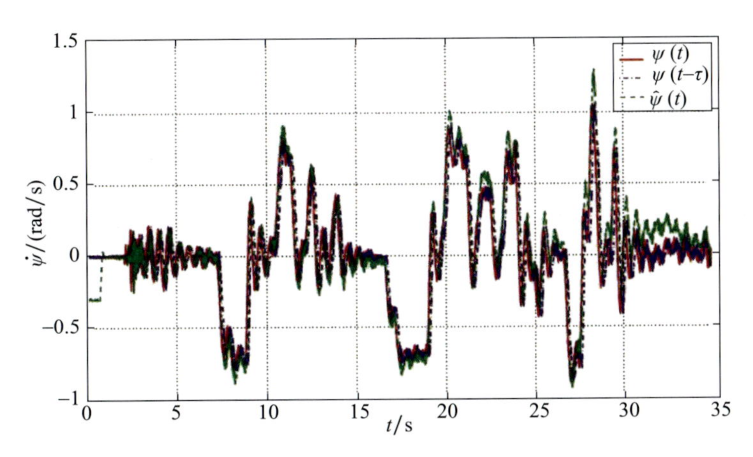

图 4.22　延迟为 $15T_s$ 的预测器控制方案的 $\dot{\psi}$ 响应

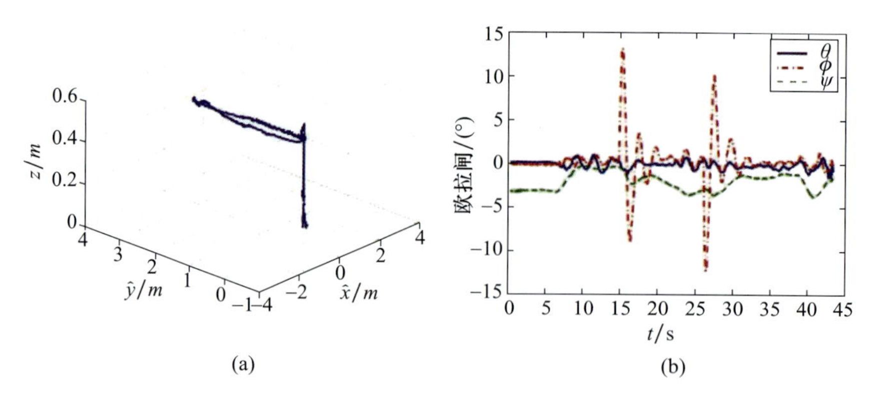

图 5.6　按照直线轨迹的自主飞行中 $\hat{x}$、$\hat{y}$ 和 z 的响应，以及 θ、ϕ 和 ψ 响应

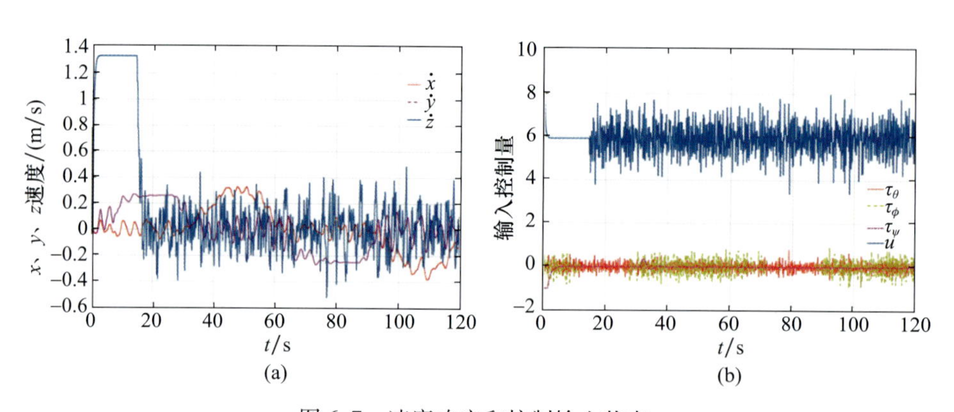

图 6.7　速度响应和控制输入状态

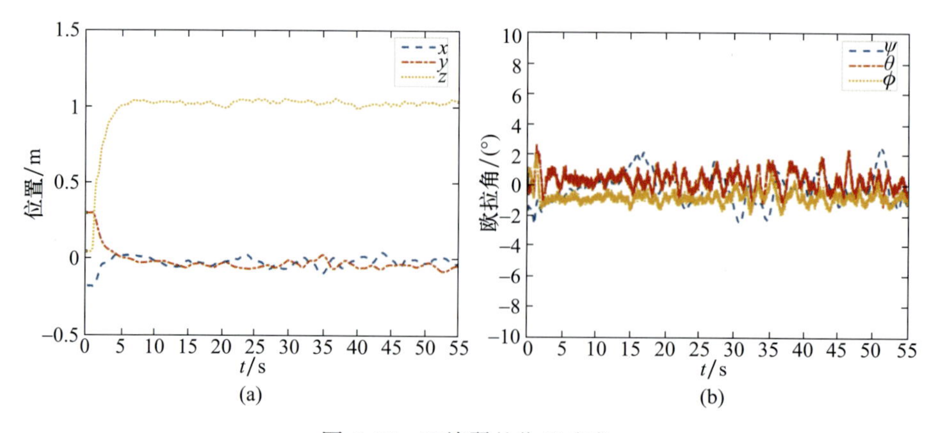

图 6.15　四旋翼的位置响应

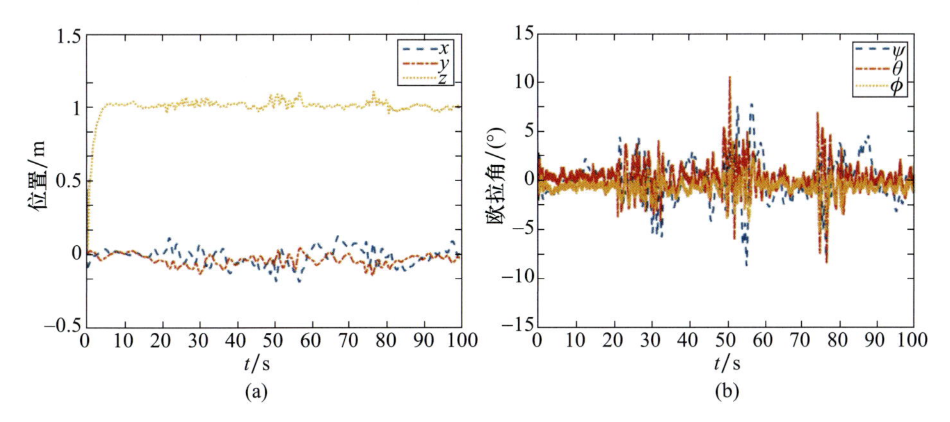

图 6.17　四旋翼的位置响应

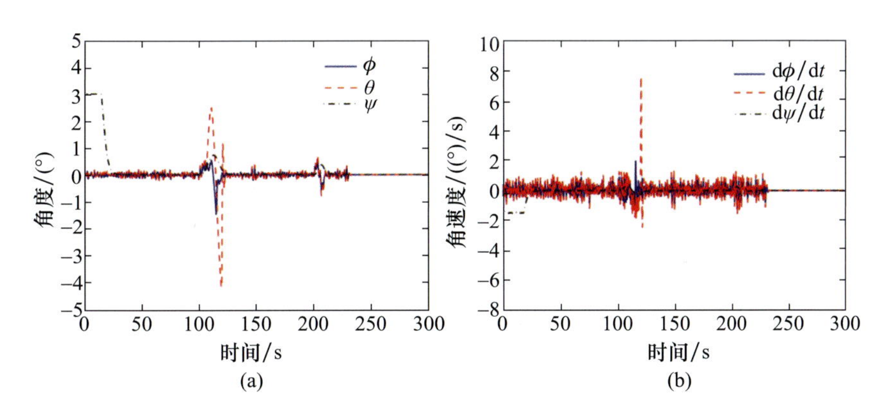

图 8.3　角度和角速率响应

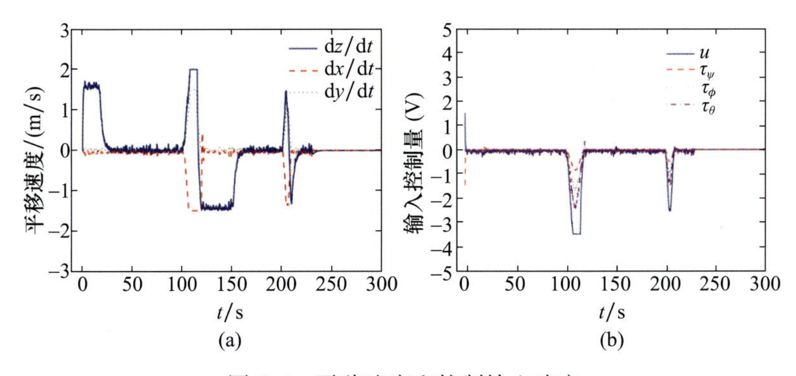

图 8.4　平移速度和控制输入响应

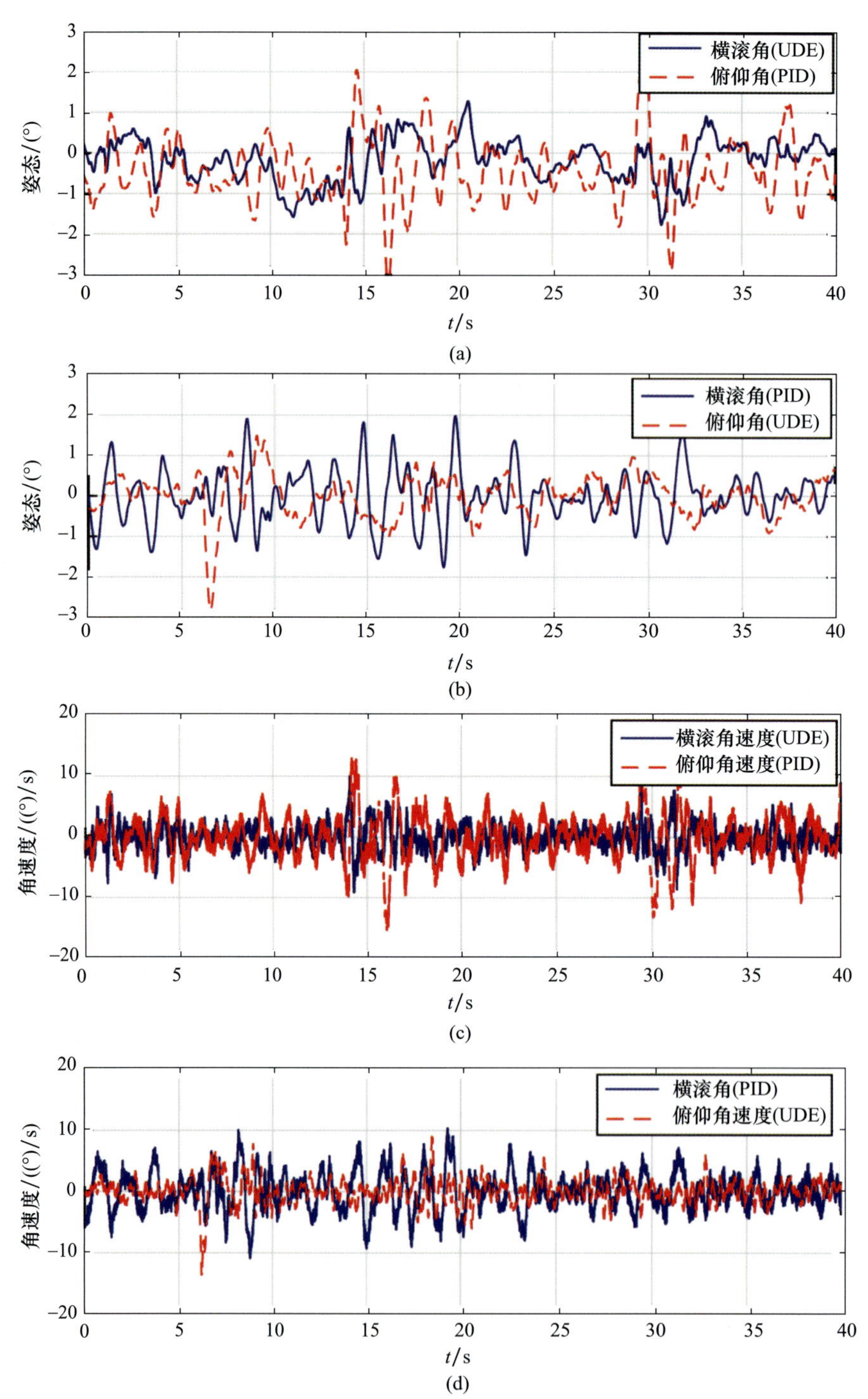

图 8.9　第一次飞行测试:悬停情况下,横滚用 UDE 控制和俯仰用 PID 控制((a),(c)),横滚用 PID 控制和俯仰用控制 UDE(图(b),图(d))

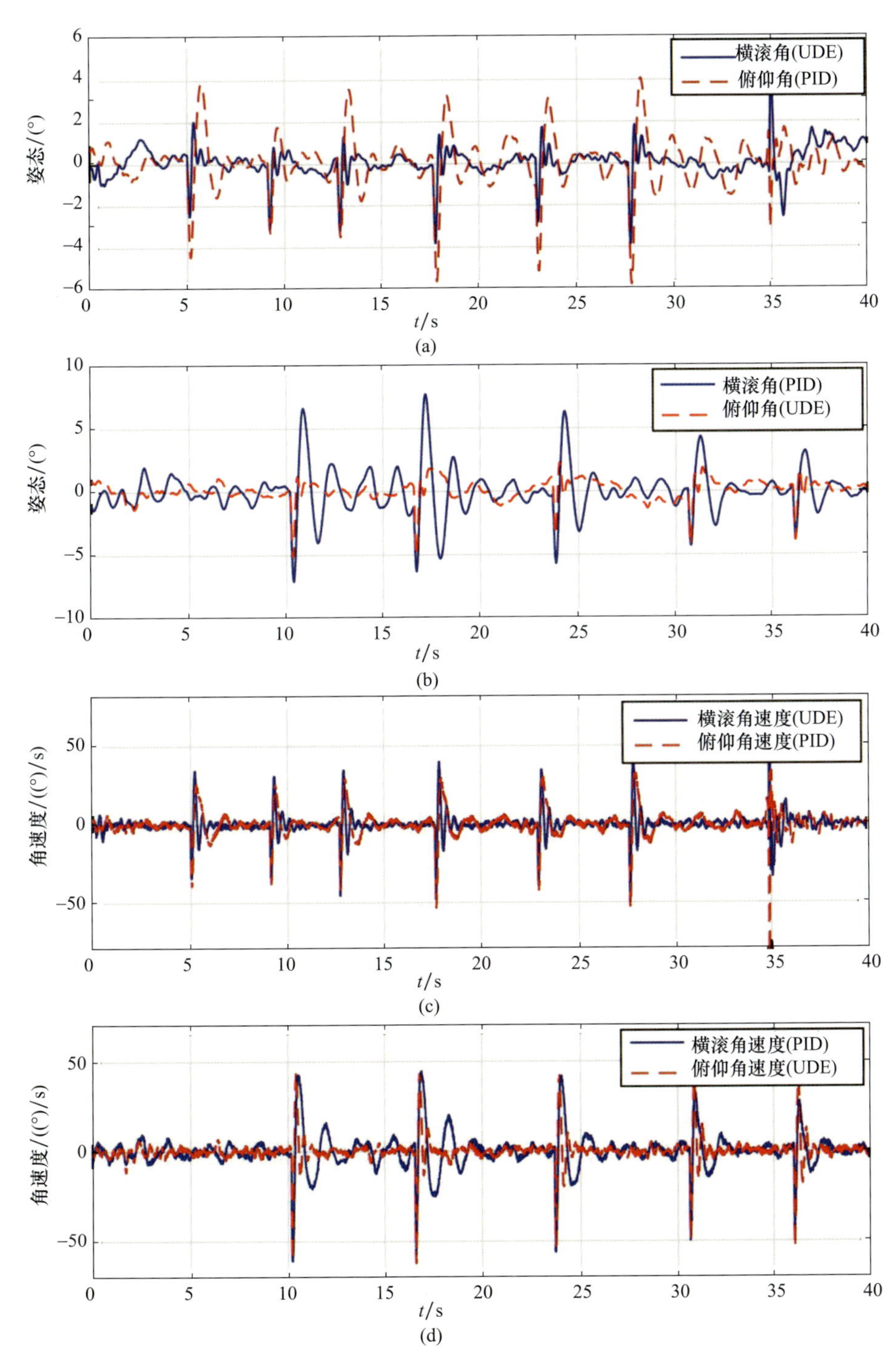

图 8.10　第二次飞行测试:在干扰情况下,横滚用 UDE 控制和俯仰用 PID 控制(图(a),图(c))以及滚转用 PID 控制和俯仰用 UDE 控制(图(b),图(d))

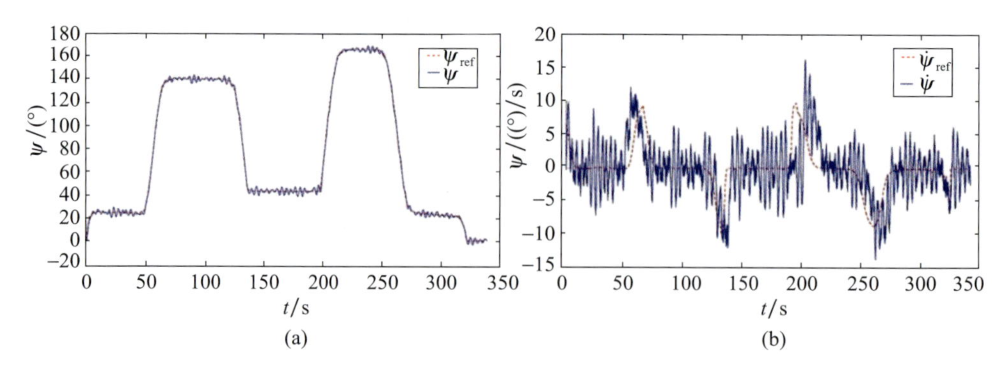

图 9. 19　四旋翼无人机的偏航角及偏航角速度曲线

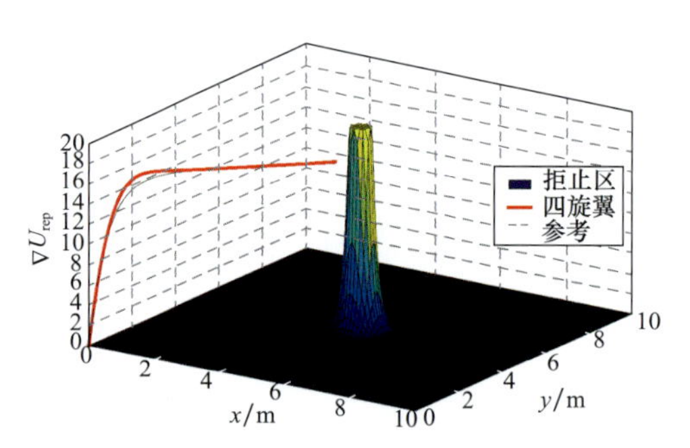

图 10. 11　轨迹通过障碍物中心时的局部极小值现象

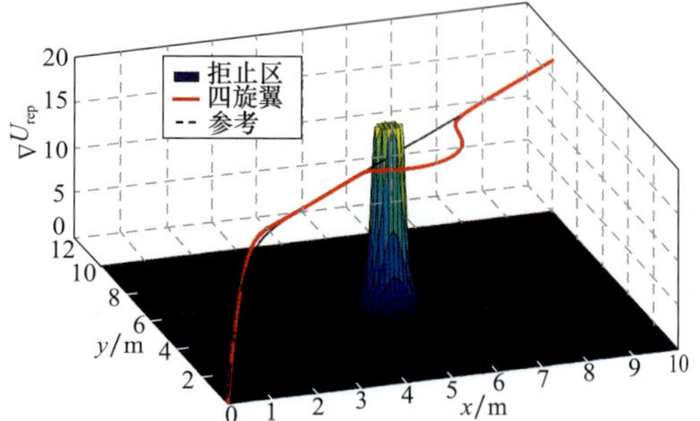

图 10. 13　轨迹接近障碍物时的避障

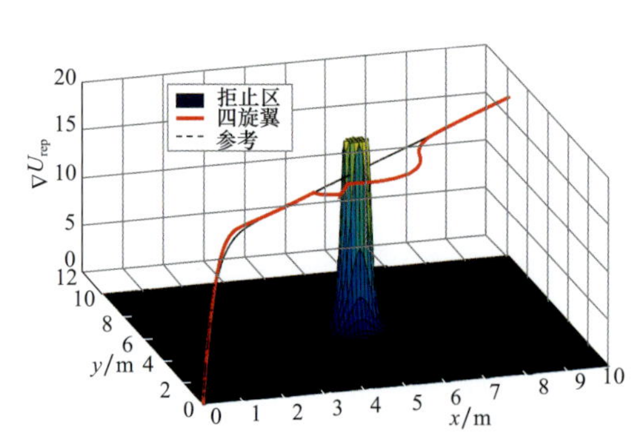

图 10. 15　在所需轨迹上使用虚拟物和障碍物进行避障

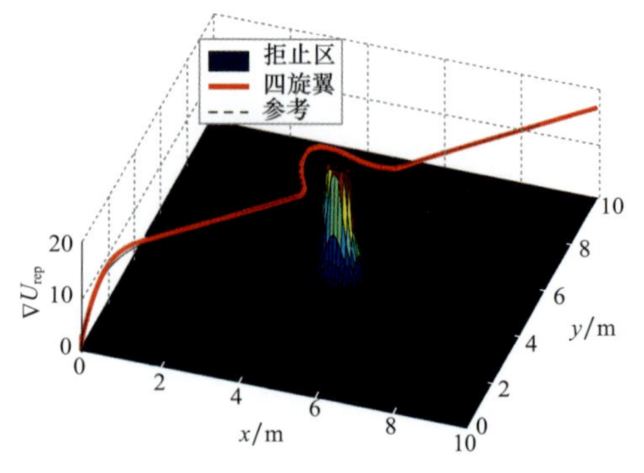

图 10. 20　圆形极限环法避障